新一代信息通信技术
新兴领域"十四五"高等教育系列教材

# 智能通信与应用

马忠贵　编著

国防工业出版社
·北京·

# 内 容 简 介

本书将飞速发展的通信技术同人工智能的基本原理融合,立足于技术前沿,以通信技术为主线,全书共分为10章,全面系统地介绍了智能通信的研究背景、科技基础、概念与体系结构、基础设施、传统的人工智能方法(专家系统、人工神经网络、智能机器人)、新兴的人工智能方法(知识图谱、强化学习、联邦学习),及其在认知无线网络、智能网联汽车、智能无人机网络和边缘智能中的应用,完整地论述了智能通信的相关主题。根据人工智能和通信技术的契合程度,对人工智能和通信技术都博采而精取,让学生通过一本书循序渐进地了解最新的智能通信技术,形成一个完整的知识体系图谱,便于学生快速创新。本书对智能通信进行细致、全面地剖析,在注重智能通信逻辑性的同时,以典型应用案例对内容进行讲解,能够很好地帮助学生学习和理解智能通信。本书注重理论与实践相结合,每章贯穿1~2个应用实例,力求对智能通信进行精炼,反映通信技术的发展趋势和规律,保留实用的部分,使其更加通俗易懂,深入浅出。

本书可作为通信工程专业、电子信息类专业的教材或教学参考书,也可供从事相关专业的工程技术人员和科研人员用作参考书。

**图书在版编目(CIP)数据**

智能通信与应用 / 马忠贵编著. -- 北京:国防工业出版社,2025.4. -- ISBN 978-7-118-13675-3

Ⅰ.TN91

中国国家版本馆 CIP 数据核字第 2025MJ3395 号

※

国防工业出版社出版发行
(北京市海淀区紫竹院南路23号　邮政编码100048)
三河市天利华印刷装订有限公司印刷
新华书店经售

*

开本 787×1092　1/16　印张 21¾　字数 490千字
2025年4月第1版第1次印刷　印数 1—2000册　定价 88.00元

**(本书如有印装错误,我社负责调换)**

国防书店:(010)88540777　　书店传真:(010)88540776
发行业务:(010)88540717　　发行传真:(010)88540762

# 序

习近平总书记强调,"要乘势而上,把握新兴领域发展特点规律,推动新质生产力同新质战斗力高效融合、双向拉动。"① 以新一代信息技术为主要标志的高新技术的迅猛发展,尤其在军事斗争领域的广泛应用,深刻改变着战斗力要素的内涵和战斗力生成模式。

为适应信息化条件下联合作战的发展趋势,以新一代信息技术领域前沿发展为牵引,本系列教材汇聚军地知名高校、相关企业单位的专家和学者,团队成员包括两院院士、全国优秀教师、国家级一流课程负责人,以及来自北斗导航、天基预警等国之重器的一线建设者和工程师,精心打造了"基础前沿贯通、知识结构合理、表现形式灵活、配套资源丰富"的新一代信息通信技术新兴领域"十四五"高等教育系列教材。

总的来说,本系列教材有以下三个明显特色:

(1)注重基础内容与前沿技术的融会贯通。教材体系按照"基础 – 应用 – 前沿"来构建,基础部分即"场 – 路 – 信号 – 信息"课程教材,应用部分涵盖卫星通信、通信网络安全、光通信等,前沿部分包括5G通信、IPv6、区块链、物联网等。教材团队在信息与通信工程、电子科学与技术、软件工程等相关领域学科优势明显,确保了教学内容经典性、完备性和先进性的统一,为高水平教材建设奠定了坚实的基础。

(2)强调工程实践。课程知识是否管用,是否跟得上产业的发展,一定要靠工程实践来检验。姚富强院士主编的教材《通信抗干扰工程与实践》,系统总结了他几十年来在通信抗干扰方面的装备研发、工程经验和技术前瞻。国防科技大学北斗团队编著的《新一代全球卫星导航系统原理与技术》,着眼我国新一代北斗全球系统建设,将卫星导航的经典理论与工程实践、前沿技术相结合,突出北斗系统的技术特色和发展方向。

(3)广泛使用数字化教学手段。本系列教材依托教育部电子科学课程群虚拟教研室,打通院校、企业和部队之间的协作交流渠道,构建了新一代信息通信领域核心课程

---

① 新华社. 习近平在出席解放军和武警部队代表团全体会议时强调,强化使命担当深化改革创新全面提升新兴领域战略能力 [N]. 人民日报, 2024 – 03 – 08.

的知识图谱，建设了一系列"云端支撑，扫码交互"的新形态教材和数字教材，提供了丰富的动图动画、慕课（MOOC）、工程案例、虚拟仿真实验等数字化教学资源。

  教材是立德树人的基本载体，也是教育教学的基本工具。我们衷心希望以本系列教材建设为契机，全面牵引和带动信息通信领域核心课程和高水平教学团队建设，为加快新质战斗力生成提供有力支撑。

国防科技大学校长

中国科学院院士

新一代信息通信技术新兴领域

"十四五"高等教育系列教材主编

2024 年 6 月

# 前 言

仿佛一夜之间，人工智能（Artificial Intelligence，AI）的概念扑面而来。从阿尔法狗（AlphaGo）战胜韩国职业九段棋手李世石开始，到自动驾驶汽车奔跑在北京市的五环上，再到人工智能在图像识别、语音识别、自然语言处理等一系列成功应用，世界各国都将发展人工智能作为提升国家竞争力、维护国家安全的重大战略，我国也将人工智能作为国家战略。毫无疑问，人工智能已经带领人类社会进入全新的时代奇点，开始缔造一个全新的时代——智能时代！人工智能时代的到来要求学生熟悉人工智能交叉学科知识，具备突出的科学素养、创新能力、系统思维能力和国际视野。我们每个人应该做好准备，迎接这个人工智能的新时代。

继"互联网+"成为我国政府工作报告中的关键词，"智能+"将成为智能时代的标志。"智能+"将带来技术与产业的深度融合，经济结构的优化升级，将成为创新时尚。新一轮技术革命或将到来，掌握核心技术、突破尖端难题、坚持创新创造，方能以不变应万变。伴随着"网络强国""一带一路""中国制造2025""互联网+"，以及"人工智能+"行动计划等的提出，通信技术和通信网络一方面成为联系陆、海、空、天各区域的纽带，是实现国家"走出去"的基石；另一方面为经济转型提供关键支撑，是推动我国经济、文化等多个领域实现信息化、网络化、智能化的核心基础。"智能+通信"构成智能通信，这2种技术的深度融合，赋能各种智慧应用场景，将迸发出惊人的社会发展驱动力。

在人工智能时代的大背景下，核心网实现了一体化、软件化、虚拟化，不能再单纯地从频谱、时间、功率、计算、存储等资源的优化逐个去讲授，而需要从宏观的角度理解网络的演进，在"通感算控"一体化网络框架下理解通信网络资源的整体规划和动态调度，树立全程全网的立体化概念。围绕5G、人工智能"新基建"，需要适时将该课程的教学内容进一步从智能算法向智能通信演进，以适应5G、人工智能、软件定义网络（SDN）、网络功能虚拟化（NFV）、边缘智能等新基建，实现内生智能的核心网络，让学生尽快进入人工智能时代，为网络强国贡献自己的力量。

智能通信被认为是6G无线通信发展的主流方向之一，其基本思想是将人工智能引入通信网络的各个层面，实现人工智能与通信技术的有机融合，大幅度提升未来通信网络的场景语义感知能力和网络服务的智能化。智能通信发展是建设通信强国的重要支撑，已成为国家重大战略需求。

对于人工智能和通信技术，二者的外延都非常广，本教材根据人工智能和通信技术的契合程度，对人工智能和通信技术都博采而精取，让学生通过一本教材循序渐进地了解最新的智能通信技术，形成一个完整的知识体系图谱，便于学生快速创新。

全书共分为 10 章，第 1 章介绍了智能通信的研究背景、科技基础、关键技术和科学意义。第 2 章介绍了原生的智能通信概念和体系结构，包括 Avaya 提出的企业智能通信、涂序彦教授提出的基于公共知识库的互动智能通信以及移动智能通信，这些技术能使用户获得更加人性化的通信服务，给人类增添福祉。第 3 章介绍了传统人工智能的三驾马车：专家系统、人工神经网络、智能机器人，特别是知识工程中的语义网络和知识图谱，是通信网络内生智能的推进器，对于内生智能的核心通信网的语义支撑至关重要；神经网络在感知和识别方面发挥重要作用；智能机器人在动态交互过程中发挥作用。第 4 章介绍了强化学习，其通过智能体实现与环境的动态交互，并通过环境的反馈来采取相应的行动，以达到长期回报最大化或实现特定目标。智能体在动态交互中找到全局一致的最优解，为智能通信提供了理论基础。第 5 章介绍了联邦学习，为智能通信和边缘智能提供了一种可信的"协议"，实现"数据不动模型动，隐私不显价值显，数据可用不可见，合法合规促合作"。第 6 章介绍了智能通信的基础设施，通过下一代网络、IP 多媒体子系统（IMS）、网络 SDN、NFV 等新基建，提供实现智能通信的基石。在这些人工智能核心概念和通信技术的基础上，将其应用于认知无线网络、无人机网络、车联网、边缘智能中，构筑智能通信的未来网络，形成理论联系实际的一个闭环系统。

本书在编写过程中，参考了大量相关的技术资料，在此向资料的作者表示感谢。由于笔者水平有限，书中不妥之处在所难免，恳请同行专家和广大读者批评指正。

本书入选新一代信息通信技术新兴领域"十四五"高等教育系列教材，特此致谢！在本书的撰写过程中，得到北京科技大学的相关领导、同事、朋友以及家人的大力支持与帮助，在此一并表示诚挚的感谢！感谢研究生樊韩文、李盼、左梦茹、陈坤在资料搜集和资料整理中做出的贡献。同时感谢国防工业出版社王京涛主任、责任编辑张冬晔的支持与帮助。

马忠贵<br>
2024 年 6 月

# 目 录

**第1章 智能通信概述** … 1
1.1 智能通信的研究背景 … 2
　1.1.1 新一代信息技术的飞速发展 … 2
　1.1.2 国家政策的支持与引导 … 4
1.2 智能通信的科技基础 … 6
　1.2.1 人工智能 … 6
　1.2.2 通信技术 … 13
　1.2.3 智联网 … 17
1.3 智能通信的关键技术及面临的挑战 … 18
　1.3.1 业务场景智能理解 … 18
　1.3.2 网络态势智能认知 … 18
　1.3.3 意图驱动的智能化管理 … 20
　1.3.4 智能协作与人机协同 … 21
1.4 智能通信的科学意义 … 22
1.5 习题 … 23
　参考文献 … 23

**第2章 智能通信的概念与体系结构** … 25
2.1 企业智能通信 … 25
　2.1.1 智能通信简介 … 26
　2.1.2 企业智能通信框架 … 27
　2.1.3 企业智能通信之路 … 30
　2.1.4 智能通信解决方案 … 31
2.2 智能通信系统 … 33
　2.2.1 智能通信系统的概念 … 33
　2.2.2 智能通信系统的研究内容 … 33
2.3 互动智能通信 … 34
　2.3.1 智能信息推拉技术 … 34
　2.3.2 互动智能通信的提出 … 36

  2.3.3 互动智能通信的体系架构 ………………………………………………… 37
  2.3.4 互动智能通信框架 ……………………………………………………… 39
 2.4 分布智能通信 …………………………………………………………………… 47
 2.5 移动智能通信 …………………………………………………………………… 48
 2.6 习题 ……………………………………………………………………………… 49
 参考文献 ……………………………………………………………………………… 50

# 第3章 智能通信中传统的人工智能 …………………………………………………… 51
 3.1 专家系统与知识工程 …………………………………………………………… 51
  3.1.1 从启发程序到专家系统 ………………………………………………… 51
  3.1.2 专家系统的概念与结构 ………………………………………………… 53
  3.1.3 专家系统的分类 ………………………………………………………… 55
  3.1.4 专家系统的设计和开发 ………………………………………………… 56
  3.1.5 简单的动物识别专家系统实例 ………………………………………… 58
  3.1.6 知识工程 ………………………………………………………………… 60
  3.1.7 知识表示 ………………………………………………………………… 63
 3.2 知识图谱 ………………………………………………………………………… 72
  3.2.1 知识图谱的概念和组成 ………………………………………………… 72
  3.2.2 知识抽取与表示 ………………………………………………………… 75
  3.2.3 知识融合 ………………………………………………………………… 78
  3.2.4 知识推理与质量评估 …………………………………………………… 78
 3.3 人工神经网络 …………………………………………………………………… 79
  3.3.1 从人工神经元到人工神经网络 ………………………………………… 79
  3.3.2 M-P人工神经元模型 …………………………………………………… 83
  3.3.3 感知机模型 ……………………………………………………………… 84
  3.3.4 自适应线性神经元 ……………………………………………………… 85
  3.3.5 前馈多层神经网络 ……………………………………………………… 86
  3.3.6 深度神经网络 …………………………………………………………… 91
  3.3.7 卷积神经网络 …………………………………………………………… 92
 3.4 智能机器人 ……………………………………………………………………… 100
  3.4.1 智能机器人概述 ………………………………………………………… 101
  3.4.2 机器人的分类 …………………………………………………………… 101
  3.4.3 机器人的组成 …………………………………………………………… 103
  3.4.4 智能机器人的体系架构 ………………………………………………… 105
 3.5 广义人工智能 …………………………………………………………………… 107
  3.5.1 广义人工智能的概念 …………………………………………………… 107
  3.5.2 广义人工智能的理论基础 ……………………………………………… 108
  3.5.3 广义人工智能的科学方法 ……………………………………………… 109

3.6 习题 ········································································································ 109

参考文献 ········································································································ 110

## 第4章 强化学习 ························································································ 111

### 4.1 强化学习的概念和分类 ··············································································· 111
4.1.1 强化学习的基本概念 ··········································································· 112
4.1.2 强化学习的主要特点 ··········································································· 115
4.1.3 强化学习的分类 ················································································ 116

### 4.2 马尔可夫决策过程 ····················································································· 118
4.2.1 马尔可夫过程 ···················································································· 118
4.2.2 马尔可夫奖励过程 ············································································· 120
4.2.3 马尔可夫决策过程 ············································································· 122

### 4.3 动态规划 ································································································· 125
4.3.1 策略迭代 ························································································· 126
4.3.2 价值迭代 ························································································· 129

### 4.4 无模型强化学习方法 ·················································································· 130
4.4.1 蒙特卡罗法 ······················································································ 130
4.4.2 时序差分法 ······················································································ 131
4.4.3 Sarsa 算法 ······················································································· 132
4.4.4 Q-学习算法 ······················································································ 133

### 4.5 深度强化学习 ··························································································· 135
4.5.1 深度 Q 网络 ····················································································· 135
4.5.2 深度确定策略梯度算法 ········································································ 138

### 4.6 强化学习在移动边缘计算中的应用 ································································· 141
4.6.1 移动边缘计算系统模型 ········································································ 141
4.6.2 移动边缘计算形式化建模 ····································································· 142
4.6.3 基于强化学习的计算资源分配算法 ························································· 143

### 4.7 习题 ······································································································· 144

参考文献 ········································································································ 145

## 第5章 联邦学习 ·························································································· 146

### 5.1 联邦学习简介 ··························································································· 146
5.1.1 联邦学习提出的背景 ··········································································· 147
5.1.2 联邦学习的概念 ················································································· 148
5.1.3 联邦学习的特点 ················································································· 149
5.1.4 联邦学习的分类 ················································································· 150
5.1.5 联邦学习开源框架 ············································································· 152

### 5.2 横向联邦学习 ··························································································· 153
5.2.1 横向联邦学习的概念与应用场景 ···························································· 153

5.2.2　横向联邦学习系统架构 ·················· 154
　　5.2.3　横向联邦学习算法——联邦平均算法 ·················· 158
5.3　纵向联邦学习 ·················· 159
　　5.3.1　纵向联邦学习的概念与应用场景 ·················· 159
　　5.3.2　纵向联邦学习系统架构 ·················· 160
　　5.3.3　纵向联邦学习算法——联邦线性回归 ·················· 162
5.4　联邦迁移学习 ·················· 163
　　5.4.1　异构联邦学习 ·················· 163
　　5.4.2　联邦迁移学习的概念及分类 ·················· 163
　　5.4.3　联邦迁移学习系统架构 ·················· 164
5.5　联邦学习在医疗影像中的应用 ·················· 165
　　5.5.1　COVID-19案例描述 ·················· 166
　　5.5.2　COVID-19数据概述 ·················· 166
　　5.5.3　联邦迁移学习模型设计 ·················· 166
　　5.5.4　训练效果 ·················· 168
5.6　习题 ·················· 169
参考文献 ·················· 169

# 第6章　智能通信的基础设施 ·················· 170
6.1　下一代网络的概念与体系结构 ·················· 170
　　6.1.1　下一代网络的概念 ·················· 170
　　6.1.2　基于软交换的下一代网络的体系架构 ·················· 171
　　6.1.3　下一代网络的特点 ·················· 176
　　6.1.4　下一代网络的优势 ·················· 177
　　6.1.5　基于软交换的开放业务支撑环境 ·················· 177
6.2　IMS的概念与网络架构 ·················· 179
　　6.2.1　IMS的概念 ·················· 179
　　6.2.2　IMS的特点 ·················· 180
　　6.2.3　IMS的网络架构 ·················· 180
6.3　软件定义网络 ·················· 185
　　6.3.1　SDN的基本概念 ·················· 185
　　6.3.2　SDN的特征 ·················· 186
　　6.3.3　SDN的体系架构 ·················· 187
6.4　网络功能虚拟化 ·················· 190
　　6.4.1　NFV的概念 ·················· 190
　　6.4.2　NFV的特点 ·················· 191
　　6.4.3　NFV的参考架构 ·················· 191
6.5　习题 ·················· 198

参考文献 ·············· 198

# 第 7 章 认知无线网络 ·············· 199
## 7.1 认知无线电 ·············· 199
### 7.1.1 认知无线电的概念和特点 ·············· 201
### 7.1.2 频谱感知 ·············· 205
### 7.1.3 频谱管理 ·············· 212
### 7.1.4 频谱共享 ·············· 213
### 7.1.5 频谱移动性管理 ·············· 215
## 7.2 认知无线网络概述 ·············· 215
### 7.2.1 认知无线网络的概念 ·············· 216
### 7.2.2 认知无线网络的特点 ·············· 216
## 7.3 认知无线网络架构 ·············· 218
### 7.3.1 认知无线网络的系统架构 ·············· 218
### 7.3.2 认知无线网络的功能架构 ·············· 220
### 7.3.3 认知无线网络的通信协议栈 ·············· 224
## 7.4 基于卷积神经网络的雷达频谱图分类检测 ·············· 226
### 7.4.1 3.5GHZ 雷达频谱图数据集 ·············· 226
### 7.4.2 基于卷积神经网络的频谱图分类检测模型 ·············· 227
### 7.4.3 频谱图检测分类器性能评估 ·············· 228
## 7.5 基于 Q 学习的认知无线电协作信道选择 ·············· 231
### 7.5.1 基于 Q 学习的认知无线电协作信道选择算法 ·············· 231
### 7.5.2 协作信道选择仿真结果 ·············· 234
## 7.6 习题 ·············· 235
参考文献 ·············· 235

# 第 8 章 智能网联汽车 ·············· 237
## 8.1 智能网联汽车的相关概念 ·············· 237
### 8.1.1 车联网 ·············· 238
### 8.1.2 智能交通系统 ·············· 239
### 8.1.3 智能汽车 ·············· 241
### 8.1.4 自动驾驶汽车 ·············· 242
### 8.1.5 网联汽车 ·············· 243
### 8.1.6 智能网联汽车 ·············· 244
### 8.1.7 车联网、智能交通系统、智能汽车和智能网联汽车之间的关系 ·············· 245
## 8.2 智能网联汽车的体系架构 ·············· 246
### 8.2.1 智能网联汽车产品的物理架构 ·············· 246
### 8.2.2 智能网联汽车的云控系统架构 ·············· 247
### 8.2.3 智能网联汽车的技术架构 ·············· 249

- 8.3 智能网联汽车的组成 ····· 249
  - 8.3.1 车载传感器 ····· 250
  - 8.3.2 导航定位 ····· 252
  - 8.3.3 网联通信 ····· 255
  - 8.3.4 计算平台 ····· 258
  - 8.3.5 智能决策 ····· 259
  - 8.3.6 人机交互 ····· 259
  - 8.3.7 控制执行 ····· 260
  - 8.3.8 系统测试 ····· 261
- 8.4 环境感知与理解 ····· 261
  - 8.4.1 目标检测 ····· 262
  - 8.4.2 目标跟踪 ····· 265
  - 8.4.3 融合感知 ····· 265
  - 8.4.4 意图识别与轨迹预测 ····· 267
- 8.5 决策与控制 ····· 268
  - 8.5.1 自主决策与控制 ····· 268
  - 8.5.2 协同决策与控制 ····· 269
- 8.6 智能网联汽车通感算一体化设计 ····· 270
  - 8.6.1 智能内生的"五层四面"通感算融合网络架构 ····· 270
  - 8.6.2 资源虚拟化与供需拟合的网络切片弹性重配置 ····· 272
  - 8.6.3 通感算融合的多视角、全方位目标协同感知 ····· 274
  - 8.6.4 "云-边-端"一体化的边缘智能 ····· 274
  - 8.6.5 通感算智能融合软件仿真平台 ····· 276
- 8.7 习题 ····· 277
- 参考文献 ····· 278

## 第9章 智能无人机网络 ····· 279

- 9.1 无人机系统概述 ····· 279
  - 9.1.1 无人机的概念 ····· 279
  - 9.1.2 无人机的历史 ····· 280
  - 9.1.3 无人机的分类 ····· 281
  - 9.1.4 无人机系统 ····· 283
- 9.2 无人机网络 ····· 285
  - 9.2.1 无人机网络架构 ····· 285
  - 9.2.2 无人机网络的特点 ····· 286
  - 9.2.3 无人机通信的信道模型 ····· 286
  - 9.2.4 无人机集群化 ····· 288
  - 9.2.5 无人机网络的典型应用场景 ····· 289

9.3 无人机飞行规划和轨迹优化 ………………………………………………… 290
9.4 无人机网络的能效优化 ………………………………………………………… 292
 9.4.1 无人机网络系统模型 ……………………………………………………… 292
 9.4.2 无人机网络能效优化问题建模与求解 …………………………………… 296
 9.4.3 无人机网络能效优化性能仿真与分析 …………………………………… 298
9.5 习题 …………………………………………………………………………… 302
参考文献 …………………………………………………………………………… 302

# 第10章 移动计算与边缘智能 …………………………………………………… 304
10.1 移动计算 ……………………………………………………………………… 304
 10.1.1 移动计算的概念 ………………………………………………………… 304
 10.1.2 移动计算系统模型 ……………………………………………………… 306
 10.1.3 移动计算的体系架构 …………………………………………………… 307
 10.1.4 移动计算的主要特点 …………………………………………………… 308
10.2 边缘计算 ……………………………………………………………………… 309
 10.2.1 边缘计算的概念 ………………………………………………………… 309
 10.2.2 从云计算到边缘计算的技术演讲 ……………………………………… 310
 10.2.3 边缘计算的体系架构 …………………………………………………… 315
 10.2.4 边缘计算的关键技术 …………………………………………………… 317
10.3 移动边缘计算 ………………………………………………………………… 319
 10.3.1 移动边缘计算的概念 …………………………………………………… 320
 10.3.2 移动边缘计算的特点 …………………………………………………… 320
 10.3.3 移动边缘计算的系统架构 ……………………………………………… 320
10.4 边缘智能 ……………………………………………………………………… 323
 10.4.1 边缘智能的概念 ………………………………………………………… 323
 10.4.2 边缘智能的系统架构 …………………………………………………… 325
 10.4.3 边缘智能的网络架构 …………………………………………………… 325
 10.4.4 边缘智能的级别与挑战 ………………………………………………… 326
10.5 "云-网-边-端"体系架构 …………………………………………………… 327
 10.5.1 支撑内生可信的分布式联盟链构建 …………………………………… 327
 10.5.2 资源池的构建方案 ……………………………………………………… 328
 10.5.3 基于多维资源的异构网络虚拟化 ……………………………………… 329
10.6 习题 …………………………………………………………………………… 330
参考文献 …………………………………………………………………………… 331

# 第1章　智能通信概述

一夜之间，人工智能（Artificial Intelligence，AI）的概念仿佛扑面而来。从阿尔法狗（AlphaGo）战胜韩国职业九段棋手李世石开始，到自动驾驶汽车奔跑在北京市的五环上，再到人工智能在图像识别、语音识别、自然语言处理的一系列成功应用，世界各国都将发展人工智能作为提升国家竞争力、维护国家安全的重大战略，我国也将人工智能作为中国的国家战略。毫无疑问，人工智能已经带领人类社会进入全新的时代奇点，开始缔造一个全新的时代——智能时代！"智能+"将成为创新时尚。我们每个人应该做好准备，迎接这个人工智能的新时代。

同时，伴随着"网络强国""一带一路""中国制造2025""互联网+"，以及"人工智能+"行动计划等的提出，无线通信网络一方面成为联系陆、海、空、天各区域的纽带，是实现国家"走出去"的基石；另一方面为经济转型提供关键支撑，是推动我国经济、文化等多个领域实现信息化、网络化、智能化的核心基础。

人工智能和通信（特别是6G）是当今热度最高的两项技术。人工智能技术与通信技术融合，可使网络高效智能地完成特定任务，优化网络性能和提升用户感知。人工智能赋能通信，同时通信为人工智能提供了基础设施，拓展了人工智能的应用场景。未来通信网络由此可提供比以往更智能的互联、更快的速度、更大的容量和更可靠的连接。这两种技术的结合，可以赋能各种智慧应用场景，将迸发出惊人的社会发展驱动力。

根据第三代合作伙伴计划（3GPP）的研究计划，6G标准研究将在Rel-20（2025年）中启动，人工智能技术将在6G网络中深度部署。支持人工智能的空中接口已确定作为Rel-18及后续版本的无线接入网络项目之一，将用于性能提升或减少网络复杂性/网络开销。同时，支持人工智能的新一代无线接入网络在数据收集和信令支持方面的能力可得到增强。以上工作均是为了实现6G其中一个技术愿景：AI4NET（AI for Network）。

本章首先从新一代信息技术的飞速发展和国家政策的支持，这两个方面介绍了智能通信的研究背景。然后，介绍智能通信的科技基础。智能通信是人工智能与通信技术的融合，所以其科技基础也包括这两个方面。其次，介绍智能通信的四个关键技术：业务场景智能理解、网络态势智能认知、意图驱动的智能化管理、智能协作与人机协同。最后，介绍智能通信的科学意义。

## 1.1 智能通信的研究背景

20世纪70年代以来，人工智能被称为世界三大尖端技术（空间技术、能源技术、人工智能）之一，也被认为是21世纪三大尖端技术（基因工程、纳米科学、人工智能）之一，这是因为近三十年来人工智能获得了迅速的发展，在很多学科领域都获得了广泛应用，并取得了丰硕的成果。

人工智能是引领未来发展的战略性技术，是新一轮科技革命和产业变革的重要驱动力量，将深刻地改变人类社会生活、改变世界。近年来，各国政府高度重视人工智能、云计算、大数据等新一代信息技术的发展，加之国家级战略规划、科技助推政策的密集出台，不仅加快了资本向信息技术领域的流动，而且催生了大量智能通信业务需求场景。

人工智能技术并不是一个新生事物，它在最近几年引起全球性关注并得到飞速发展的主要原因，在于它的三个基本要素（数据、算法、算力）的迅猛发展，其中，数据和算力的发展尤为重要。物联网技术和应用的蓬勃发展使得数据积累的难度越来越低；而芯片算力的不断提升使得过去只能通过云计算才能完成的人工智能运算现在已经可以下沉到最普通的设备上完成。这使得在边端侧实现人工智能功能的难度和成本都得以大幅降低，从而让物联网设备拥有"智能"的感知能力变得真正可行。物联网技术为机器带来了感知能力，而人工智能则通过计算算力为机器带来了决策能力。二者的结合，正如感知和大脑对自然生命进化所起到的必然性决定作用，其趋势将不可阻挡，并且必将为人类生活带来巨大变革。

"智能+"是指在人工智能技术的基础上，结合其他技术手段来实现更多的应用场景和增强用户体验。这种技术融合方式被认为是未来智能发展的重要趋势之一。"智能+"将加速物理世界与数字世界的融合，再度重构360行的商业模式与竞争法则。伴随着人工智能国家战略的实施与新一代信息技术的演进，信息的联网、物理的联网、信息物理系统的融合正在不断现实化。"智能+通信"构成"智能通信"就非常自然了。

### 1.1.1 新一代信息技术的飞速发展

以人工智能（Artificial Intelligence，AI）、区块链（Block Chain，BC）、云计算（Cloud Computing，CC）、大数据（Big Data，BD）、边缘计算（Edge Computing，EC）、联邦学习（Federated Learning，FL）、强化学习（Reinforcement Learning，RL）、5G通信、物联网（Internet of Things，IoT）等为代表的新一代信息技术已成为理论研究的焦点、应用实践的重点和社会发展的增长点[1]。

海量、高速、异构、多样的大数据为新一代信息技术提供了数据上的支撑，不仅给传统信息技术带来严峻挑战，更促进了信息技术到数据技术的演进。在大数据时代，数据是机器学习等人工智能技术的"血液"。一方面，为满足爆炸式的数据计算存储服务需求，动态扩展、按需服务、高可靠性的云计算服务模式应运而生。另一方面，随着数据与计算能力前所未有的丰富，人工智能算法和芯片技术取得了突破性进展，人工智能走出了实验室，走进了商业、工业、军事、生活等多个领域。

强化学习作为一种自主学习控制策略，以自身经验为样本，使得在无线通信系统中设计完全自主的智能体进行资源分配决策成为可能。随着无线通信的持续演进，大量数据交换、不确定的信息增长、不稳定的数据有效持续时间和异构的数据来源造成无线网络日趋复杂，传统优化方法在多维信息优化上效率低下，而强化学习通过建立合适的状态，实现自我探索学习，降低了算法设计的难度。

随着数据的极大丰富，人们对数据隐私、数据安全、数据利用的合规合法性也愈加重视。因此，为满足数据隐私、安全和监管要求，联邦学习技术应运而生。联邦学习为大数据背景下实现高效数据共享、解决"数据孤岛"问题提供了安全的分布式机器学习框架，为深度神经网络分布式部署、训练数据扩展等问题的解决带来了希望。尤其是基于 PyTorch 的 PySyft 框架、基于 TensorFlow 的 TensorFlow Federated 框架、中国微众银行的 FATE 框架、Uber 的 Horovod 等开源联邦学习项目的开展以及相关国际标准的筹备，这些工作对联邦学习的进一步推广具有重要意义。

云计算解决了用户按需享用云服务的问题，而边缘计算解决了万物互联背景下云服务向网络边缘用户端的延伸和扩展问题。边缘计算为云计算面临的传输处理时延、网络拥塞、安全隐私问题提供了从"云端"向用户端"下沉"的解决方案，尤其在低时延、泛在连接、高带宽的 5G 通信技术助力下，云服务的"最后一公里"被打通，数据可以保留在智能芯片所加持的边缘设备终端，AI 应用可以下沉至网络边缘，加之区块链的安全可信保障，新一代信息技术大跨步进入了边缘智能的新时代。边缘智能不是简单地搭建边缘计算框架，机械地应用人工智能，而是利用 5G 通信将云计算延拓到边缘计算，将人工智能分布至整个链路，融合网络、计算、存储、应用的核心能力，让大数据在网络边缘智能升值，使边缘智能体系与用户、业务深度结合，使体系性能整体提升，并对外提供敏捷连接、实时业务、数据优化、应用智能、安全与隐私保护的智能服务。

互联网的横空出世，让"互联"成为可能。移动互联网实现了"移动互联"，人工智能借助大数据、云计算等，将每一个人牢牢连接在一起。思科（Cisco）公司于 2012 年 12 月提出物联网的概念，开启"万物互联"，使所有人和物体都能智能地连接与运行，是人工智能实现大规模应用的重要基础和前提。万物互联以物理网络为基础，增加网络智能，在互联网的"万物"之间实现融合、协同及可视化的功能。

在未来智慧城市中，各类分布式移动应用诸如物联网、车联网（Internet of Vehicles，IoV）、无人机网络（Unmanned Aerial Vehicle，UAV）、工业物联网（Industrial IoT，IIoT）、智慧医疗（Internet of Medical Things，IoMT）和增强/虚拟现实（Augmented Reality/Virtual Reality，AR/VR）的部署，在服务质量（Quality of Service，QoS）和服务水平协议（Service Level Agreement，SLA）两个方面均对通信网络有严格的要求，这些都是 6G 的原始驱动力，为此，6G 将实现"万物智联"。

从移动互联，到万物互联，再到万物智联，6G 将实现从服务于人、人与物，到支撑智能体高效连接的跃迁。为了达到这一水平，与 5G 相比，6G 需要配备上下文感知的算法来优化其架构、协议和操作。为此，6G 须在其基础架构设计中注入人工智能技术，使之融合到基站、云计算和云存储等基础设施中。软件定义网络（SDN）的传统方法，从分析到决策所需的时间较长。基于深度学习（Deep Learning，DL）、强化学习、联邦学习等机器学习算法适用于 6G 无线接入网的部署,包括资源、移动性、能效等方面的管理。

随着云计算、大数据、人工智能、智能芯片、边缘计算、联邦学习、区块链、5G 通信的发展,"智能+"带来的大融合、大发展、大繁荣趋势变得势不可挡。以 5G 通信为骨干网络,以区块链为安全可信载体保障,以边缘计算和云计算构建"云-边-端"一体化模式,利用联邦学习打破数据孤岛,利用智能芯片承载智能应用。因此,可以构想,5G 联通了云计算与边缘计算两端,助力大数据和人工智能下沉至网络边缘和智能终端,联邦学习、区块链协同打通"智能+"安全应用的最后一公里,为技术和应用场景的深度融合、边缘智能开放架构体系形成提供了极为丰富的技术支撑。

### 1.1.2 国家政策的支持与引导

近年来,中国人工智能行业受到各级政府的高度重视和国家产业政策的重点支持,国家陆续出台了多项政策,鼓励人工智能行业发展与创新,《关于印发新一代人工智能发展规划的通知》《关于支持建设新一代人工智能示范应用场景的通知》《关于加快场景创新以人工智能高水平应用促进经济高质量发展的指导意见》等产业政策为我国人工智能产业发展提供了长期保障。

2015 年 5 月 20 日,国务院印发《中国制造 2025》,其中明确指出:"加快推动新一代信息技术与制造技术融合发展,把智能制造作为两化深度融合的主攻方向……加快机械、航空、船舶、汽车、轻工、纺织、食品、电子等行业生产设备的智能化改造,提高精准制造、敏捷制造能力。统筹布局和推动智能交通工具、智能工程机械、服务机器人、智能家电、智能照明电器、可穿戴设备等产品研发和产业化。"

2015 年 7 月,国务院发布《关于积极推进"互联网+"行动的指导意见》,将"人工智能"列为其中 11 项重点推进领域之一。

2016 年 4 月,工信部、国家发展改革委、财政部联合发布《机器人产业发展规划(2016—2020 年)》,为"十三五"期间,我国机器人产业发展描绘了清晰的蓝图。

2016 年 5 月,国家发展改革委、科技部、工信部、中央网信办四部门联合发布《"互联网+"人工智能三年行动实施方案》,旨在推动互联网与人工智能技术的深度融合,培育新的经济增长点。计划重点支持智能语音、智能图像、智能推荐等领域的发展。并且提出,到 2018 年,"形成千亿级的人工智能市场应用规模"。

2016 年,国务院印发《"十三五"国家战略性新兴产业发展规划》,强调发展区块链与大数据、人工智能等新技术的重要性。2017 年 3 月,人工智能写入党的十九大报告。2017 年 6 月 21 日,中国人工智能产业创新联盟成立。

人工智能的迅猛发展引起了世界各国的高度重视,各国政府纷纷制定、颁布相关的规划和政策。2017 年 7 月,国务院印发了《关于印发新一代人工智能发展规划的通知》,提出要围绕教育、医疗、养老等迫切民生需求,加快人工智能创新应用。该规划明确了人工智能发展的目标、重点任务和保障措施,强调了人工智能在推动产业升级、提升国家竞争力等方面的重要作用。

2018 年 4 月,教育部发布的《高等学校引领人工智能创新行动计划》从"优化高校人工智能领域科技创新体系""完善人工智能领域人才培养体系"和"推动高校人工智能领域科技成果转化与示范应用"三个方面出发着力推动高校人工智能创新。并设立人工智能专业,从此"人工智能"正式成为我国高等院校的专业之一。此后,国内各高等院校纷纷开设了人工智能课程,有不少高校设置了人工智能专业,甚至成立了人工智能学院。人工智能逐步进入了教育领域,从信息化产品中人工智能的呈现,到人工智能作为课堂教学的内容,对各个教育场景都产生着影响。

继"互联网+"成为政府工作报告中的关键词,"智能+"也成为2019年政府关心的重点。2019年两会上,李克强总理在政府报告中指出,"今年我国将深化增值税改革,将制造业等现行16%的税率降至13%,降低制造业和小微企业税收负担。与此同时,我国还将深化大数据、人工智能研发应用,拓展'智能+',为制造业转型升级赋能。"这是"智能+"第一次出现在政府工作报告中,引发广泛关注。这些年我国的创新之路跑出了"加速度",重大科技成果不断涌现,新动能快速成长,成为推动中国经济发展的重要力量。

2019年6月17日,国家新一代人工智能治理专业委员会发布《新一代人工智能治理原则——发展负责任的人工智能》,提出了人工智能治理的指导思想、基本原则和治理框架,旨在促进人工智能的可持续发展和合理应用。这是中国促进新一代人工智能健康发展,加强人工智能法律、伦理、社会问题研究,积极推动人工智能全球治理的一项重要成果。

2020年7月27日,国家标准化管理委员会、中央网信办、国家发展改革委、科技部、工信部五部门联合颁布《国家新一代人工智能标准体系建设指南》,提出到2023年初步建立人工智能标准体系,重点研制数据、算法、系统、服务等重点急需标准,并率先在制造、交通、金融等重点行业和领域进行推进。

2021年9月25日,国家新一代人工智能治理专业委员会发布了《新一代人工智能伦理规范》,旨在将伦理道德融入人工智能全生命周期,为从事人工智能相关活动的自然人、法人和其他相关机构等提供伦理指引。提出了增进人类福祉、促进公平公正、保护隐私安全、确保可控可信、强化责任担当、提升伦理素养共6项基本伦理要求。

2022年3月24日,国务院办公厅发布了《关于加强科技伦理治理的意见》,对新时代我国科技伦理治理工作做出了全面、系统的部署。

2022年8月12日,科技部发布了《关于支持建设新一代人工智能示范应用场景的通知》,支持建设包括智慧农场、智能港口、自动驾驶等在内的10个人工智能示范应用场景。

2022年12月,最高人民法院在《关于规范和加强人工智能司法应用的意见》中表示,到2025年基本建成较为完备的司法人工智能技术应用体系;本次征求意见的《办法》对人工智能数据合规性、生成内容合法性提出进一步要求,未来相关政策有望精细化管理,助力人工智能产业发展。

2023年4月11日,中央网信办发布了《生成式人工智能服务管理办法(征求意见稿)》,拟对生成式人工智能在我国的开发及应用进行规范,对人工智能生成内容(AIGC)产品提出了若干合规要求,主要体现在数据安全、内容合规和知识产权保护三方面。

此外,美国、日本、德国、法国、英国、韩国也陆续推出了各自的国家云计算、大数据、人工智能等新一代信息技术发展规划,并逐步上升为国家级战略。

这些新政策的发布,进一步表明了中国和各国政府对人工智能发展的重视和支持,为人工智能的发展和应用提供了更加全面和具体的政策保障。同时,这些政策也强调了人工智能的伦理和安全问题,为人工智能的可持续发展和应用提供了有力保障。因此,在国家政策的支持和引导下,以融合人工智能、5G、边缘计算等新一代信息技术为主要手段的智能通信呈现出越来越清晰的时代特征,并不断被推送到技术浪潮的发展前沿。

## 1.2 智能通信的科技基础

人工智能和通信技术两者之间曾经泾渭分明,各自有着独立的发展方向。通信的本质在于信息的传递和交换,而人工智能的本质在于使机器能够模拟人类的思维能力。正是基于人工智能技术具有能够将通信系统的智能化推向新高的可能性,人们一直将两项技术跨领域嫁接。但直到5G技术的产生与商用才使得二者开始进行深度融合。主要是因为无线通信网络的构建逐渐完善,数据业务得到更高速的发展。很多高质量数据源的产生也促进人工智能技术在通信领域的发展与广泛应用。"智能通信"研究开发的主要科学技术基础如图1-1所示[2]。

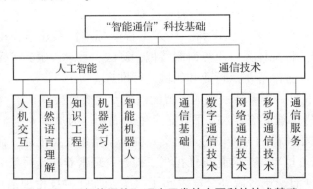

图1-1 "智能通信"研究开发的主要科技技术基础

### 1.2.1 人工智能

2016年3月15日,备受关注的人机大战以机器的胜利宣告结束,最终 Google 旗下 DeepMind 公司的超级计算机 AlphaGo 以 4∶1 的悬殊比分战胜了韩国职业九段棋手李世石。尽管早在1997年5月 IBM 的超级计算机深蓝就已经在国际象棋领域以 3.5∶2.5 战胜了世界冠军加里·卡斯帕罗夫,但是这次围棋比赛的胜利仍然是人工智能历史上甚至是人类科技史上的一次标志性事件。这是因为,人们长期以来一直认为围棋才是人类智力领域的最后一个堡垒,这不仅是由于围棋远超过所有棋类的复杂性——据称围棋的可能性棋局数量已经远远超过了宇宙中已知原子数量的总和,更是因为围棋的取胜需要的是直觉、洞察和大局观思维,而这些能力一直被认为是人类棋手最引以为豪的专长。然而,5天的比赛让将近3亿的观众共同见证了 AlphaGo 这个超级人工智能机器可以通过自己的学习而产生远超人类棋手的大局观和"创造性"。2017年5月,在中国乌镇围棋峰会上，AlphaGo 以 3∶0 的总比分战胜排名世界第一的世界围棋冠军柯洁。于是，无数人开始惊呼：人工智能超越人类智能的时代真的到来了。

人工智能作为赋能者，开始陆续渗透到工业、农业、商业、军事、教育以及人类生活等多个领域，以高效精准的华丽姿态，掀起了一场智能风暴，继蒸汽时代、电气时代和信息时代之后，再次将人类和社会的发展推到了高峰，促使人类迈向智能时代。智能时代是人类社会生产力发展的自然产物，它为不断满足人类生活的实际需要而迅猛发展着，是一个计算无所不在、软件定义一切、数据驱动发展的新时代。而"智能通信"的智能化理论方法和实现技术是"人工智能"，那么什么是"人工智能"呢？

1956 年 8 月，在美国汉诺斯小镇宁静的达特茅斯学院中，约翰·麦卡锡（John McCarthy，计算机科学家）、马文·闵斯基（Marvin Minsky，人工智能与认知学专家）、克劳德·艾尔伍德·香农（Claude Elwood Shannon，信息论的创始人）、雷·所罗门诺夫（Ray Solomonoff）、艾伦·纽厄尔（Allen Newell，计算机科学家）、赫伯特·A. 西蒙（Herbert A. Simon，诺贝尔经济学奖得主）、阿瑟·塞缪尔（Arthur Samuel）、奥利弗·塞尔福里奇（Oliver Selfridge）、纳撒尼尔·罗切斯特（Nathaniel Rochester）、特雷查德·摩尔（Trenchard More）10 位科学家组织了长达两个月的会议，讨论着一个完全不食人间烟火的主题：用机器来模仿人类学习以及其他方面的智能，与会人员如图 1-2 所示。

John McCarthy

Marvin Minsky

Claude Elwood Shannon

Ray Solomonoff

Alan Newell

Herbert A. Simon

Arthur Samuel

Oliver Selfridge

Nathaniel Rochester

Trenchard More

图 1-2　达特茅斯会议与会人员

在达特茅斯学院召开的夏季研讨会上，约翰·麦卡锡提出了"人工智能"的概念，这次会议标志着人工智能正式诞生。这一年，麦卡锡从达特茅斯搬到了麻省理工学院，明斯基也搬到了这里，之后两人共同创建了麻省理工学院的人工智能实验室，这是世界上第一个人工智能实验室。

#### 1.2.1.1　智能的概念

什么是智能（Intelligence）？这是一个难以准确回答的问题。因为关于智能，至今还没有一个公认的定义。

狭义的智能仅指人类智能，又称为自然智能，是指人在认识和改造客观世界的活动中，由思维过程和脑力活动所体现出来的智慧和能力。它是人脑的属性或产物。人类智能主要包含三个方面：思维能力、感知能力、行为能力。人们能够通过大脑进行记忆、联想、推理、计算、分析、比较、判断、决策、规划、学习、探索等思维活动；能够通过视觉、听觉、触觉等感知客观世界，获得各种信息；也能够通过口、手、足等器官对外界的刺激做出反应，采取行动。

广义的智能则可以理解为收集、汇集、选择、理解和感觉的功能。如果一个人工制品具有以上功能，则可以称其具有智能。因此，广义的智能除了包括人类智能外，还包括人工智能和集成智能。集成智能是指基于人类智能和人工智能相结合的人－机系统。

广义的智能具有以下一些共性：智能的基本要素是"信息"；智能是普遍存在的，人、动物、机器都可能有智能；智能是多层的，可以分为高层智能（思维）、中层智能（感知）和基层智能（行为）；智能是进化的；智能是相对的；智能是智能系统的整体功能。

#### 1.2.1.2 人工智能的概念

人工智能是信息科学的一个重要分支，它希望生产出一种类似于人类智能性质的机器。从科学的角度来说，人工智能是研究开发用于模拟、延伸和扩展人的智能的理论方法、实现技术及应用系统的一门技术科学。"人工智能"即"人造智能""机器智能"和非"自然智能"。"人造智能"如计算机智能、机器人智能；非"自然智能"如人的智能、其他动物智能[3]。人工智能是对人类学习过程的阐释，对人类思维过程的量化，对人类行为的澄清以及对人类智能边界的探索[4]。研究和制造具有"拟人智能"的机器，是人们长期以来的愿望，国内外有不少关于"智能机器"的发明创造，为"人工智能"学科的诞生提供了科学技术条件与学术思想。

在历史发展的过程中，人类依靠自身的智慧，发明和创造了许多机器，使得人类从繁重的体力和脑力劳动中解放出来。利用机器，人们可以上天，可以入海，可以遨游茫茫宇宙，也可以窥探分子世界，甚至可以做许多本来完全不可能做到的事情。计算机就是一种有效用于信息处理的机器，能以人类远远不能企及的速度和准确性完成大量而复杂的任务。计算机可以模拟人脑的某些功能，所以人们又称计算机为"电脑"。人们研究人工智能的初衷，是想让计算机同人脑一样具有智能，为人类社会做出更大的贡献。

清华大学的张钹院士指出："人工智能是利用机器（如计算机）来模拟人类智能行为的学科，包括理性行为、感知、动作以及情感、灵感和创造性等。由于这些行为都能被观察到，或者可以通过自然语言的形式表达出来，因此可以被机器所模仿。由于我们主要使用的机器是计算机，而'计算'是计算机唯一能做的事情，因此人工智能的任务就是要把人类的智能行为变成计算模型，让机器来实现"[5]。简单来说，人工智能可以被定义为机器（通常是一台计算机、一个机器人或一段程序）通过像人类一样的智能来执行任务的一种能力（如图1-3所示），并拥有以下6种能力：感知能力、记忆与思维能力、理解能力、推理能力、学习能力以及行为能力。我们会根据这个更实用的定义介绍人工智能，该领域的研究包括专家系统、人工神经网络、机器人、自然语言理解、知识图谱、深度学习、强化学习、联邦学习等。

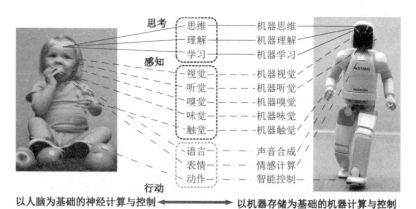

图 1-3 人工智能与人类智能的对应关系

人工智能的研究方法有三种：结构模拟、功能模拟和行为模拟，从而形成人工智能的三大学派，将在第 3 章进行详细介绍。

结构模拟以人脑的生理结构和工作机理为基础，对人脑的神经细胞及其构成的神经网络进行研究，采用神经计算的方法来实现学习、联想、识别、推理，从而形成联结主义学派。

功能模拟以人脑的心理模型为基础，将问题或知识表示成某种逻辑网络，采用符号推演的方法，来实现搜索、推理和学习，模拟人脑的思维，从而形成符号主义学派。

行为模拟则是通过模拟人在控制过程中的智能活动和行为特性，如自寻优、自适应、自学习、自组织等，来研究和实现人工智能，从而形成行为主义学派。

#### 1.2.1.3 人工智能的历史

人工智能从 20 世纪 50 年代出现发展至今，经过了 6 个阶段，具体如下。

（1）第一阶段：起步发展期（1956 年至 20 世纪 60 年代初）。

1956 年，在美国达特茅斯学院举办的暑期研讨会上，约翰·麦卡锡提出了"人工智能"一词，标志着人工智能这门学科的诞生。约翰·麦卡锡也因此被誉为是"人工智能之父"。

（2）第二阶段：反思发展期（20 世纪 60 年代至 20 世纪 70 年代初）。

达特茅斯会议之后的十年间，人工智能到达了第一个高峰。人工智能发展初期的突破性进展极大地提升了人们对人工智能的期望，计算机广泛应用于数学和自然语言领域，用来解决代数、几何和英语问题，当时甚至有很多学者预言："二十年内，机器将做到人能做到的一切。"很多人因此将人工智能神话，认为它能够解决已有科技无法解决的许多问题。

时间来到了 20 世纪 70 年代，人工智能经历了一段痛苦而艰难的岁月。科研人员在人工智能的研究中对项目难度预估不足，这不仅导致与美国国防部高级研究计划署（ARPA）的合作失败，还让大家设想的人工智能美好前景蒙上了一层阴影。与此同时，社会舆论也慢慢开始给人工智能研究项目带去很多压力，致使很多研究经费被转移到其他项目上。当时，人工智能主要面临三个方面的问题：第一是计算机性能不足，这导致很多算法无法完成计算和训练；第二是问题的复杂性，早期人工智能程序主要解决特定的问题，其操作比较简单，可一旦问题变得复杂，早期人工智能则无法应对；第三是数据量严重缺失,这是因为当时不可能找到足够大的数据库来支撑程序的深度学习,这使机器无法读取足够量的数据,从而影响智能化的进行。接二连三的失败和预期目标的落空使人工智能的发展走入低谷。

(3) 第三阶段:应用发展期 (20 世纪 70 年代初至 20 世纪 80 年代中)。

经过一代人的努力之后,20 世纪 70 年代提出一种以知识或经验为基础的符号推理模型,这种模型又叫符号主义模型,或知识驱动模型,着重对人类的理性行为(理性思考)进行模拟。例如,出现的专家系统模拟人类专家的知识和经验解决特定领域的问题,成效显著,推动人工智能走入应用发展的新高潮,称为第一代人工智能。

20 世纪 70 年代末期,美国斯坦福大学的科研人员利用 LISP 语言(一种通用高级计算机程序语言)研发出来的 MYCIN 系统是"专家系统"的典型代表。MYCIN 系统是一种能够帮助医生诊断具有传染性的血液病,并且提供抗生素类药物选择的人工智能系统。系统名称 MYCIN 取自抗生素的英文后缀 – mycin。MYCIN 系统在感染学上已经可以替代一部分人工治疗(图 1 – 4)。

图 1 – 4  MYCIN 系统进行诊断

1980 年,卡内基梅隆大学为数字设备公司设计了一套名为 XCON 的"专家系统"。这是一种采用人工智能程序的系统,可以简单地理解为"知识库 + 推理机"的组合。也就是说,XCON 是一套具有完整专业知识和经验的计算机智能系统。这时的人工智能主要以专家系统为主,能满足人们日常对特定问题和知识的解答。

(4) 第四阶段:低迷发展期 (20 世纪 80 年代中至 20 世纪 90 年代中)。

经过实践应用,由于构建专家系统的知识和经验来自人类专家,而且靠人工输入费时、费力,十分困难,难以获得广泛的应用,人工智能的发展受阻,出现了"低潮"。人们发现构建专家系统的知识和经验来自人类专家,靠人工输入费时、费力;而且专家系统存在应用领域狭窄、缺乏常识性知识、知识获取困难、推理方法单一、缺乏分布式功能和难以与现有数据库兼容等问题,难以获得广泛的应用,人工智能的发展受阻,出现了长达 10 年的"低潮"期。

(5) 第五阶段:稳步发展期 (20 世纪 90 年代中至 2010 年)。

互联网技术的发展和高性能计算机的出现,加速了人工智能的创新研究,人们渐渐使用人工智能算法来解决数据采集和处理中的很多问题,促使人工智能技术进一步走向实用化。

(6) 第六阶段:蓬勃发展期 (2011 年至今)。

大数据、云计算、互联网和物联网等信息技术的发展,泛在感知数据和图形处理器等计算平台推动以深度神经网络为代表的人工智能技术飞速发展，使得人工智能出现在越来越多的场景中，成了与人们日常生活息息相关的一项技术。基于大数据的深度学习模型，使人工智能在模式识别、内容生成和预测等领域取得了很大的成功，出现了大量的实际应用和产业发展。我们称它为第二代人工智能。

第一代人工智能人们利用知识、算法和算力这3个要素来发展人工智能，进入知识驱动的时代。第二代人工智能人们利用数据、算法和算力这3个要素发展人工智能，进入数据驱动的时代。这两个时代人工智能虽然都取得了进展，但都存在明显的不足，其原因是没有充分利用数据、知识、算法和算力这4个要素。ChatGPT的出现标志着人工智能进入一个新的发展阶段，即第三代人工智能。就是同时充分发挥数据、知识、算法和算力这4个要素的作用，特别是知识的作用，因为知识才是人类智慧的源泉，ChatGPT的成功就在于通过"词嵌入法"，有效地获取文本中所包含的知识，把这4个要素充分利用起来。

从人工智能的发展阶段可以看出，它的发展不是一帆风顺的，可以说是经过了多次挫折，险些被抛弃，但它每次都能起死回生，最终成了被大众接受并深受追捧的一项技术。

人工智能的发展史如图1-5所示。

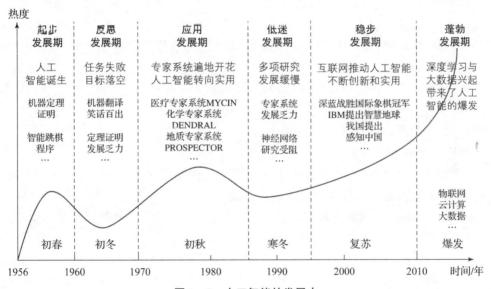

图1-5 人工智能的发展史

#### 1.2.1.4 人工智能的研究方法

回顾"人工智能"学科发展的历史进程，从科学方法论的角度分析，人工智能的研究方法和技术路线主要有3条途径，在学术观点上有3大学派：功能模拟学派、结构模拟学派、行为模拟学派，如图1-6所示。

（1）"功能模拟"学派。

"功能模拟"学派也称为"符号主义"学派，主张从功能方面模拟、延伸、扩展人的智能，认为人脑和电脑都是物理符号系统，是一种基于逻辑推理的智能模拟方法。其代表性研究成果有：启发式程序、专家系统、知识工程、知识图谱等。主要学术观点包

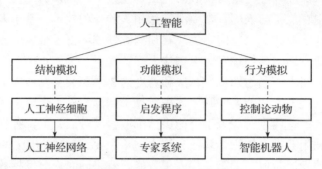

图1-6 人工智能的研究方法

括：智能活动的基础是物理符号系统，思维的基元是符号，思维过程即符号运算，智能的核心是知识，利用知识推理进行问题求解，知识可用符号表示，可建立基于符号逻辑的智能理论体系。主要科学方法包括：基于实验心理学与计算机软件技术相结合的，以思维过程的功能模拟为重点的"黑箱"方法。"功能模拟"学派的发展途径：启发程序→专家系统。

(2) "结构模拟"学派。

"结构模拟"学派也称为"联结主义"学派，主张从结构方面模拟、延伸、扩展人的智能，用"电脑"模拟"人脑"神经系统的联结机制。其代表性成果有：M-P人工神经元模型、感知机、BP神经网络、Hopfield神经网络等。主要学术观点包括：智能活动的基元是神经元，智能活动过程是神经网络的状态演化过程，智能活动的基础是神经元的突触联结机制，智能系统的工作模式是模拟人脑模式。主要科学方法包括：基于神经心理学与生理学的、以神经系统的结构模拟为重点的数学模拟与物理模拟方法。"结构模拟"学派的发展途径：人工神经元→人工神经网络。

(3) "行为模拟"学派。

"行为模拟"学派也称为"行为主义"学派或控制论学派，主张从行为方面模拟、延伸、扩展人的智能，认为"智能"可以不需要知识，其代表性成果如香农老鼠、MIT的布鲁克斯（Brooks）研制的智能机器人。主要学术观点包括：智能行为的基础是"感知-行动"的反应机制，智能系统的智能行为需要在真实世界的复杂环境中进行学习与训练，在与周围环境的信息交互、适应过程中，不断进化和体现。主要科学方法包括：基于智能控制系统的理论、方法和技术，以生物控制系统的智能行为模拟为重点，研究拟人的智能控制行为。"行为模拟"学派的发展途径为：控制论动物→智能机器人。

人工智能的三大学派、三个层次、三条途径，在学术观点、研究内容、科学方法上，存在严重的分歧、矛盾和差异。联结主义学派反对：符号主义学派关于物理符号系统的假设，认为人脑神经网络的联结机制与计算机的符号运算模式有原则性差别。行为主义学派批评：符号主义学派、联结主义学派对真实世界作了虚假的、过分简化的抽象，认为存在"不需要知识、不需要推理"的智能。

"人工智能"的三大学派分歧、三条途径差异导致"人工智能"的三个层次："高层思维智能、中层感知智能、基层行为智能"的分离。所以，"人工智能"学科缺乏统一的理论体系，各分支学科之间缺少相互的学术交流、分工协作，不利于"人工智能"学科协调和高速发展。

涂序彦教授认为："功能模拟""结构模拟"和"行为模拟"三大学派、三个层次、三条途径是在"人工智能"学科发展的历史过程中逐步形成的。各有侧重、各有特色、各有所长、各有所短，应当相互结合、取长补短、友好协商、彼此交流、综合集成、协同工作。在此基础上，提出了"广义人工智能"，将在第3章中进行介绍。

#### 1.2.1.5 智能通信中的人工智能

人机交互本质上是认知过程，人机交互是以认知科学为理论基础，以系统科学作为人机交互研究框架的方法学，以信息技术作为用户接口的技术基础，通过信息系统的建模、形式化描述、整合算法、评估方法以及软件框架等信息技术，最终实现和应用人机交互理论。通过人机交互技术的研究，可以提高通信的服务质量和人性化水平，以更方便地为人们服务。从 PC 时代透过鼠标键盘的交互，到无线时代的触手可及，人机交互变得越来越接近人的本能。在智能时代，人机将没有交互，因为设备已经变成了我们的感官，深度融合于我们生活的基础环境，成为了我们感情元素的一部分，并正在引领一场智能生活模式。

自然语言理解是指用计算机自动处理和理解自然语言。自然语言具有语法灵活、不规范，以及语义模糊、与语境相关性大等特点。这些特点使得用机器处理自然语言非常困难。但是，要提高通信的自动化和智能化水平，这一技术又是十分急需的。近年来，在句法分析、语义理解、语言生成等方面，提出了多种基于数理语言学和统计语言学的有效方法。

智能通信的业务逻辑可以使用知识库系统描述，构建相应的知识库、推理机和规则集。一些操作和规则可以使用符号逻辑、谓词逻辑、产生式规则等进行表示，通信服务可以通过领域本体（Ontology）和语义网络进行描述。

机器学习作为人工智能的一个重要分支，可以分为监督学习、无监督学习和强化学习等不同类型。机器学习主要关注于如何使计算机系统能够从数据中自动地学习和改进，以优化其性能，获得强大的智能并完成各种复杂的任务。从这个角度上说，数据是人工智能的粮食。

随着人工智能成为支撑社会发展的核心技术，智能机器人将全面渗入人们的工作和生活中，"人机共存"将成为人类社会结构的新常态，人类自身和智能机器人的社会分工将随着智能技术的发展而不断变化。

### 1.2.2 通信技术

智能通信发展是建设通信强国的重要支撑，已成为国家重大战略需求。通信技术是智能通信的核心和基础。其中，主要的技术包括数字通信技术、网络通信技术、移动通信技术和通信服务。

#### 1.2.2.1 数字通信技术

根据在信道上传输的信号形式的不同，可分为两类通信方式：模拟通信和数字通信。所谓数字通信，就是指以数字信号作为载体来传输消息，或用数字信号对载波进行数字调制后再传输的通信方式。数字通信以其高传输质量、强处理能力、高安全性、低成本、易扩展、强抗干扰能力、可控差错以及易加密等优点，在现代通信领域中具有举足轻重的地位。数字通信系统构成模型如图1-7所示。

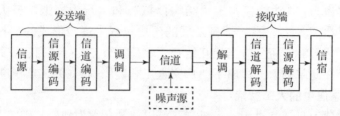

图1-7　数字通信系统构成模型

图1-7中各部分的作用如下：信源把原始消息变换成原始电信号；信源编码把模拟信号变换成数字信号，即完成模/数变换的任务；信道编码完成自动检错或纠错功能；信道是指传输信号的通道，可分为有线信道（双绞线、电缆、光缆等信道）、无线信道（微波、卫星等信道）；调制器作用是对数字信号进行频率搬移；接收端的解调、信道解码、信源解码等几个方框的功能与发送端几个对应的方框正好相反，是一一对应的反变换关系。

#### 1.2.2.2　网络通信技术

网络通信技术包括3个基础网络（电信网、计算机网络、有线电视网）及其融合，以及下一代网络。电信网主要指公用电话网，由电信部门运营，其终端主要是电话机，是为实现点到点的双向语音通信而设计建设的网络。计算机网络是指将地理位置不同的具有独立功能的多台计算机及其外部设备，通过通信线路和通信设备连接起来，在网络操作系统，网络管理软件及网络通信协议的管理和协调下，实现资源共享和信息传递的计算机系统。其终端主要是计算机，实际是以计算机和计算机局域网为基础逐步互联、发展，日益扩张膨大而形成的网络。有线电视网是广播式传输、有条件接收的广播电视网，用于传输广播电视节目（视频内容），其终端主要是电视接收机。目前，已实现了"三网"融合。

随着业务多元化发展，为了适应规模日益增加且业务应用动态变化的网络环境，电信网与计算机网络领域不断提出网络功能软件化、虚拟化、服务化的设计思想。

以电信网络为主体的通信网络，架构从最初的人工交换，迈出了智能化的第一步，变革为程控交换。程控交换机是采用计算机进行"存储程序控制"的交换机，将各种控制过程编写为计算机程序，存入存储器，利用对外部状态的扫描数据和存储程序来控制、管理整个交换系统的工作。与人工交换相比，程控交换机可更好地适应需求变化，增加新业务往往只需要改变软件（程序和数据）即可满足不同外部条件（如市话局、长话局等的不同需求）的需要。同时，为了便于管理和维护，可通过故障诊断程序进行故障检测和定位，迅速及时地处理紧急故障。但程控交换机中，用于用户和中继等的接入接口模块、呼叫处理、数字交换网络以及业务控制功能都集中在交换节点上，这给交换机及时引入新业务、选择灵活的承载网络等带来很大的局限性。为此，智能网技术应运而生，其核心思想就是把交换机的业务交换与业务控制功能分离，在原有通信网络的基础上附加网络结构，为用户快速提供新业务。虽然在引入智能网以后可实现业务控制与业务交换的分离，但连接控制与呼叫控制功能仍未分离，不便于网络融合时的综合接入，而且也缺乏开放的应用编程接口（Application Programming Interface，API）。为此，提出了软交换的概念，实现了业务与呼叫控制分离、呼叫控制与承载分离。它充分吸取了 IP（网络互连协议）、ATM（异步传送模式）、智能网和 TDM（时分复用）等技术的优点，采用开放的分层体系结构，不但实现了网络的融合，更重要的是实现了业务的融合，具有充分的优越性。

下一代网络是电信发展史上的一个里程碑，是集语音、数据、图像、视频等多媒体业务于一体的全新网络。软交换作为下一代网络的一项核心技术，既实现了网络融合，又实现了业务的融合，使得分组交换网络可以实现原有电话网络中的各种业务功能，并且可以在下一代网络内快速提供各种新的业务类型，以满足用户需求。

互联网体系架构也在不断演进，斯坦福大学尼克·麦考恩（Nick McKeown）教授提出了软件定义网络（SDN）。SDN 的核心思想是通过将网络设备的控制面与数据面分离，实现网络流量的灵活控制。这种由软件定义的灵活控制方式，使网络作为管道变得更加智能，为网络及应用的创新提供了良好的平台，同时也成为网络虚拟化的一种实现方式。SDN 将网络智能控制剥离出来，由逻辑上集中的控制器负责所有的决策控制，并具备实时收集海量网络数据的能力，赋予了未来网络更灵活可控的能力。

云计算兴起之后，整个通信网络不断引入虚拟化思想，使软硬件逐渐分离，网络功能从传统硬件专用设备中解耦，将核心网各种网元功能部署在通用服务器之上，而不需专用硬件。由此，提出网络功能虚拟化（Network Function Virtualization，NFV）理念，硬件承担计算和转发任务，软件实现不同的网络功能，并可以灵活组装为满足不同需求的服务功能链。NFV 是在单个物理网络上安装一系列虚拟化网络功能（如路由器、防火墙、域名服务等），从而建立多个逻辑网络。每个逻辑网络具有特定的网络能力和特性，通过启用虚拟隔离机制在一个物理基础设施上可部署多种网络服务，减少硬件使用数量，提升网络柔性适变能力，从而提高网络架构的灵活性和可扩展性。

因此，SDN 作为 NFV 的互补技术，解耦控制面和数据面，主要进行路由和网络操作；NFV 解耦软硬件，主要提供计算和处理服务。借助 NFV、SDN 和人工智能等技术，将有可能实现网络的高效柔性可重构，支撑更加灵活多样的网络服务。

同时，由于各类应用不断涌现且快速增长，大量数据从边缘网络通过回传链路和核心网发送至云数据中心，造成网络负担过重。为了满足业务实时性需求，降低网络流量，在边缘网络设备中增加计算、存储等功能，将无线接入、数据缓存和云计算等不同层面的技术有机融合，提出本地化执行业务的边缘计算和移动边缘计算。

### 1.2.2.3 移动通信技术

移动通信是指通信的双方或至少一方处于运动中进行信息交换的通信方式。移动通信经历了从模拟制式到数字制式、从单纯的语音业务到数据传输业务的快速发展历程。

2013 年 12 月，工业和信息化部向中国移动、中国联通、中国电信颁发了 4G 牌照，标志着我国移动互联网进入一个新时代。

2019 年 6 月 6 日，工业和信息化部正式向中国移动、中国联通、中国电信、中国广电发放 5G 商用牌照，标志着我国正式进入 5G 商用元年。在这场革命中，以 5G 为依托，人工智能将渗透到社会的各个领域，人们的生产生活方式将得以彻底颠覆。国际电信联盟无线电通信局（ITU-R）定义了 5G 的三大典型应用场景：增强型移动宽带

(eMBB)、超可靠低时延通信（uRLLC）和海量大规模连接物联网（mMTC），极大地改善用户体验。其中，eMBB 主要面向 VR/AR、在线 4K 视频等高带宽需求业务；mMTC 主要面向智慧城市、智能交通等高连接密度需求的业务；uRLLC 主要面向车联网、无人驾驶、无人机等时延敏感的业务。

1G 到 4G 重点解决了人与人之间的通信需求，而 5G 将满足人与物、物与物之间的通信需求。在应用方面，5G 的应用范围将进一步拓展，逐渐突破移动互联网领域，向移动物联网领域前进，与工业、医疗、交通、智慧城市等实现交互融合，使传统行业的信息化水平大幅提升，真正实现"5G 改变社会"。

未来通信网络将致力于为万亿级人机物节点提供全方位、立体化、全时空、智能化的泛在服务，集感知、传输、存储、计算、控制于一体的分布式智能异构网络已成为 6G 时代的必然趋势。通信网络的定位已经从简单的数据传输通道逐渐变为集感知、传输、存储、计算、控制于一体的信息社会的重要基础设施。

6G 作为 5G 之后的下一代移动通信技术，其核心目标是实现万物智联，以支持更复杂的应用场景和用例。近年来，人工智能技术的快速发展为 6G 的网络设计和优化提供了新的思路。利用人工智能的智能协同通信技术，有望大幅提升 6G 网络的性能与用户体验。

人工智能技术在物理层、MAC 层、网络层等都为 6G 的发展提供了新思路。当前，AI 赋能 6G 的典型技术[6]主要包括以下几种。

（1）基于深度学习的波形设计和信道建模。

利用深度学习的强大拟合能力，可以实现更好的调制编码方式和波形设计，以适应 6G 的高频通信。另外，深度学习也可以建立更精确的无线信道模型，为链接预估、资源分配等提供支持。

（2）基于知识图谱的架构设计。

知识图谱技术可以明确网络架构的组成元素及其关系，指导更合理的 6G 网络设计，使其更符合智能协同的要求。

（3）基于深度学习和强化学习的资源管理。

强化学习可以实现更智能的网络资源动态调度与管理。在 6G 中，它可以应用于更优的频谱分配、缓存管理、计算资源调度等，全面提升资源利用效率。特别是多智能体强化学习将多个智能体放入复杂的通信系统环境中进行训练，让他们在相互竞争中学习更好的策略。这可以应用于 6G 的干扰管理、网络切片调度等场景。对于业务层，可基于深度学习技术对通信网络的历史数据进行分析和学习，以实现网络资源的优化分配和数据的高效分发，降低数据传输的延迟和能耗[7]。

（4）元学习应用于无线网络优化。

元学习通过提取不同任务之间的共性，实现对新任务的快速学习。这可以帮助 6G 网络更好地适应不同的业务需求、环境变化等，实现自主网络优化。

（5）基于深度学习的物理层优化。

在物理层，可以通过多种人工智能技术来提高网络能源效率。如多输入多输出（Multiple Input Multiple Output，MIMO）系统中基于深度学习的预编码与解码优化、基于人工智能的自适应调制与编码、信道估计与预测、合作通信与中继、信号检测与干扰抑制、能量收集与管理以及物理层安全等[8]。

#### 1.2.2.4 通信服务

软件工程正从面向对象（Object–Oriented，O/O）向面向智能体（Agent–Oriented，A/O）的方向发展。软件计算模式正从传统的客户/服务器（Client/Server，C/S）模式向更加灵活的分布式浏览器/服务器（Browser/Server，B/S）模式转变。企业服务总线（Enterprise Service Bus，ESB）是传统中间件技术与可扩展标记语言（eXtensible Markup Language，XML）、Web Services 等技术结合的产物。它提供了网络中最基本的连接中枢，是构筑企业神经系统的必要元素，它的出现改变了传统的软件架构，可以提供比传统中间件产品更为廉价的解决方案，同时它还可以消除不同应用之间的技术差异，让不同的应用服务器协调运作，实现了不同服务之间的通信和整合。面向服务的体系架构（Service–Oriented Architecture，SOA）作为下一代软件架构，主要着眼于解决传统对象模型中无法解决的异构和耦合问题，可以根据需求通过网络对松散耦合的粗粒度应用组件进行分布式部署、组合和使用。纵观计算机软件工程的发展，可以看出：软件系统变得越来越分散，越来越开放，强调互操作性；计算机软件正朝着智能化、个性化、拟人化的方向发展[9]。

### 1.2.3 智联网

智能通信承载的网络称为"智联网"，是"智能+"技术的新融合。

智联网是建立在互联网、人工智能、大数据、无线通信网络、物联网等基础之上，是具备智能的连接万事万物的互联网，是智能时代的重要载体和思维方式。智联网通过将物理世界抽象到虚拟世界，并借此建立完整的数字世界，构筑新型的生产关系。智联网将改变旧有思维模式，从而实现人与人、人与物、物与物之间的大规模社会化协作[10]。

在智联网的推进过程中，有 3 个关键步骤——全面连接、语言互通和机器智能，促使智联网思维逐步产生。

在过去的 100 多年中，人们在通信领域构建了多种连接和网络协议，涵盖有线与无线、局域与广域、IPv6 等新技术，让各种物理世界中的智能设备可以实现在数据和信息层面上的互联互通。这是实现智联网的基础。

给每一个物体赋予一个 IP 地址，让它可以连接到互联网还不够。也就是说，智联网不能只关注"联网"，而更应该关注"联网"之后，怎样在不同事物之间进行数据传递，怎样利用数据进行推理，并将所有物体看成一个基于数据流的整体的知识网络，这才是问题的核心所在。因此即便在智联网中，每个物体都拥有 IP，可以互相连接，但更需要进行语言语义层面的互联互通，让物与物之间的交流更顺畅和彻底。

在物物互相连接的基础上，智能设备在知识层面上正在实现"语言"互通，建立在语言语义层面的连接。如今，智联网的各种硬件之间往往是你讲你的，我讲我的，彼此之间难以交流。不仅如此，智联网的各种硬件，就算是同一种数据，也有很多种通信格式，就如同秦始皇统一中国之前"书不同文、车不同轨"的混乱时代。秦始皇在统一六国后，就命李斯等人进行文字的整理、统一工作，为中华文化能够绵延至今做出了突出贡献。在智联网领域，各个推进智能化的公司就如同秦朝的李斯，促进了硬件和数据之间的互联互通。

有了网络、连接和语言的互通之后，智联网还需要具备智能。机器具备的智能有可能与人类的智能大相径庭。智联网承载了智力的第二种起源。

## 1.3 智能通信的关键技术及面临的挑战

2006年由美国国家科学基金会首次提出信息物理系统（Cyber Physical System，CPS），通过构筑信息空间与物理空间数据交互的闭环通道，能够实现数字世界与物理实体之间的交互联动。CPS本质上是一个具有控制属性的网络，但它又有别于现有的控制系统。CPS的3个核心元素包括通信（Communication）、计算（Computation）和控制（Control）。值得注意的是，CPS把"通信"放在与"计算"和"控制"同等的地位，因为在CPS强调的分布式应用系统中，物理设备集群之间的协调是离不开通信的。

### 1.3.1 业务场景智能理解

现有基于标签的通信网络内没有语义信息，无法支持基于网络语义的路由、缓存等智能服务。同时，智联网应用需要实时感知环境语义，进行快速检索和内容获取，支持分布式的高并发请求，现有通信网络需要提升分布式查询效率。

人工智能的发展走过了从机器智能到感知智能的阶段，正在迈向认知智能的阶段，如图1-8所示。按照解决问题的能力划分，从识别-理解-分析-决策-行动的链条来看，人工智能的发展可以分为三个阶段——感知智能、认知智能和行动智能。

图1-8 从感知智能到行动智能演进

随着人工智能深入落地各垂直行业，要解决的业务问题从通用场景、单点问题，向特定场景、业务全流程演进，需要从感知智能进化到认知智能，从而具备分析决策能力。同时，业务场景的复杂度和进入壁垒变得更高，对业务场景理解能力的要求也不断提升，给技术驱动的人工智能厂商带来更大的挑战。

在这样的背景下，人工智能厂商单纯依靠算法技术和经验积累，难以满足对业务场景智能理解能力的需求。因此，人工智能算法需要与专家经验、业务规则融合，共同解决问题，知识图谱技术成为关键。借助知识图谱技术，可以将行业经验沉淀为行业知识图谱，在此基础上让算法更好地理解业务。实际落地过程中，先通过建立统一的知识图谱来实现知识融合，再进一步推进人工智能的快速落地应用，是解决业务场景理解问题的比较可行的方式。

### 1.3.2 网络态势智能认知

未来智联网将致力于为万亿级人、机、物提供全方位、立体化、全时空的泛在服务，但是现有的大多数异构网络仍然保持封闭、孤立、自治的分布式特征，信息共享程度低，节点协作能力弱，导致异构网络的扩展性、动态性管理、安全防护等方面的问题日益突出。

随着感知与通信技术的飞快发展,面向感知信息交互和资源协同的分布式异构网络进入了研究探索阶段。通过探讨网络互联环境、用户终端、业务需求之间的感知交互与协同能力,可以为异构网络协作通信与组网的自主智能决策提供帮助。但对高动态网络态势的全局认知仍存在较大的挑战,例如,如何设计多角度感知机制、低交互认知策略,构建全局知识协同体系等。

为实现对智联网内外部环境的实时、精准、智能认知,首先从网络环境、业务需求、用户意图等角度对网络服务环境态势进行监测,使节点完成多角度网络态势的融合感知;其次,联合单网域内多个节点对网络态势进行认知,设计一种低交互的协同认知策略,即多节点低交互联邦认知;最后,在已有各网域知识的指导下,利用知识迁移与知识互联方法,对多网域间知识进行共享与融合,实现智联网的网络态势低交互快速精准认知。网络态势智能认知与协同控制交互模型如图1-9所示。

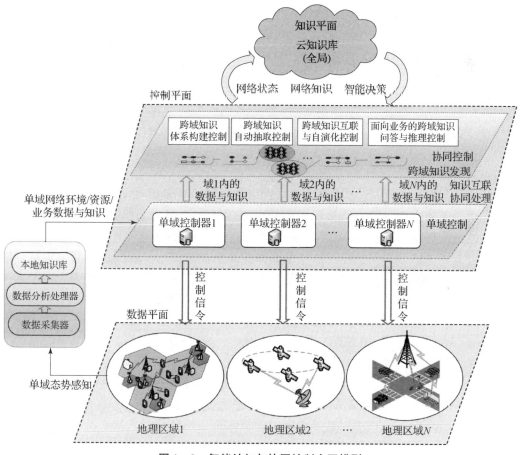

图1-9 智能认知与协同控制交互模型

首先,在单域控制器的控制指令下,利用压缩感知、低交互的协同感知等策略实现对不同地理区域的异构节点状态、资源分布态势、业务动态需求等数据的收集。在此基础上,对数据采集器中收集到的多源异构感知数据进行分析和处理,并将其转变为信息,以准确认知不同地理区域网络的本质特征及动态行为特性。进一步,利用人工智能技术获取不同地理区域的网络环境、资源分布、业务需求的发展趋势并形成本地知识库，完成域内知识发现。然后，围绕着跨域知识体系构建、知识自动抽取、知识互联与自演化、面向业务的知识问答与推理等方面开展跨域数据知识互联研究。具体地，为了探索多视角、不同层级的网络全局数据的智能关联分析和知识互联，需要针对节点、单网域、多网域，建立涵盖网络环境、资源分布、业务等数据的主要知识类型，并对跨多网域的知识自动抽取新方法进行探索。在此基础上，采用跨域知识融合与自演化技术，构建一个不断精炼的知识库并对其进行维护，使其随着网络环境、资源态势变化和业务积累不断扩展完善。最后，研究知识理解与指导应用处理方法，即基于机器学习到的知识实现对网络的立体认知、控制决策推演和动态调整，实现以知识为中心的内生智联网。

在细粒度上，构建基于单域控制的节点状态信息、资源分布态势、业务动态需求等数据的感知、认知及推演机理。在粗粒度上，构建基于多域协同控制的网络全局知识互联机理，使网络架构实现从平面向立体，从分立向综合的智能认知，进而完成对动态变化的智联网环境的准确认知。

### 1.3.3 意图驱动的智能化管理

2020 年 3 月，3GPP 提出了意图驱动的管理服务闭环自动化机制，其中，用户只需表达自身意图，即希望特定实体达到特定状态，而服务提供者负责将意图转化为网络设备管理需求，进行网络配置，并持续监测意图实现状态，调整网络配置满足意图要求[11]。基于智能通信的智联网将是意图驱动的网络，智联网将以更高级别抽象的方式提取业务或用户意图，借助人工智能技术实现意图的识别、转译和验证，并在网络态势感知和精准预测的基础上，基于意图完成网络自动化部署配置、网络自主优化和故障自愈等。意图驱动技术的应用，将完成网络全生命周期的自动化和智能化管理，极大地提升网络的运维效率，降低运维成本，提高对业务变化的响应速度[12]。

参考文献 [13] 引入了意图抽象平面和认知平面，提出了意图抽象与知识联合驱动的 6G 内生智能网络架构，使 6G 网络支持感知 – 通信 – 决策 – 控制能力，能够自主感知周围环境及应用服务特性，从而进行自动化决策与闭环控制。该架构的目标是实现网络零接触、可交互、会学习，包括意图抽象平面、认知平面、管理平面、控制平面和数据平面，具体如图 1 – 10 所示。

首先，通过意图获取、意图转译、意图映射和意图建模步骤，实现从 "What you want" 得到 "What to do"。然后，基于知识平面提出了认知平面，包括知识获取和知识应用。其中，知识获取是通过机器学习模型和逻辑推理规则联合动态优化获取网络知识（如网络配置模型）。知识应用是基于网络知识实现策略生成、策略验证等功能，从而由 "What to do" 实现 "如何配置网络"。管理平面一方面从认知平面获取策略建议，优化网络数据采集，另一方面负责监测网络数据平面状况，收集网络运行状态数据，传输给认知平面进行网络知识获取与应用。控制平面从认知平面获取网络策略，利用一些网络协议，如 OpenFlow 协议等，转化为网络设备可以识别的配置指令，自动下发到数据平面中的网络设备中。数据平面根据控制平面下发的网络配置规则，完成相应的配置操作和状态更新，其主要由可编程的网络设备组成。

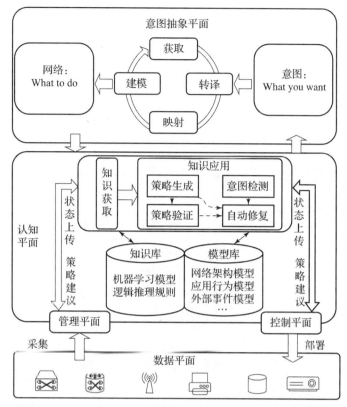

图1-10 意图抽象与知识联合驱动的6G内生智能网络架构

## 1.3.4 智能协作与人机协同

对网络节点协作已有大量研究，但缺乏多维资源协同配置、柔性激励以及可信智能处理的研究，无法解决分布式异构网络节点可信可扩展智能协作问题。此外，现有的跨网虚拟化资源智能管理目标单一，对网络动态性与业务相关性考虑不足，无法保证时空敏感业务的服务连续性与端到端 QoS。

为此，在业务场景智能理解和网络态势智能认知的基础上，需要进一步设计异构节点间协作、多维资源协同调用和网络管理模块之间的交互机理，以使智联网能够支持高动态异构网络下节点间的智能协作及多维资源的多级协同调用，进而实现去中心化的通信、计算及存储的分布式服务，如图1-11所示。

异构节点间的协作、网络设备资源状态、服务需求与用户体验、服务质量密切相关，进而会影响所构建的知识平面中的策略建议及管理平面的管理决策。因此，在面对个性化服务需求时，为了实现多维资源的高效利用，首先，利用网络资源虚拟化技术，从不同网络设备中抽象出网络资源，形成包含通信资源、计算资源、存储资源在内的虚拟资源池。然后，对物理资源和虚拟资源之间的映射进行动态化的资源虚拟化管理，也就是说当网络设备的状态发生改变时，资源虚拟化管理需要从虚拟资源池中移除/添加相应的虚拟资源。其次，利用深度强化学习等方法对差异化的服务特点进行自动提取，并以此为基础构建多样化的服务特点模型。最后，在管理平面中结合虚拟资源态势、服务特点模型以及知识平面中的策略建议，协同调用异构资源，建立异构网络节点间的智能协作，以实现差异化、个性化服务需求与异构网络资源的按需配置。

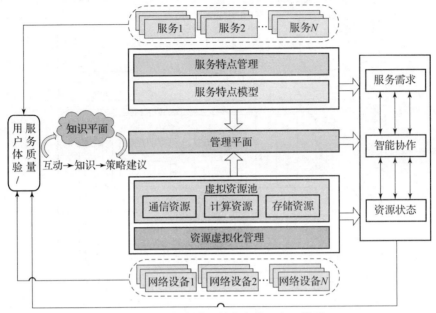

图 1-11 智能协作与自主管理交互模型

此外，人工智能技术的目标是让机器在整个从感知到行动的链条上模拟甚至超越人的能力，但在很多复杂场景下，单纯依靠机器完全能替代人去解决问题并不现实。考虑到能力范围、时间效率、成本优化等因素，把人和机器作为整体部署的人机协同模式将成为未来的主流。

人机协同是通过人机交互实现人类智能与机器智能的结合。具体而言，人机协同的模式是以知识图谱为支撑进行推理推荐，并进行人和机器资源的合理配置，解决复杂问题。根据场景需求不同，具体的人机交互方式包括冗余、互补和混合三种方式。

现阶段，人机协同的进展还是以人为主，由人来判断场景需求和机器的能力进行匹配。未来的方向则是实现机器自主判断场景、调度资源，并与人类相互协同。

## 1.4 智能通信的科学意义

未来，人类将进入智能时代。6G 将提供智能时代的网络连接服务，实现人、机、物间的智能互联和智慧协同。未来 6G 网络的发展，将具备超密集大规模连接、多层次多维度网络一体化、系统高感知智能化和极致多样化性能等特性。6G 网络需要支持无缝连接和保证数量庞大的设备的不同 QoS 需求，以及处理来自物理环境的海量数据。具有强大分析能力、学习能力、优化能力和智能识别能力的人工智能技术将被应用到 6G 网络中，智能地进行性能优化、知识发现、复杂学习、结构组织和复杂决策。智能通信的研究开发具有重要的科学意义。

（1）多媒体化。

人们希望提供声、像、图、文并茂的交互式通信和多媒体信息服务，从而能以最有效的方式，通过视、听等多种感知途径，迅速获取最全面的信息，这就促进了多媒体通信以及由此开发出的可视电话、远程教育、远程医疗、网上购物、视频点播等多媒体服务。

（2）个性化。

人们希望能随时、随地、随意地获得信息服务。这一个性化服务不仅是指用户可以在地球上的任何地方随时进行通信，随时上网，通过个人号码提供最大的移动可能性；还包括希望具有友好、和谐的人机交互界面，用户可以按照个人的爱好和支付能力定制服务项目、网络带宽、服务质量、安全性和费用等级等。

（3）人性化。

随着通信网络在人们生活中重要性的提高，越来越多的人要求更加人性化的电信服务，为此需要将人工智能的相关技术应用到电信服务中，从而使得网络更加友好，提供更贴近用户需求和体验的智能化服务。

（4）智能化。

为了提高大规模信息网络互联协调运行与互动信息服务的智能水平，需要研究开发分布智能通信、互动智能通信的理论、方法和技术，在"数字化"通信的基础上，实现"智能化"通信。

全球化、技术创新和社会变革的强有力结合已使世界进入全球化竞争的新时代，时间和地理距离基本上已不成问题。从美国加州到中国上海，韩国首尔到巴西圣保罗，个人、社会和企业都在利用全球通信网络和一系列基于开放标准的应用系统和设备来适时地开展实时协作。企业通信应用是实时任务的关键型应用，可以满足基本的业务需求，如语音通信、电话会议、联络中心、一体化通信、通信服务和移动办公。通过适当的通信手段，适时地将工作人员、客户和业务流程相连接，这就提高了企业的敏捷性和商业智能化程度。

## 1.5 习题

1. 21世纪的三大尖端技术是什么？
2. 请简述智能通信的研究背景。
3. 请简述智能通信的科技基础。
4. 请简述智能通信的四个关键技术。
5. 智能通信的科学意义是什么？
6. 请列举一个生活中智能通信的例子。

## 参考文献

[1] 高志强，鲁晓阳，张荣容. 边缘智能关键技术与落地实践 [M]. 北京：中国铁道出版社，2021.
[2] 马忠贵，涂序彦. 智能通信 [M]. 北京：国防工业出版社，2009.
[3] 涂序彦，马忠贵，郭燕慧. 广义人工智能 [M]. 北京：国防工业出版社，2012.

[4] 李开复,陈楸帆. AI未来进行式[M]. 浙江:浙江人民出版社,2022.

[5] 王东,马少平. 图解人工智能[M]. 北京:清华大学出版社,2023.

[6] 朱晓丹,黄庆秋. AI赋能6G无线接入网技术研究[J]. 科技创新与应用,2023,(30):14-16.

[7] SHI Y, YANG K, JIANG T, et al. Communication-efficient edge AI: algorithms and systems [J]. IEEE Communications Surveys & Tutorials, 2020, 22 (4): 2167-2191.

[8] 孙彦赞,潘广进,余涛,等. AI使能的高能效无线通信技术[J]. 移动通信,2023,47(6):77-82.

[9] 涂序彦,王枞,郭燕慧. 大系统控制论[M]. 北京:北京邮电大学出版社,2005.

[10] 彭昭. 智联网·新思维:"智能+"时代的思维大爆发[M]. 北京:电子工业出版社,2019.

[11] 3GPP. Telecommunication management; study on scenarios for intent driven management services for mobile networks: TR 28.812 [S]. 2020.

[12] 李文璟,喻鹏,张平. 6G智能内生网络架构及关键技术分析[J]. 中兴通讯技术,2023,29(5):2-8.

[13] 杨静雅,唐晓刚,周一青,等. 意图抽象与知识联合驱动的6G内生智能网络架构[J]. 通信学报,2023,44(2):12-26.

[14] 吴军. 智能时代:5G、IoT构建超级智能新机遇[M]. 2版. 北京:中信出版社,2020.

[15] 余来文,林晓伟,刘梦菲,等. 智能时代:人工智能、超级计算与网络安全[M]. 北京:化学工业出版社,2018.

# 第2章 智能通信的概念与体系结构

智能通信将改变通信方法和商务处理方法，使人们的生活更加方便，更加丰富。智能通信将越来越融合到专业人员和普通人们的生活中，使人们可以自由选择通信业务和设备。这种业务也将赋予我们通过技术和业务实现个性化的能力，以满足各种需要。

目前关于智能通信概念的提法典型的有 5 种：即 Avaya 公司于 2005 年了提出了"企业智能通信"，日本学者 Nobuyoshi Terashima 提出了"智能通信系统"，以及北京科技大学的涂序彦教授于 2004 年提出了"互动智能通信""分布智能通信""移动智能通信"。本章以互动智能通信的 5 层体系结构为线索讨论了这一话题。所谓"互动智能通信"就是通过开放平台，将通信应用和企业应用无缝整合，并且能够在恰当的时间，通过恰当的通信媒介，将员工、客户和业务流程连接到恰当的人员，从而实现他们之间的互动。为企业带来敏捷性和灵活性的一次飞跃，并将生产力、工作效率和客户满意度提升到新的水准，使用户获得更加人性化的服务。

智能通信是一个全新的研究课题，本章介绍了目前 5 种典型智能通信概念的提法，以及相应的 5 种体系结构。首先，介绍了 Avaya 公司提出的企业智能通信，分别从概念、体系架构、演进路线、解决方案等方面进行介绍。然后，介绍了日本学者提出的"智能通信系统"。其次，介绍了北京科技大学涂序彦教授提出的互动智能通信概念、体系结构以及实现框架。最后，介绍了分布智能通信和移动智能通信的概念和愿景。

## 2.1 企业智能通信

一个星期六的晚上，焦急的零售店顾客给女店员的办公室打电话。系统辨识到电话的重要性之后，自动将其转接到她的移动电话上。

当一名律师离开办公区的时候，他的个人数码助理（Personal Digital Assistant，PDA）会自动关闭对客户保密资料的访问，以保护公司的隐私信息。

一名首席执行官（Chief Executive Officer，CEO）在睡前为他可爱的宝宝讲述童谣，在这个过程中他没有受到任何打扰，因为他收到的常规语音电话被转换成了文本格式，可以让他随后阅读。

有过拨打客服热线经验的朋友，大多都会留下一些不好的回忆，可能最后问题没解决，自己还憋了一肚子火。如果继续沿用传统的人工应答机制，面对当前呈指数级增长的业务种类与数据量，效率只会越来越低。但如果借助人工智能技术，根据用户对问题的场景描述和关键词，自动调用通信行业的知识库来给出答案，就可以全面推动客户运营与业务运营的智能化,实现高度智能化定制服务。移动通信技术领域目前正以每十年为一代的速度向前不断发展演进,在下一个十年里我们将见证智能通信的成熟与普及。

这些情景也许是人们向往已久的工作方式。而现在,智能通信时代让这一切变为可能,并且让这一切的实现更加的方便、快捷。从这些场景中可以看出,新的通信功能正在以多种形式加速世界的联系:个人之间,从企业到个人,以及从个人到企业。通信功能正在节约我们的时间、促进交易的达成、提高决策的效率、确保数据资料的安全,甚至可以保护我们的家庭生活,最终使企业更有效地运行。同时,这些新的功能使人们能够更好地安排自己的工作和生活,因为人们可以借此更有效地控制自己何时可被联系[1]。

### 2.1.1　智能通信简介

全球领先的企业通信软件、系统和服务供应商 Avaya 公司于 2005 年 5 月宣布了战略发展蓝图,将致力于帮助企业迁移到智能通信新时代,并同时发布了若干新产品。

Avaya 公司给出的企业智能通信的概念:通过开放平台将通信应用和企业应用无缝结合,并且能够在恰当的时间,通过恰当的通信媒介(声音、文本和视频),将员工、客户和业务流程连接到恰当的人员,为企业带来敏捷性和灵活性的一次飞跃,并将生产力、工作效率和客户满意度提升到新的水准,使用户对于网络的投资获得更高的回报。

随着 Internet 的日益普及和因特网协议(Internet Protocol,IP)技术的迅速成熟,以数据包和基于 IP 传输的话音、数据和视频融合业务已成为网络融合的主流。

在未来,企业要从网络中真正受益,就需要基于 IP 的具有高可用性、可靠性、开放性的互操作性企业通信应用。Avaya 公司首席执行官 Donald K. Peterson 表示,智能通信对于 Avaya 公司来说,是一个具有里程碑意义的新理念和新策略,是为满足用户目前、更是今后的通信需求而设计的。

在竞争激烈的通信领域,提供足够强壮的网络设施,可以良好运转并根据需求扩展,不过是进入这个市场的入门条件,网络不再认为是企业的竞争优势。企业需要关注的是如何通过对网络设施的有效利用并与公司关键业务实现深度融合,从而实现差异化竞争,提高生产率和顾客满意度,以获得更多的利润。智能通信可以将通信应用和业务应用无缝地连接在一起,员工、客户和流程因而能够在恰当的时间通过恰当的手段——语音、文本和视频,连接到恰当的人员,不管是基于何种网络。这种在恰当的时间进行恰当选择的通信方式提高了速度、客户响应能力以及对通信进行控制的能力,因而为公司和员工提供了更大的灵活性,极大地改变企业的运作方式[2]。

由于知识缺乏,中小企业往往一说起电话系统,就认为别无选择,只是被动接受。其实,人们有必要对它进行深入分析和充分利用,融合网络势在必行。中小型企业需要丰富的语音功能和强大的数据能力,包括互联网接入、全语音及数据远程工作接入、集成集线器、路由器、防火墙以及数据网络性能。在基于 IP 的应用已成为必然发展趋势的今天,必须通过最少的"盒子"同时完成这些功能,即完成网络的融合。

Avaya 公司正以其在语音、融合通信、联络中心领域的创新能力,以及在任何网络上提供可靠、安全解决方案的能力，引导企业智能通信应用。

在智能通信时代，基于标准的开发应用是获得企业价值的关键。与其他强制客户使用专有端系统和软件的供应商不同，Avaya 公司在业界率先使用了开发模式，能够为企业提供各种选择。由于认识到新的企业通信应用需要能够与多种企业应用、接入设备和网络技术进行交互，Avaya 公司向市场提供的所有应用都采用开放接口。这种开放模式减少了将 Avaya 公司应用与现有应用和网络基础设施进行整合的复杂性，从而简化应用与业务流的整合[3]。

## 2.1.2 企业智能通信框架

Avaya 公司提出的企业智能通信的体系结构如图 2-1 所示[4]。该体系结构支持多模态接入（Multi–Model Access，MMA），如文本、语音和视频等；同时，提供了支持多种通信的基础设施。图 2-1 中体系结构将企业通信资源水平地划分为通信应用和业务应用两个子层，包括两个垂直的元素：应用开发以及管理，各层的功能如下。

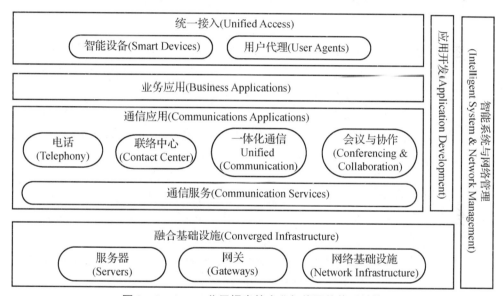

图 2-1 Avaya 公司提出的企业智能通信体系结构

统一接入层（Unified Access Layer）是一个以用户为中心（User–Centric）的网关，通过企业门户用户可以安全地访问企业相应的应用。

业务应用层（Business Applications Layer）是由企业部署的典型应用，通过这些应用，企业可以高效地管理它的操作以及与用户的交互。

通信应用层（Communications Applications Layer）定义了提供高效、及时、具有竞争性和生产力响应所应具有的通信能力。该层由电话、多媒体联络中心、一体化通信等应用所组成。其中通信服务子层是 Avaya 智能通信的基础，该子层是企业业务应用与通信中间件的连接中枢，负责将这些功能有机地集成到一起。

融合基础设施层（Converged Infrastructure Layer）包括系统和网络设备的解决方案，如路由、交换、语音通信以及即时消息、存储以及应用服务平台。

为了帮助个人和企业充分利用通信设施激增所带来的好处，Avaya 公司正在引领着智能企业通信应用的发展，特别是语音通信、电话会议、联络中心。Avaya 语音门户体系结构的逻辑关系如图 2-2 所示。

图 2-2　Avaya 语音门户体系结构的逻辑视图

该体系结构的各部分简介如下。

Avaya 通信管理器（Avaya Communication Manager）和 Avaya 媒体网关（Avaya Gxxx Media Gateway）：这两个结构是最底层，为上层提供访问接口。其他的结构都是基于这两个结构，在这两个结构之上运行。

媒体处理平台（Media Processing Platform）：将话音可扩展标记语言（Voice Extensible Markup Language，VoiceXML）转化成会话启动协议（Session Initiation Protocol，H.323/SIP）。可以运行在任何被认证的基于 Intel 和 AMD 平台的 Red Hat Linux Enterprise 3.0 系统中。

语音门户管理系统（Voice Portal Management System）：是 Avaya 语音门户的人机交互接口，读取 H.323/SIP 协议。可以部署在 IBM WebSphere Application Server、Apache Tomcat 以及其他基于 Java2 的服务器。

应用程序开发环境（Application Development Environment）：Avaya 为我们提供了 Avaya Dialog Designer 开发工具，它是基于开放标准的集成开发环境，及 Eclipse 开发工具框架的一个插件。

应用程序执行环境（Application Execution Environment）：可运行在任何 Java J2SE/J2EE 环境，可以是 IBM、Apache、BEA、Sun 等，可以运行于任何系统平台。

Avaya 语音门户的交互过程如图 2-3 所示。

首先，要在应用开发环境 Avaya Dialog Designer 中设计应用，之后在应用执行环境 Web 应用服务器（Websphere 或 Tomcat）中运行，运行后在媒体处理平台 VoiceXML 浏览器中进行媒体处理，然后在 VPMS（VAIO Product Management System）中进行管理应用。LAN/WAN 将 MPP（Media Processing Platforms，媒体处理平台）、Web 应用服务器、VPMS、ASR/TTS 服务和数据库服务连接在一起，MPP 通过 VoIP（Voice over IP，基于 IP 的语音传输）连接通信管理器，通信管理器再通过 PSTN/IP 网络连接移动电话和用户代理，这样就构成了语音门户的基础框架。最后我们就可以通过 MPP 完成语音体验，也可以通过 Web 应用服务器完成 Web 体验。

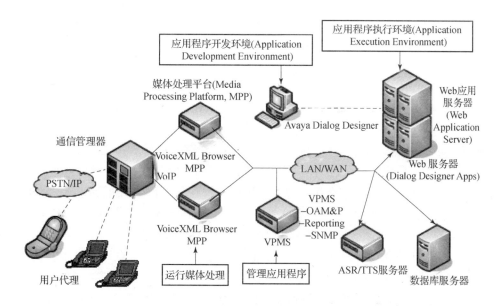

图 2-3　Avaya 语音门户体系结构——物理视图

Avaya 语音门户处理流程如图 2-4 所示。

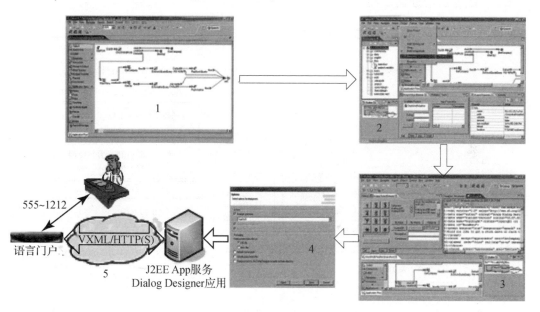

图 2-4　Avaya 语音门户处理流程

作为智能通信的倡导者，Avaya 公司提供了一个语音平台，该平台包含一个免费的插件 Dialog Designer。Avaya Dialog Designer 是 Java 在 Eclipse 开发环境下的一个插件。Avaya Dialog Designer 使得设计、开发、仿真、部署、管理开发流程整合到一起，极大地提高了开发效率。具体开发流程如下。

（1）使用图形化的用户界面构建呼叫流程、使用向导程序建立呼叫者的提示语、语法等。

（2）根据第一步构建的呼叫流程，自动生成相应的应用程序代码。

(3) 使用内嵌的 VoiceXML 浏览器仿真全部呼叫过程,验证呼叫流程的正确性。

(4) 如果呼叫流程正确,即可生成相应的 Java servlet,并将其部署到 J2EE Tomcat 或 WebSphere 上。

(5) 至此,用户便可以通过语音门户进行自动呼叫。呼叫过程中,通过 Java servlet 生成 VoiceXML,然后语音门户将 VoiceXML 转换为相应的语音,完成语音识别和自动应答等功能。

而正在兴起的企业通信应用的软件和服务包括:语音通信、声音和视频会议、即时通信、在线状态、联络中心、语音邮件、协同、一体化通信、Email 等,它们通过通信 Web Services(Web 服务)整合在一起,并可以运行在任何网络和电话上。这些应用必须是开放式的、具有高度可用性和安全性,以便在一个全球的、分布式的、7×24 的环境下运作。使人员更加高效、流程更具智能化、客户更加满意。

智能通信使应用能够以智能化的方式将通信嵌入到实时的企业运行之中,进而在整个企业范围内将人员和业务流程连接在一起。为实现这一目标,需要将多种模式的通信功能嵌入到企业应用之中,包括各种供应链和价值链应用。通过这种整合,可以提高员工的工作效率,提高业务流程的智能程度,并提高客户满意度。

### 2.1.3 企业智能通信之路

迈向企业智能通信,需要经历三个阶段[5],企业智能通信之路如图 2-5 所示。

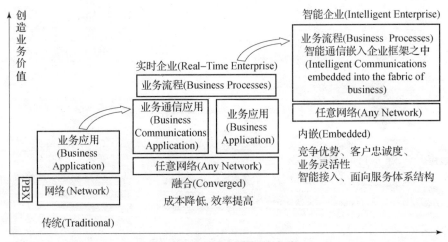

图 2-5 企业智能通信之路

第一阶段是传统(Traditional)阶段,此时专用小交换机(Private Branch eXchange,PBX)和数据网络是分离的,并独立地连接到企业应用中。从企业结构看,这一阶段的企业可能会在许多国家设有办事处,但是它们的运作却更像是本地加国际的企业,而不是全球一体化的公司,人员和资源主要是按职能和地点进行组织和安排的。

第二阶段是融合(Converged)阶段,首先实现向 IP 语音通信的过渡,并且在安全、高可靠性、多厂商的融合网络中添加一体化通信和联络中心,由此降低企业的长途话费、基础设施管理成本。在融合阶段,企业将利用 IP 创建以供应链为中心的全球化企业模式,在这种模式下,人员和资源可以被分配到任何地方,在移动时也可以被访问到,企业应用随时随地按需分配,其结果是运营效率和响应能力大大提高。

实现融合阶段企业价值的关键是业务通信应用层(Business Communications Application),它与业务应用系统地位相同,并可以运行在任何网络上。网络和应用的互操作性对于充分调动和发挥企业员工的能力及业务应用的生产力是至关重要的。基于开放标准的业务通信应用使适当的人员之间以及适当的人员和资源之间能够适时地建立起联系。在实时企业中,移动、电话会议和协作工具使时间和距离不再成为问题。削减成本仍是一个切实的获益,但相对于通过提高客户忠诚度和员工生产力而实现的收入增长来说它就不是主要的了。

第三阶段是嵌入(Embedded)阶段,随着业务应用和业务通信应用之间界限的日益模糊,融合阶段将开始向嵌入阶段过渡。在嵌入阶段,智能企业的业务通信将逐步嵌入到业务应用系统中,这正是基于开放标准的网络长期以来所梦寐以求的。在这一阶段,Web Services 和面向服务的体系架构(Service – Oriented Architecture,SOA)的模式,使应用和服务能够在网络上相互发现并进行通信。这就像传递数据一样简单,它可能涉及协调重要活动(如物流规划或供应链管理)的双方或服务。

Web Services 和 SOA 可以被看作是对通信功能的访问点,这些通信功能可以单独使用,也可以与其他服务结合使用。因此,找专家来解答客户问题就像使用 FindExpert 服务一样简单,依次使用在线状态、个人规则和业务规则,通过任何通信模式查找合适的专家。信息技术(Information Technology,IT)环境的复杂性对企业用户是不可见的。在另一种情况中,嵌入订购业务流程的通信应用能够自动感知中断并在员工察觉之前将问题传达给管理人员。对于企业来说,这就是真正的敏捷性,即在价值链中任意一点和任一时刻响应客户,以及具备时刻了解哪些人员和资源可以调用的能力。这些先进的通信服务可以缩短人员交互等待时间,从而为企业带来真正的竞争优势。

为了帮助企业实现向智能通信的迁移,Avaya 推出了多款产品及服务策略,帮助企业解决在多厂商网络环境中部署 IP 应用时所关注的问题,增强企业在所有地点的业务连贯性,从而在整个网络中实现开放应用环境下的智能化连接。这些产品包括新版本的 IP 语音通信软件 Avaya Communication Manager 3.0、开放的基于 Web 服务的应用套件、专注于优化网络应用的解决方案套件 Avaya Application Assurance Networking、Avaya Meeting Exchange 标准版、新版管理软件 Avaya Integrated Management 3.0、基于 PC 的软电话 Avaya SIP Softphone R2 等。

## 2.1.4 智能通信解决方案

2005 年,Avaya 发布的软件将支持 MultiVantage™ 企业通信应用套件,其中包括新版本的 Avaya IP 语音通信软件——Avaya Communication Manager 3.0,它的特点是能够提高整个企业网络的高可用性,确保关键应用 7×24 小时连续、可靠、安全地运作。

此外,Avaya 公司还推出了开放的基于 Web Services 的应用套件,它将简化并鼓励软件开发商和 Avaya 客户设计新的企业通信应用。已经有 140 家咨询机构、独立软件开发商和合作伙伴,其中包括 AT&T、Extreme Networks、HP、Juniper 和 Polycom,宣布支持这一模式,该模式将创建一个开放式的应用环境。

作为智能通信的倡导者，Avaya 公司于 2005 年推出了基于 IP 的语音自助服务解决方案——Voice Portal，旨在为企业带来更高的客户服务水准。新的 Voice Portal 软件平台集成了 SOA 架构，可以在分布式企业内更为快捷、简便地用语音"激活"基于 Web 的服务，同时提高效率和业务连续性，并简化客户服务运营。

Avaya Voice Portal 可以直接架构于企业现有的基于 SOA 的 Web Services 中，因此能够降低部署语音自助服务系统的成本。SOA 是基于软件的开放标准，支持将不同的应用有机地集成在一起。IT 人员可以重复利用现有的软件组件和应用，更加有效地部署语音自助服务系统，从而降低总体运营成本。Avaya Voice Portal 还支持标准的 Red Hat Linux Enterprise 3.0 操作系统，因此在部署语音系统时，还可以降低服务和培训方面的费用。

基于 IP 架构的 Avaya Voice Portal 的高可用性体现在，可以对关键应用提供持续、可靠和安全的支持。许可证软件化、自恢复能力和持续支持更多的业务能力，Avaya Voice Portal 具备的这些功能使得企业可以按需购置，不必购买额外的许可，从而有效降低费用。

对于全球性的分布式企业来说，Avaya Voice Portal 还可以简化管理和提供更高的扩展性。高扩展性使得 IT 人员可以更加灵活地部署语音自助服务系统，从 1 个端口（如语音交互）到上千个端口。集中化管理能力使得 IT 人员只需通过一个界面来管理整个企业所有的自助服务系统。

Avaya 公司还同步推出了语音应用开发工具——Avaya Dialog Designer，以降低语音自助服务应用软件开发成本。Avaya Dialog Designer 可以集成 Web Services，也可嵌入传统的系统环境中。它支持 Avaya Voice Portal 和 Avaya Interactive Response。Avaya Dialog Designer 可以针对特定的应用领域快速构建一个语音应用系统，并可以将商业流程有机地整合到语音识别系统中。

对于开发人员来说，Avaya Voice Portal 提供的基于 Eclipse 的 Dialog Designer 开发工具可以更简单和有效地开发新的语音应用。Eclipse 是一种技术框架，采用 Eclipse 后，Dialog Designer 可以与众多的基于标准的开发工具协同使用，开发人员可以采用自己习惯的开发语言进行工作。Dialog Designer 支持 VoiceXML 2.0 浏览器，可以降低由于浏览器的兼容问题引起的风险。

Avaya Voice Portal 和 Dialog Designer 支持众多的通用软件标准：Java2、JDBC（Java Database Connectivity，Java 数据库连接）、Java Servlet、Web 服务描述语言（Web Services Description Language，WSDL）、简单对象访问协议（Simple Object Access Protocol，SOAP）和可扩展标记语言（eXtensible Markup Language，XML）。Avaya Voice Portal 支持基于会话启动协议（Session Initiation Protocol，SIP）协议或 H.323 协议的媒体网关，也支持传统的时分复用（Time Division Multiplexing，TDM）架构。Avaya Voice Portal 可以部署在 IBM WebSphere Application Server、Apache Tomcat 以及其他基于 Java2 的服务器。其分布式高性能 VoiceXML 2.0 媒体处理软件可以运行在任何被认证的基于 Intel 和 AMD 平台的 Red Hat Linux Enterprise 3.0 系统中。Avaya Voice Portal 还可以通过媒体资源控制协议（Media Resource Control Protocol，MRCP）支持标准语音引擎。MRCP 标准引擎包括 IBM WebSphere Voice Server 和 ScanSoft Open Speech Recognizer。

## 2.2 智能通信系统

随着通信网络在人们生活中的重要性的提高，越来越多的人要求更加人性化（Human-Friendly）的电信服务，为此需要将人工智能的相关技术，如知识工程与自然语言处理等应用到电信服务中，从而使得网络更加友好。日本学者 Nobuyoshi Terashima 提出了"智能通信系统"（Intelligent Communication Systems）概念，主要用于解决远程教育中的人机交互问题[6]，是作者 10 多年来工作和研究的结晶。

为了实现网络的人性化服务，需要在以下的领域展开研究和开发工作。
(1) 电话的呼叫基于姓名或联系方式，而不仅仅依靠电话号码；
(2) 解释型电话执行实时的语言解释；
(3) 目录服务通过用户的姓名或工作类别检索相应的电话号码；
(4) 虚拟空间的电话会议系统产生一个面向用户的、具有真实感的通信环境。

### 2.2.1 智能通信系统的概念

智能通信系统是指通过应用智能处理技术提供人性化的电信服务。这些人性化的电信服务包括智能交换服务（如智能电话或一键拨号）、智能目录服务（如通过用户的姓名或工作类别检索相应的电话号码）、智能通信处理服务（如解释型电话或媒体转换）。智能通信系统采用递阶结构，如图 2-6 所示。

各层的功能如下：下面的七层与国际标准化组织（International Standardization Organization，ISO）七层模型的功能类似。物理层（Physical Layer）包括网络的电子和物理特性；数据链路层（Data Link Layer）包括相邻结点的通信规则；网络层（Network Layer）描述源结点和目标结点之间的通信规则；传输层（Transport Layer）描述源进程和目标进程之间的通信规则；会话层（Session Layer）描述如何建立源进程和目标进程之间的通信链路以及如何通信；表示层（Presentation Layer）包括代码之间的转换；应用层（Application Layer）包括提供给用户的应用功能。在 ISO 七层模型的基础上，增加了智能处理层（Intelligent Processing Layer）和用户应用层（User Program）。

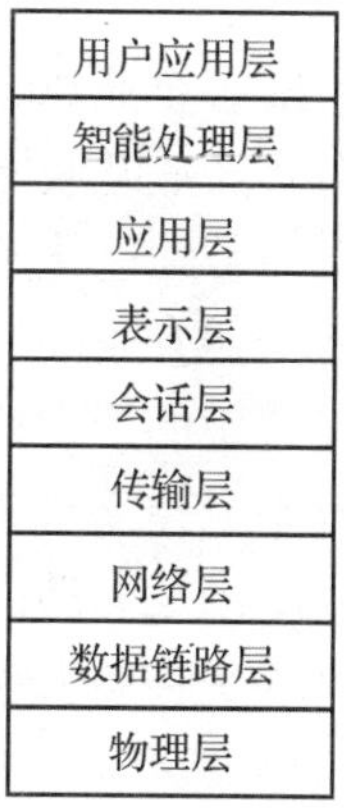

| 用户应用层 |
| 智能处理层 |
| 应用层 |
| 表示层 |
| 会话层 |
| 传输层 |
| 网络层 |
| 数据链路层 |
| 物理层 |

图 2-6 智能通信系统的递阶结构

智能处理层的功能由以下 3 个系统来实现：知识库系统（通过使用知识库中的知识提供解决问题的便利性，是关键性组件）、自然语言处理系统（提供解释的便利性与自然语言理解）和媒体转换系统（提供文本与语音、语句与图像的相互转换）。

### 2.2.2 智能通信系统的研究内容

智能通信系统的研究内容包括如下。
(1) 人机友好的电信服务接口：将人工智能的相关技术应用在电信领域，如产生式系统、语义网络、谓词逻辑等。

（2）易于使用的电信描述方法。

（3）人性化的电信环境：如远程沉浸（Telesensation）、虚拟现实（Virtual Reality, VR）、超现实（HyperReality）等。

超现实是智能通信系统的关键概念，是虚拟现实与真实现实的结合。这里，"Hyper"意味着不同的维度。利用超现实的理论，John Tiffin 和 Nobuyoshi Terashima 提出了超课堂（HyperClass）的概念，在 HyperClass 中，来自不同地方的老师和学生通过 Internet 聚在一块上课，并且可以协作完成一项任务，好像他们在同一个教室上课一样。1998 年成功地完成了 HyperClass 原型系统的开发，实现了两所大学的远程教育试验，结果是成功的。2000 年 12 月成功实现了日本、新西兰和澳大利亚三个国家学生的互动，完成了一件虚拟的日本手工艺品的组装。值得一提的是，HyperClass 不仅实现了远程听课的功能，而且能够直接处理一个虚拟的对象，对远程教育具有划时代的意义。

智能通信系统为通信服务的开发提供了一个通信基础设施。使用智能通信系统，该系统的开发者、用户以及通信服务的提供者都将收到各自好处：开发者通过易于使用的描述方法和工具能够快速实现通信系统；用户可以使用更加人性化的方式与通信系统进行交互，如通过使用手势或自然语言处理接口；对于应用服务提供者而言，通过超现实平台，使应用编程更加容易。

## 2.3　互动智能通信

随着企业数字化转型和产业互联网的不断推进，产业智能互联的数据基础设施不断完善。产业互联网实现了产业链各环节的数据打通，在此基础上，人工智能的应用将从企业内部智能化延伸到产业智能化，实现采购、制造、流通等环节的智能协同，进一步发挥产业互联网的价值，提升产业整体效率。例如，以滴滴为代表的网约车平台就是一个简化版的产业智能互联的案例。每个网约车司机都是一个小经营者，通过滴滴的智能调度平台建立与终端用户的连接，平台的人工智能预测、推荐、调度等算法，实现了用车需求与运力的高效匹配，这是单个司机所无法做到的。

为了提高大规模信息网互联协调运行与互动信息服务的智能水平，需要研究开发分布智能通信、互动智能通信的理论、方法和技术，在"数字化"通信的基础上，实现"智能化"通信[7]。为此，2004 年北京科技大学的涂序彦教授提出了智能通信的概念，根据所采用的人工智能技术与通信网络类型的不同，相应地具有不同类型的智能通信技术，如分布智能通信、互动智能通信、移动智能通信等[8-9]。

涂序彦教授给出的智能通信的概念："智能通信"是"人工智能"技术与"通信技术"相结合的技术。

### 2.3.1　智能信息推拉技术

现代信息科学技术的发展，为人们提供了多种多样的信息获取和传送方法及技术，从"信源"与"用户"的关系来看，可分为两种模式："信息推送"模式，由"信源"主动将信息推送给"用户"，如电台广播；"信息拉取"模式，由"用户"主动从"信源"中拉取信息，如查询数据库。

#### 2.3.1.1 信息"拉取"技术

信息"拉取"（Information Pull）技术即用户有目的性地主动查询，发出请求，然后系统将信息送回用户端。它可以让用户根据自己的信息需求，方便地找到在信息内容上与之匹配的网络资源，例如，数据库的网络检索系统、网络搜索引擎等。用户每次进行信息获取时，都要明确地表达出个人的需求。目前，最主要的表达形式就是关键字/词所构成的查询方式，这种简单而有效的信息获取方式曾经一度给用户带来了极大便利。例如，雅虎、搜狐等门户网站的兴起就是这种应用的典型代表。虽然通过搜索引擎等工具，给人们获取信息提供了一定的帮助，但是专门服务于单个企业或个人的信息搜集、整理、对比和提醒的服务，却仍主要依赖大量的人力来完成。例如，通过搜索引擎，人们根据关键词或目录服务往往会得到太多的查询结果，查询结果的精度不足，还必须在这些查询结果中再查找满足需要的信息。

信息拉取技术的主要优点是：针对性好、信源任务轻。其缺点是：及时性差、要求用户有一定的专业知识。为了解决信息"拉取"技术的这些问题，进而产生了信息"推送"技术。

#### 2.3.1.2 信息"推送"技术

信息"推送"（Information Push）技术是根据用户的需求，有针对性和目的性地按时将用户感兴趣的信息主动发送给用户。就像是广播电台播音，而听众可以选择频道收听新闻、财经、体育、音乐等等节目，推送技术主动将最新的资料推送给用户，使用者不必去搜索。"推送"技术的优点是及时性好、对用户要求低。比尔·盖茨早在《未来之路》中就曾预言，未来信息服务必须满足用户高度个性化的要求。用户可以在因特网上定制自己感兴趣的新闻，并要求信息服务者按要求（何时）传送（何地）给自己。这实际上就是因特网上基于"推送"模式的信息服务。

或许我们经常在某购物网站购物，浏览各类产品。每一次，我们的相关浏览轨迹、购买记录都会被该网站记录。人工智能算法会结合我们填写的资料，根据购买产品价格、品牌、浏览记录等进行大数据分析，进而对我们精准画像。不断对我们进行标注，数据越丰富，我们的画像就会越精准。然后，平台将精准产品直接推送给我们，我们会惊奇地发现："原来平台如此懂我！"。根据人工智能算法分析，为每一名用户进行量身打造的商业营销，甚至根据用户的消费能力制订差异化定价，实现真正的"智能精准"商业模式。

信息"推送"（Push）技术具有以下 5 个基本特征[10-12]。

（1）主动性。即信源不需要用户及时请求而主动地将信息传送给用户方。它是信息"推送"技术最基本的特征之一。同时它与信息"拉取"模式的被动服务形成鲜明的对比。

（2）智能性。信息"推送"技术中的信息服务软件人可以定期自动地对预定站点进行搜索，收集更新信息推送给用户。信息"推送"系统能够根据用户的要求自动搜集用户感兴趣的信息并定期推送给用户。

（3）高效性。高效性是网络环境下"推送"模式信息服务的又一个重要特征。信息"推送"技术的应用可在网络空闲时启动，有效地利用网络带宽，比较适合传送大数据量的多媒体信息。

（4）灵活性。灵活性是指用户可以完全根据自己的方便和需要，灵活地设置连接时间，通过 Email、手机短信、PDA、MP4 等方式获取网上特定信息资源。

（5）综合性。"推"模式网络信息服务的实现，不仅需要信息技术设备，而且还依赖于搜索软件、分类标引软件等多种技术的综合。

#### 2.3.1.3　智能信息推拉技术

"智能信息推拉"（IIPP）[13-17]技术是在信息"推送"与信息"拉取"两项技术的基础上提出的。信息"推送"与"拉取"两项技术应当取长补短，相互结合。在两者结合的基础上再融入人工智能、知识发现、Internet 及数据库等技术，从而形成"智能信息推拉"技术。这项技术是当前 Internet/Extranet/Intranet、数据库系统及其他信息系统为用户提供信息服务的一个发展方向。"智能信息推拉"技术的引入，可以提高网络及数据库的智能水平，从根本上解决"推送"和"拉取"技术应用过程中所遇到的难题及如何从海量信息中提取有用信息、如何为不同用户提供个性化信息服务等问题。"智能信息推拉"技术框图如图 2-7 所示。

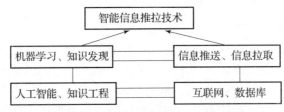

图 2-7　"智能信息推拉"技术框图

"智能信息推拉"技术具有以下特点。

（1）智能信息推送。应用人工智能、机器学习方法，可以识别和预测各种用户的兴趣或偏好，从而有针对性地、及时向用户主动推送所需信息，以满足不同用户的个性化需求。

（2）智能信息拉取。应用知识工程的知识推理搜索方法，可提高搜索引擎的快速性和准确度，从而用户可以更及时地拉取所需的最新动态信息。

（3）信息推拉结合。信息推送与信息拉取相结合，可取长补短，既可及时地、主动地将最新信息推送给用户，又可有针对性、选择性地满足用户个性化需求。

（4）知识发现功能。采用知识发现与数据挖掘（KDD）的方法和技术，可从所"推送-拉取"的信息中提取有用知识，发现隐藏在大量数据中的内在规律。

### 2.3.2　互动智能通信的提出

面对信息和知识爆炸式的增长，今天人们需要随时随地获得信息，并且对信息服务提出了更高的要求，传统单一的点对点的语音通信服务已远不能满足需要。这主要表现在以下 3 个方面。

（1）多媒体化。

人们希望提供声、像、图、文并茂的交互式通信和多媒体信息服务，从而能以最有效的方式，通过视、听等多种感知途径，迅速获取最全面的信息，这就促进了多媒体通信以及由此开发出的可视电话、远程教育、远程医疗、网上购物、视频点播等多媒体服务。提供多媒体服务是电信、计算机、电视广播三大行业走向融合的动力之一。

（2）个性化。

人们希望能随时、随地、随意地获得信息服务。这一个性化服务不仅是指用户可以在地球上的任何地方随时进行通信，随时上网，通过个人号码提供最大的移动可能性；还包括希望具有友好、和谐的人机交互界面，用户可以按照个人的爱好和支付能力定制服务项目、网络带宽、服务质量、安全性和费用等级等。

（3）智能化。

在当今网络的信息海洋中如何能最经济、最快速地搜索到所关心的信息，如何过滤掉垃圾信息，通过信息加工，以最有效的方式提供人们所需要的信息。在和终端交互时最好能更人性化些，能使用人类最自然的通信方式，如口语对话进行通信等。

信息"推送"与信息"拉取"技术相比较，具有及时性好、对用户要求低等优点。但信息"推送"有以下不足。

（1）不能确保发送成功。

用户不一定能确保收到网络信息中心发送的信息，这对于那些要确保能收到信息的应用领域是不合适的。

（2）没有信息状态跟踪。

一个信息发布以后，用户是否收到，是否已按信息的提示执行了任务，这些信息发布者无从得知。这对于需要根据客户端反馈信息来做出决策的信息中心来说是无法接受的。

（3）没有群组管理功能。

有价值的重要信息，通常都是针对一些特定的群组来发送的，即按照群组进行发送，但信息"推送"是针对每一个用户拟定一个发送计划，这样实现起来相当困难，而且用户模型难以建立，不具有实用性。

为了提高大规模信息网互联协调运行与互动信息服务的智能水平，需要在数字化通信的基础上，实现智能化通信。针对以上问题，涂序彦教授提出了互动智能通信技术，旨在提高网络及数据库的智能水平。基于智能信息推拉技术的互动智能通信是数字通信与智能信息推拉技术相结合的智能通信技术，其概念如下：

$$DCT + IIPP \rightarrow MIC$$

其中：DCT 表示数字通信技术（Digital Communication Technology）；IIPP 表示智能信息推拉（Intelligent Information Push – Pull）；MIC 表示互动智能通信（Mutual Intelligent Communication）。

"互动智能通信"就是通过开放平台，将通信应用和企业应用无缝整合，并且能够在恰当的时间，通过恰当的通信媒介，将员工、客户和业务流程连接到恰当的人员，从而实现他们之间的互动。为企业带来敏捷性和灵活性的一次飞跃，并将生产力、工作效率和客户满意度提升到新的水准，使用户获得更加人性化的服务。

### 2.3.3　互动智能通信的体系架构

互动智能通信的体系架构如图 2 – 8 所示，自下而上划分为 5 层：基础设施层、企业服务总线层、通信服务层、商业应用层、协同智能终端层。下面分别进行介绍。

（1）基础设施层。

该层基于业界提出的下一代网络（Next Generation Networks，NGN）。

传统的语音通信网是在电话网的基础上建立的，虽然经历了多年的数字化改进，但整个网络的结构特征依然没有改变，其交换方式仍以电路交换为主，而其复杂的信令体系使网络控制高度集中化，缺乏灵活性，这些特征对于实现包括文本、声音、视频信息在内的综合业务来说都是不利的因素。

| 协同智能终端 |
| 商业应用 |
| 通信服务 |
| 企业服务总线 |
| 基础设施(下一代网络) |

图2-8 互动智能通信的体系架构

为了解决这个问题，业界提出了下一代网络的概念，下一代网络是一种规范和部署网络的概念，即通过采用分层、分布和开放业务接口的方式，为业务提供者和运营者提供一种能够通过逐步演进的策略，实现一个具有快速生成、提供、部署和管理新业务的平台。其核心思想是业务驱动，即媒体与传输分离，传输与控制分离，它并不要求物理层面上实现电视网，电信网和计算机网的融合，而是在高层业务上实现三网的融合，为语音，数据，视频等各种业务在三网上的传输提供一个统一开放的平台。

国际电信联盟电信标准化组（ITU - Telecommunication Standardization Sector，ITU - T）将 NGN 应具有的基本特征概括为以下几点：多业务（话音与数据、固定与移动、点到点与广播的会聚）、宽带化（具有端到端透明性）、分组化、开放性（控制功能与承载能力分离，业务功能与传送功能分离，用户接入与业务提供分离）、移动性、兼容性（与现有网的互通）、安全性和可管理性。

（2）企业服务总线层。

企业服务总线（Enterprise Service Bus，ESB）是传统中间件技术与 XML、Web Services 等技术结合的产物。它提供了网络中最基本的连接中枢，是构筑企业神经系统的必要元素，它的出现改变了传统的软件架构，可以提供比传统中间件产品更为廉价的解决方案，同时它还可以消除不同应用之间的技术差异，让不同的应用服务器协调运作，实现了不同服务之间的通信和整合。可以支持多个系统的集成、支持一个或多个应用程序实现更广泛地连接、支持遗留系统实现更广泛地连接、支持企业应用程序集成体系结构实现更广泛的连接性、实现组织之间服务或系统的受控集成、通过编排服务使流程自动化、实现具有高服务质量和 Web Services 标准支持的 SOA 基础架构。

企业服务总线层的功能是实现企业的流程整合。ESB 提供了一种开放的、基于标准的消息机制，通过简单的标准适配器和接口，来完成粗粒度应用（服务）和其他组件之间的互操作，能够满足大型异构企业环境的集成需求。它可以在不改变现有基础结构的情况下让几代技术实现互操作，提供一个可靠的、可度量的和高度安全的环境。

（3）通信服务层。

通信服务层为上层的商业应用层提供数据、声音、视频的转换服务，实现从文本到语音（Text To Speech，TTS）、从语音到文本（Speech To Text）、自动语音识别（Automated Speech Recognition，ASR）、交互式语音应答（Interactive Voice Response，IVR）和不同协议间的转换等。

企业服务总线所有的信息均采用 XML 表示，在通信服务层解析成相应的协议，如

SIP 或 H.323 协议，从而为商业应用层服务。

应用"广义人工智能"的理论、方法和技术，在"数字化"的基础上逐步实现大规模信息网的"智能化"。研究开发基于分散协调控制与分布式人工智能的协同智能网管技术，基于广义知识表达方法与多库协同技术的公共知识网，发展智能服务网站，提高大规模信息网互联通信与信息服务的智能化水平，进一步改进协同运行状态，提高信息服务质量。

（4）商业应用层。

商业应用层负责将企业的商业流程与通信应用有机整合，为用户提供统一的门户。商业应用层包括企业资源管理、人事管理、供应链管理、客户关系管理等，并可方便地通过文本、声音、视频等方式进行访问。

（5）协同智能终端层。

现代通信正朝着数字化、宽带化、综合化、智能化和个人化方向发展，由此对通信终端的高性能、智能化、多媒体化、微型化和移动化等提出了更高的要求。

通常，人们打电话、听广播、看电视、上网要采用电话机、收音机、电视机、计算机等不同的终端设备，用户才能享受电话通信网、广播电视网、互联网的信息服务。为了提高终端服务水平，可以在数字化、集成化的基础上，开发协调化、智能化的"协同智能终端"。

"协同智能终端"是基于"可视电话""智能 Web""数字电视"与智能通信，智能控制等技术的，集电话机、收音机、电视机、计算机于一体、多媒体智能终端设备。根据用户的需求，通过简便选择操作，可以分别打电话、听广播、看电视或上网，享受声、图、文并茂的、协同的、互动的、高质量综合信息服务。虚拟现实和增强现实（Augment Reality，AR）技术的出现彻底改变了用户与虚拟世界的交互方式。为保证用户体验，VR/AR 的图片渲染需要具有很强的实时性。随着终端设备性能价格比的提高，对用户操作能力的要求降低，可以扩大服务对象和应用范围，为更广大的用户公众服务。

任何用户可在任何地点、任何时间，通过协同智能终端，与智能互联网、智能电话通信网、智能广播电视网进行分布互动智能通信，享受高质量协同智能信息服务，从而实现人类通信技术长久以来的目标。

应用"分散协调控制"与"分布式人工智能"（Distributed Artificial Intelligence，DAI）相结合的理论、方法和技术，在"集成化"的基础上，实现大规模信息网的"协调化"，基于分散协调控制策略、多智能体协商与协作的方法，移动智能体机动监测与控制技术，研究开发协同智能网管协议、自律分散式协同智能网管系统，对大规模信息网进行"集团型""联盟型"或"市场型"的分散协调与智能自律网络管理，实现协同运行，分散服务。

## 2.3.4 互动智能通信框架

为了解决信息"推送"的群组管理问题以及信息状态的跟踪问题，将智能信息推拉技术与软件人相结合，采用 3 种与用户互动的通信方式：通过 Email、手机短消息以及真正简单的聚合（Really Simple Syndication，RSS）频道订阅，提出如图 2-9 所示的互动智能通信框架。智能信息推拉技术与软件人相结合，为个性化信息服务提供了一种新的研究思路。

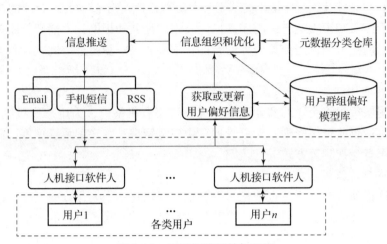

图 2-9 互动智能通信框架图

互动智能通信框架的建立分为 3 个阶段。

(1) 建立用户群组偏好模型。

人机接口软件人通过多种方式获取和更新用户的偏好信息，建立用户群组偏好模型。人机接口软件人主动与用户交互，或者通过监视用户的网络操作来获取用户的兴趣，而后将用户的兴趣以一定的形式表达，建立各类用户的偏好模型，将相同类型的用户合并为一组，从而，有针对性地指导信息搜索，并及时地向用户主动推送所需信息，以满足不同用户的个性化需求，从而提高用户的工作效率。

(2) 信息组织和优化。

按照用户群组偏好模型，信息服务软件人对元数据分类仓库中的数据进行组织和优化，过滤不相干信息，给各类用户提供一个满足要求的个性化信息视图。我们可以为每类用户培养一个或几个信息服务软件人，这些信息服务软件人相当于用户的几种不同职能的个人信息秘书，这些信息秘书通过学习，逐渐了解用户的兴趣和偏好，并为用户提供各种不同类型的信息服务；同时，这些信息服务软件人经常不断地在网上寻找各种最新信息和变化信息，以满足用户关注变化信息的需求，减少用户信息查询的负担，使得用户可以腾出时间进行高附加值的创造性工作。

(3) 个性化信息推送。

利用用户群组偏好模型库中用户的配置信息，选择具体的推送方式，即通过 Email、手机短消息或者 RSS 频道订阅，然后将这些信息按照不同的格式封装、打包，通过人机接口软件人推送给用户。同时，用户也可以进行信息反馈。

下面对这 3 个阶段分别进行介绍。

#### 2.3.4.1 用户偏好模型

1) 用户偏好的基本模式

目前，用户偏好的基本模式有如下三种。

(1) 同质型。即所有用户的偏好均相同，如图 2-10 (a) 所示。这在实际中一般不存在，在目前极具个性化的时代，很多领域中的个性化日益受到重视，如服装、汽车等，信息的需求更加需要个性化，个人化服务是提高网络信息服务质量的必然发展方向。

（2）分散型。即不同用户的偏好各不相同，如图 2-10（b）所示。表现出"仁者见仁，智者见智"的多样性，这是未来发展的趋势，也是最理想的状况。然而在实现上有很大的难度，为每个人建立一个用户模型，并配置一个信息服务软件人基本上不可行，受到网络带宽、服务器质量、存储设备等诸多因素的制约。

（3）群组型。即部分用户的偏好基本相同，如图 2-10（c）所示。形成几个组，针对不同的人群建立相应的用户偏好模型，并为每类用户配置一个或几个信息软件人为其服务。这种模式可以有效使用组内其他相似用户的反馈信息，减少用户的反馈量，加快个性化学习的速度，真正达到实时互动。

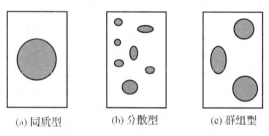

图 2-10　用户偏好的基本模式

本章主要针对群组型用户偏好模式进行展开。

2）用户偏好的获取方式

在电子商务中，用户个人偏好模型可以表示用户对商品的满意程度，并能依据用户满意程度的大小对商品进行分类或排序。了解用户偏好也就是收集用户的个性特征，它将为企业细分市场和寻求市场机会提供基础。在网上了解用户偏好主要有以下几种方式：

（1）直接在网上设置调查表了解用户的偏好信息。

由于网上信息的开放性，网上用户一般都比较注意保护个人隐私信息，因此，直接获取涉及用户个人隐私的信息是非常困难的，必须注意一定的技巧，从侧面通过关联或测试来了解。在进行网上问卷调查时，一定要注意网上礼仪，尊重用户的个人隐私权，否则很难得到正确有效的调查结论，甚至招到报复和攻击。

（2）识别用户个人特征。

利用互联网了解用户偏好，首先是要识别用户个人特征，如地址、年龄、Email、电话、职业等，为避免重复统计，一般在对已经统计过的用户在其计算机上放置一个Cookie，它记录下用户的编号和个性特征，这样既可以方便用户下次接受调查时可以不用填写重复信息，也可以减少对同一用户重复调查；另外一种办法是，采用奖励或赠送办法，如提供免费的个人信箱，电子杂志等吸引用户登记和填写个人情况表，以获取用户个性特征。

（3）通过网页统计方法了解用户对企业站点的感兴趣内容。

通过网页统计方法了解用户对企业站点的感兴趣内容，现在的统计软件可以如实记录下每个来访用户来自何处,他们访问了哪些网页,在哪些网页上停留的时间比较长等内容,根据这些信息,可以判定用户感兴趣的内容是什么。例如,可以观察用户对主页上同一位置不同广告条(不同时间)的点击情况来调整广告策略。

(4) 分析用户的购买行为。

由于电子商务网站对用户的每笔交易都有详细的记载,可以根据用户每次购买商品种类、品牌及花费等建立用户数据库来分析用户偏好。例如,用户如果经常在网上购买高档婴儿奶粉,我们就可以推断该消费者是一个白领阶层的年轻人,由此可以推断该消费者同时也可能对玩具和止尿裤感兴趣。从而根据商品之间的分类进行联想,发送一些相关的产品信息。

在获取用户偏好的四种方式中,第一种方式较简单,采用 0~10 分制,让用户对调查的每一项内容进行打分。假设调查的内容构成一个集合,用 $X$ 表示,$X$ 中的元素用 $x_1$,$x_2$,…来表示,然后通过分数将要比较的内容排成一个有先后顺序的序列,如 $x_1 \geq x_2 \geq x_3 \geq x_4 \geq \cdots$,根据具体情况,取前面的 1~3 项作为最终结果,然后将这些结果分成不同类型,根据不同的类型,向这些用户推送不同的媒体信息。

对于后三种方式,由于因素较多,涉及的数据量较大,同时因素之间具有一定的耦合程度,为此将通过多属性效用函数进行解决,使用模糊综合评判方法求得总效用值 $U$,将多属性问题转换为单属性问题。假设涉及的问题具有 $m$ 个不同的因素,$x_t$ 表示因素 $F$ 的第 $t$ 个属性值,通过模糊综合评判方法,将最终结果以效用 $U$ 表示,根据最大期望效用原则,总效用的结果是每一个结果的概率的和,即

$$U = \sum_{i=1}^{m} \omega_i r_i \qquad (2.1)$$

3) 确定评价因素权重集

权重集的确定方法有多种,如专家评议法、层次分析法、回归分析法、继承法、模糊优先矩阵法等,但是这些方法在实际使用中有许多不尽人意之处,有些建立在经验的基础上,带有一定的主观性,不能真正客观地反映实际;有些又过于繁杂。为此,提出了用灰色关联度分析法获得评价指标权重系数的研究方法。

灰色关联分析的基本思想是根据序列曲线几何形状的相似程度来判断其联系是否紧密,曲线越接近相应的关联度就越大,反之就越小[18]。

(1) 确定参考序列(母序列)和比较序列(子序列)。

参考序列(母序列):$\{x_t^{(0)}(0)\}$,$t=1,2,\cdots,n$。

比较序列(子序列):$\{x_t^{(0)}(i)\}$,$i=1,2,\cdots,m$;$t=1,2,\cdots,n$。

确定上述二序列后可构成原始数据矩阵,即

$$\boldsymbol{x}^{(0)} = \begin{bmatrix} x_1^{(0)}(0) & x_1^{(0)}(1) & \cdots & x_1^{(0)}(m) \\ x_2^{(0)}(0) & x_2^{(0)}(1) & \cdots & x_2^{(0)}(m) \\ \vdots & \vdots & & \vdots \\ x_n^{(0)}(0) & x_n^{(0)}(1) & \cdots & x_n^{(0)}(m) \end{bmatrix} \qquad (2.2)$$

取第一个因素作为参考序列,其他因素为比较序列。

(2) 计算子序列和母序列间的关联度。

对原始数据进行均值化处理(无量纲化处理):

$$x_t^{(1)}(i) = x_t^{(0)}(i) / \left[\frac{1}{n}\sum_{t=1}^{n} x_t^{(0)}(i)\right] \quad (2.3)$$

计算差序列及两级差：

$$\Delta t(i,0) = |x_t^{(1)}(i) - x_t^{(1)}(0)| \quad (2.4)$$

$$\Delta \max = \max_t \max_i |x_t^{(1)}(i) - x_t^{(1)}(0)| \quad (2.5)$$

$$\Delta \min = \min_t \min_i |x_t^{(1)}(i) - x_t^{(1)}(0)| \quad (2.6)$$

式中：$i=1,2,\cdots,m; t=1,2,\cdots,n$。

计算各子因素与主因素之间的关联度：

$$r(i,0) = \frac{1}{n}\sum_{t=1}^{n} \frac{\Delta \min + k \cdot \Delta \max}{\Delta t(i,0) + k \cdot \Delta \max} \quad (2.7)$$

式中：$i=1,2,\cdots,m; k\in[0,1]$。

由式（2.7）可见，关联度是一个有界的数，其取值范围为 0.1~1，其关联度愈接近 1，表明子序列与母序列之间的关系愈紧密，其权重系数也愈大。

（3）由关联度向权重的转换。

对上述所得关联度进行归一化处理，得出各因素相对于第一个因素影响程度的权重系数。归一化表达式为

$$\omega_i = r(i,0) / \sum_{i=1}^{m} r(i,0) \quad (2.8)$$

式中：$\omega_i$ 表示归一化后的权重系数；$m$ 为评价因素个数。

由此可构成权重集

$$\omega = (\omega_1, \omega_2, \cdots, \omega_m)$$

4）确定评价指标的隶属度

针对性质和量纲不同的各项因素，为了进一步统一评价，详细分析各项因素的特点，拟定各项指标的计算方法，确定各自的隶属函数，得出各指标的隶属度 $r_i(i=1,2,\cdots,m)$。

5）确定评价标准，得出用户偏好模型

选用各因素的平均水平作为综合评价标准，计算各项指标的静态效用值：

$$U_{标} = \sum_{i=1}^{m} \omega_i r_i \quad (2.9)$$

将需要评价的因素代入上述综合评判模型，求出各自的隶属度，由式（2.10）计算出综合效用值 $U$：

$$U = \sum_{i=1}^{m} \omega_i r_i \quad (2.10)$$

将 $U$ 和 $U_{标}$ 相比，即可得出综合评价结果，对于 $U>U_{标}$ 的，我们将其划分到相应的群组，定期向其发送一些有价值的重要信息，这样可以节约用户大量宝贵的时间、从根本上解决用户必须在大量信息中进行查找、筛选的问题。当然，我们可以将评价结果分为多档，将用户划分为多个群组，由模式识别的最大隶属度原则或阈值原则，确定被评价用户所属的群组，进一步细分用户，从而使每个用户得到更加精确和个性化的信息。

这样，就将不同的用户划分到不同的群组，每个用户根据自己的定制信息，可以属

于一个群组，也可以属于多个群组，从而获取相应个性化的信息。

#### 2.3.4.2 信息组织和优化

信息组织和优化是对分类重组后的元数据仓库中的数据，按照用户群组偏好模型，由信息服务软件人进一步组织数据，过滤不相干信息，给各类用户提供一个满足要求的个性化信息视图。具体实现方法是，信息服务软件人从用户感兴趣的资源类别中，使用所提供的若干关键词，将资源进一步细分，自动产生标准的查询请求格式，并作为该类用户的偏好模型加以保存，并与相应的用户进行关联。

信息服务软件人定期检查用户的偏好模型，对每个需求模型利用元搜索引擎，将用户的偏好发送到指定的元数据分类仓库节点，检索获得相应的信息。检索得到的结果可能有"噪音"，采用基于内容的过滤方式过滤不相干信息，并删除重复或冗余信息，最后得到按用户群组偏好模型重新组织的信息，并提交个性化信息推送模块推送给用户。

我们可以为每类用户培养一个或几个"信息服务软件人"，这些"信息服务软件人"相当于用户的几种不同职能的个人信息秘书，这些信息秘书通过学习，逐渐了解用户的兴趣和偏好，并为用户提供各种不同类型的信息服务；同时，这些"信息服务软件人"经常不断地在网上寻找各种最新信息和变化信息，以满足用户关注变化信息的需求，减少用户信息查询的负担，使得用户可以腾出时间进行高附加值的创造性工作。

具体地说，"信息服务软件人"能够完成以下功能。

（1）导航：即告诉用户所需要的资源在哪里，从迅速增长的信息中及时获取最新信息。

（2）解惑：即根据网上资源回答用户关于特定主题的问题。

（3）过滤：即按照用户指定的条件，从流向用户的大量信息中筛选符合条件的信息，并以不同级别（全文、摘要信息、简单摘要、标题）呈现给用户。

（4）整理：即为用户把已经下载的资源进行分门别类的组织。

（5）发现：即从大量的公共原始数据中筛选和提炼有价值的信息，向有关用户发布，从而使用户高效获取有用知识。

#### 2.3.4.3 互动通信方式与实现

利用用户群组偏好模型库中用户的配置信息，选择具体的个性化推送方式，即通过Email、手机短消息或者RSS频道订阅，然后将这些信息按照不同的格式封装、打包，通过人机接口软件人推送给用户。同时，用户有什么疑问，可以通过人机接口软件人进行反馈，从而达到与用户进行互动，从而跟踪发送信息的状态，并与用户实时进行交流。

1. 基于Email的互动通信

互动通信平台提供了邮件的收发功能，它可以用电子邮件的方式主动将有关信息进行封装，通过人机接口软件人推送给用户。同时，用户的反馈信息也可以及时反馈到人机接口软件人，然后人机接口软件人可以根据用户的反馈信息更新用户的偏好模型。这种方式主要使用一个基于Web的电子邮件收发系统，所以这里不作具体介绍。

2. 基于手机短消息或微信的互动通信

互动通信平台也提供了一个短信互动功能，它可以通过手机短消息的方式主动将有关信息进行封装,通过人机接口软件人推送给用户。同时用户的反馈信息也可以及时发送到人机接口软件人,然后人机接口软件人可以根据用户的反馈信息更新用户的偏好模型。这种互动通信方式的优点是适时性好,只要用户的手机是打开的,即可互动通信,而不必在电脑上完成。目前,通过手机短消息进行互动比较流行。

使用手机短消息或微信与用户互动,只需在服务器安装一个短消息转发器。

在该系统中建立了一个互动通信服务器,通过它来管理系统的所有操作,主要有系统管理、用户管理、数据库管理、通信调度、日志等。通过短消息服务(SMS)接口发送手机短信。通过系统管理可以对系统的媒体、通信和加密进行管理,也可以配置系统,监控其运行。

系统连接短消息中心(SMSC)网关是 SMSC 的接口。服务器与短消息中心系统间的接口支持对一个消息回复的 SMS 选择过程或是对指定的用户发送命令。该接口允许对系统插入 SMS 回复的消息,该消息将会以一种预定义的 SMS 消息传给 SMS 接口。

在 Java 中实现如下:

(1) 导入相应的类 SMS COMLib。

(2) 实现 IMessageCallBack 接口,定义一个新的类如 SMSCallBack,然后实现 onSMSMessage 和 onModuelInit 两个方法。

(3) 然后在应用程序初始化时创建类 SMSCallBack 的实例:

```
SMSCOMLib.SMSManager  pHello = new SMSCOMLib.SMSManagerClass();
ControlCallBack  callback =(ControlCallBack)new SMSCallBack();
pHello.init0(3, callback);    //调制解调器端口号,3 表示 COM3。
```

(4) 在应用程序页面中调用发送函数:

```
pHello -> sendSMS("admin","13912345678;13687654321;13388888888;13700008666;","节日快乐");
```

注:参数 1 表示发送人 ID,最大长度为 30;参数 2 表示对方手机号码,用分号分隔,最后可以有分号,也可以没有;参数 3 表示短信内容,最大长度为 70 个字符。

(5) 在应用程序释放时关闭终端。

```
pHello.close();
```

**3. 基于 RSS 技术的互动通信**

对于 RSS,目前可用三种缩写来表示,即 RDF 站点摘要(RDF Site Summary)、真正简单的聚合(Really Simple Syndication)、富站点摘要(Rich Site Summary)。对 RSS 1.0 而言,是 RDF Site Summary 的缩写,对 RSS 2.0 而言,则是 Really Simple Syndication 这三个词的缩写。RSS 是一种基于 XML 标准的内容封装规范,RSS 是站点用来和其他站点之间共享内容的一种简易方式(也叫聚合内容)的技术。最初源自浏览器"新闻频道"的技术,能够用于各种各样的信息,包括新闻、简讯、Web 站点更新、特色内容集合等。目前使用比较广泛的是 RSS 2.0。

RSS 技术在实际中可以简单地理解为"两点直接信息传递":内容提供商一端将各种信息用 RSS 格式打包,"推"送到用户一端的本地 RSS 阅读器中。

1) RSS 技术的特点

RSS 技术的主要特点如下[19]。

（1）来源多样的个性化"聚合"。

RSS 是一种广泛采用的内容封装定义格式，任何内容源都可以采用这种方式来发布信息。在用户端，RSS 阅读器软件的作用就是按照用户的喜好，有选择性地将用户感兴趣的内容来源"聚合"到该软件的界面中，为用户提供多来源信息的"一站式"服务，帮助用户毫不费力地第一时间了解新信息。

（2）信息发布的时效性。

RSS 技术秉承"推"信息的概念，当新内容在服务器数据库中出现的第一时间被"推"到用户端阅读器中，极大地提高了信息的时效性和价值。

（3）无"垃圾"信息及便利的本地内容管理。

RSS 用户端阅读器完全由用户根据自身喜好以"频道"的形式订阅，它完全屏蔽掉其他用户没有订阅的内容以及弹出广告等令人困扰的噪音内容。RSS 将网页中的图像和广告剥离出来传送，也大大减轻对网络的压力。此外，对订阅到本地阅读器的 RSS 内容，用户可以进行离线阅读、存档保留、搜索排序、相关分类等多种管理操作，使阅读器软件不仅是一个"阅读器"，更是一个用户随身的"资源库"。

2）RSS 阅读器

RSS 文件需要通过 RSS 阅读器（RSS Reader）来阅读。RSS 阅读器是一种软件，这种软件可以自由读取 RSS 格式的文档。刚安装好的 RSS 阅读器需要用户自己添加感兴趣的 RSS 链接，进行符合自己阅读习惯的设置，为自己订制一个个性化资源库。

RSS 阅读器带来从"拉"到"推"的网页浏览方式的变革。用户不用每天多次登录到不同的网站以获取所需要的信息，现在只需配置一次，将自己感兴趣的网站和栏目地址集中在一个页面，这个页面就是 RSS 阅读器的界面。通过这个页面就可浏览和监视这些网站的情况，一旦某链接地址有新内容发布就随时报告，显示更新内容，这样用户不用登录很多网站，进行多次查找信息，节约了时间，提高了信息的获取效率。

RSS 阅读器有多种软件版本，且大部分 RSS 阅读器软件都是免费的。如新浪点点通阅读器、周博通资讯阅读器、新闻蚂蚁等。

3）RSS 元素定义

RSS 规范描述了 XML 元素的一个简单子集，用于建立标准和开放的频道描述框架和内容收集机制，它在定义核心框架和基本元素的基础上，通过 XML 名字空间机制，复用其他元数据集来扩展自己的元素和功能。目前直接复用在 RSS 中的元数据集是 Dublin Core 和 Syndication。

RSS 将网站看作一系列频道（Channels）的组合，各个频道又包含了一系列资源项（Items）。因此，通过对频道及所含资源项的描述，可实现对作为资源集合的网站的描述。RSS 文件由两部分组成：频道（Channel）描述和资源项（Item）描述。其中，<channel>元素是必需的，<item>元素至少要出现一次。在<channel>和<item>中又包含一些必选和可选的子元素。

一般来说，RSS 文档的最顶层是一个<rss>元素作为根元素，<rss>元素有一个强制属性 version，用于指定当前 RSS 文档的版本，目前常用的 RSS 版本是 2.0。<rss>元素下的子元素是唯一的一个<channel>元素，它包含了关于该网站或栏目的信息和内容，该频道一般有三个必选元素，提供关于频道本身的信息。

（1）<title>：频道名称或标题。
（2）<link>：频道内容对应的包含了完整内容的网页的 URL。
（3）<description>：对频道内容的简单描述。

还可以使用一些如<language>（语言）、<copyright>（版权声明）、<image>（图像）、<pubdate>（发布日期）等可选语句来丰富<channel>内容，具体的资源项就要依靠<item>来体现了。一般一个资源项就是一个<item>，<item>下至少要存在一个<title>或<description>，其他语句可以根据需要进行选择。具体参见 RSS2.0 规范。

根据 RSS2.0 规范的语法描述，开发了一个 RSS 生成器的 Java 类 RSSCreator，该类的主要功能是可以将有关信息进行封装，自动生成一个 RSS 文件。生成的 RSS 文件的格式如下：

```
<? xml version = "1.0" encoding = "gb2312"? >
<rss version = "2.0" >
  <channel >
      <title >频道名称或标题</title >
      <link >频道内容对应的包含了完整内容的网页的 URL </link >
      <description >对频道内容的简单描述</description >
      <language >zh - cn</language >
      <pubdate >Tue, 08 Oct 2005 10:00:00 GMT </pubdate >
      <lastbuilddate >Tue, 08 Oct 2005 16:40:05 GMT </lastbuilddate >
      <webmaster >网站管理员的 EMAIL 地址</webmaster >
      <item >
          <title >Item 的标题</title >
          <link >Item 的链接地址</link >
          <description >Item 的简要介绍</description >
          <pubDate >发布时间</pubDate >
      </item >
       <item >
          ……
       </item >
  </channel >
</rss >
```

自动形成的 RSS 文件，根据用户类别的不同分别进行命名，然后在网站上发布，同时根据相关用户的基本情况将 RSS 的统一资源定位系统（URL）通知用户。用户接到通知后，将 RSS 文件的 URL 加入到本地的 RSS 阅读器中，此后用户个性化的信息就会被自动"推送"到用户的计算机，并且随着网站上信息的更新，RSS 阅读器中的信息也会自动同步更新。这样，就为用户提供了多来源信息的"一站式"服务。

同时在使用的过程中，用户可以随时更改自己的偏好信息，从而获取相应的个性化信息，让网络为自己更好地服务。

## 2.4 分布智能通信

"分布智能通信"（Distributed Intelligent Communication，DIC）是"分布式人工智

能"与"数字通信技术"相结合的产物,即

$$DAI + CT \rightarrow DIC \tag{2.11}$$

式中:DAI 为分布式人工智能(Distributed Artificial Intelligence);CT 为通信技术(Communication Technology);DIC 为分布智能通信(Distributed Intelligent Communication)。

"分布智能通信"的方案之一是具有公共知识库的智能通信,如图 2-11 所示。

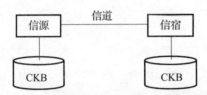

图 2-11 具有公共知识库的分布智能通信

图 2-11 中,CKB 为公共知识库(Common Knowledge Base),由于信源和信宿具有分布式公共知识库,所以可以显著减少(压缩)需要经信道传输的信息量。

## 2.5 移动智能通信

移动智能通信(Mobile Intelligent Communication,MIC)是"人工智能"与"移动通信"技术相结合的产物,即

$$AI + MC \rightarrow MIC \tag{2.12}$$

式中:AI 为人工智能(Artificial Intelligence);MC 为移动通信(Mobile Communication);MIC 为移动智能通信(Mobile Intelligent Communication)。

按照移动通信的模式,移动智能通信可分为以下几类。

(1)全移动智能通信:全部通信用户(信源或信宿)都是可移动的,即移动信源与信宿之间的智能通信。

(2)半移动智能通信:部分通信用户(信源或信宿)是可移动的。如固定的信息中心或指挥中心与移动的信息采集系统或指令执行系统之间的智能通信。

(3)无移动智能通信,例如,智能交通指挥信息服务系统。

综上所述,在现有大规模信息网的基础上,应用大系统分散协调控制与广义人工智能的理论、方法和技术,可以研究开发基于分散协同智能网管、分布互动智能通信、智能 Web、公共知识网、协同智能终端、智能服务网站的,为广大用户提供高质量综合信息服务的协调化、智能化的协同智能信息网,如图 2-12 所示。

由图 2-12 可知。

(1)协同智能信息网(CIIN)是在集成化、数字化的大规模信息网(LIN)基础上,由分散协同智能网管、分布互动智能通信、智能 Web 技术、协同智能终端、公共知识网、智能服务网站等支持的网络,正在向协调化、智能化的方向发展。

(2)智能互联网与智能电话网、智能广播电视网,通过分布互动智能通信进行互联,"三网合一",组成协同的智能综合信息网。

(3)任何用户可在任何地点、任何时间,通过协同智能终端,与智能互联网、智能电话通信网、智能广播电视网进行分布互动智能通信,享受高质量协同智能信息服务。

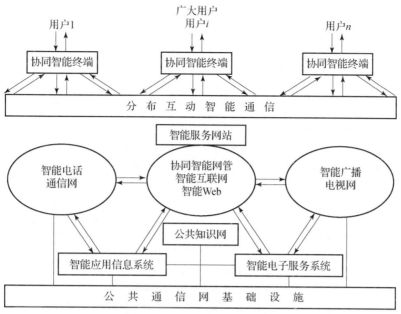

图 2–12 协同智能信息网

（4）各行业、各部门、各地区联网的应用信息系统、电子服务系统，通过智能互联网，可在任何时间为任何地点的用户提供协同的专业服务。

在协同智能网管协议、协同智能网管系统、分布智能通信、互动智能通信、协同智能 Web、协同智能终端、公共知识网、智能服务网站等关键技术的支持下，通过互联网的智能服务网站，以及联网的各种智能应用信息系统、智能电子服务系统，协同智能网可为广大用户提供主动、个性、友好、安全的，关于工作、生活、学习、医疗、保健、旅游等各方面及时、快捷、高效的综合智能信息服务。

## 2.6 习题

1. 简述 Avaya 公司给出的企业智能通信的概念。
2. 简述并绘制企业智能通信的体系架构，并说明每层完成的功能。
3. 简述企业智能通信的演进过程。
4. 简述智能通信系统的递阶结构。
5. 简述信息"推送"技术的基本特征。
6. 简述信息推拉技术的概念。
7. 简述互动智能通信的概念。
8. 简述并绘制互动智能通信的体系架构，并说明每层完成的功能。
9. 简述分布智能通信的概念。
10. 简述移动智能通信的概念。

# 参考文献

[1] 吴添港. 深化融合通信进入智能通信新时代 [J]. 上海信息化, 2005, (8): 72-73.

[2] 孙杰贤. 智能通信时代 Avaya 如何制胜 [J]. 通讯世界, 2007, (2): 65.

[3] 海子. Avaya 聚焦智能通信 [J]. 中国电子商务, 2005, (10).

[4] AVAYA. Avaya communication architecture white paper [EB/OL]. [2024-01-01]. http://www.avaya.com/.

[5] AVAYA. The path to intelligent communications [EB/OL]. [2024-01-01]. http://www.avaya.com/.

[6] NOBUYOSHI T. Intelligent communication systems [M]. US: Academic Press, 2002: 79-84.

[7] 马忠贵, 叶斌, 曾广平, 等. 互动智能通信中用户个人偏好模型的研究 [J]. 计算机应用研究, 2006, 23 (8): 55-57.

[8] 涂序彦. 智能通信与智能网络 [C] //中国人工智能学会智能信息网络学术会议大会报告. 杭州: 中国人工智能学会, 2004.

[9] 马忠贵, 涂序彦. 智能通信 [M]. 北京: 国防工业出版社, 2009.

[10] 焦玉英, 索传军. 基于"推"模式的网络信息服务及其相关技术研究 [J]. 情报学报, 2001, 20 (2): 193-199.

[11] 路海明, 卢增祥, 徐晋晖, 等. 基于 Agent 技术的个性化主动信息服务 [J]. 计算机工程与应用, 1999, 35 (6): 12-15.

[12] 王咏. 基于 Push 技术的信息获取方式及其应用 [J]. 情报学报, 2000, 19 (4): 363-368.

[13] 涂序彦. 智能信息"推-拉"技术 [J]. 计算机世界, 2000, (14): 787-791.

[14] 涂序彦, 曹斌, 陈鸿绢. 智能信息"推-拉"的方法与技术 [J]. 计算机世界, 2001.

[15] 段军, 涂序彦. 基于 MAT 的 IIPP 交通事故处理辅助决策支持系统 [J]. 计算机工程与应用, 2003, 39 (35): 195-198.

[16] 郑利强, 杨嵩, 陈薇薇, 等. 基于 IIPP 的个性化互动营销决策支持系统设计方案 [J]. 计算机工程与应用, 2002, 38 (18): 14-16.

[17] 王枞, 成可, 涂序彦. 基于智能信息推拉技术的客户关系管理系统 [J]. 计算机工程与应用, 2001, 37 (20): 10-12.

[18] 邓聚龙. 系统预测与决策 [M]. 武汉: 华中理工大学出版社, 1990.

[19] 吴振新. RSS 元数据在门户网站建设中的应用 [J]. 现代图书情报技术, 2004, (10): 60-64.

# 第3章 智能通信中传统的人工智能

为了提高大规模信息网络互联协调运行与互动信息服务的智能水平,需要研究开发分布智能通信、互动智能通信的理论、方法和技术,在"数字化"通信的基础上,实现"智能化"通信。为此,北京科技大学的涂序彦教授提出了智能通信的概念,即"智能通信"是人工智能技术与通信技术相结合的技术。为此,本章首先简要介绍智能通信中使用的一些传统人工智能方法和技术。

20 世纪 70 年代以来,人工智能称为世界三大尖端技术(空间技术、能源技术、人工智能)之一,也认为是 21 世纪三大尖端技术(基因工程、纳米科学、人工智能)之一,这是因为近三十年来人工智能获得了迅速的发展,在很多学科领域都获得了广泛应用,并取得了丰硕的成果。目前,人工智能作为国家战略,拥有非常庞杂的知识体系,包括符号主义学派、联结主义学派、行为主义学派、基于概率论的贝叶斯学派、基于模糊数学的模糊推断学派等。为此,采用博采而精取的策略,本章仅介绍传统人工智能的三驾马车:符号主义学派的专家系统、联结主义学派的人工神经网络、行为主义学派的智能机器人。此外,知识图谱作为知识工程的最新研究成果,也在本章单独作为一节进行介绍,其是通信网络内生智能的推进器,对于内生智能的通信网络的语义支撑至关重要。

本章首先介绍了专家系统的基本概念和结构,在此基础上介绍了专家系统的分类、开发步骤以及知识工程。然后,介绍了知识图谱的概念、组成,以及知识图谱的全生命周期。其次,介绍了从人工神经元到人工神经网络的研究过程,重点介绍了前馈多层神经网络的 BP 算法和卷积神经网络。接下来介绍了智能机器人的概念、组成、分类和体系架构。由于"人工智能"的三大学派分歧、三条途径差异,同时,也导致"人工智能"的三个层次:"高层思维智能、中层感知智能、基层行为智能"的分离,不利于"人工智能"学科协调和高速发展。为此,涂序彦教授提出了广义人工智能,希望三大学派相互结合、取长补短、综合集成、协同工作。因此,本章 3.5 节介绍了广义人工智能的概念、理论基础和科学方法。

## 3.1 专家系统与知识工程

### 3.1.1 从启发程序到专家系统

人工智能学科发展过程的主流学派是:从"启发程序"到"专家系统"。

#### 3.1.1.1 启发程序

启发程序是模拟人的思维方法与规律的计算机程序，用于模拟和探索人类在问题求解过程中的思维方法与智能活动规律，以提高计算机应用的人工智能水平，模拟、延伸或扩展进行问题求解的"人的智能"。

第一个著名的启发程序是逻辑理论机（Logic Theory Machine，LT），1956 年由赫伯特·西蒙、艾伦·纽厄尔、克里夫·肖合作研制成功。利用启发程序 LT，证明了怀特海德与罗索的名著《数学原理》第 2 章 52 条定理中的 38 条，开创了用计算机模拟人的高级智能活动，实现复杂脑力劳动自动化的先例，被认为是人工智能真正的开端。启发程序的另一项重要成就是由塞缪尔研制成功的、具有自学习能力的跳棋程序，开拓和推动了人工智能领域中机器博弈、机器学习方面的研究工作。启发程序的进一步发展的代表作是通用问题求解器（General Problem Solver，GPS），是由赫伯特·西蒙、艾伦·纽厄尔、克里夫·肖于 1960 年研制成功，可以求解 11 种不同类型的问题，提高了启发程序的通用性，扩大了用计算机进行脑力劳动自动化的应用范围。

但启发程序在面对需要具有专门知识及丰富经验的专家才能解决的问题时，遇到了很大困难，例如，医疗诊断、电路设计、化学分析、矿藏勘查等。在寻找新的问题求解途径中，美国斯坦福大学的爱德华·费根鲍姆（E. A. Feigennbaum）及其研究小组注意到专家解题的 4 个特点。

（1）为了解决特定领域的一个具体问题，除了需要一些公共的知识，例如，哲学思想、思维方法和一般的数学知识外，更需要应用大量与所解问题领域密切相关的知识，即所谓领域知识。

（2）采用启发式的解题方法或称试探性的解题方法。为了解一个问题，特别是一些问题本身就很难用严格的数学方法描述的问题，往往不可能借助一种预先设计好的固定程式或算法来解决它们，而必须采用一种不确定的试探性解题方法。

（3）解题中除了运用演绎方法外，必须求助于归纳方法和抽象方法。因为只有运用归纳和抽象才能创立新概念，推出新知识，并使知识逐步深化。

（4）必须处理问题的模糊性、不确定性和不完全性。因为现实世界就是充满模糊性、不确定性和不完全性的，所以决定解决这些问题的方式和方法也必须是模糊的和不确定的，并应能处理不完全的知识。

人们的问题求解过程就是一个知识处理过程。首先，运用已有的知识开始进行启发式的解题，并在解题中不断修正旧知识，获取新知识，从而丰富和深化已有的知识。然后，再在一个更高的层次上运用这些知识求解问题，如此循环往复，螺旋式上升，直到把问题解决为止。费根鲍姆等做了开创性的工作，首次将专家的领域知识与通用问题求解器相结合，于 1968 年研制成功了国际第一个专家系统——质谱仪化学分子结构识别专家系统 DENTRAL。它能够进行质谱仪的实验数据分析，从而推断未知化合物的分子结构，具有类似于化学专家的知识水平和分析能力。专家系统 DENDRAL 的问世，标志着人工智能学科的一个新分支——"专家系统"的诞生。

#### 3.1.1.2 专家系统

人工智能领域中，关于如何用机器模拟人的智能，特别是如何用计算机模拟人的思维，即关于机器思维的研究工作，在科学研究方法与系统开发策略上的重大转变是专家系统的问世。

专家系统（Expert System）是基于专家的专业知识和工作经验，用于求解专门问题的计算机系统。例如，医疗专家系统就是基于医生的知识和经验，用于诊断和治疗疾病。专家系统模拟专家本人的思维过程，具有类似于专家的专业知识水平与求解专门问题的能力。专家系统可以模拟、延伸或扩展专家本人的智能，可用于保存、传播、汇集、继承、普及各行各业专家们的专业知识和宝贵经验，便于相互交流与广泛应用。

继第一个专家系统 DENDRAL 问世后，1976 年，费根鲍姆的研制小组又研制成功了用于血液感染患者诊断和治疗的医疗专家系统 MYCIN，为专家系统的研究与开发提供了范例和经验。1977 年，费根鲍姆提出了知识工程的概念，进一步推动了基于知识的专家系统，以及其他知识工程系统的发展。1981 年，斯坦福大学国际人工智能研究中心杜达（R. D. Duda）等人研制成功了地质勘探专家系统 PROSPECTOR，为专家系统的实际应用提供了成功的典范。我国的第一个实用专家系统是关幼波肝病诊断治疗专家系统，也是世界上第一个中医专家系统，由中国科学院自动化所控制论研究组涂序彦、郭荣江等与北京市中医院关幼波等合作，于 1977 年研制成功。

专家系统的大量研究、开发及许多成功的应用，一方面推动了知识表示、知识推理、知识获取、知识利用等知识工程方法和技术的发展。另一方面，它也促进了人工智能的普及，从一般思维规律的探讨转向专业知识的利用，从学院式的理论研究走向技术市场的应用开发，使社会公众对人工智能的意义和价值有了更多的了解。但是，专家系统和知识工程还存在知识获取"瓶颈"、不确定性、常识推理等难题，有待进一步研究。

### 3.1.2 专家系统的概念与结构

专家系统是一种智能的计算机程序，它运用知识和推理来解决只有专家才能解决的复杂问题。也就是说，专家系统是一种模拟领域专家决策能力的计算机系统，它强调知识在智能系统中的作用，能模拟领域专家的思维过程，运用领域专家多年积累的经验和专门知识，解决该领域中需要专家才能解决的复杂问题。

专家系统的结构是指专家系统各组成部分的构造方法和组织形式。尽管不同类型的专家系统的结构会存在一定的差异，但其基本结构还是大致相同的。通常，一个完整的专家系统一般均应包括知识库、综合数据库、推理机、解释模块、知识获取模块和人机接口 6 部分，如图 3-1 所示。

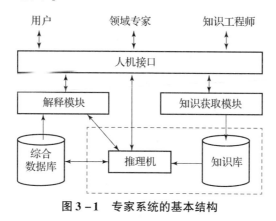

**图 3-1 专家系统的基本结构**

1）知识库

知识库是专家系统的知识存储器，用来存放求解问题的领域知识。对这些领域知识，首先需要用相应的知识表示方法将其表示出来，然后再进行形式化，并经编码放入知识库。通常，知识库中的知识分为两大类型，一类是领域中的事实，称为事实性知识，这是一种广泛公用的知识，如那些写在书本上的知识；另一类是启发性知识，它是领域专家在长期工作实践中积累起来的经验总结。专家系统开发中的一个十分重要的任务就是：要认真细致地对领域专家的这类知识进行分析、整理、总结、提炼，采用知识表示方法建立知识库。

2）综合数据库

数据库也称为全局数据库或综合数据库，用来存储有关领域问题的事实、数据、初始状态和推理过程中得到的各种中间状态及目标等。实际上，它相当于专家系统的工作存储器。数据库的规模和结构可根据系统的目的不同来确定。而且，随着问题的不同，数据库的内容也可以是动态变化的。总之，数据库存放的是该系统当前要处理对象的一些事实。例如，在医疗专家系统中，数据库存放的仅是当前患者的情况，如姓名、年龄、症状等，以及推理过程中得到的一些中间结果、病情等。

3）推理机

推理机是一组用来控制、协调整个专家系统的程序。它根据数据库当前输入的数据和知识库中的知识，按一定的推理策略，去求解当前的问题，解释外部输入的事实和数据，推导出结论，并向用户提示等。由于专家系统是模拟人类专家进行工作的，因此设计推理机时，应使它的推理过程和专家的推理过程尽量相似，并最好完全一致。

4）解释模块

解释模块实际上也是一组程序，它包括系统提示、人机对话、能书写规则的语言以及解释部分的程序，其主要功能是解释系统本身的推理结果，回答用户的提问，使用户能够了解推理的过程及所运用的知识和数据。因此，在设计解释机构时，应预先考虑好：在系统运行过程中，应该设置哪些问题，而后根据这些问题，设计好如何回答。目前，大多数专家系统的解释模块都采用人机对话的交互式解释方法。

5）知识获取模块

知识获取模块应该是专家系统的一项重要功能，但由于目前专家系统的学习能力较差，多数专家系统的知识获取模块的主要任务是为修改知识库中的原有知识和扩充新知识提供相应手段。其基本任务是：把知识加入到知识库中，并负责维持知识的一致性和完整性，建立性能良好的知识库。对不同学习能力的专家系统，首先，由知识工程师向领域专家获取知识；然后，再通过相应的知识编辑软件把知识存储到知识库中；有的专家系统自身就具有部分学习功能，由系统直接与领域专家对话获取知识；有的系统具有较强的学习能力，可在系统运行过程中通过归纳、总结出新的知识。无论采取哪种方式，知识获取都是目前专家系统研制中的一个重要问题。

6）人机接口

人机接口是专家系统的另一个关键组成部分，它作为专家系统与外界的接口，主要用于系统和外界之间的通信与信息交换。通常，与专家系统打交道的有用户、领域专家和知识工程师。在这三种人员中，用户和领域专家一般都不是计算机专业人员，因此，用户界面必须适应非计算机人员的需求，不仅应把系统的输出信息转换为便于用户理解的形式，而且还应使用户能方便地操作系统运行。用户界面应尽可能拟人化、智能化，尽可能使用接近于自然语言的计算机语言，并能理解和处理声音、图像等多媒体信息。

专家系统的核心是知识库和推理机。专家系统的工作过程是：根据知识库中的知识和用户提供的事实进行推理，不断地由已知的事实推出未知的结论，即中间结果，并将中间结果放到数据库中，作为已知的新事实进行推理，从而把求解的问题由未知状态转换为已知状态。在专家系统的运行过程中，会不断地通过人机接口与用户进行交互，向用户提问，并向用户做出解释。

一个理想专家系统的结构如图 3-2 所示。

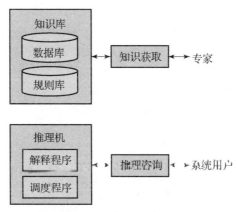

**图 3-2 理想专家系统的结构图**

### 3.1.3 专家系统的分类

若按专家系统的特性及功能分类，专家系统可分为以下 10 类：

1) 解释型专家系统

这一类专家系统能根据感知数据，经过分析、推理，给出相应解释，并推断未来可能发生的情况。特点是数据量很大，常不准确、有错误、不完全能从不完全的信息中得出解释，并能对数据做出某些假设，推理过程可能很复杂。例如，语音理解、图像分析、系统监视、化学结构分析和信号解释等。

2) 预测型专家系统

这一类专家系统的任务是通过对已知信息和数据的分析与解释，确定它们的含义。特点是系统处理的数据随时间变化，且可能是不准确和不完全的，系统需要有适应时间变化的动态模型。例如，气象预报、军事预测、人口预测、交通预测、经济预测和谷物产量预测等。

3) 诊断型专家系统

这一类专家系统的任务是根据观察到的情况（数据）来推断出某个对象机能失常（即故障）的原因。特点是能够了解被诊断对象或客体各组成部分的特性以及它们之间的联系，能够区分一种现象及其所掩盖的另一种现象，能够向用户提出测量的数据，并从不确切信息中得出尽可能正确的诊断。例如，医疗诊断、电子机械和软件故障诊断以及材料失效诊断等。

4）设计型专家系统

这一类专家系统的任务是寻找出某个能够达到给定目标的动作序列或步骤。特点是从多种约束中得到符合要求的设计；系统需要检索较大的可能解空间；能试验性地构造出可能设计；易于修改；能够使用已有设计来解释当前新的设计。例如，VAX（虚拟地址扩展）计算机结构设计专家系统等。

5）规划型专家系统

这一类专家系统的任务是寻找出某个能够达到给定目标的动作序列或步骤。特点是所要规划的目标可能是动态的或静态的，需要对未来动作做出预测，所涉及的问题可能很复杂。例如，军事指挥调度系统、ROPES 机器人规划专家系统、汽车和火车运行调度专家系统等。

6）监视型专家系统

这一类专家系统的任务是对系统、对象或过程的行为进行不断观察，并把观察到的行为与其应当具有的行为进行比较，以发现异常情况，发出警报。特点是系统具有快速反应能力，发出的警报要有很高的准确性，能够动态地处理其输入信息。例如，黏虫测报专家系统。

7）控制型专家系统

这一类专家系统的任务是自适应地管理一个受控对象或客体的全面行为，使之满足预期要求。特点是控制专家系统具有解释、预报、诊断、规划和执行等多种功能。例如，空中交通管制、商业管理、自主机器人控制、作战管理、生产过程控制和质量控制等。

8）调试型专家系统

这一类专家系统的任务是对失灵的对象给出处理意见和方法。特点是同时具有规划、设计、预报和诊断等专家系统的功能。

9）教学型专家系统

教学型专家系统的任务是根据学生的特点、弱点和基础知识，以最适当的教案和教学方法对学生进行教学和辅导。特点是同时具有诊断和调试等功能，并具有良好的人机界面。例如，MACSYMA 符号积分与定理证明系统，计算机程序设计语言和物理智能计算机辅助教学系统以及聋哑人语言训练专家系统等。

10）修理型专家系统

这一类专家系统的任务是对发生故障的对象（系统或设备）进行处理，使其恢复正常工作。修理型专家系统具有诊断、调试、计划和执行等功能。例如，美国贝尔实验室的 ACI 电话和有线电视维护修理系统。

### 3.1.4 专家系统的设计和开发

目前，虽然尚未形成专家系统的设计与建造的标准规范，但是，经过多年来的研究与实践，人们对专家系统的设计与建造原则、过程、方法及评价已积累了丰富的知识和经验。

#### 3.1.4.1 专家系统的设计原则

考虑到专家系统的特点，在专家系统设计中应注意以下原则。

(1) 专门任务。专家系统适用于专家知识和经验行之有效的场合，所以，在设计专家系统时，应恰当地划定求解问题的领域。一般问题领域不能太窄，否则系统求解问题的能力较弱；但也不能太宽，否则涉及的知识太多。知识库过于庞大不仅不能保证知识的质量，而且由于知识库太大将会影响系统的运行效率，并且难以维护和管理。

(2) 专家合作。领域专家与知识工程师合作是知识获取成功的关键，也是专家系统开发成功的关键。因为知识是专家系统的基础，建立高效、实用的专家系统，就必须使它具有完备的知识，这需要专家和知识工程师的反复切磋和团结协作。

(3) 原型设计。采用"最小系统"的观点进行系统原型设计，然后逐步修改、扩充和完善，即采用"进化式"开发策略。专家系统是一个比较复杂的程序系统，不可能一次就开发得很完善。因为系统本身比较复杂，需要设计并建立知识库、综合数据库、编写知识获取、推理机、解释等模块的程序，工作量较大。所以，一旦知识工程师获得足够的知识去建立一个简单的系统时，就可以首先建立一个"最小系统"，然后从运行模型中得到反馈信息，来指导修改、扩充和完善系统。

(4) 用户参与。专家系统建成后是给用户使用的，在设计和建立专家系统时，要让用户尽可能地参与。要充分了解未来用户的实际情况和知识水平，建立适于用户操作的友好人机界面。

(5) 辅助工具。在适当的条件下，可考虑采用专家系统开发工具进行计算机辅助设计，借鉴已有系统的经验，提高设计效率。

(6) 分离原则。知识库与推理机分离，是专家系统区别于传统程序的重要的特征，这不仅便于知识库进行维护、管理，而且可把推理机设计得更灵活。

### 3.1.4.2 专家系统的开发步骤

专家系统是计算机软件系统，但与传统程序又有区别，因为知识工程与软件工程在许多方面有较大的区别，所以专家系统的开发过程在某些方面与软件工程类似，但某些方面又有区别。例如，软件工程的实际目标是建立一个用于事务处理的信息管理系统，处理的对象是数据，主要功能是增加、修改、查询、统计、排序等，其运行机制是确定的；而知识工程的设计目标是建立一个辅助人类专家的知识处理系统，处理的对象是知识和数据，主要的功能是推理、评估、规划、解释、决策等，其运行机制难以确定。另外，从系统的实现过程来看，知识工程比软件工程更强调渐进性、扩充性。因此，在设计专家系统时，软件工程的设计思想及过程虽可以借鉴，但不能完全照搬。

专家系统的开发一般可分为以下几个阶段，即问题识别阶段、概念化阶段、形式化阶段、实现阶段和测试阶段。专家系统的开发步骤如图3-3所示。

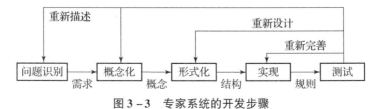

图3-3 专家系统的开发步骤

"专家系统"的详细开发步骤如下。

(1) 问题识别阶段。

在问题识别阶段，知识工程师和专家要密切配合，以定义要解决的问题：①确定人员和任务，包括专家、知识工程师、参加人员，明确各自的任务。②确定问题求解的目标，描述问题的特征、知识结构，明确问题的类型、范围，确定知识源、时间、计算设备以及经费等资源。

(2) 概念化阶段。

在概念化阶段，主要任务是：揭示描述问题所需要的关键概念、关系和控制机制，子任务、策略和有关问题求解的约束。

(3) 形式化阶段。

在形式化阶段，把概念化阶段概括出来的关键概念、子问题、信息流特征形式化表示出来。在形式化过程中，3个主要因素是：假设空间、基本的过程模型、数据的特征。

找到可以用于产生解答的基本过程模型，是形式化知识的重要一步，过程模型包括：行为的和数学的模型。例如，专家使用简单的行为模型进行分析，就能产生重要的概念和关系，数学模型可以提供问题求解信息，用于检查知识库中因果关系的一致性。

(4) 实现阶段。

把前一阶段的形式化知识变成计算机的软件，实现知识库、推理机、人机接口和解释系统，在知识库中要保持知识的一致性和相容性。

(5) 测试阶段。

通过运行实例评价原型系统以及用于实现它的表达形式，从而发现知识库和推理机制的缺陷。测试的主要内容有：可靠性、知识的一致性、运行效率、解释能力、人机交互的便利性等。

根据测试的结果，应对原型系统进行修改。修改过程包括：概念的重新形式化，表达方式的重新设计或系统的完善等。测试和修改过程应反复进行，直到系统达到满意的性能为止。

### 3.1.5 简单的动物识别专家系统实例

下面以一个动物识别专家系统为例，介绍产生式系统求解问题的过程。这个动物识别系统是识别老虎、金钱豹、斑马、长颈鹿、企鹅、鸵鸟、信天翁7种动物的产生式系统，如图3-4所示。

图3-4 动物识别专家系统待识别的7种动物

#### 3.1.5.1 建立知识库

首先根据这些动物识别的专家知识,建立如下规则库。

$r_1$: IF 该动物有毛发 THEN 该动物是哺乳动物

$r_2$: IF 该动物有奶 THEN 该动物是哺乳动物

$r_3$: IF 该动物有羽毛 THEN 该动物是鸟

$r_4$: IF 该动物会飞 AND 会下蛋 THEN 该动物是鸟

$r_5$: IF 该动物吃肉 THEN 该动物是食肉动物

$r_6$: IF 该动物有犬齿 AND 有爪 AND 眼盯前方
　　　THEN 该动物是食肉动物

$r_7$: IF 该动物是哺乳动物 AND 有蹄 THEN 该动物是有蹄类动物

$r_8$: IF 该动物是哺乳动物 AND 是反刍动物 THEN 该动物是有蹄类动物

$r_9$: IF 该动物是哺乳动物 AND 是食肉动物 AND 是黄褐色
　　　AND 身上有暗斑点 THEN 该动物是金钱豹

$r_{10}$: IF 该动物是哺乳动物 AND 是食肉动物 AND 是黄褐色
　　　AND 身上有黑色条纹 THEN 该动物是老虎

$r_{11}$: IF 该动物是有蹄类动物 AND 有长脖子 AND 有长腿
　　　AND 身上有暗斑点 THEN 该动物是长颈鹿

$r_{12}$: IF 该动物有蹄类动物 AND 身上有黑色条纹 THEN 该动物是斑马

$r_{13}$: IF 该动物是鸟 AND 有长脖子 AND 有长腿 AND 不会飞
　　　AND 有黑白二色 THEN 该动物是鸵鸟

$r_{14}$: IF 该动物是鸟 AND 会游泳 AND 不会飞
　　　AND 有黑白二色 THEN 该动物是企鹅

$r_{15}$: IF 该动物是鸟 AND 善飞 THEN 该动物是信天翁

由上述产生式规则可以看出,虽然系统是用来识别7种动物的,但它并不是简单地只设计7条规则,而是设计了15条规则。其基本想法是:首先根据一些比较简单的条件,如"有毛发""有羽毛""会飞"等,对动物进行比较粗的分类,如"哺乳动物""鸟"等;然后随着条件的增加,逐步缩小分类范围;最后给出识别7种动物的规则。这样做起码有两个好处:一是当已知的事实不完全时,虽不能推出最终结论,但可以得到分类结果;二是当需要增加对其他动物(如牛、马等)的识别时,规则库中只需增加关于这些动物个性方面的知识,如 $r_9 \sim r_{15}$ 那样,而对 $r_1 \sim r_8$ 可直接利用,这样增加的规则就不会太多。$r_1$,$r_2$,$\cdots$,$r_{15}$ 分别是各产生式规则的编号,以便于对它们的引用。

#### 3.1.5.2 综合数据库建立和推理过程

设在综合数据库中存储有下列初始事实:

该动物有暗斑点、长脖子、长腿、奶、蹄子。

这里采用正向推理,从第一条规则(即 $r_1$)开始依次逐条取规则进行匹配,即取综合数据库中的已知事实与规则库中规则的前件进行匹配。当推理开始时,推理机的工作过程如下。

(1)从规则库中取出第一条规则 $r_1$,检查其前件是否可与综合数据库中的已知事实匹配成功。由于综合数据库中没有"该动物有毛发"这一事实，所以匹配不成功，$r_1$不能被用于推理。然后取第二条规则$r_2$进行同样的工作。显然，$r_2$的前件"该动物有奶"可与综合数据库中的已知事实匹配。再检查$r_3 \sim r_{15}$，均不能匹配。因为最终只有$r_2$一条规则被匹配，所以$r_2$被执行，并将其结论部分"该动物是哺乳动物"加入综合数据库；然后将$r_2$标注为已经被选用过的规则，避免它下次再被匹配。

此时综合数据库的内容变为：

该动物有暗斑点、长脖子、长腿、奶、蹄子、哺乳动物。

检查综合数据库中的内容，没有发现要识别的任何一种动物，因此要继续进行推理。

（2）分别用$r_1$、$r_3$、$r_4$、$r_5$、$r_6$与综合数据库中的已知事实进行匹配，均不成功。但是当用$r_7$进行匹配时获得了成功。再检查$r_8 \sim r_{15}$，均不能匹配。因为最终只有$r_7$一条规则被匹配，所以执行$r_7$，并将其结论部分"该动物是有蹄类动物"加入综合数据库；然后将$r_7$标注为已经被选用过的规则，避免它下次再被匹配。

此时综合数据库的内容变为：

该动物有暗斑点、长脖子、长腿、奶、蹄子、哺乳动物、有蹄类动物。

检查综合数据库中的内容，没有发现要识别的任何一种动物，因此还要继续进行推理。

（3）在此之后，除已经匹配过的$r_2$和$r_7$外，只有$r_{11}$可与综合数据库中的已知事实匹配成功，所以将$r_{11}$的结论加入综合数据库，此时综合数据库的内容变为：

该动物有暗斑点、长脖子、长腿、奶、蹄子、哺乳动物、有蹄类动物、长颈鹿。

检查综合数据库中的内容，发现要识别的动物"长颈鹿"包含在综合数据库中，所以推出了"该动物是长颈鹿"这一最终结论。至此，问题的求解过程就结束了。

上述问题的求解过程是一个不断从规则库中选择可用规则与综合数据库中的已知事实进行匹配的过程，规则的每一次成功匹配都使综合数据库增加了新的内容，并朝着问题的解决方向前进了一步。这一过程称为推理，是专家系统中的核心内容。当然，上述过程只是一个简单的推理过程，实际的专家系统要复杂得多，不仅知识的数量很多，而且知识或者事实是不确定的，在推理中可能存在冲突。

### 3.1.6 知识工程

1977年，费根鲍姆在第五届国际人工智能联合会议上提出了知识工程（Knowledge Engineering）的概念，进一步推动了基于知识的专家系统以及其他知识工程系统的发展。他指出："知识工程是人工智能的原理和方法，对那些需要专家知识才能解决的应用难题提供求解的手段。恰当运用专家知识的获取、表示和推理过程的构成与解释，是设计基于知识的系统的重要技术问题"。那么什么是知识工程呢？

知识工程就是以知识为研究对象，用工程化的思想，将人工智能研究中的基本问题作为核心内容，研究如何使计算机进行知识获取、知识表示、知识组织以及知识利用等基本方法和工具的方法论科学。

著名哲学家弗朗西斯·培根提出的"知识就是力量"是众所周知的名言，在知识工程的研究开发及其应用中，得到了充分的体现和验证。专家系统就是典型的知识工程系统，知识工程是伴随专家系统研究而产生的。

#### 3.1.6.1 知识获取

知识获取研究的主要问题包括：对专家或书本知识的理解、认识、选择、抽取、汇集、分类和组织的方法；从已有的知识和实例中产生新知识，包括从外界学习新知识的机理和方法，检查或保持已获取知识集合的一致性和完全性约束的方法，尽量保证已获取的知识集合无冗余的方法。

知识获取分为主动式和被动式两大类。主动式知识获取是知识处理系统根据领域专家给出的数据与资料利用诸如归纳程序之类软件工具直接自动获取或产生知识，并装入知识库中，也称为知识的直接获取。而被动式知识获取往往是间接通过一个中介人（知识工程师或用户）并采用知识编辑器之类的工具，把知识传授给知识处理系统，也称为知识的间接获取。

#### 3.1.6.2 知识表示

在人们日常生活及社会活动中，知识是常用的一个术语。例如，人们常说"我们要掌握现代科学知识""掌握的知识越多，你的机会就越多"等。可以说，人类的智能活动过程主要是一个获取并运用知识的过程。为了使计算机具有智能，使它能模拟人类的智能行为，也必须使它具有知识。但知识需要用适当的形式表示出来才能存储到计算机中去的，因此关于知识的表示问题就成为人工智能中一个十分重要的研究方向，其在实现通信的语义描述和内生智能中发挥重要作用，为此，本书将在3.1.7节单独进行介绍。

一般而言，知识是人们在改造客观世界的实践中积累起来的认识和经验。知识具有以下一些特性：相对正确性、不确定性、可表示性和可利用性。

对知识从不同的角度划分，可得到不同的分类方法。

（1）以知识的作用范围来划分，知识可分为常识性知识和领域性知识。

常识性知识是通用性知识，是人们普遍知道的知识，可用于所有的领域。领域性知识是面向某个具体领域的知识，是专业性知识，只有相应专业领域的人员才能掌握并用来求解领域内的有关问题。例如，"夏天热，冬天冷""万物生长靠太阳"就是通用性的知识；而"1个字节由8个位构成""1个扇区有512个字节的数据"都是计算机领域的知识。

（2）按知识的作用及表示来划分，可分为事实性知识、规则性知识、控制性知识、元知识。

事实性知识是静态的、可为人们共享的、可公开获得的公认的知识，在知识库中属低层的知识。如雪是白色的、鸟有翅膀、太阳从东方升起等，都是事实性知识。

规则性知识是指有关问题中，关于环境条件与行为、动作相联系的因果关系知识，这种知识是动态的、变化的。常以"如果……那么……"的形式出现。例如，人们经过多年的观察发现，在北方地区，每当春天来临的时候，就有大批的小燕子飞来，于是就把"春天来了""小燕子马上就要飞回来了"，这两条信息关联在一起，就得到如下一条知识："如果春天来了，那么小燕子马上就要飞回来了"。专家系统的知识库中，常用的就是规则性知识，是由专家提供的专业知识。

控制性知识是指有关问题的求解步骤、推理方法、解题技巧的知识，告诉该怎么做一件事。也包括当有多个动作同时被激活时，应选择哪一个动作来执行的知识。

元知识是指有关知识的知识，是知识库中的高层知识。包括怎样使用规则、解释规则、校验规则、解释程序结构等知识。元知识与控制知识是有重叠的，对一个大的程序来说，以元知识或者元规则形式体现控制知识更为方便，因为元知识存于知识库中，而控制知识常与程序结合在一起出现，不容易修改。

（3）以知识的确定性来划分，可分为确定知识和不确定知识。

确定知识就是指那些逻辑值为"真"或"假"的知识，它是精确性的知识。不确定知识是指那些逻辑值的真假不能完全确定的知识，其逻辑值的真假由某种概率值确定，具有随机性、模糊性。

（4）按人类的思维及认识方法来分，可分为逻辑性知识和形象性知识。

逻辑性知识是反映人类逻辑思维过程的知识，这种知识一般都具有因果关系及易于精确描述的特点。形象思维是人类思维的另一种方式，通过形象思维所获得的知识称为形象性知识。

### 3.1.6.3 知识利用

为了让已有的知识产生各种效益，使它对外部世界产生影响和作用，必须研究如何运用知识的问题。知识利用主要研究各种具体的知识运用中都可能用到的一些方法或模式，包括推理、搜索、知识的管理及维护。

推理是指各种推理的方法与模式，研究前提与结论之间的各种逻辑关系、真度、置信度的传递规则等。搜索是指各种搜索方式与方法，研究如何从巨大的对象空间中搜索满足给定条件要求的特定对象。知识的管理及维护包括：对知识库的各种操作，如增加、修改、删除、查询，以保证知识库中知识的一致性和完整性。实践上，为了将所获取的知识可靠地存储在机器中，并进行有效的管理，以便于知识的增加、修改、删除、查询、检索、利用，需要在知识表示技术基础上，建立知识库系统，如图3-5所示。

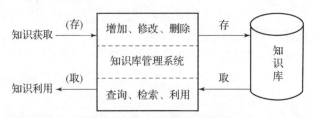

图3-5 知识库系统示意图

知识库系统是由知识库以及知识库管理系统所组成。

1）知识库

通常，在知识库中存储两类知识。一类是关于事物的属性、数据、事实、状态、概念、定义等的叙述性知识；另一类是关于事物的属性变化、状态转换、数据演算的行动规则和操作方法等的过程性知识。

在知识库中，采用适当的知识表示技术将上述知识表达为相应的符号结构，存储在计算机的存储设备中，把知识编排和组织起来。因此，可以说知识库是由表达知识的符号结构和存储知识的设备所组成的软、硬件结合的系统。

例如，产生式系统就是一种采用产生式表示方式的知识库。在产生式系统中，事实库与规则库相对独立，可分别对其进行增加、修改和删除；事实库的内容可供所有的规则进行访问，规则库的规则也可供所有事实使用；规则库中各规则相对独立，不相互调用，不相互牵制。产生式系统的知识库设计有利于知识的增删和修改，便于知识获取与学习，便于灵活利用知识及咨询解释。但是，检索、查询效率较低，对于复杂问题将产生"组合爆炸"。因此，在具体专家系统的知识库设计中，往往采用产生式规则和其他方法相结合的知识表示技术，同时辅以知识库管理系统提高其检索效率。

2）知识库管理系统

一般说来，知识库管理系统的设计应具有下列功能：

（1）知识存入管理功能，包括：知识增加、修改、删除、学习等功能。

（2）知识取出管理功能，包括：知识检索、查询、调用，以及关系推理和联想等。

（3）知识库维护功能，包括：知识保密、矛盾性、冗余性、完整性检查、存储设备的保护与备用等。

（4）知识库运行管理功能，包括：会话、通信、显示、记录管理，以及存取控制、管理协调、知识共享等。

### 3.1.7 知识表示

知识表示就是对人的知识的形式化描述，即用一些约定的规则符号、形式语言和网络图等把人的知识编码成一组计算机可以识别和处理的数据结构。因此，对知识表示的过程就是把知识编码成某种数据结构的过程。

目前常用的知识表示方法包括：谓词逻辑表示法、状态空间表示法、产生式表示法、语义网络表示法、框架表示法、面向对象表示法等。对同一知识，通常可用多种方法进行表示，但不同的方法对同一知识的表示效果是不一样的。因为不同领域中的知识一般都有不同的特点，而每一种表示方法也各有长处与不足，因而，有些领域的知识可能采用这种表示形式比较合适，而有些领域的知识可能采用另外一种表示形式比较合适，有时还需要把几种表示模式结合起来，作为一个整体来表示领域知识，达到取长补短的效果。

#### 3.1.7.1 谓词逻辑

谓词逻辑是一种表达能力很强的形式语言，也是到目前为止能够表达人类思维活动规律的一种最精确的语言，它与人们的自然语言比较接近，又可方便地存储到计算机中并被计算机精确处理。因此，它成为最早应用于人工智能中表示知识的一种方法。

1）一阶谓词逻辑的形式符号

一阶谓词是指仅个体变量被量化的谓词，若个体变量和谓词符号同时被量化，则称其为二阶谓词。本书仅介绍一阶谓词逻辑。

（1）个体符号，代表思维对象的符号，例如，名词性助记符"fish"。个体可以是常量，也可以是变量。一般用英文小写字母 a、b、c 等表示个体常量，简称常量；用小写字母 $x$、$y$、$z$ 等表示个体变量，简称变量或变元。例如，用 $bird(x)$ 表示 $x$ 是鸟儿的事实，这个 $x$ 就是一个变量。某个体变量的值域称为该个体的个体域，或称为论域。

（2）谓词符号，代表思维对象的属性或多个对象间关系的符号，例如，谓语类助记符"symptom"。通常用大写字母 $P$、$Q$、$R$ 等表示谓词符号，谓词符号及其相连的个体符号一起组成谓词。含有 $n$ 个个体符号的谓词 $P(x_1, x_2, \cdots, x_n)$ 叫作 $n$ 元谓词。在谓词 $P(x_1, x_2, \cdots, x_n)$ 中，若 $x_i(i=1,2,\cdots,n)$ 都是个体常量、变量或函数，则称之为一阶谓词。如果某个 $x_i$ 本身又是一阶谓词，则称它为二阶谓词，以此类推。

（3）函数符号，代表由若干个思维对象到某个思维对象的映射的符号。函数符号通常用小写字母 $f$、$g$、$h$ 等表示。$n$ 元函数 $f(x_1, x_2, \cdots, x_n)$ 规定了从 $D_1 \times \cdots \times D_n$ 到 $D_{n+1}$ 的映射。

（4）逻辑符号，包括五个基本连接词和两个量词符号：否定词（¬）、合取词（∧）、析取词（∨）、单条件词（→）、双条件词（↔）以及全称量词符号（∀）和存在量词符号（∃）。"→"是单条件连接词，用于连接两个命题 $P$ 和 $Q$，生成 $P \rightarrow Q$，可理解为：如果 $P$ 则 $Q$。例如，human（$x$）→name（$x$）表示：如果 $x$ 是人，那么 $x$ 有名字。所谓量词，就是用来描述谓词与个体之间的关系，分为全称量词和存在量词两类。全称量词符号及其相连的变量一起组成全称量词，全称量词通常代表"对于所有""任一""凡是"等相关意思，记为 $\forall x$。例如，"凡是人都有名字"可以表示为 $\forall x$(human($x$)→name($x$))。存在量词符号及其相连的变量组成存在量词，存在量词通常表示"存在一个""有些"等相关意思，记为 $\exists x$。

（5）技术性符号，包括：左方括号、右方括号、左圆括号、右圆括号、逗号。

2）知识的逻辑表示步骤

用逻辑表示知识实质上就是把人类关于世界的认识变成一个包含个体、函数和谓词的概念化形式。其基本步骤是：

（1）给出有关世界的个体、函数和谓词。

（2）构造一阶谓词逻辑公式。

（3）对公式给出解释，使该解释是相应公式的一个模型。

用谓词公式表示知识时，需要首先定义谓词，指出每个谓词的确切含义，然后再用连接词把有关的谓词连接起来，形成一个谓词公式表达一个完整的意义。

3）一阶谓词逻辑表示法的特点

在各种知识表示方法中，谓词逻辑方法是用得比较广泛的，主要原因如下。

（1）谓词逻辑与数据库，特别是关系数据库具有密切的联系。在关系数据库中，逻辑代数表达式是谓词逻辑表达式之一。因此，如果采用谓词逻辑作为系统的理论骨架，则可将数据库系统扩展改造成知识库。

（2）一阶谓词逻辑具有完备的逻辑推理算法，如果对逻辑的某些外延扩展后，则可把大部分的知识表示成一阶谓词逻辑的形式。

（3）谓词逻辑本身具有比较坚实的数学基础，知识的表达方法决定了系统的主要结构，因此，对知识表示方式的严密科学性要求就比较容易得到满足，这样对形式理论的扩展导致了整个系统框架的发展。

（4）逻辑推理是从公理集合中演绎出结论的过程。由于逻辑及形式系统具有的重要性质，可以保证知识库中新旧知识在逻辑上的一致性以及所演绎出来结论的正确性。

#### 3.1.7.2 产生式规则

产生式规则通常用于表示具有因果关系的知识。在通信领域中，常用于描述通信系统的维护和操作，当通信网络局部出现故障或拥塞，我们就需要采取行动来恢复局部的故障或拥塞。这样就需要有故障或拥塞的相关知识,称为产生式规则。

1) 产生式规则表示法的基本形式

产生式规则的基本形式是:

$$P \rightarrow Q$$

或者 IF  $P$  THEN  $Q$

式中:$P$ 是产生式规则的前提,用于指出该产生式是否可用的条件,也可称为前件;$Q$ 是一组结论或操作,用于指出当前提 $P$ 所指示的条件被满足时,应该得出的结论或应该执行的操作。整个产生式规则的含义是:如果前提 $P$ 被满足,则可推出结论 $Q$ 或执行 $Q$ 所规定的操作,也可称为后件。例如:

IF  动物有毛发  THEN  该动物是哺乳动物

有时为了解决问题的需要,前件和后件可以是由逻辑运算符 AND(与)、OR(或)、NOT(非)组成的表达式。为了严格地描述产生式规则,下面用巴克斯范式(Backus Normal Form,BNF)给出形式描述及语义:

<产生式> :: = <前提> → <结论>

<前提> :: = <简单条件> | <复合条件>

<结论> :: = <事实> | <操作>

<复合条件> :: = <简单条件> AND <简单条件>「(AND <简单条件>)…」|
    <简单条件> OR <简单条件>[( OR <简单条件>)…]

<操作> :: = <操作名>[( <变量>,…) ]

2) 产生式系统的基本结构

一般来说,一个产生式系统由 3 个基本部分组成:产生式规则库,推理机和综合数据库,其结构如图 3 – 6 所示。

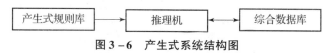

图 3 – 6  产生式系统结构图

(1) 产生式规则库:用于描述相应领域内知识的产生式集合称为产生式规则库。显然,产生式规则库是产生式系统进行问题求解的基础,其知识是否完整、一致,表达是否准确、灵活,对知识的组织是否合理等,不仅直接影响到系统的性能,而且还会影响系统的运行效率,因此对规则库的设计与组织应给予足够的重视。

(2) 推理机:又称为控制执行机构,由一组程序组成,负责产生式规则的前提条件测试或匹配,规则的调度与选取,规则体的解释和执行,实现对问题的求解。

(3) 综合数据库:又称为事实库、上下文、黑板等。它是一个用于存放问题求解过程中各种当前信息的数据结构。当规则库中某条产生式的前提可与综合数据库中的某些已知事实匹配时,该产生式就被激活,并把用它推出的结论放入综合数据库中,作为后面推理的已知事实。显然,综合数据库的内容是在不断变化的,是动态的。

3) 产生式系统的工作原理

一个产生式系统的工作,通常从选择规则到执行操作共分三步:匹配、冲突解决、操作。

(1) 匹配:把当前数据库与规则的条件部分相比较,如二者匹配,则此规则被激发。但被激发的规则不一定被启用,因为规则库中可能同时有好几条规则被激发。此时究竟先启用哪条规则,需要根据控制系统的冲突解决策略来决定。

(2) 冲突解决:当有多个规则同时被激发时,必须利用一定的策略来确定规则的启用顺序,这就是所谓冲突解决策略。

(3) 操作:当确定应启用的规则之后,就根据规则的结论部分修改当前数据库。可将产生式系统求解问题的基本算法写成如下形式:

过程(PRODUCTION)
  DATA :: = 初始数据库
 Until DATA 满足结束条件,do
  Begin
   在规则集中选取一条可应用于 DATA 的规则 R
   DATA:: = R 应用于 DATA 的结果
  End

用它求解问题的循环过程实际上就是一个搜索过程,它要对一系列的规则进行试探,直至发现某一规则序列使全局数据库满足终止条件为止。

4) 产生式规则的应用

下面以移动增值业务为例说明产生式表示法的应用。移动增值业务服务有以下规则。

R1:如果开通来电显示,则收取 5 元服务费;
R2:如果开通彩信,则收取 5 元服务费;
R3:如果开通彩铃,则收取 5 元服务费;
R4:如果开通来电显示和彩信,则收取 8 元服务费;
R5:如果开通来电显示和彩铃,则收取 8 元服务费;
R6:如果开通彩铃和彩信,则收取 8 元服务费;
R7:如果开通来电显示、彩铃和彩信,则收取 10 元服务费;

上述 R 是 Rule 的简写,表示规则,如图 3-7 所示。

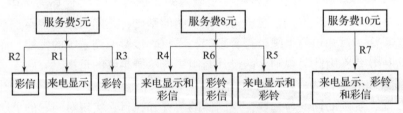

图 3-7 移动增值业务服务规则子树

从图 3-7 可以看出,这些规则在执行过程中具有优先级,这在具体实现过程中由推理机来完成。

#### 3.1.7.3 语义网络

语义网络作为人类联想记忆的一个显式心理学模型是由 J. R. Quillian 于 1968 年最先提出的。随后在他设计的可教式语言理解器中用作知识表示,1972 年西蒙将其用于自然语言理解系统。目前,语义网络已广泛地应用于人工智能的许多领域中,是一种表达能力强而且灵活的知识表示方法。

1）语义网络的概念

语义网络（Semantic Network）是一种由节点及节点间带标记的连接弧组成的有向图。图的"节点"用以表示各种事物、概念、情况、属性、事件、状态等，每个节点可以带有若干属性。节点间的"连接弧"用以表示节点间的关系，可用标记说明具体的语义关系。节点和弧都必须带有标识，以便区分各种不同对象及对象间各种不同的语义关系。

语义网络中最基本的语义单元称为基本网元，可用三元组表示为：

（节点1，连接弧，节点2）

例如，(Tim Berners – Lee，类型，图灵奖得主)和(Tim Berners – Lee，发明，互联网)就是2个基本网元。由于所有的节点均通过连接弧彼此相连，语义网络可以通过图上的操作进行知识推理。

当把多个基本网元用相应语义联系关联在一起时，就可得到一个语义网络。下面给出语义网络的 BNF 描述：

<语义网络> :: = <基本网元> | Merge（<基本网元>, …）

<基本网元> :: = <节点> <语义联系> <节点>

<节点> :: = （<属性 – 值对>, …）

<属性 – 值对> :: = <属性名> | <属性值>

<语义联系> :: = <系统预定义的语义联系> | <用户自定义的语义联系>

其中，Merge（…）是一个合并过程，它把括弧中的所有基本网元关联在一起，即把相同的节点合并为一个，从而构成一个语义网络。

2）知识的语义网络表示

语义网络可以表示事实性的知识，亦可表示有关事实性知识之间的复杂联系，下面分别讨论。

1）表示事实

语义网络中的节点可以用来表示一个事物或者一个具体概念，还可以用来表示某一情况、某一事件或者某个动作。

2）表示有关事实间的关系

语义网络可以描述事实间多种复杂的语义关系，因此，关系型知识和能化为关系型的知识都可以用语义网络来表示，下面给出常见的几种关系。

（1）实例关系。

表示类与其实例（个体）之间的关系。这是最常见的一种语义关系。例如，点对点协议（Point – to – Point Protocol，PPP）是一个协议。其中关系"是一个"一般标识为"is – a"，或 ISA。

（2）分类（或从属、泛化）关系。

分类关系是指事物间的类属关系。图 3 – 8 就是一个描述分类关系的语义网络。在图 3 – 8 中，下层概念节点除了可继承、细化、补充上层概念节点的属性外，还出现了变异的情况：计算机网络是局域网的上层节点，其属性有"交换""路由"，但局域网的属性只是继承了"交换"这一属性，而把计算机网络的"路由"变异为"无须路由"。其中关系"是一种"一般标识为"a – kind – of"或 AKO。

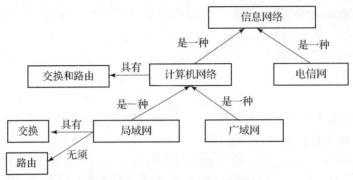

图 3-8 表示分类关系的语义网络

(3) 聚集关系。

如果下层概念是其上层概念的一个方面或者一个部分,则称它们的关系是聚集关系。常用的聚集关系有: A‑part‑of(是一部分)。例如图 3-9 所示的语义网络就是一种聚集关系。

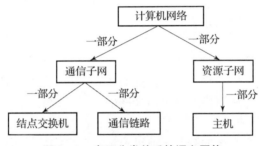

图 3-9 表示分类关系的语义网络

(4) 属性关系。

表示对象的属性及其属性值。

(5) 逻辑关系。

如果一个概念可由另一个概念推出,两个概念间存在因果关系,则称它们之间是逻辑关系。

(6) 集合与成员关系。

意思是"是……的成员",它表示成员(或元素)与集合之间的关系。其中关系"是成员"一般标识为"a‑member‑of"。

(7) 方位关系。

在描述一个事物时,经常需要指出它发生的时间、位置,或者指出它的组成、形状等,此时可用相应的语义网络表示。

3) 语义网络系统的求解原理

用语义网络表示知识的问题求解系统称为语义网络系统。该系统主要由两大部分组成:一部分是语义网络构成的知识库;另一部分是用于求解问题的解释程序,称为语义网络推理机。在语义网络系统中,问题的求解一般是通过匹配实现的,其求解过程为:

(1) 根据求解问题的要求构造一个网络片段,其中有些节点或弧的标识是空的,反映待求解的问题。

（2）依此网络片段到知识库中去寻找可匹配的网络，以找出所需要的信息。当然，这种匹配一般是不完全的，具有不确定性，因此需要解决不确定性匹配的问题。

（3）如果问题的语义网络片段与知识库中的某语义网络片段匹配，则与询问处匹配的事实就是问题的解。

#### 3.1.7.4 本体

如何处理通信过程中的数据在结构和语义上的不一致性问题等，就需要引入本体（Ontology）的概念。通过对所研究领域内概念的详细系统的定义来对领域知识进行概念化描述，它不仅将领域内最核心的元数据做了一个全面整理，而且通过对语义信息的声明性描述来反映这些元数据或概念之间的相关性。本体从它所描述的元数据和领域知识的高度为我们解决通信过程中语义的一致性提供了一种有效的手段。

1）本体的定义

本体用于详细描述术语、概念以及概念与规则之间的关系。本体最早是一个哲学的范畴，指关于存在及其本质和规律的学说，后用于研究实体存在性和实体存在的本质等方面的通用理论。计算机界借用这个理论，把现实世界中某个领域抽象或概括成一组概念及概念间的关系，构造出这个领域的本体。后来随着人工智能的发展，被人工智能界给予了新的定义。

1997 年 Borst 给出的本体定义："本体是共享概念模型的形式化规范说明"。这个定义包含 4 个含义：概念模型、明确性、形式化和共享。

（1）概念模型：指通过抽象出客观世界中一些现象的相关概念而得到的模型。概念模型所表现的含义独立于具体的环境状态。

（2）明确性：指所使用的概念及使用这些概念的约束都有明确的定义。

（3）形式化：指本体是计算机可读的（即能被计算机处理）。

（4）共享：指本体中体现的是共同认可的知识，反映的是相关领域中公认的概念集，即本体针对的是团体而非个体的共识。

本体的目标是捕获相关的领域知识，提供对该领域知识的共同理解，确定该领域内共同认可的词汇，并从不同层次的形式化模式上给出这些词汇（术语）和词汇之间相互关系的明确定义。本体正逐步成为知识获取以及表示、规划、进程管理、数据库框架集成、自然语言处理和企业模拟等研究领域共同关注的一个核心。

下面，我们将给出本体的一种典型的形式化定义。

**定义 3.1** 本体可表示为 6 元组 Ontology::= $\{C, A^C, R, A^R, H, X\}$，其中 $C$ 表示概念的集合；$A^C$ 表示针对每个概念的属性集集合；$R$ 表示关系集合；$A^R$ 表示针对每个关系的属性集集合；$H$ 表示概念的层次性；$X$ 表示公理集合。

$C$ 中的每一个概念 $c_i$ 表示一组同种对象，并可用形如 $A^C(c_i)$ 的同一组属性描述。$R$ 中的每一对关系 $r_i(c_p, c_q)$ 都表示概念 $c_p$ 和 $c_q$ 之间的二元关系，这种关系的实例是成对的 $(c_p, c_q)$ 概念对象，属性 $r_i$ 可以表示为 $A^R(r_i)$。$H$ 是从 $C$ 派生的层次性概念，它是一组关于 $C$ 中概念的父–子（或超类–子类）关系。如果 $c_q$ 是 $c_p$ 的子类或子概念，那么 $(c_p, c_q) \in H$。$X$ 中的每个公理是对概念或关系的属性值的约束或对概念之间关系的约束。每个约束可以用类似 Prolog 语言的规则表示。

2）本体建模元语

Perez 等人用分类法组织了本体，归纳出 5 个基本的建模元语（Modeling Primitives）。

（1）类（Classes）或概念（Concepts）。

指任何事务，如工作描述、功能、行为、策略和推理过程。从语义上讲，它表示的是对象的集合，其定义一般采用框架（Frame）结构，包括概念的名称，与其他概念之间的关系的集合，以及用自然语言对概念的描述。

（2）关系（Relations）。

在领域中概念之间的交互作用，形式上定义为 $n$ 维笛卡儿积的子集：$R: C_1 \times C_2 \times \cdots \times C_n$。如子类关系（Subclass – Of）。在语义上关系对应于对象元组的集合。

（3）函数（Functions）。

一类特殊的关系。该关系的前 $n-1$ 个元素可以唯一决定第 $n$ 个元素。形式化的定义为 $F: C_1 \times C_2 \times \cdots \times C_{n-1} \to C_n$。如 Mother – of 就是一个函数，Mother – of（$x, y$）表示 $y$ 是 $x$ 的母亲。

（4）公理（Axioms）。

代表永真断言，如概念乙属于概念甲的范围。

（5）实例（Instances）。

代表元素。从语义上讲实例表示的就是对象。

另外，从语义上讲，基本的关系共有 4 种，如表 3 – 1 所列。在实际建模过程中，概念之间的关系不限于下面列出的 4 种基本关系，可以根据领域的具体情况定义相应的关系。

表 3 – 1  本体的基本关系

| 关系名 | 关系描述 |
| --- | --- |
| part – of | 表达概念之间部分与整体的关系 |
| kind – of | 表达概念之间的继承关系，类似于面向对象中的父类与子类之间的关系 |
| instance – of | 表达概念的实例与概念之间的关系，类似于面向对象中的对象和类之间的关系 |
| attribute – of | 表达某个概念是另一个概念的属性。如"价格"是桌子的一个属性 |

3）本体的表示

本体可以用任一种本体表示语言表示，本体语言使得用户为领域模型编写清晰的、形式化的概念描述，因此它应该满足以下要求：①良好定义的语法；②良好定义的语义；③有效的推理支持；④充分的表达能力；⑤表达的方便性。

大量的研究工作者活跃在该领域，因此诞生了许多种本体描述语言，有资源描述框架（Resource Description Framework，RDF）和 RDF 词汇描述语言（RDF Schema，RDFS）、本体推理层（Ontology Inference Layer，OIL）、DARPA 的智体标记语言（DARPA Agent Markup Language，DAML）、DAML + OIL、Web 中本体描述语言（Web Ontology Language，OWL）、KIF、SHOE、XOL、OCML、Ontolingua、CycL、Loom。下面简单介绍 RDF 与 RDFS，对于其他表示请大家自行查阅相关资料。

RDF 是万维网联盟（World Wide Web Consortium，W3C）在可扩展标记语言

(eXtensible Markup Language，XML）的基础上推荐的一种标准，用于表示任何的资源信息。RDF 提出了一个简单的模型用来表示任意类型的数据。这个数据类型由节点和节点之间带有标记的连接弧所组成。节点用来表示 Web 上的资源，弧用来表示这些资源的属性。因此，这个数据模型可以方便地描述对象（或者资源）以及它们之间关系。RDF 的数据模型实质上是一种二元关系的表达，由于任何复杂的关系都可以分解为多个简单的二元关系，因此 RDF 的数据模型可以作为其他任何复杂关系模型的基础模型。W3C 推荐以 RDF 标准来解决 XML 的语义局限。

RDF 框架由三个部分组成：Data Model（RDF 资料模型）、Schema（RDF 纲要）和 Syntax（RDF 句法）。Data Model 是一种与语法无关的表示法，是被描述资源与其相关属性类型对应的属性值构成的结点（Node）的集合。Schema 定义描述资源时需要的属性类及其意义、特性；Syntax 则把形式描述通过其宿主语言 XML 转换成机器可以理解和处理的文件。

RDF 的基本资源模型包括了三个对象类型：资源（Resource）、属性（Properties）、陈述（Statements）。所有用 RDF 表示法来描述的对象都叫作资源，在 RDF 中，资源是以统一资源标识来命名。每一个资源都具有属性，或者说是特性，其属性由属性类型来做标识，每一个属性类型都有对应的属性值，属性类型表示这些属性值与资源之间的关系。而陈述则是对资源上属性的关系进行具体描述。

RDF 数据模型可以表示一个实体关系图。然而 RDF 本身对语法是无知的，它只是提供了一个表达元数据的模型。RDF 并没有定义任何一个特定领域的语义，即没有假定某个论域，它只是提供了一个领域无关的机制来描述元数据。还需要使用其他工具来描述领域相关的语义。这正是 RDF 词汇描述语言（RDFS）所要实现的目标。RDFS 是对 RDF 的一种补充。RDFS 定义了类和性质，这些类和性质可以用来描述其他的类和性质，从而增强了 RDF 对资源的描述能力。

简而言之，RDFS 主要完成了以下两个工作：描述类与它的子类之间的关系，可用于定义某个特定领域的分类方法；定义类的性质。

也就是说，RDFS 提供了一些建模原语，用来定义一个描述类、类与类之间关系的简单模型。这个模型就相当于为描述网上资源的 RDF 语句提供了一个词汇表。RDFS 是 RDF 的类型系统，它解决了 RDF 的问题，提供了一种机制来定义领域相关的属性以及用于使用这些属性的资源类。

RDFS 的基本模型是 class 定义和 subClassOf 语句、property 定义和 subPropertyOf 语句、domain 和 range 语句（可以限制对上面的 class 和 property 的组合）、type 语句（用于声明 class 的一个实例 resource）。使用这些模型就可以定义一个领域知识。而 RDFS 虽然可以为 RDF 资源的属性和类型提供词汇表，但是基于 RDF 的语义描述仍然可能存在语义冲突。为了消解语义冲突，我们在描述语义的时候可以通过引用本体的相关技术，对语义描述结果作进一步的约束。幸运的是，RDF（Schema）在提供了简单的机器可理解语义模型的同时，为领域化的本体语言（OIL、OWL）提供了建模基础，并使得基于 RDF 的应用可以方便地与这些本体语言所生成的本体进行合并。RDF 的这一特性使得基于 RDF 的语义描述结果具备了可以和更多的领域知识进行交互的能力，也使基于 XML 和 RDF 的 Web 数据描述具备了良好的生命力。

## 3.2 知识图谱

知识图谱作为知识工程的一个分支,以知识工程中语义网络作为理论基础,并且结合了机器学习、自然语言处理、知识表示和推理的最新成果,在大数据的推动下受到了学术界和业界的广泛关注。利用知识图谱技术,人们可以对海量的非结构化文本数据、大量的半结构化表格和网页以及生产系统的结构化数据中关系信息进行结构化、语义化的智能处理,形成大规模的知识库,并支撑业务应用,使得机器能够更好地理解网络、理解用户、理解资源,为用户提供新型智能化服务。知识图谱以其强大的语义处理能力和开放互联能力,能够打破不同场景下的数据隔离,可在智能搜索与推荐、智能问答、内容分发等智能信息服务中产生应用价值,从而提升信息服务的智能化水平。

### 3.2.1 知识图谱的概念和组成

知识图谱本质上是由不同知识点相互连接形成的语义网络,是一种基于图的数据结构。

#### 3.2.1.1 知识图谱的概念

知识图谱(Knowledge Graph)以结构化的形式描述客观世界中概念、实体及其之间的关系,将互联网的信息表达成更接近人类认知世界的形式,提供了一种更好地组织、管理和理解互联网海量信息的能力。知识图谱给互联网语义搜索带来了活力,同时也在智能问答中显示出强大威力,已经成为互联网知识驱动的智能应用的基础设施。

受语义网络和语义 Web 的启发,Google 公司于 2012 年提出了知识图谱,目的是提高搜索引擎的智能能力,增强用户的搜索质量和体验,但发布时 Google 公司并没有对这一概念做出清晰的定义。随后,这一概念被传播开来,并广泛应用于医疗、教育、金融、电商等行业中,推动人工智能从感知智能向认知智能跨越。维基百科上知识图谱的词条实际是对 Google 公司搜索引擎使用的知识库功能的描述,即知识图谱是 Google 公司使用的一个知识库及服务,它利用从多种来源收集的信息提升搜索引擎返回结果的质量。

百度百科将知识图谱定义为"通过将应用数学、图形学、信息可视化技术、信息科学等学科的理论和方法与计量学引文分析、共现分析等方法结合,并利用可视化的图谱形象地展示学科的核心结构、发展历史、前沿领域以及整体知识架构,达到多学科融合目的的现代理论。"但从该词条的详细内容可以看出,百度百科的定义仍是一种对知识图谱的早期理解和对 Google 公司提出的知识图谱功能的复述。

国内外学术机构围绕知识图谱进行了大量研究,近年来我国高校学者也在知识图谱领域发表了许多优秀的论文,并对知识图谱做出了比较完整和全面的定义。如华东理工大学王昊奋教授认为:"知识图谱旨在描述真实世界中存在的各种实体或概念。其中,每个实体或概念用一个全局唯一确定的 ID 来标识,这个 ID 称为它们的标识符。'属性 – 值'对(Attribute – Value Pair,AVP)用来刻画实体的内在特性,而关系用来连接两个实体,刻画它们之间的关联。"而电子科技大学的刘峤等人认为:"知识图谱是结构化的语义知识库,用于以符号形式描述物理世界中的概念及其相互关系,其基本组成单位是'实体 – 关系 – 实体'三元组以及实体及其'属性 – 值'对,实体间通过关系相互联结,构成网状的知识结构。"

综合以上的定义,本书给出以下定义:知识图谱本质上是一种大规模语义网络,是新一代的知识库技术,通过结构化、语义化的处理将信息转化为知识,并加以应用。

对于上述知识图谱的定义,可以从以下几个方面进行解读。

1)表现形式

知识图谱的抽象表现形式是以语义互相连接的实体,是把人对实体世界的认知通过结构化的方式转化为计算机可理解和计算的语义信息。我们可以将知识图谱理解成一个网状知识库,这个知识库反映的是一个实体及与其相关的其他实体或事件,不同的实体之间通过不同属性的关系相互连接,从而形成了网。因此,知识图谱可以看成对物理世界的一种符号表达。

2)涵盖范围

知识图谱由传统的知识库演变而来,可以说狭义的知识图谱就是知识库,但广义的知识图谱应涵盖知识库、从信息到知识的知识库构建以及高效定位正确的知识、发现隐含知识的知识库运用等方面,目标是解决信息过载和信息缺失的问题。

3)技术表现

知识图谱在技术上通常被认为是由知识提取、知识融合、知识加工、知识呈现 4 层技术组合而成的。知识图谱在知识库的构建方面具备接入多数据源的能力,比传统的人工方式更加高效。除了知识库部分外,知识图谱技术还包括可以生成新知识的推理引擎,被视为自动化、智能化的新一代知识库技术。

4)研究价值

知识图谱是人工智能的关键技术之一,人工智能追求的目标是利用机器快速、便捷地获得高质量的数据信息,进而辅助人们进行更多智能化的应用。在实现这一目标的过程中,知识就是核心力量。知识对于人工智能的价值在于让机器具备对数据的认知能力和理解能力。构建知识图谱的目的就是让机器形成这种认知能力,使其能够理解这个世界。

5)应用价值

知识图谱提供了一种从海量数据中抽取结构化知识的手段,快速便捷,拥有广阔的应用前景。

对于使用知识图谱的人来说,相比文字,图更加直观、有条理,因此知识图谱可以帮助人们更好地理解和记忆知识。很多人应用思维导图对知识进行记忆和梳理,在这个过程中应用的是使用者本身的记忆习惯和技巧。知识图谱是从知识本身出发,保留了知识原来的组织,引导使用者理解知识。对于使用知识图谱的软件、服务、系统来说,知识图谱提供了结构化的数据存储格式,降低了软件、服务、系统在数据挖掘和管理过程中的难度。同时,知识图谱可以在较好地保存数据及数据之间关联的基础上,挖掘出更多的有用信息,开发更多的应用场景。在使用知识图谱服务进行搜索时,人们可以直接获得与数据关联的答案,而不是可能包含答案的网页。

#### 3.2.1.2 知识图谱构建成果

目前,已经涌现出一大批知识图谱,其中国外具有代表性的有 Knowledge Vault、YAGO、DBpedia 等;国内出现了开放知识图谱项目 OpenKG,中文知识图谱 CN - Probase、zhishi. me 等,部分成果如表 3 - 2 所列。

表 3 - 2 知识图谱的构建成果

| 知识图谱 | 开发部门 | 数据源 | 应用 |
| --- | --- | --- | --- |
| Knowledge Vault | Google | WikiData、Freebase | Google Search、Google Now |
| Concept Graph | Microsoft | 互联网、网络日志 | |
| Bing Satori | Microsoft | 互联网、人工 | Bing Search、Microsoft Cortana |
| YAGO | Max Planck | WikiData、WorldNet 和 GeoNames | YAGO |
| Facebook Social Graph | Facebook | Facebook | Social Graph Search |
| 知心 | 百度 | 网络 | 百度搜索 |
| 知立方 | 搜狗 | 网络 | 搜狗搜索 |
| Zhishi. me | 上海交通大学 | 百度百科、维基百科 | 知识查询 |
| CN - Probase | 复旦大学 | CN - Dbpedia、中文网语料 | 实体解析 |
| OpenKG. CN | 语言与知识计算专业委员会 | 网络 | 知识抽取、知识表示、自然语言处理 |

#### 3.2.1.3 知识图谱的组成

知识图谱是由节点和边构成的一种大规模语义网络,每个节点表示现实世界中存在的实体或概念,每条边表示实体的属性或实体间的关系,如图 3 - 10 所示。

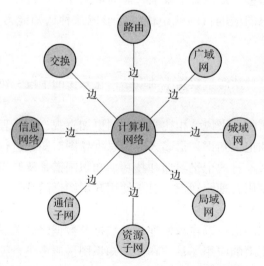

图 3 - 10 由节点和边组成的知识图谱的实例

知识图谱中的节点分为以下两种。

（1）实体：指具有可区别性且独立存在的某种事物，如一个人、一座城市、一种商品等。某个时刻、某个地点、某个数值也可以作为实体。实体是知识图谱中最基本的元素，每个实体可以用一个全局唯一的 ID 进行标识。

（2）语义类/概念：语义类指具有某种共同属性的实体的集合，如国家、民族、性别等；而概念则反映一组实体的种类或对象类型，如人物、气候、地理等。

知识图谱中的边分为以下两种。

（1）属性（值）：指某个实体可能具有的特征和参数，是从某个实体指向它的属性值的"边"，不同的属性对应不同的边，而属性值是实体在某一个特定属性下的值。

（2）关系：是连接不同实体的"边"，可以是因果关系、相近关系、推论关系、组成关系等。在知识图谱中，将关系形式化为一个函数。这个函数把若干个节点映射到布尔值，其取值反映实体间是否具有某种关系。

知识图谱全生命周期主要包括 3 种关键技术：①从样本源中获取数据，并将其表示为结构化知识的知识抽取与表示技术；②融合异构知识的知识融合技术；③根据知识图谱中已有的知识进行知识推理和质量评估。下面分别进行介绍。

### 3.2.2 知识抽取与表示

对于知识图谱而言，首要的问题是：如何从海量的数据提取有用信息并将得到的信息有效表示并储存，就是所谓的知识抽取与表示技术。知识抽取与表示，也可以称为信息抽取，其目标主要是从样本源中抽取特定种类的信息，如实体、关系和属性，并将这些信息通过一定形式表达并储存。对于知识图谱，一般而言采用 RDF 描述知识，形式上将有效信息表示为（主语，谓语，宾语）三元组的结构，某些文献中也表示为（头实体，关系，尾实体）的三元组结构。

图 3-11 展示了知识图谱的技术架构。

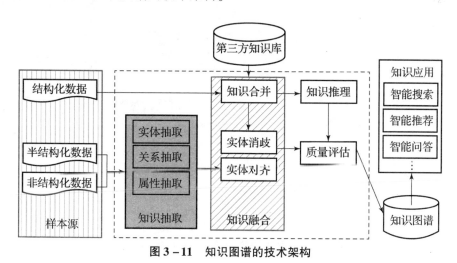

图 3-11　知识图谱的技术架构

#### 3.2.2.1　知识抽取

针对信息抽取种类的不同，知识抽取又可分为实体抽取、关系抽取以及属性抽取。

1) 实体抽取

实体抽取也称为命名实体识别,主要目标是从样本源中识别出命名实体。实体是知识图谱最基本的元素,实体抽取的完整性、准确率、召回率将直接影响知识图谱的质量。实体抽取的方法可归纳为 3 种:基于规则与词典的方法、基于统计机器学习的方法、面向开放域的抽取方法。

2) 关系抽取

通过实体抽取获取的实体之间往往是离散且无关联的。通过关系抽取,可以建立起实体间的语义链接。关系抽取技术主要分为 3 种:基于模板的关系抽取、基于监督学习的关系抽取、基于半监督或无监督学习的关系抽取。

3) 属性抽取

属性抽取的目标是补全实体信息,通过从样本源中获取实体属性信息或属性值。实体属性可以看作是属性值与实体间的一种关系,因而可以通过关系抽取的解决思路来获得。

#### 3.2.2.2 知识图谱的表示

知识图谱的一种直观、简洁的通用表示方式是三元组,其可以方便计算机对实体关系进行处理。用三元组 $G=(E,R,S)$ 表示形式化的知识图谱,其中,$E=\{e_1,e_2,\cdots,e_E\}$ 是知识图谱中的实体集合,包含 $|E|$ 种不同的实体;$R=\{r_1,r_2,\cdots,r_E\}$ 是知识图谱中的关系集合,共包含 $|R|$ 种不同的关系;$S\subseteq E\times R\times E$ 是知识图谱中的三元组集合。

对于知识图谱,一般而言采用 RDF 描述,形式上表示为(主语,谓语,宾语)三元组的结构,某些文献中也表示为(头实体,关系,尾实体)的结构。知识图谱通过知识抽取技术从大数据抽取有用信息,并将这些信息表示为 RDF 形式的知识。如果把三元组的主语和宾语看成图的节点,三元组的谓语看成边,那么一个 RDF 知识库则可以看成一个图或一个知识图谱,如图 3 – 12 所示。

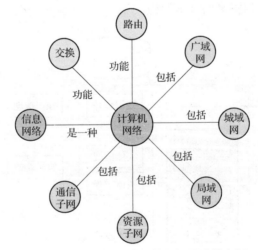

图 3 – 12 基于 RDF 表示的知识图谱的实例

三元组的表现形式主要有 2 种。

1)(实体 1,关系,实体 2)

例如,曹操的儿子是曹丕,这里主语是曹操,谓语是儿子,宾语是曹丕。

2)（实体，属性，属性值）
通过三元组将信息构成路径，例如，西游记主要人物关系。
唐僧，大徒弟，孙悟空
唐僧，二徒弟，猪八戒
唐僧，三徒弟，沙悟净
唐僧，前世，金蝉子
唐太宗，御弟，唐僧
金蝉子，师傅，如来佛祖
孙悟空，师傅，菩提老祖
孙悟空，武器，金箍棒
孙悟空，大闹，凌霄殿
如来佛祖，收服，孙悟空
猪八戒，前世，天蓬元帅
沙悟净，前世，卷帘大将
卷帘大将，任职，凌霄殿
白龙马，三太子，西海龙王
白龙马，师傅，唐僧
西海龙王，兄弟，东海龙王
东海龙王，定海神针，金箍棒

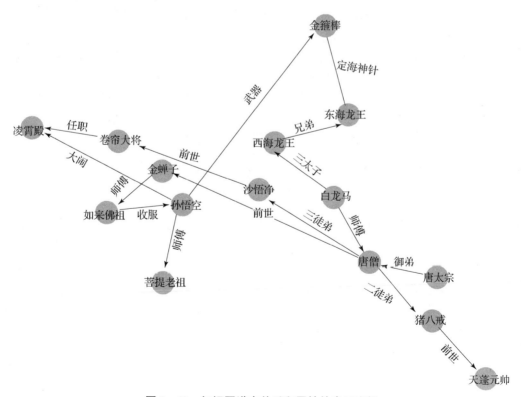

图3-13 知识图谱中关系和属性的表示实例

### 3.2.3　知识融合

通过知识抽取与表示，初步获得了数量可观的形式化知识。由于知识来源的不同，导致知识的质量参差不齐，知识之间存在着冲突或者重叠。此时初步建立的知识图谱，知识的数量和质量都有待提高。应用知识融合技术对多源知识进行处理，一方面提升知识图谱的质量，另一方面丰富知识的存量。下面从实体消歧、实体对齐和知识合并3个方面进行介绍。

#### 3.2.3.1　实体消歧

对于知识图谱中的每一个实体都应有清晰的指向，即明确对应某个现实世界中存在的事物。初步构建的知识图谱中，因数据来源复杂，存在着同名异义的实体。例如，名称为"乔丹"的实体既可以指美国著名篮球运动员，也可以指葡萄牙足球运动员，还可以指某个运动品牌。为了确保每一个实体有明确的含义，采用实体消歧技术来使得同名实体得以区分。通常利用已有的知识库和知识图谱中隐含的信息来帮助进行语义消歧。

#### 3.2.3.2　实体对齐

在现实生活中，一个事物对应着不止一个称呼，例如，"中华人民共和国"和"中国"都对应于同一个实体。在知识图谱中也同样存在着同义异名的实体，通过实体对齐，将这些实体指向同一客观事物。

#### 3.2.3.3　知识合并

实体消歧和实体对齐更多的是关注知识图谱中的实体，从实体层面上通过各种方法来提升知识图谱的知识质量。知识合并则是从知识图谱整体层面上进行知识的融合，基于现存的知识库和知识图谱来扩大知识图谱的规模，丰富其中蕴含的知识。知识图谱的合并需要解决2个层面的问题：数据层的合并和模式层的合并。知识合并过程中可能出现的来自两个数据源的同一实体的属性值却不相同的现象，我们称这种知识合并过程中出现的现象为知识冲突。针对知识冲突问题，可以采用冲突检测与消解以及真值发现等技术进行消除，再将各个来源的知识关联合并为一个知识图谱。

### 3.2.4　知识推理与质量评估

推理是知识的具体使用过程。推理的常见形式有演绎推理、归纳推理和类比推理3种。其中，演绎推理是一般到特殊的过程，即由一个一般性的前提得到一个特殊性的结论。逻辑学中经典的"三段论"就是演绎推理的一个例子：人皆有一死（大前提），苏格拉底是人（小前提），苏格拉底会死（结论）。

归纳推理是由特殊到一般的过程，它是由个别的事实推导出一般性的结论。大卫·休谟曾给出归纳推理的一个经典例子：在我记忆中的每一天，太阳都会升起，所以太阳明天会升起。归纳推理可以分为完全归纳推理和不完全归纳推理。完全归纳推理是指考察了某一类事物的全部对象以后得出的结论，在现实世界中这一假设往往是不现实的，因为我们很难将一类事物的所有对象考察完毕。所以通常使用的归纳推理都是不完全归纳推理。不完全归纳推理给出的结论不一定是完全正确的，但这一结论可以帮助我们做出一些判断，并不是毫无价值的。著名的哥德巴赫猜想就是一个不完全归纳推理的例子。

类比推理是从一般到一般的过程,即根据两个对象在某些属性上相同或相似,通过比较而推断出它们在其他属性上也相同。在生活中我们会经常使用到类比推理这种方法,在学习英语的时候,很多语法概念是类比中文中一些相似的概念进行学习的。如果我们看了一本科幻小说,觉得非常喜欢,就会希望去看更多的科幻类型的小说。类比推理和人工智能的关系十分密切,著名的 $K$ 近邻算法,就运用了类比推理的思想,将新数据归到和它相似的那些数据所属的类别。类比推理的另一个成功应用是推荐系统,推荐系统的经典算法协同过滤算法,就是根据用户的购买记录,向用户推荐相似的商品。

知识推理技术可以提升知识图谱的完整性和准确性。传统的知识推理方法拥有极高的准确率,但无法适配大规模知识图谱。针对知识图谱数据量大、关系复杂的特点,提出了面向大规模知识图谱的知识推理方法,并归纳为以下 4 类:①基于图结构和统计规则挖掘的推理;②基于知识图谱表示学习的推理;③基于神经网络的推理;④混合推理。由于涉及的内容太多,这里不再展开介绍。

## 3.3 人工神经网络

在人工智能领域,人工神经网络是近年来的热门话题,由此发展而来的深度学习更是每天都被经济和社会新闻提及。人工神经网络是通过计算机从微观结构上模拟人类神经网络的工作原理而实现的。现代人的大脑内约有 $10^{11}$ 个神经元(神经细胞),每个神经元与其他神经元之间约有 1000 个连接,所以大脑内约有 $10^{14}$ 个连接。人的智能行为就是由如此高度复杂的神经网络产生的,如图 3-14 所示。神经元之间可以通过发射电信号来彼此通信。

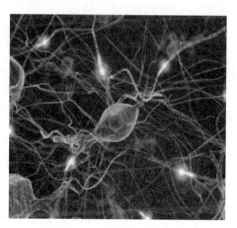

图 3-14 人类神经网络示意图

### 3.3.1 从人工神经元到人工神经网络

人工智能领域的重要学派之二是:从"人工神经元"到"人工神经网络"。人工神经网络的概念源于生命科学中的神经系统。

#### 3.3.1.1 人工神经元

在生命科学中,神经元是动物脑神经系统中最基本的单元,数百亿的神经元相互连接组成复杂的神经系统,用来完成学习、认知和体内对生理功能活动的调节。

1943 年,第一个人工神经元(Artificial Neuron)模型是由美国神经生理学家沃伦·麦卡洛克(Warren McCulloch)和数学家沃尔特·皮茨(Walter Pitts)创立,简称 M – P 人工神经元模型,开创了用电子装置模仿人脑结构和功能的新途径。它从人工神经元开始进而研究神经网络模型和脑模型,开辟了人工智能的又一发展道路。后来的人工神经网络就是其典型代表性技术。

1)神经元的组成

从生物学的扎实的研究成果中,我们可以得到以下关于构成大脑的神经元的知识。神经元的工作原理如图 3 – 15 所示。

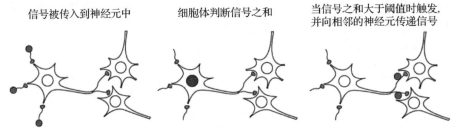

图 3 – 15 神经元的工作原理

(1)神经元形成神经网络。

(2)对于从其他多个神经元传递过来的信号,如果它们的和不超过某个固定大小的值(阈值),则神经元不做出任何反应。

(3)对于从其他多个神经元传递过来的信号,如果它们的和超过某个固定大小的值(阈值),则神经元被触发,向另外的神经元传递固定强度的信号。

(4)在步骤(2)和步骤(3)中,从多个神经元传递过来的信号之和中,每个信号对应的权重不一样。

人的大脑是由多个神经元互相连接形成网络而构成的。也就是说,一个神经元从其他神经元接收信号,也向其他神经元发出信号。大脑就是根据这个网络上的信号的流动来处理各种各样的信息的。生物神经元的示意图如图 3 – 16 所示。神经元主要由细胞

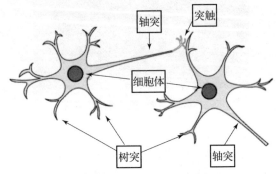

图 3 – 16 生物神经元的示意图

体、轴突、树突等构成。树突是从其他神经元接收信号的突起,轴突是向其他神经元发送信号的突起。其他神经元的信号(输入信号)通过树突传递到细胞体中,细胞体把这些信号进行加工处理之后,再通过作为输出装置的轴突,输送到其他神经元。另外,神经元是借助突触结合而形成网络的。

人工神经元的工作原理基本上与生物神经元拥有相同的逻辑,它首先从周围神经元接收输入信号;然后,输入信号根据与神经元的输入连接关系按比例叠加在一起;最后,叠加的输入被传递给一个激活函数,而激活函数的输出则被传递至下一层的神经元。

2)人工神经元的数学表示

那么,神经元究竟是怎样对输入信号进行合并加工的呢?让我们来看看它的构造。

假设一个神经元从其他多个神经元接收了输入信号,这时如果所接收的信号之和比较小,没有超过这个神经元固有的阈值,这个神经元的细胞体就会忽略接收到的信号,不作任何反应。

不过,如果输入信号之和超过神经元固有的阈值,细胞体就会做出反应,向与轴突连接的其他神经元传递信号,这称为触发。那么,触发时神经元的输出信号是什么样的呢?有趣的是,信号的大小是固定的。即便从邻近的神经元接收到很大的刺激,或者轴突连接着其他多个神经元,这个神经元也只输出固定大小的信号。触发的输出信号是由0或1表示的数字信息。

下面让我们用数学方式表示神经元触发的结构。

首先,我们用数学式表示输入信号。由于输入信号是来自相邻神经元的输出信号,所以根据相邻神经元触发输出的信号作为当前神经元的输入信号。输入信号也可以用"有""无"两种信息表示。因此,用变量 $x$ 表示输入信号时,如下所示。

(1)无输入信号:$x=0$。

(2)有输入信号:$x=1$。

接下来,我们用数学式表示输出信号。输出信号可以用表示是否触发的"是""否"两种信息来表示。因此,用变量 $y$ 表示输出信号时,如下所示。

(1)无输出信号:$y=0$。

(2)有输出信号:$y=1$。

最后,我们用数学方式来表示触发的判定条件。

神经元触发与否是根据来自其他神经元的输入信号的和来判定的,但这个求和的方式应该不是简单的求和,如图3-17所示。例如,在网球比赛中,对于来自视觉神经的信号和来自听觉神经的信号,大脑是通过改变权重来处理的。因此,神经元的输入信号应该是考虑了权重的信号之和。用数学语言来表示的话,例如,来自相邻神经元1、2、3 的输入信号分别为 $x_1$、$x_2$、$x_3$,则神经元的输入信号之和可以如下表示。

$$w_1x_1 + w_2x_2 + w_3x_3 \qquad (3.1)$$

式中:$w_1$、$w_2$、$w_3$ 是输入信号 $x_1$、$x_2$、$x_3$ 对应的权重(Weight)。

神经元在信号之和超过阈值时触发,不超过阈值时不触发。于是,触发条件可以如下表示。

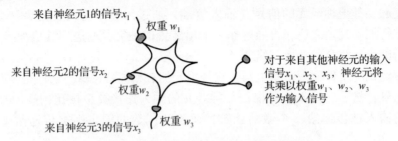

图 3-17 神经元的输入信号求和示意图

$$\begin{cases} 无输出信号(y=0): w_1x_1 + w_2x_2 + w_3x_3 < \theta \\ 有输出信号(y=1): w_1x_1 + w_2x_2 + w_3x_3 \geq \theta \end{cases} \tag{3.2}$$

式中：$\theta$ 是该神经元固有的阈值。

下面我们将对触发条件式（3.2）的图形化进行图形化表示。以神经元的输入信号之和为横轴，神经元的输出信号 $y$ 为纵轴，将式（3.2）用图形表示出来。如图 3-18 所示，当信号之和小于 $\theta$ 时，$y$ 取值 0，反之 $y$ 取值 1。

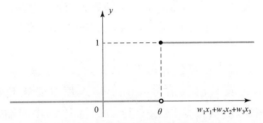

图 3-18 神经元触发条件的图形化表示

如果用函数式来表示这个触发条件，通过变形就可以使用单位阶跃函数，如图 3-19 所示。式（3.3）称为该神经元的加权输入，式（3.4）称为单位阶跃函数。

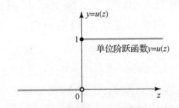

图 3-19 单位阶跃函数的图形化表示

$$z = w_1x_1 + w_2x_2 + w_3x_3 - \theta \tag{3.3}$$

$$u(z) = \begin{cases} 0, z < 0 \\ 1, z \geq 0 \end{cases} \tag{3.4}$$

#### 3.3.1.2 人工神经网络

将神经元的工作在数学上抽象化，并以其为单位人工地形成网络，这样的人工网络就是人工神经网络（Artificial Neural Network，ANN）。也就是说，人工神经网络是以从神经元抽象出来的数学模型为出发点的。

1958 年，康奈尔大学的实验心理学家弗兰克·罗森布拉特（Frank Rosenblatt）等研制的感知机（Perceptron），可进行简单的文字、图像和声音识别。但是，由于简单感知机在原理和功能上的局限性，以及受到当时电子技术水平的限制，人们对感知机的过高期望难以得到实现。1969 年，明斯基出版了专著"*Perceptrons*"，对简单感知机进行了总结与分析，指出简单感知机有严重的缺陷，无法识别线性不可分的模式，这种批评更促使感知机与神经网络的研究在 20 世纪 70 年代陷入低潮。

1980 年初期，人工神经网络的研究开始复苏。1982 年，荷普菲尔德（J. Hopfield）提出一种新的全互联型的人工神经网络，称为 Hopfield 网络，成功地求解了计算复杂度为 NP 完全的"旅行商"问题。这项突破性的进展，再度唤起了人们对神经网络的研究热情。1983 年，杰弗里·辛顿（Geoffrey Hinton）研制出 Boltzman 机，采用"模拟退火"方法，可以使系统从局部极小状态跳出，趋向于全局极小状态。1986 年，大卫·鲁姆哈特（David Rumelhart）等研制出新一代的"多层感知机"——反向传播（Back – Propagation）神经网络，简称 BP 网络。突破了简单感知机的局限性，提高了多层感知机的识别能力。斯蒂芬·格罗斯伯格（Stephen Grossberg）提出了自适应共振理论（Adaptive Resonance Theory，ART）。1987 年，首届国际人工神经网络学术大会在美国的圣地亚哥（SanDiego）举行，成立了"国际神经网络协会"（International Neural Network Society，INNS），掀起了人工神经网络研究的第二次高潮。进入 21 世纪后，连接主义卷土重来，提出了"深度学习"的概念。

### 3.3.2 M – P 人工神经元模型

为了便于分析，可以对神经元的模型图进行简化，这样很容易就能画出大量的神经元，这就是 1943 年由美国神经生理学家沃伦·麦卡洛克（Warren McCulloch）和数学家沃尔特·皮茨（Walter Pitts）提出的 M – P 人工神经元模型，如图 3 – 20 所示。当时是希望通过 M – P 人工神经元模型，人类能够用计算机来模拟人的神经元反应的过程，该模型将神经元简化为了三个过程：输入信号线性加权、求和、非线性激活（阈值法）。

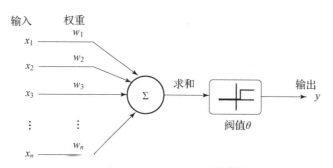

图 3 – 20 M – P 人工神经元模型

这里的 $\theta$ 称为阈值，在生物学上是表现神经元特性的值。从直观上讲，$\theta$ 表示神经元的感受能力，如果 $\theta$ 值较大，则神经元不容易兴奋（感觉迟钝）；而如果值较小，则神经元容易兴奋（敏感）。然而，式（3.3）中只有 $\theta$ 带有负号，这看起来不漂亮。数学不喜欢不漂亮的东西。另外，负号具有容易导致计算错误的缺点，因此，我们将 $-\theta$ 替换为 $w_0$，这个 $w_0$ 称为偏置（bias）。同时，为了公式的一致性，计 $x_0 = 1$。则当有 $n$

个输入时，式（3.3）可扩展表示为

$$z = w_0x_0 + w_1x_1 + w_2x_2 + \cdots + w_nx_n \tag{3.5}$$

将神经元的示意图简化之后，对于输出信号，我们也对其生物上的限制进行一般化。根据触发与否，生物学上的神经元的输出 $y$ 分别取值 1 和 0，可用单位阶跃函数描述，如图 3-21 所示。

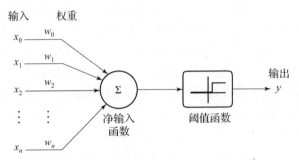

图 3-21　通过单位阶跃函数表示的 M-P 人工神经元模型

### 3.3.3　感知机模型

3.3.2 节研究了人工神经元，那么，既然大脑是由神经元构成的网络，如果我们模仿着创建神经元的网络，就能产生某种"智能"。

1958 年，康奈尔大学的实验心理学家弗兰克·罗森布拉特（Frank Rosenblatt）发明了称为"感知机"（Peceptron）的神经网络模型。感知机本质上是一种单层的人工神经网络，可以对输入的训练集数据进行二分类，且能够在训练集中自动更新权重值。感知机的输入为实例的特征值，输出为实例的类别，取 +1 和 -1 二值。感知机将对应于输入空间中的特征值把实例划分为正、负的分离平面，属于判别模型。感知机的模型如图 3-22 所示。感知机的提出吸引了大量科学家对人工神经网络研究的兴趣，对神经网络的发展具有里程碑式的意义。

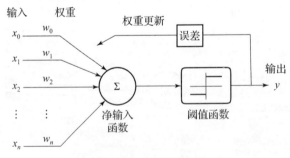

图 3-22　感知机模型

其中，与 M-P 人工神经元模型相比，将阈值函数修改为符号函数，即

$$\phi(z) = \begin{cases} -1, & z < 0 \\ 1, & z \geq 0 \end{cases} \tag{3.6}$$

同时，通过控制误差，便可自动更新权重值。基于感知机模型的二分类问题如图 3-23 所示。

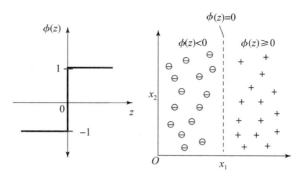

图 3–23　基于感知机模型的二分类问题

### 3.3.4　自适应线性神经元

1959 年，两位美国工程师维德罗（B. Widrow）和霍夫（M. Hoff）提出了自适应线性神经元（Adaptive Linear Neuron，简称 Adaline），如图 3–24 所示。它是感知机的变化形式，也是一种单层的人工神经网络，主要用于信号处理中的自适应滤波、预测和模式识别。它与感知机的主要不同之处在于，Adaline 有一个线性激活函数，允许输出是任意值，而不仅仅只是像感知机中那样只能取 –1 或 +1。信息通过一个激活函数进行处理，这是神经元工作的关键。激活函数模拟了大脑神经元，大脑神经元的工作取决于输入信号的强度。自适应线性神经元的主要用途是线性逼近一个函数式而进行模式联想。

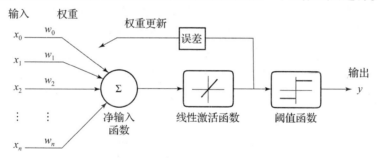

图 3–24　自适应线性神经元模型

激活函数的另一个代表性例子是 Sigmoid 函数 $\sigma(z)$，其定义为

$$\sigma(z) = \frac{1}{1+e^{-z}} \tag{3.7}$$

其函数示意图如图 3–25 所示。

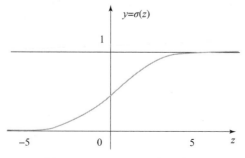

图 3–25　Sigmoid 函数示意图

### 3.3.5 前馈多层神经网络

一个感知机是模拟了一个神经元，显然人类神经系统的功能是通过大量生物神经元的广泛并行互连，以规模宏大的并行运算来实现的，并不是依赖一个神经元来完成。因此，把相同结构的神经元组合在一起，就构成多层神经网络。图 3-26 所示的是包括 1 个输入层、1 个隐藏层和 1 个输出层的神经网络，也称为前馈多层神经网络。

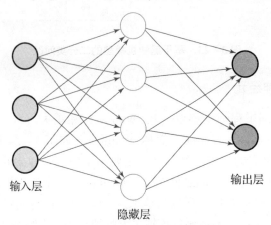

图 3-26　多层神经网络示意图

各神经元分别属于不同的层，层内无连接。相邻两层之间的神经元全部两两连接。整个网络中无反馈，信号从输入层向输出层单向传播，可用一个有向无环图表示。各层分别执行特定的信号处理操作。输入层负责读取输入神经网络的信息。属于这个层的神经元没有输入箭头，它们是简单的神经元，只是将从数据得到的值原样输出。隐藏层负责实际处理信息，最后，输出层进行处理并显示神经网络计算出的结果，也就是整个神经网络的输出。

在机器学习中，前馈多层神经网络的反向传播（Back-Propagation，BP）学习理论使用最为广泛，BP 网络最早是由韦伯斯（Werbos）在 1974 年提出来的。鲁梅尔哈特（Bumelhart）等于 1985 年发展了反向传播网络学习算法，实现了明斯基（Minsky）的多层网络设想。网络包括输入层、隐藏层和输出层，且隐藏层可以是一层，也可以是多层。层与层之间多采用全互联方式，同一层单元之间不存在相互连接。如图 3-27 所示，BP 网络中每一层连接权值都可以通过学习来调节，且 BP 网络的基本处理单元（输入单元除外）为非线性输入-输出关系，一般选用 Sigmoid 函数处理单元的输入、输出值可连续变化。

图 3-28 给出了误差反向传播学习过程原理图。在这种网络中，学习过程由正向传播和反向传播组成。在正向传播过程中，输入信号从输入层经隐含单元逐层处理，并传向输出层，每一层神经元的状态只影响下一层神经元的状态。如果在输出层不能得到期望的输出，则转入反向传播，将输出信号的误差沿原来的连接通路返回。通过修改各层神经元的权值，使得误差信号最小。

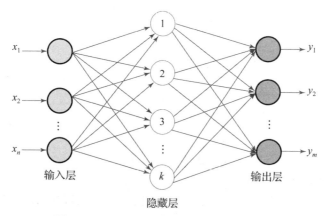

图 3-27　三层 BP 网络的拓扑结构示意图

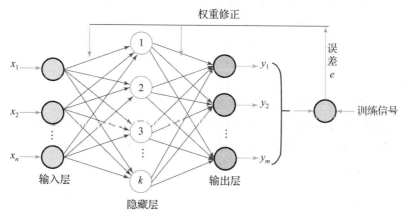

图 3-28　误差反向传播学习过程原理图

BP 网络学习是典型的有导师学习，其学习算法是对简单的 δ 学习规则的推广和发展。假设 BP 网络每层有 $N$ 个处理单元，使用 S 型作用函数，训练集包含 $M$ 个样本模式对 $(x_k, y_k)$。对第 $p$ 个训练样本 $(p=1,2,\cdots,M)$，单元 $j$ 的输入总和（即激活函数）记为 $a_{pj}$，输出记为 $O_{pj}$，则

$$a_{pj} = \sum_{i=1}^{N} W_{ji} O_{pi} \tag{3.8}$$

$$O_{pj} = f(a_{pj}) = \frac{1}{1+e^{-a_{pj}}} \tag{3.9}$$

如果任意设置网络初始权值，那么对每个输入模式 $p$，网络输出与期望输出一般总有误差，定义网络误差：

$$E = \sum_p E_p \tag{3.10}$$

$$E_p = \frac{1}{2} \sum_j (d_{pj} - O_{pj})^2 \tag{3.11}$$

式中：$d_{pj}$ 表示第 $p$ 个输入模式输出单元 $j$ 的期望输出。δ 学习规则的实质是利用梯度最速下降法，使权值沿误差函数的负梯度方向改变。若权值 $W_{ji}$ 的变化量记为 $\Delta_p W_{ji}$，则

$$\Delta_p W_{ji} \propto -\frac{\partial E_p}{\partial W_{ji}} \tag{3.12}$$

因为

$$\frac{\partial E_p}{\partial W_{ji}} = \frac{\partial E_p}{\partial a_{pj}}\frac{\partial a_{pj}}{\partial W_{ji}} = \frac{\partial E_p}{\partial a_{pj}}O_{pi} = -\delta_{pj}O_{pi} \qquad (3.13)$$

这里，令

$$\delta_{pj} = -\frac{\partial E_p}{\partial a_{pj}} \qquad (3.14)$$

于是

$$\Delta_p W_{ji} = \eta \delta_{pj}O_{pi} \qquad (3.15)$$

这就是 $\delta$ 学习规则。

在 BP 网络学习过程中，输出层单元与隐藏层单元的误差的计算是不同的，下面分别讨论。

当 $O_{pj}$ 表示输出层单元的输出时，其误差：

$$\delta_{pj} = -\frac{\partial E_p}{\partial a_{pj}} = -\frac{\partial E_p}{\partial O_{pj}}\frac{\partial O_{pj}}{\partial a_{pj}} = -f'(a_{pj})[-(d_{pj}-O_{pj})] \qquad (3.16)$$

即

$$\delta_{pj} = f'(a_{pj})(d_{pj}-O_{pj}) \qquad (3.17)$$

式中：$(d_{pj}-O_{pj})$ 反映了输出单元 $j$ 的误差量，作用函数的导数项 $f'(\alpha_{pj})$ 按比率减小误差量。图 3-29 所示为作用函数及其导数的曲线变化，显然，当激活函数 $\alpha_{pj}$ 值为 0 时，Sigmoid 函数上升得最快，导数 $f'(\alpha_{pj})$ 取极大值，误差修正量达最大。

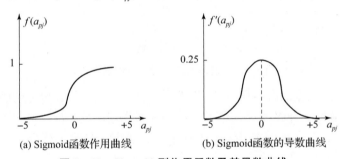

(a) Sigmoid 函数作用曲线　　(b) Sigmoid 函数的导数曲线

**图 3-29　Sigmoid 型作用函数及其导数曲线**

特别地，当作用函数为线性型时，$f'(\alpha_{pj})$ 为一常量，由此得到感知机学习算法的误差修正量。

当 $O_{pj}$ 表示隐藏层单元输出时，其误差：

因为

$$\delta_{pj} = -\frac{\partial E_p}{\partial a_{pj}} = -\frac{\partial E_p}{\partial O_{pj}}\frac{\partial O_{pj}}{\partial a_{pj}} = -\frac{\partial E_p}{\partial O_{pj}}f'(a_{pj}) \qquad (3.18)$$

$$\frac{\partial E_p}{\partial O_{pj}} = \sum_k \frac{\partial E_p}{\partial a_{pk}}\frac{\partial a_{pk}}{\partial O_{pj}} = -\sum_k \delta_{pk}w_{kj} \qquad (3.19)$$

式中：$k$ 表示的是与单元 $j$ 输出相连的上一层单元。

故

$$\delta_{pj} = f'(a_{pj})\sum_k \delta_{pk}w_{kj} \qquad (3.20)$$

BP 算法极值修正公式可以统一表示为

$$w_{ji}(t+1) = w_{ji}(t) + \eta \delta_{pj} O_{pi} \qquad (3.21)$$

$$\delta_{pj} = \begin{cases} f'(a_{pj})(d_{pj} - O_{pj}) \\ f'(a_{pj}) \left( \sum_k \delta_{pk} w_{kj} \right) \end{cases} \qquad (3.22)$$

在实际应用中，考虑到学习过程的收敛性，学习因子 $\eta$ 取值越小越好。$\eta$ 值越大，每次权值的改变越激烈，可能导致学习过程发生振荡。因此，为了使学习因子 $\eta$ 取值足够大，又不致产生振荡，通常在权值修正公式（3.21）中再加上一个势态项，得：

$$w_{ji}(t+1) = w_{ji}(t) + \eta \delta_{pj} O_{pi} + \alpha(w_{ji}(t) - w_{ji}(t-1)) \qquad (3.23)$$

式中：$\alpha$ 为一常数，称为势态因子或动量因子，它决定上一次学习的权值变化对本次权值更新的影响程度。

权值修正是在误差反向传播过程中逐层完成的。由输出层误差修正各输出层单元的连接权值，再由式（3.22）计算相连隐层单元的误差量，并修正隐藏层单元连接权值，如此继续，整个网络权值更新一次后，我们说网络经过了一个学习周期。要使实际输出模式达到期望输出模式的要求，往往需要经过多个学习周期的迭代。

一般地，BP 学习算法描述为如下步骤，其算法流程图见图 3-30。

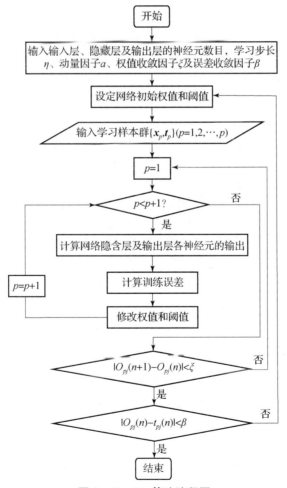

图 3-30　BP 算法流程图

（1）网络结构及学习参数的确定：输入输入层、隐藏层、输出层的神经元数目，学习步长 $\eta$ 以及动量因子 $\alpha$、权值收敛因子 $\xi$ 及误差收敛因子 $\beta$。

（2）网络状态初始化：用较小的（绝对值为1以内，一般取0.2）随机数对网络权值和阈值置初值。

（3）提供学习样本：输入向量 $\boldsymbol{x}_p$ 和目标向量 $\boldsymbol{d}_p(p=1,2,\cdots,P)$。

（4）学习开始：对每一个样本进行如下操作。

①计算网络隐藏层及输出层各神经元的输出：

$$o_{pj}^{(l)} = f_j(\text{net}_{pj}^{(l)}) = f_j\left(\sum_i \omega_{ji}^{(l)} o_i^{(l-1)} - \theta_j^{(l)}\right)$$

②计算训练误差：

$$\delta_{pj}^{(2)} = o_{pj}^{(2)}(1-o_{pj}^{(2)})(d_{pj}-o_{pj}^{(2)}) \qquad \text{（输出层）}$$

$$\delta_{pj}^{(1)} = o_{pj}^{(1)}(1-o_{pj}^{(1)})\sum_k \delta_{pk}^{(2)} \omega_{kj}^{(2)} \qquad \text{（隐藏层）}$$

③修正权值和阈值：

$$\omega_{ji}^{(l)}(t+1) = \omega_{ji}^{(l)}(t) + \eta \delta_{pj}^{(l)} o_{pi}^{(l-1)} + \alpha(\omega_{ji}^{(l)}(t) - \omega_{ji}^{(l)}(t-1))$$

（5）是否满足 $|o_{pj}^{(l)}(t+1) - o_{pj}^{(l)}(n)| < \xi$？满足执行步骤（6），否则返回步骤（4）。

（6）是否满足 $|o_{pj}^{(l)}(t) - d_{pj}(t)| < \beta$？满足则执行步骤（7），否则返回步骤（2）。

（7）停止。

下面以手写体识别为例进行说明。图3-31中每个手写体数字的图像是一种灰度图像，其分辨率是28×28，每一个像素值的范围是0~255（由纯黑色到纯白色），表示其颜色强弱程度。

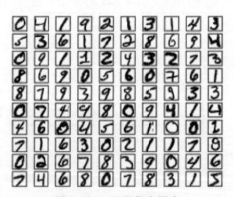

图3-31 手写数字样本

使用3层神经网络识别手写体数字的示意图如图3-32所示。计算机读取后是以像素值大小组成的二维矩阵存储的图像。因此，该神经网络的输入层给每个输入像素分配一个神经元，所有输入层包含有28×28=784个神经元。为了简化，图3-32中已经忽略了784中大部分的输入神经元。神经网络的第二层是一个隐藏层。我们用 n 来表示神经元的数量，我们将给 n 实验不同的数值。示例中用一个小的隐藏层来说明，仅仅包含 n=15 个神经元。神经网络的输出层包含有10个神经元。如果第一个神经元激活，即输出≈1，那么表明网络认为数字是一个0。如果第二个神经元激活，就表明网络认为数字是一个1。依此类推。更确切地说，我们把输出神经元的输出赋予编号0～9，并计算出哪个神经元有最高的激活值。

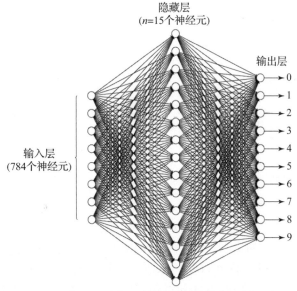

图3-32　使用三层神经网络识别手写体数字的示意图

使用多层神经网络实现经典的"猫"和"狗"的二分类识别示意图如图3-33所示。

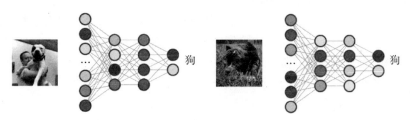

图3-33　使用4层神经网络识别狗的示意图

### 3.3.6　深度神经网络

传统的人工神经网络由3部分组成：输入层、隐藏层、输出层，这三部分各占一层。而深度神经网络的"深度"二字表示它的隐藏层至少2层及以上，这使它有了更深的抽象和降维能力。它可以帮助用户创建输入数据的分层表示。它被称为"深度"的原因是我们最终会使用多个隐藏层来获取数据表示。同时，深度神经网络结构中层与层之间是全连接的，即第 $i$ 层的任意一个神经元一定与第 $i+1$ 层的任意一个神经元相连。

深度神经网络包含了许多非线性变换，这些变换使得深度神经网络能够简洁地近似表达复杂的非线性函数。深度神经网络善于分辨出数据中的复杂模式，它们已经被用来解决实际问题，如计算机视觉、自然语言处理、语音识别等。

深度学习在如今变得非常受欢迎有以下3个原因。

（1）高效硬件的可用性（算力）。摩尔定律使CPU具有更好、更快的处理能力和

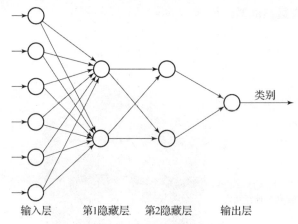

图 3-34 深度神经网络示意图

计算能力。除此之外，GPU 在处理数以百万计的矩阵运算时也非常有用，这在任何深度学习模型中都是最常见的运算。SDK（如 CUDA）的可用性能够帮助研究团体重写一些仅仅只需要几个 GPU 的高度并行化的作业，以此取代大型 CPU 集群。模型训练涉及许多小型线性代数运算，如矩阵乘法和点积，这些运算在 CUDA 中得到了高效地实现，以便运行于 GPU 中。

（2）大型数据源的可用性和成本更低的存储（数据）。我们现在可以免费访问用于文本、图像和语音的大量标记训练集。

（3）训练神经网络的优化算法的进步（算法）。传统意义上，只有一种算法可以被用于学习神经网络中的权重，即梯度下降或随机梯度下降法（Stochastic Gradient Descent，SGD）。随机梯度下降法有一些局限性，例如，陷入局部极小值和收敛速度慢，但新出现的优化算法克服了这些局限性。

### 3.3.7 卷积神经网络

对卷积神经网络的研究始于 20 世纪 80~90 年代，时间延迟网络和 LeNet-5 是最早出现的卷积神经网络。在 21 世纪后，随着深度学习理论的提出和数值计算设备的改进，卷积神经网络得到了快速发展，并被大量应用于计算机视觉、自然语言处理等领域。

#### 3.3.7.1 卷积神经网络的概念

卷积神经网络（Convolutional Neural Networks，CNN）最初受到视觉系统的启发，针对二维图像识别而设计的一种深度神经网络，在平移、缩放和倾斜的情况下能保持一定的不变性。其是一类包含卷积计算且具有深度结构的前馈神经网络，是深度学习的代表算法之一。

传统的人工神经网络中，输入层、隐藏层、输出层之间采用全连接方式，随着网络的加深，模型的参数也会越来越多，使得训练难度增加。卷积神经网络采用局部连接、权重共享和下采样，使用卷积来提取目标的特征，在权重较少的情况下，可以训练更深的网络，提取更深层次的特征。

1) 局部连接

一般认为,人对外界的认知是从局部到全局的,而图像的空间联系也是局部的像素联系较为紧密,而距离较远的像素相关性则较弱。因而,每个神经元其实没有必要对全局图像进行感知,只需要对局部进行感知,然后在更高层将局部的信息综合起来就得到了全局的信息。因此,在输入图像与卷积核做卷积运算的过程中,每一个输出单元仅仅与输入特征中卷积核大小的部分相互联系,其他像素的值不会对该输出单元产生影响,这样有效解决了全连接网络参数爆炸的问题。全连接的传统神经网络和局部连接的卷积神经网络对比如图 3-35 和图 3-36 所示。

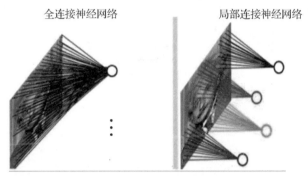

图 3-35 全连接的传统神经网络和局部连接的卷积神经网络对比 1

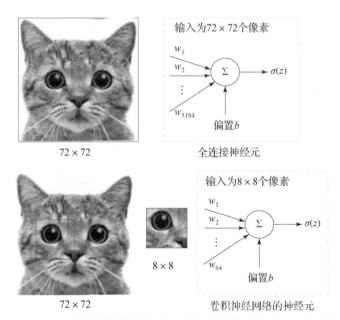

图 3-36 全连接的传统神经网络和局部连接的卷积神经网络对比 2

2) 权重共享

感受野是权重参数共享机制中的一个重要组成部分,它是指隐藏层神经元局部连接的大小,参数共享的过程中其感受野的权值大小一样,如图 3-37 所示。在由多个特征映射组成的多层结构的网络中,每一个隐藏层中的每个神经元都是共享映射特征的权重集合。参数共享机制下的卷积神经网络对图像的旋转、平移等运算表现出了很好的稳健性，而且在训练的过程中，参数的个数会大幅度地减少，从而使得网络的计算复杂度下降，网络的训练速度加快。

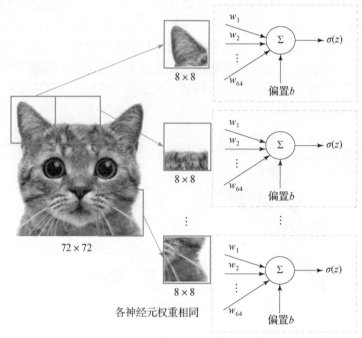

图 3 – 37　各神经元权重共享示意图

3）下采样

对图像像素进行下采样，并不会对物体进行改变。虽然下采样之后的图像尺寸变小了，但是并不影响我们对图像中物体的识别，如图 3 – 38 所示。

图 3 – 38　下采样示意图

#### 3.3.7.2　卷积神经网络的结构

典型的卷积神经网络由 5 部分构成：输入层、卷积层、池化层、全连接层及输出层，如图 3 – 39 所示。输入层用于获取输入图像等信息，卷积层负责提取图像中的局部特征，池化层用来防止过拟合、大幅降低参数量级（降维），全连接层汇总卷积层和池化层得到的图像的底层特征和信息，输出层根据全连接层的信息得到概率最大的结果。

1）输入层

卷积神经网络的输入层直接接收二维图像，可以是灰度图像、黑白图像或彩色图

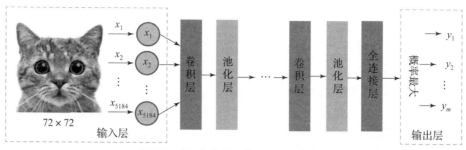

图 3-39 卷积神经网络结构示意图

像。灰度图像,因为其每一个像素值的范围是 0~255(由纯黑色到纯白色),所以像素值的大小表示其颜色强弱程度。另外还有黑白图像,每个像素值要么是 0(表示纯黑色),要么是 255(表示纯白色)。我们日常生活中最常见的就是 RGB 彩色图像,有三个通道,分别是红色、绿色、蓝色。每个通道的每个像素值的范围也是 0~255,表示其每个像素的颜色强弱。输入层的作用就是将图像转换为其对应的由像素值构成的二维矩阵,并将此二维矩阵存储,等待后面几层的操作。卷积神经网络可以不再需要额外的人工参与过程去选择或者设计合适特征作为输入,自动从原始图像数据提取特征、学习分类器,可大大减少人工预处理过程,有助于学习与当前分类任务最为有效的视觉特征。

2) 卷积层

卷积层属于中间层,为特征抽取层。每个卷积层包含多个卷积神经元,每个卷积神经元只和前一层网络对应位置的局部感受野相连,并提取该部分的图像特征,提取的特征具体体现在该卷积神经元与前一层局部感受野的连接权重之上。此时,局部感受野与连接权重组合起来便相当于一个特征检测器,即滤波器或卷积核。相对于一般的前馈神经网络,卷积神经网络的局部连接方式极大地减少了网络参数。

为了进一步减少网络参数,卷积神经网络同时限制同一个卷积层的神经元与前一层的网络不同位置相连的权重均相等,即每个滤波器的权值在卷积滤波过程中是保持不变的,一个滤波器只用来提取前一层网络中不同位置处的同一种特征,这种限制策略称为权值共享。每个滤波器在输入图像上按一定的步长移动,对原始图像进行滤波计算,就得到了原始输入图像的另外一种表达形式,即"特征图"。

假设卷积核为 $G$,卷积核的输入为 $X$,偏置为 $b$,变换函数为 $f(\cdot)$,原始输入通过卷积可得到特征为 $f(GX+b)$。这里一个卷积核对图像进行计算后产生一种类型特征的特征图,如图 3-40 所示。

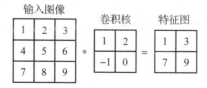

图 3-40 CNN 卷积运算的例子,用 " $*$ " 符号表示卷积运算

对于输入数据,卷积运算以一定间隔滑动滤波器的窗口并应用。这里所说的窗口是指图 3-41 中带阴影的 2×2 的二维矩阵。如图 3-41 所示,将各个位置上滤波器的元

素和输入的对应元素相乘,然后再求和,最后将这个结果保存到输出的对应位置。将这个过程在所有位置都进行一遍,就可以得到卷积运算的输出。$F[0,0]=1\times1+2\times2+4\times(-1)+5\times0=1, F[0,1]=2\times1+3\times2+5\times(-1)+6\times0=3, F[1,0]=4\times1+5\times2+7\times(-1)+8\times0=7, F[1,1]=5\times1+6\times2+8\times(-1)+9\times0=9$。其中,卷积核中的参数是在训练的过程中学习得到的。从图3-41中可以看出,两层之间的神经元是局部连接的,且权重参数是共享的。为了看起来清楚,图3-41中仅绘制了$F[0,0]$和$F[1,1]$的连接关系,没有绘制$F[0,1]$和$F[1,0]$的连接关系。这种权重参数共享连接方式,不仅可进一步减小网络参数,而且也可促使网络学习与位置无关的稳健视觉特征用于分类。通过设计多个卷积核,网络可以抽取到多个不同特征用于最终的分类任务。

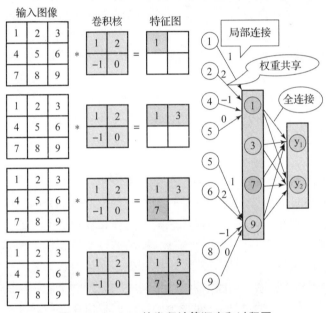

图3-41 CNN的卷积计算顺序和过程图

从图3-41中可知,卷积核也是一个二维矩阵,但这个二维矩阵要比输入图像的二维矩阵要小或相等,卷积核通过在输入图像的二维矩阵上不停地移动,每一次移动都进行一次乘积的求和,作为此位置的值。可以看到,整个过程就是一个降维的过程,通过卷积核的不停移动计算,可以提取图像中最有用的特征。

有的读者可能注意到,每次卷积核移动的时候中间位置都被计算了,而输入图像二维矩阵的边缘却只计算了一次,会不会导致计算的结果不准确呢?其实,如果每次计算的时候,边缘只被计算一次,而中间被多次计算,那么得到的特征图也会丢失边缘特征,最终会导致特征提取不准确。为了解决这个问题,在进行卷积层的处理之前,可以在原始的输入图像的二维矩阵周围再拓展一圈或者几圈,并填入固定的数据(如0等),这称为填充(Padding),这样每个位置都可以被公平地计算到了,也就不会丢失任何特征。当Padding取值为1时,拓展一圈,如图3-42所示。同时,使用填充也可以调整输出的大小。图3-42中输入是(3,3),通过填充,输出变成了(4,4)。

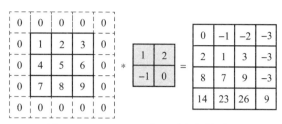

图 3-42 Padding 为 1 时卷积的过程

如图 3-42 所示,通过填充,大小为 (3,3) 的输入数据变成了 (5,5) 的形状。然后,应用大小为 (2,2) 的卷积核,生成了大小为 (4,4) 的输出数据。这个例子中将填充设成了 1,不过填充的值也可以设置成 2、3 等任意的整数。

一个卷积核可以提取图像的一种特征,多个卷积核可以提取多种特征,也就有多个特征图,如图 3-43 所示。

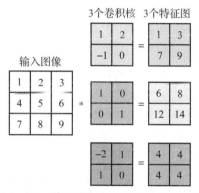

图 3-43 单通道多卷积核时卷积的过程

之前的卷积运算的例子都是以图像的长和宽组成的二维矩阵为对象的。但是,彩色图像是三维数据,除了长和宽外,还需要处理通道方向。这里,我们按照与之前相同的顺序,加上了通道方向的三维数据进行卷积运算的例子,如图 3-44 所示。

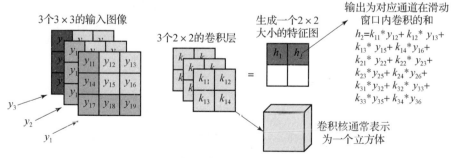

图 3-44 多通道多卷积核时卷积的过程

从计算过程上看,从左边的输入数据到右侧的输出数据,是通过以卷积核窗口大小为滑动间隔计算完成的。需要注意的是,更为泛化的卷积运算过程,滑动间隔也是可以变化的。我们将每次滑动的行数和列数定义为步幅(Stride)。之前的例子中步幅都是1,如果将步幅设为 2,应用滤波器的窗口的间隔变为 2 个元素。增大步幅后,输出大小会变小。

填充和步幅都能改变输出特征图的大小,那么具体如何计算二者对于输出图的影响呢?具体而言,填充可以调大输出特征图的尺寸,而增大步幅则会减小输出图的尺寸。假设输入特征图矩阵的大小为$(H_{in},W_{in})$,卷积核大小为$(F_W,F_H)$,填充为$P$,步幅为$S$,则计算输出的特征图大小$(H_{out},W_{out})$为

$$H_{out} = \left[\frac{H_{in}+2P-F_H}{S}\right]+1$$
$$W_{out} = \left[\frac{W_{in}+2P-F_W}{S}\right]+1 \tag{3.24}$$

3)池化层与激活函数

刚才我们也提到了,有 $n$ 个卷积核就有 $n$ 个特征图。当特征图非常多的时候,意味着我们得到的特征也非常多,但是这么多特征都是我们所需要的吗?显然不是,其实有很多特征我们是不需要的,而这些多余的特征通常会给我们带来如下两个问题:过拟合、维度过高。为了解决这两个问题,我们可以利用池化层。

池化层又称为下采样层,也就是说,当我们进行卷积操作后,再将得到的特征图进行特征提取,将其中最具有代表性的特征提取出来,可以起到减小过拟合和降低维度的作用,同时还可以保持某种特性不变,如旋转、平移、伸缩等。池化过程就是通过一个窗函数对卷积结果按照规定步长移动来进行子采样,常采用的池化包括平均池化、最大值池化和随机池化 3 种。最大池化就是每次取正方形中所有值的最大值,这个最大值也就相当于当前位置最具有代表性的特征,这个过程如图 3-45 所示。

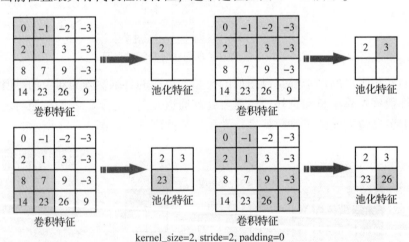

图 3-45 CNN 的最大池化过程图

这里有几个参数需要说明一下。

(1) kernel_size = 2:池化过程使用的正方形尺寸是 2×2,是在卷积的过程中就说明卷积核的大小是 2×2。

(2) stride = 2:每次正方形移动两个位置(从左到右,从上到下),这个过程其实和卷积的操作过程一样。一般来说,池化的窗口大小会和步幅设定成相同的值。

(3) padding = 0:这个之前介绍过,如果此值为 0,说明没有进行填充拓展。

平均池化就是取此正方形区域中所有值的平均值,考虑到每个位置的值对于此处特征的影响,需要注意计算平均池化时采用向上取整,整个过程如图3-46所示。

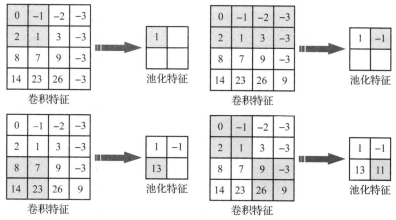

图3-46 CNN的平均池化过程图

激活函数是神经网络的重要组成部分,网络加入的非线性机制可以把激活信息向下一层传播,增加网络的表达能力。在深度学习框架中有多种激活函数,如平滑非线性的激活函数Sigmoid、Tanh、Softplus;分段线性函数Maxout;随机正则化函数Dropout;修正线性单元(Rectified Linear Unit,ReLU)激活函数。

Tanh曲线正切函数:

$$f(x) = \tanh(x) = \frac{e^x - e^{-x}}{e^x + e^{-x}} \tag{3.25}$$

Softplus函数:

$$f(x) = \log(1 + e^x) \tag{3.26}$$

Maxout函数:

$$f(x) = \max_{k \in [1,K]} (w_k x + b_k) \tag{3.27}$$

ReLU激活函数:

$$f(x) = \max(0, x) \tag{3.28}$$

在循环神经网络中常用Sigmoid和Tanh,主要是解决梯度问题。

ReLU激活函数被大量应用在分类网络中,ReLU激活函数具备计算速度快、梯度不饱和的优势,在反向传播中减少了梯度弥散,正向传播中通过设置阈值加快传播速度。ReLU激活函数能最大限度地保留数据特征,保留大于0的数。

4)全连接层

我们将提取到的所有特征图进行"展平",这个过程就是全连接的过程。

可以看到,经过两次卷积和最大池化之后,得到最后的特征图,此时的特征都是经过计算后得到的,所以代表性比较强,最后经过全连接层,展开为一维的向量。

5)输出层

卷积神经网络的输出层与常见的前馈网络一样,为全连接方式。全连接层所得到的二维特征模式被展开为一维的向量,再经过一次计算后,得到最终的识别概率。在卷积神经网络中,我们需要识别的结果一般都是多分类的,所以每个位置都会有一个概率值,代表识别为当前值的概率,取最大的概率值,这就是最终的识别结果,即为卷积神经网络学习的整个过程。

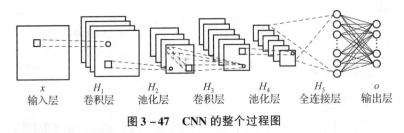

图 3-47　CNN 的整个过程图

该结构可充分挖掘网络最后抽取特征与输出类别标签之间的映射关系,在复杂应用中输出层可以设计为多层全连接结构。

## 3.4　智能机器人

人工智能领域中的重要学派之三是:从"控制论动物"到"智能机器人"。

2015 年,被誉为智能机器人元年,从习近平主席工业 4.0 的"机器人革命"到李克强总理的"万众创新";从国务院《关于积极推进"互联网+"行动的指导意见》中将人工智能列为"互联网+"11 项重点推进领域之一,到十八届五中全会把"十三五"规划编制作为主要议题,将智能制造视作产业转型的主要抓手,人工智能掀起了新一轮技术创新浪潮。

所谓控制论动物(Cybernetic Animal),是指能够模拟动物的某种智能行为特性、控制功能的机器动物。为了模拟动物的智能行为特性、控制功能,探讨有关的控制与信息传递、变换、处理过程的机理,人们研制了某些机器动物模型,特别是物理模型和工程技术模型,称之为控制论动物。例如,1952 年香农研制的机器老鼠,模拟老鼠在迷宫中寻找通路的条件反射行为和学习功能,称为香农老鼠,是第一个著名的控制论动物。还有瓦尔特(G. Walter)研制的电动乌龟等,人们认为是自学习机器和控制论动物的先驱。控制论动物是在控制领域中人工智能的早期研究,由于人是智能水平最高的动物,因此,从控制论动物向智能机器人发展,是智能机器合乎逻辑的进化过程,也是技术进步的需求。

提起机器人,大家一定会想到影视作品中许多生动有趣的形象。例如,《超能陆战队》中呆萌善良的大白、《机器人总动员》中淘气可爱的瓦力,当然还有威武霸气的变形金刚等。

机器人(Robot)这个词,最早来自于 1920 年捷克斯洛伐克著名的剧作家克雷尔·恰佩克(Karel Capek,1890—1938 年)的三幕剧《罗萨姆的万能机器人》(Rossum's Universal Robots),在捷克语最后那个 Robot 是指劳役、奴隶机器。在往后的近一个世纪里,人工智能、机器人的发展如火如荼。2030 年,我们有可能全面进入一个机器人时代,机器人将在生活中的方方面面使用起来。那么,机器人都有哪些类型,有哪些技术,未来会如何发展呢?

## 3.4.1 智能机器人概述

作为集机械、电子、控制、计算机、传感器、人工智能等多学科先进技术于一体的现代制造业重要的自动化装备，智能机器人的诞生对未来的生产生活产生了变革性的影响。2015 年被誉为智能机器人元年。智能机器人不仅广泛运用于工厂作业中，近两年来开始向家庭生活运用渗透，智能机器人正在不断改变人们的生产生活方式。

### 3.4.1.1 智能机器人的概念

机器人学（Robotics）是与机器人设计、制造和应用相关的科学，又称为机器人技术或机器人工程学，主要研究机器人的控制与被处理物体之间的相互关系。目前已经演变为机器人相关的通用技术的学科分支。

机器人并没有一个统一的定义，不同领域的人对它的定义也有所区别。通俗地说，机器人是靠自身动力和控制能力来实现各种功能的机器。维基百科中给出的定义是：包括一切模拟人类行为或思想与模拟其他生物的机械（如机器狗、机器猫等）。

机器人是可编程机器，其通常能够自主地或半自主地执行一系列动作。许多机器人只能按照人类规定的程序简单地、周而复始地工作，并不能像人类一样感知、识别、思考，甚至自己做出判断，如机器人乐队、跳舞机器人等。

一般将机器人的发展分为三个阶段。第一阶段的机器人以机械臂为典型代表，运行事先已经编好的程序，不具有外界信息的反馈能力；第二阶段的机器人是带传感器的机器人，自身具有对外界信息的反馈能力，即有了感觉，如力觉、触觉、视觉等；第三阶段即为所谓"智能机器人"阶段，这一阶段的机器人利用各种传感器、测量器等获取环境信息，然后利用智能技术进行识别、理解、推理，最后进行规划决策，是能自主行动，实现预定目标的高级机器人。智能机器人是无数科学家和工程师奋斗的目标。

智能机器人是一种具有智能的、高度灵活的、自动化的机器，具备感知、规划、控制、执行和协同等能力，是多种高新技术的集成体。智能机器人是将体力劳动和智力劳动高度结合的产物，构建能"思维"的人造机器。

谭铁牛院士指出：随着人工智能成为支撑社会发展的核心技术，智能机器人将全面渗入人们的工作和生活中，"人机共存"将成为人类社会结构的新常态，人类自身和智能机器人的社会分工将随着智能技术的发展而不断变化。

### 3.4.1.2 机器人三原则

机器人的发展也引发了人类的担忧。1940 年年底，著名科幻作家艾萨克·阿西莫夫和科幻编辑约翰·坎贝尔，共同为机器人制定出一套行为规范和道德准则，这就是著名的"机器人三原则"：

（1）机器人不得伤害人，或任人受伤害而袖手旁观。
（2）除非违背第一定律，机器人必须服从人的命令。
（3）除非违背第一及第二定律，机器人必须保护自己。

这是给机器人赋予的伦理性纲领。机器人学术界一直将这三项原则作为机器人开发的准则。

## 3.4.2 机器人的分类

机器人的种类有很多，不同机器人的功能也各不相同。关于机器人如何分类，同机器人的定义一样，国际上至今没有统一的标准。下面介绍几种分类方法。

#### 3.4.2.1 按机器人出现时间及特点分类

机器人技术经过从古代到现代的长时间发展，机器人已经在许多的应用领域中取得了巨大的成功，目前几乎所有高精尖的技术领域都少不了它们的身影。在这期间，机器人的成长也经历了以下三个阶段。

（1）第一阶段：示教再现型机器人。

第一阶段机器人只能根据事先编好的程序工作。为机器人指定某项作业，首先由操作者将完成该作业所需要的各种知识（如运动轨迹、作业条件、作业顺序和作业时间等），通过直接或间接手段，对机器人进行"示教"。"示教"的过程是，人手把着机械手，把应当完成的任务做一遍，或者人用"示教控制盒"发出指令，让机器人的机械手臂运动，一步步地完成它应当完成的各个动作。机器人上的传感器把机器人所得的信息传送给机器人的记忆装置。记忆装置可以把机器人各部分运动顺序、位置、速度等记录并存储起来。这一过程也称编程过程。机器人将这些知识记忆下来后，即可以此为根据"再现"指令，在一定精度范围内，忠实地重复再现各种被"示教"的动作。它的动作完全再现了人教给它的动作，并且可以自动地、不断地、反复地进行工作。它好像只有干活的手，不懂得如何处理外界的信息。

（2）第二阶段：感觉型机器人。

与第一阶段机器人相比，第二阶段机器人具备了感觉能力，这里的"感觉"通常是指具有某种智能（如触觉、力觉、视觉等）功能，即由传感器得到触觉、力觉和视觉等信息，计算机处理后，控制机器人的操作机完成相应的适当操作。这使它们可以根据外界的不同信息做出相应的反馈。

（3）第三阶段：智能机器人。

智能机器人阶段的机器人具有多种内外部传感器构成的感觉系统，不仅可以感知内部关节的运行速度、力的大小等参数，还可以通过外部传感器，如视觉、触觉传感器等对外部环境信息进行感知、提取、处理并做出适当的决策，在结构或半结构化环境中自主完成某项任务。智能机器人在功能上更接近人，具有更强的视觉、触觉，能用语言和人对话，机器人的"头脑"控制系统中装有大量知识，能进行推理和决策。

现在，智能机器人正在向拟人机器人发展，不仅模拟人的智能，而且模拟人的情感、形态、结构、特性、功能。不仅可以把人类从恶劣条件、繁重单调的作业中解脱出来，而且在力量、精度、速度方面，以及特殊环境下生存和工作能力，都延伸、扩展了人的功能，智能机器人的研究和应用，对提高劳动生产率、推动科技发展有着重要意义。

#### 3.4.2.2 按机器人用途分类

按照机器人的工作环境不同，一般可以把机器人分为工业机器人、农业机器人、军事机器人、服务机器人、网络机器人五大类。

1）工业机器人

工业机器人顾名思义就是主要用于工业领域中的机器人。工业机器人是目前应用最广泛的机器人，其中大部分工业机器人的主体结构是刚性高的机械手臂。工业机器人的最大特点是：相对于人类，它可以拥有更快的运动速度，可以搬更重的东西，而且定位精度高。

工业机器人是现代制造业重要的自动化装备，集机械、电子、控制、计算机、传感器、人工智能等多学科先进技术于一体。它可以根据外部来的信号，自动进行各种操作。它是应用计算机进行控制的替代人进行工作的高度自动化系统，是典型的机电一体化产品。

2）农业机器人

农业机器人按照生产环境的不同大致可以分为农业施肥/杀虫机器人、农业除草机器人、采摘/嫁接机器人、分拣果实机器人、农业播种/收割机器人等。

3）军事机器人

军事机器人是指为了军事目的而研制的自动机器人。军事机器人是一种自主式、半自主式或人工遥控的机械电子装置。它是以完成预定的战术或战略任务为目标，以智能化信息处理技术和通信技术为核心的智能化武器装备。

4）服务机器人

服务机器人是一种以半自主或全自主的方式操作，用于完成对人类福利和设备有用的服务（制造操作外）的机器人。

5）网络机器人

网络机器人是一种特殊的机器人，其"特殊"在于，网络机器人没有固定的"身体"。网络机器人本质是网络自动程序，它存在于网络程序中，目前主要用来自动地查找和检索互联网上的网站和网页内容。

这种分类方式严格来说并不科学，因为现在的机器人日趋多功能化，一个机器人一般都有多种功能，甚至能在不同环境下工作。例如，军事领域的微型无人飞行机器人，随着成本的降低，也开始进入日常生活的娱乐中。但这种分类方式较为贴近生活，容易被普通人快速接受。

### 3.4.3 机器人的组成

不同学科由于研究的侧重点不一样，对机器人的组成也有不同的理解与层次划分。不同的定义也会造成机器人的组成划分不一致。实际上，大部分的机器人系统组成部分或多或少都会存在重叠，并非没有共性。

本书认为一个较为完整的机器人系统由3部分、6个子系统组成，如图3-48所示。这3部分是感知部分、执行部分和控制部分；6个子系统分别是信息检测系统、信息融合系统、驱动系统、机械系统、人机交互系统、决策系统。

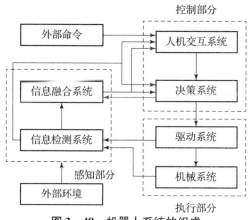

图3-48 机器人系统的组成

#### 3.4.3.1 控制部分

控制部分的重要性如同人的大脑，人类如果丧失了脑的思考能力，则变得如木偶一般。控制部分包括人机交互系统与决策系统两部分。

1）人机交互系统

人机交互系统是使操作人员参与机器人控制并与机器人进行联系交流的子系统，人机交互系统涉及如何获取外部控制命令以及如何表达自身的状态等。简单的人机交互可能只是一个报警信号，复杂的人机交互系统则可能涉及许多学科，例如，通信技术（如何获取远程甚至是超远程的命令信息）、自然语言处理（如何分析操作人员的语言命令）等。

人机交互系统也有可能会借助感知部分获取必要的信息，例如，在接收语音命令时，需要感知部分进行语音的检测与信号的转换以及语音命令的分析等。

2）决策系统

控制系统的任务是根据感知部分提供的感知信息以及执行任务要求，进行合理的分析与决策，提供执行指令给执行部分完成指定的运动和功能。感知部分如果对执行部分不进行监测，如一般工业机器人末端的移动，这样的控制方式称为开环控制；如果进行信息的反馈，如具有跟踪功能的机器人，这样的控制方式称为闭环控制。

控制系统可以很简单，如温度报警，只需要温度超过警戒温度立刻报警；也可以很复杂，美国 IBM 公司生产的深蓝超级国际象棋电脑，有 32 个微处理器，每秒可以计算 2 亿步。1997 年的深蓝超级国际象棋电脑可搜寻及估计随后的 12 步棋，而一名人类象棋高手大约可估计随后的 10 步棋。

#### 3.4.3.2 感知部分

机器人的感知部分类似于人体中的各种感觉或者它们的综合，例如，视觉、听觉等都属于感知部分。感知部分的主要任务是获取外部信息并进行信息处理与融合，对外界环境进行描述和理解，提供给决策部分，作为决策的参考或依据。感知部分包括信息检测系统与信息融合系统两部分。

1）信息检测系统

信息检测系统主要由传感器及其数据转换处理模块组成，获取环境状态中有意义的信息。信息检测系统可以分为内部传感器模块和外部传感器模块，内部传感器模块主要检测机器人的状态，如速度、加速度、能量等，外部传感器模块主要检测机器人工作环境的状态，如温度、场景分布等。检测到的信息可以直接被控制部分利用，并由控制系统直接做出判断（类似于人的条件或无条件反射），更多的是经过信息融合系统综合处理后再传送至控制部分（类似于人们综合客观环境影响后再做出判断和行动的过程）。

2）信息融合系统

机器人身上一般会安装多个传感器，以便检测各种有用的环境状态。有些环境状态信息只需要单一的传感器进行检测，例如温度、湿度等状态，而有些环境状态则需要多个传感器进行配合，共同作用才能成功得到该环境状态的信息，这样就需要将多个检测信息进行融合处理，如轮式机器人的速度，需要将各个轮子的速度检测后，再按照相应速度合成算法进行计算，才能得到最终机器人的速度。信息融合系统将相互独立地检测信息，融合成更高级的感知信息，能够帮助机器人更好地认知自身与外部环境。

#### 3.4.3.3 执行部分

执行部分相当于人的躯干与血液系统。反映的是机器人最终的执行结果。缺少了执行部分的机器人，事实上只相当于一个信息处理器。执行部分的执行效果直接体现了机器人的控制智能，也在一定程度上影响机器人的总体智能。执行部分包括驱动系统与机械系统两部分。

1）驱动系统

驱动系统主要指驱动机械系统的驱动装置，是机器人的动力来源。根据驱动源的不同，驱动系统可分为电动、液压、气动3种，以及把它们结合起来应用的综合系统。驱动系统可以与机械系统直接相连，也可通过传动装置与机械系统间接相连。驱动系统影响到机器人反应的快速性与准确性。

2）机械系统

除了安装感知、控制部分与其他必要结构的机械机构外，机械系统主要是指机器人的运动结构，常见的运动结构有关节式、轮式、复合式等。关节式结构的机器人常见的有工业机器人（典型关节式）、类人型机器人（足式）。轮式机器人常见的有服务机器人、巡逻机器人等，轮式机器人的运动控制相对于足式机器人来说，控制简单，所以在服务领域应用广泛。复合式运动结构主要应用在复杂地形中，利于救援机器人，既要能在平地与低坡度表面运动，又能够做上下楼梯等升降运动。

### 3.4.4 智能机器人的体系架构

智能机器人的体系架构指一个智能机器人系统中的智能、行为、信息和控制的时空分布模式。体系架构是机器人本体的物理框架，是机器人智能的逻辑载体，选择和确定合适的体系架构是机器人研究中非常基础和关键的一个环节。以智能机器人系统的智能、行为、信息和控制的时空分布模式作为分类标准，沿时间线索可归纳出7种典型架构：分层递阶结构、包容结构、三层结构、自组织结构、分布式结构、进化控制结构和社会机器人结构。下面介绍其中的2种非典型的体系架构。

#### 3.4.4.1 认知机器人的抽象结构

近年来，随着智能科学、行为学、生物学和心理学等理论成果的不断引入，认知机器人已成为智能机器人发展的一个重要课题。认知机器人是一种具有类似人类高层认知能力，并能适应复杂环境、完成复杂任务的新一代机器人。图3-49给出了一种认知机器人的抽象结构，分为三层，即计算层、设备层和物理/硬件层。计算层包括感知、认知和行动。感知是在感觉的基础上产生的，是对感觉信息的整合与解释。认知包括行动选择、规划、学习、多机器人协同和团队工作等。行动是机器人控制系统的最基本单元，包括移动、导航和避障等，所有行为都可由它表现出来。行为是感知输入到行动模式的映射，行动模式用来完成该行为。在设备层包括传感器驱动（感觉库）、激励器驱动（运动库）和通信接口。物理/硬件层有传感器、激励器和通信硬件等。当机器人在环境中运行时，通过传感器获取环境信息，根据当前的感知信息来搜索认知模型，如果存在相应的经验与之匹配，则直接根据经验来实现行动决策，如果不具有相关经验，则机器人利用知识库来进行推理。

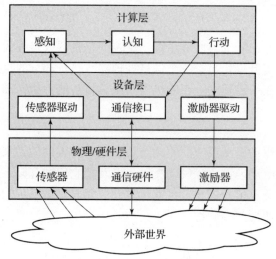

图 3-49　认知机器人的抽象结构

#### 3.4.4.2　智能机器人的网联云控架构

以物联网、云计算、深度学习等为代表的新一代信息技术的快速发展，推动了智能机器人架构的革新。新架构的核心是进一步突破机器人的智能瓶颈，让机器人具备通用智能，包括类人的感知和认知能力、类人的动作行为和类人的自然交互能力，同时最大限度地保障机器人的运行安全，需要构建机器人"新脑"。然而，由于机器人本体的计算能力有限，因此必须通过强大的云计算能力给机器人赋能。图 3-50 表示的是新一代智能机器人的网联云控架构，或者称为云-网-端结合的智能机器人系统架构。

"端"是指机器人本体及本体自身的控制系统，一般可以根据经典架构设计，同时具备新的时代特性。例如，在嵌入式开发中，嵌入式 AI 芯片正逐步取代传统嵌入式芯片，STM32、树莓派等常规嵌入式芯片都在向 AI 转型，为智能机器人提供 GPU 算力并引领新的开发理念。同时，Linux 系统下的 ROS 及其包括的对应算法开发也逐渐成为智能机器人的标配。总之，新一代人工智能技术与机器人本体的结合越来越紧密，机器人本体的智能性越来越高。

"网"主要指通过 WiFi、5G 及其他无线通信网络将机器人连接起来，实现机器人本体和云端大脑的连接。这是实现多机器人协作和群体智能的必然要求，同时可以为进一步提升机器人的感知能力和移动能力赋能。当前边缘计算正在兴起，云计算的部分功能进一步下放，这为提高机器人的实时性和安全性提供了保障。例如，同步定位和建图（Simultaneous Localization and Mapping，SLAM）是智能机器人的基本技术之一，基于网联云控架构，通过边缘计算在"网"上执行的 SLAM 算法比在"端"上基于单 CPU 的算法要快十几倍。再如，基于网联云控架构可以显著提升机器人的感知和交互能力，利用云端的深度学习模型，语音识别和图像识别的智能水平已经超过了人类。

"云"主要指基于云存储、云计算的机器人大脑，该大脑包括机器人视觉系统、对

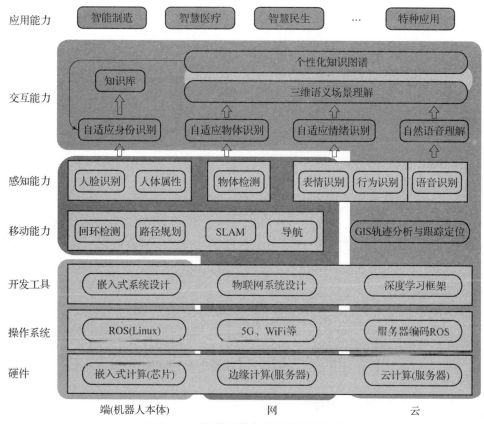

图 3-50　智能机器人的网联云控架构

话系统、决策系统和交互系统等（服务器端的 ROS），通过机器学习（主要依赖深度神经网络）不断训练进化，使得前端机器人本体智能随之提升。在此基础上，可以形成机器人的知识图谱、语义地图、情感理解等专家系统，并应用于各种智慧应用场景。因此，采用云－网－端结合的智能机器人系统架构具有更强的适应性和扩展性，并可以显著提升机器人的智能性。

## 3.5　广义人工智能

### 3.5.1　广义人工智能的概念

2001 年，中国人工智能学会第 9 届全国人工智能学术年会在北京隆重举行，涂序彦教授在大会主题报告"广义人工智能"中，提出了广义人工智能（Generalized Artificial Intelligence，GAI）的概念，给出广义人工智能的学科体系。广义人工智能学科体系包括："机器智能、智能机器"两个方面，"高层思维智能、中层感知智能、基层行为智能" 3 个层次，以及多个"人工智能"学科分支。事实表明：人工智能学科已从学派分歧的、不同层次的、传统的狭义人工智能，走向多学派兼容、多层次结合的、现代的广义人工智能。

人工智能的近期目标是实现机器智能（Machine Intelligence），即部分地或者在一定程度上实现机器的智能，从而使现有的计算机更灵活、更好用和更有用，成为人类的智能化信息处理工具。人工智能的远期目标是要制造智能机器（Intelligent Machine）。具体来讲，就是要使计算机具有看、听、说、写等感知交互功能，具有联想、推理、理解、学习等高级思维能力，还要有分析问题、解决问题和发明创造的能力。

广义人工智能的含义如下。

(1)"多学派"人工智能。

广义人工智能是兼容多学派的"多学派人工智能"，模拟、延伸与扩展人的智能及其他动物智能，既研究机器智能，也开发智能机器。

(2)"多层次"人工智能。

广义人工智能是多层次结合的"多层次人工智能"。如自推理、自联想、自学习、自寻优、自协调、自规划、自决策、自感知、自识别、自辨识、自诊断、自预测、自聚焦、自融合、自适应、自组织、自整定、自校正、自稳定、自修复、自繁衍、自进化等。不仅研究专家系统，而且研究人工神经网络、模式识别、智能机器人等。

(3)"多智能体"人工智能。

广义人工智能不仅研究个体的、单机的、集中式人工智能，而且研究群体的、网络的、多智能体（Multi-Agent）、分布式人工智能（Distributed Artificial Intelligence，DAI）。研究如何使分散的个体人工智能协调配合，形成协同的群体人工智能，模拟、延伸与扩展人的群体智能或其他动物的群体智能。

### 3.5.2 广义人工智能的理论基础

广义人工智能学科的理论基础是"广义智能信息系统论"。

#### 3.5.2.1 广义智能论

(1) 智能普存论。

研究广义智能的普存性及其存在形式和环境。人有智能，其他动物也有智能；计算机有智能，其他机器也可以有智能。智能普存性是广义人工智能研究和开发的前提条件。

(2) 智能层次论。

研究广义智能的层次性，研究不同层次智能的特性、相互关系及智能水平的衡量方法。人的智能有思维、感知、行为三个层次，其中，思维智能又有形象思维、逻辑思维、创造思维等不同层次。相应地，广义人工智能也是多层次的。

(3) 智能进化论。

研究广义智能的进化规律、方式和条件。人和动物的智能都是会进化的，有先天进化，如遗传变异、杂交进化；也有后天进化，如学习训练、知识更新等。人工智能也是需要并可以进化的。

#### 3.5.2.2 智能信息论

(1) 感知信息论。

研究感知活动过程中广义信息获取、存储、传递、变换、处理的理论和方法。如文字、图像、声音、视频等多媒体信息的感知理论。

(2) 思维信息论。

研究思维活动过程中广义信息的获取、存储、传递、变换、处理的理论和方法。如联想学习、推理等思维过程的信息理论。

(3) 行为信息论。

研究行为活动过程中广义信息的传递、变换、处理和利用的理论和方法。如说话、行走、运动、操作过程的信息处理和利用方法。

#### 3.5.2.3 智能系统论

(1) 感知系统论。

研究感知系统的建模、分析和设计的理论和方法。如视觉系统、听觉系统、嗅觉系统、触觉系统等，以及多重感知系统的多媒体信息融合及情景协同问题。

(2) 思维系统论。

研究思维系统的建模、分析和设计的理论和方法。如逻辑思维系统、形象思维系统、创新思维系统的理论与方法，以及群体思维系统的协同解题与智能集成问题。

(3) 行为系统论。

研究行为系统的建模、分析和设计的理论和方法。如人或机器人的行动规划系统、运动控制系统、语言生成系统等，以及相互配合与协调控制的问题。

### 3.5.3 广义人工智能的科学方法

广义人工智能是内容丰富而复杂的学科领域，在广义人工智能的研究、开发和应用过程中，科学方法和技术路线具有重要意义。由于广义人工智能的综合性、复杂性，所以需要采取多学科协同、多途径结合、多学派兼容的科学方法。

(1) "多学科协同"方法。

广义人工智能是跨学科的综合性边缘学科，需要采取信息科学、生物科学、系统科学、思维科学、行为科学等多学科协同的科学研究方法。

(2) "多途径结合"方法。

广义人工智能是对广义自然智能的模拟、延伸和扩展，需要采取功能模拟、结构模拟、行为模拟等定性研究与定量分析，综合集成的多途径相结合的科学方法。

(3) "多学派兼容"方法。

虽然人工智能领域中存在不同学派的争论，但是，为了取长补短，集思广益，广义人工智能的研究应当也需要采取符号主义、联结主义、行为主义等多学派兼容的科学方法。

## 3.6 习题

1. 简述专家系统的基本结构。
2. 简述专家系统的开发步骤。
3. 何谓专家系统？何谓知识工程？二者关系如何？
4. 什么是谓词逻辑？
5. 目前常用的知识表示方法有哪些？试通过一种你熟悉的知识表示方法进行介绍。

6. 简述产生式系统的基本结构。
7. 何谓本体？简述本体的描述语言有哪些？
8. 简述知识图谱的概念和组成。
9. 简述知识图谱的全生命周期。
10. 什么是人工神经元、人工神经网络？
11. 试比较感知机模型与自适应线性神经元模型的异同。
12. 简述误差反向传播学习过程。
13. 简述卷积神经网络的结构。
14. 简述机器人的基本结构组成。
15. 简述智能机器人的网联云控架构。

# 参考文献

[1] 马忠贵，涂序彦. 智能通信［M］. 北京：国防工业出版社，2009.
[2] 涂序彦，马忠贵，郭燕慧. 广义人工智能［M］. 北京：国防工业出版社，2012.
[3] 马忠贵，倪润宇，余开航. 知识图谱的最新进展、关键技术和挑战［J］. 工程科学学报，2020，42（10）：1254－1266.
[4] 陈良，高瑜，孙荣川. 智能机器人［M］. 北京：人民邮电出版社，2022.
[5] 肖仰华. 知识图谱：概念与技术［M］. 北京：电子工业出版社，2020.
[6] 王昊奋，漆桂林，陈华钧. 知识图谱：方法、实践与应用［M］. 北京：电子工业出版社，2019.
[7] 斋藤康毅. 深度学习入门：基于 Python 的理论与实现［M］. 陆宇杰，译. 北京：人民邮电出版社，2018.
[8] 多田智史. 图解人工智能［M］. 张弥，译. 北京：人民邮电出版社，2021.

# 第4章 强化学习

强化学习作为人工智能及机器学习的范式和方法论之一，在自动驾驶、机器人路径规划、游戏等领域得到了广泛的应用。强化学习起源于动物心理学的相关原理，模仿人类和动物学习的试错机制，是一种通过与环境交互，学习状态到行动的映射关系，以获得最大期望长期回报的方法。强化学习的主体被称为智能体（Agent），是用于描述和解决智能体在与环境的交互过程中，通过环境的反馈来采取相应的行动，以达到长期回报最大化或实现特定目标。

一百年来，科学家们坚持不懈，尝试了许多的方法，从经典的条件反射、试错法等"先行后知"的动物学习方法，到系统模型、价值函数、动态规划、学习控制等"先知后行"的最优控制方法，直到今天集估计、预测、自适应等于一体的"知行合一"的时序差分学习方法。同时，深度强化学习是将具有感知能力的深度学习与具有决策能力的强化学习结合起来，从而实现从感知到行动的端到端学习的一种全新方法。在许多需要智能体同时具备感知和决策能力的场景中，深度强化学习方法具备了与人类相媲美的智能。简单地说，就是和人类一样，输入如视觉等感知信息，然后通过深度神经网络，直接输出行动，中间没有棘手的工程化工作。深度强化学习具备使通信网络和机器人实现真正完全自主地学习一种甚至多种技能的潜力。

本章首先介绍了强化学习的概念和特点，在此基础上介绍了强化学习算法的分类：有模型的方法、基于值函数的方法、基于策略的方法、基于策略和值函数的方法等。然后，介绍了马尔可夫过程、马尔可夫奖励过程、马尔可夫决策过程的概念，为强化学习算法奠定了基础。其次，从策略迭代和价值迭代两个层面介绍了有模型的动态规划算法，以及无模型的蒙特卡罗法、时序差分法、同策略的 Sarsa 算法和异策略的 Q-Learning。在此基础上，介绍了两种深度强化学习算法：深度 Q 网络和深度确定策略梯度（DDPG）。最后，介绍了基于强化学习的计算资源分配算法，理解强化学习如何应用于移动边缘计算的过程。

## 4.1 强化学习的概念和分类

对于强化学习的历史发展，自 20 世纪 50 年代开始，可以通过 3 条发展路线来追溯。第一条发展路线源于研究动物学习心理学的试错学习法（Trial and Error）。这条主线在人工智能最早期的工作中起到重要作用，并在 20 世纪 80 年代早期激起了强化学习的复兴。第二条发展路线致力于最优控制的研究，以及使用价值函数（Value Function）

和动态规划（Dynamic Programming）来寻找问题的解决方案。对于最优控制，其最早出现在 20 世纪 50 年代，用于研究随时间变化的动态系统。理查德·贝尔曼（Richard Bellman）曾提出使用"状态"和"价值函数"等概念构建贝尔曼方程，并且通过动态规划算法来求解这个方程，以此来求解动态系统的最优控制问题。贝尔曼也提出了最优控制的离散随机版本：马尔可夫决策过程（Markov Decision Process，MDP）。试错学习法为强化学习提供了基础的框架和奖励等基本概念，最优化控制则为强化学习提供了重要的解决问题的工具和理论基础。除了上述两条主线，第三条发展路线是"时序差分学习"（Temporal Difference），其是由两个等间隔相邻时间段的预测差值驱动的学习过程。在 20 世纪 80 年代末，这三条发展路线交汇在一起，形成了现代强化学习。之后，又出现了深度学习与强化学习的结合体，称为深度强化学习，是人工智能迈向智能决策的重要一步。

### 4.1.1 强化学习的基本概念

强化学习用于描述和解决智能体在与环境的交互过程中进行目标导向型学习。强化学习用智能体（Agent）这个概念来表示能够与环境进行交互，并自主采取行动或做决策的主体；环境是与智能体交互的对象或实体。智能体在学习过程中并不知道正确的操作，而是根据当前所处环境状态（State）以及某个行动策略（Policy）采取一个行动（Action）与环境进行一系列交互。有些交互会立刻从环境获取即时奖励（Reward）反馈，并改变环境状态，甚至改变后续的奖励；有些交互的奖励却可能会有延迟。这里值得注意的是，强化学习中的奖励指的是环境对当前行动的反馈和评价，这种评价有好有坏。此时，智能体就能根据环境的反馈，学习如何最大化长期回报（Return），并提取出一个最优策略，进而达到强化学习任务的目标。其中，长期回报是指未来奖励在当前时刻的累计值，是一种预期累积奖励。与监督学习和无监督学习不同，强化学习没有明确的标签或指导信号告诉智能体何时做出正确的决策。相反，智能体必须从与环境的交互中学习，并根据环境的反馈来调整行动。这种学习过程类似于人类学习，我们通过不断地试错来改进我们的决策能力。监督学习中损失函数的目的是使预测值和真实值之间的差距最小，而强化学习中损失函数的目的是使长期回报的期望最大。

简言之，强化学习是智能体为了最大化长期回报的期望，通过观测系统环境不断试错进行学习的过程。强化学习的目标是针对随机动态系统的不确定性按时间顺序给出最优策略，重点关注的是在试错学习中试图最大化长期回报。

如图 4-1 所示，强化学习由两部分组成：智能体和环境。在强化学习过程中，智能体与环境一直在交互。从图 4-1 可以看出，强化学习的智能体与环境在一个离散时间序列 $t \in \{1, 2, \cdots\}$ 中，通过交互完成某项任务。在每一个时间步 $t$，首先，智能体观测到当前环境的状态 $S_t$ 以及当前对应的奖励 $R_t$，根据当前的策略 $\pi$ 从允许的行动集合 $A = \{A_1, A_2, \cdots\}$ 中选择一个行动 $A_t$，并送到环境中去执行。然后，环境变化到下一个状态 $S_{t+1}$，并给出和这个变化 $(S_t, A_t, S_{t+1})$ 相关联的奖励 $R_{t+1}$。$t+1$ 时刻的状态 $S_{t+1}$ 是由 $t$ 时刻的状态 $S_t$ 和行动 $A_t$ 随机决定的；$t+1$ 时刻的奖励 $R_{t+1}$ 也是由 $S_t$ 和 $A_t$ 随机决定的，它是对当前行动的反馈和评价，是一个标量。最后，智能体根据环境反馈的奖励值 $R_{t+1}$ 计算长期回报值 $G_t$，并将回报值 $G_t$ 作为更新内部策略的依据。智能体通过不断地与环境交互进行学习，一系列离散时间下状态、行动和奖励构成了智能体和环境的交互历史 $\{S_1,A_1,R_2,\cdots,S_t,A_t,R_{t+1},S_{t+1},A_{t+1},R_{t+2},\cdots\}$，并在学习过程中不断更新策略，经过多次学习后，得到解决问题的最优策略。强化学习中，智能体对所有问题解决的目标都可以被描述成最大化长期回报。

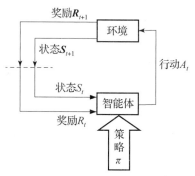

**图 4-1 强化学习的基本结构**

智能体不会被告知在当前状态下，应该采取哪一个行动，只能通过不断尝试每一个行动，依靠环境对行动的反馈，改善自己的行动，以适应环境。经过数次迭代之后，智能体最终能学到完成相应任务的最优行动（即最优策略）。

强化学习的智能体主要由策略、价值函数和模型三个组成部分中的一个或多个组成。

#### 4.1.1.1 策略

策略是智能体在观测环境后产生的行动方案，定义了从给定状态到选择行动的映射关系。它其实是一个函数，用于把输入的状态变成行动，确定了智能体在特定状态下采取哪些行动。通常，策略是环境所处状态和智能体所采取行动的随机函数。策略可分为随机性策略和确定性策略。

（1）随机性策略：在状态 $s$ 下选择行动 $a$ 的策略表示为 $\pi(a|s)=\mathbb{P}\{A_t=a|S_t=s\}$，即输入一个状态 $s$，输出一个采取行动 $a$ 的概率（介于0到1之间的概率值）。这个概率是智能体所有行动的概率，然后对这个概率分布进行采样，可得到智能体将采取的行动。

（2）确定性策略：在状态 $s$ 下选择行动 $a$ 的策略表示为 $\mu(s)\to a$，即对于每个状态，有一个对应的确定行动 $a^* = \arg\max_a(\pi(a|s))$，而不是输出一个概率值。

策略仅和当前的状态有关，与历史信息无关，称为马尔可夫性。同一个状态下，策略不会发生改变，发生变化的是依据策略可能产生的具体行动，因为具体的行动是有一定的概率的，策略就是用来描述各个不同状态下执行各个不同行动的概率。动态规划法、蒙特卡罗法和时序差分法都只能获得确定策略，而策略梯度法可以获得随机策略。强化学习中的目标是学习到一个最优策略，使得智能体能够在与环境的交互中最大化长期回报的期望。

#### 4.1.1.2 价值函数

在强化学习中，我们关注长期回报的期望，并将其定义为价值（Value），这就是强化学习中智能体学习的优化目标。一个状态的长期回报期望被称为这个状态的价值。所有状态的价值就组成了价值函数（Value Function），价值函数的输入为某个状态，输出为这个状态的价值。

在强化学习中,价值函数衡量了智能体在给定状态或状态-行动对上的长期回报期望,是针对状态或行动的评价函数,我们用它来评估不同状态或行动的好坏。一个价值函数是基于某一个特定策略的,不同的策略下同一个状态的价值并不相同。奖励信号表明了在短时间内什么是有收益的,而价值函数表明了从长远的角度出发什么是好的。价值函数对于智能体在环境中做出决策和学习最优策略至关重要,包括状态值函数 $v_\pi(s)$ 和行动值函数 $q_\pi(s,a)$ 两种。

(1)状态值函数 $v_\pi(s)$ 表示在状态 $s$ 下,智能体按照给定策略 $\pi$ 一直执行下去所获得的长期回报的期望,可表示为

$$v_\pi(s) = \mathbb{E}_\pi[G_t \mid S_t = s] \tag{4.1}$$

式中:$G_t$ 是长期回报;期望 $\mathbb{E}_\pi$ 的下标是 $\pi$ 函数,$\pi$ 函数的值可反映在我们使用策略的时候,到底可以得到多少奖励。

长期回报是指从某个时刻 $t$ 开始,到未来所有时刻所获得的预期奖励的总和,可表示为

$$G_t = R_{t+1} + \gamma R_{t+2} + \gamma^2 R_{t+3} + \cdots = \sum_{k=0}^{\infty} \gamma^k R_{t+k+1} \tag{4.2}$$

式中:$\gamma \in [0,1]$ 是折扣因子,体现了未来的奖励在当前时刻的价值比例,表示希望在尽可能短的时间内得到尽可能多的奖励。越往后得到的奖励,折扣越多,这说明我们更希望得到现有的奖励,对未来的奖励要打折扣。$\gamma$ 的取值越小,智能体越看重即时奖励;$\gamma$ 的取值越大,智能体越看重长期回报。针对 $t$ 时刻的状态 $S_t$ 和行动 $A_t$,环境产生的奖励是 $R_{t+1}$。$t+1$ 时刻的奖励 $R_{t+2}$ 折现到 $t$ 时刻为 $\gamma R_{t+2}$,$t+2$ 时刻的奖励 $R_{t+3}$ 折现到 $t$ 时刻为 $\gamma^2 R_{t+3}$,以此类推。

关于折扣因子的理解,在经济学中有一个最基本的概念是奖励资金具有时间价值,即今天的 1 元钱比未来的 1 元钱更值钱。例如,今天将 100 元存入银行,若银行的年利率是 5%,一年以后的今天将得到 105 元,其中的 5 元是利息,就是资金时间价值。一方面,资金随着时间的推移,其价值会增加,这种现象叫作资金增值。增值的原因是由于资金的投资和再投资。1 元钱今天到手和明天到手是不一样的,先到手的资金可以用来投资而产生新的价值,因此,今天的 1 元钱比明天的 1 元钱更值钱。另一方面,从经济学的角度而言,现在的一单位货币与未来的一单位货币的购买力之所以不同,是因为要节省现在的一单位货币不消费而改在未来消费,则在未来消费时必须有大于一单位的货币可供消费,作为弥补延迟消费的补偿。

(2)行动值函数 $q_\pi(s,a)$ 表示在给定状态 $s$ 下,采取行动 $a$ 后按照给定策略 $\pi$ 一直执行下去所获得的长期回报的期望,可表示为

$$q_\pi(s,a) = \mathbb{E}_\pi[G_t \mid S_t = s, A_t = a] \tag{4.3}$$

这些价值函数的目标是帮助智能体评估不同状态或状态-行动对的好坏,从而能够选择最优的策略。在价值函数的基础上,强化学习算法可以通过迭代更新价值函数来逐步学习最优策略。例如,Q-Learning 算法就是通过更新行动值函数 $q_\pi(s,a)$ 来寻找最优策略,而 Deep Q Network(DQN)则使用深度神经网络逼近 $q_\pi(s,a)$,以处理更复杂的问题。

#### 4.1.1.3 模型

现实世界中的环境是十分复杂的,为了实施的可行性,一般基于具体问题把复杂的现实环境进行抽象和模拟,最终获得一个简化的环境模型。在强化学习任务中,模型(Model)是智能体对观测到的环境建立的模拟模型。即以智能体的视角来看待环境的运行机制,期望模型能够模拟智能体与环境的交互机制。模型可以帮助智能体预测在给定状态下采取某个行动后可能获得的下一个状态和即时奖励。模型可以用来做规划,即对未来可能发生的情景进行预测和预先决定采取何种行动。

环境模型至少要解决两个问题:一是状态转移概率 $p(s'|s,a)$,预测下一个可能状态发生的概率;二是预测可能获得的即时奖励 $R(s,a)$。$p(s'|s,a)$ 表征环境的动态特性,用以预测在状态 $s$ 上采取行动 $a$ 后,下一个状态 $s'$ 的概率分布。$R(s,a)$ 表征在状态 $s$ 上采取行动 $a$ 后得到的即时奖励。二者的定义如下。

$$p(s'|s,a) = \mathbb{P}\{S_{t+1} = s' | S_t = s, A_t = a\} \tag{4.4}$$

$$R(s,a) = \mathbb{E}[R_{t+1} | S_t = s, A_t = a] \tag{4.5}$$

通常所说的模型已知,指的就是获得了状态转移概率 $p(s'|s,a)$ 和即时奖励 $R(s,a)$。结合模型和规划来解决强化学习问题的方法叫作有模型(Model-Based)的方法。并非所有的强化学习问题都需要或能够建立精确的环境模型。有些问题中,环境模型很难获取或不可用,此时可以使用无模型(Model-Free)的方法,它没有直接估计状态的转移概率,也没有得到环境的状态转移概率,它通过学习价值函数或策略函数进行决策,如 Q-Learning。根据式(4.3)可以知道,如果存在一个 $q_\pi(s,a)$ 能对未来长期回报的期望有足够精准的估计,就可以根据 $q_\pi(s,a)$ 获得每个状态 $s$ 下拥有最大状态-行动值对应的行动 $a$,进而提取出最优策略。有模型的强化学习方法主要依赖于规划,而无模型的强化学习方法主要依赖于学习。规划这个术语在不同的学科中出现过,而在强化学习中指的是对智能体与环境交互时遵循策略进行优化计算的过程。一个常用的强化学习问题的解决思路是:先学习环境如何工作,然后得到一个模型,最后利用这个模型进行规划。

### 4.1.2 强化学习的主要特点

强化学习的主要特点包括试错学习、探索与利用的权衡和延迟反馈等。其中试错学习是其一个重要特点,也是与监督学习和无监督学习的一个显著区别。

(1)通过不断试错进行学习。试错学习是指在强化学习中,智能体通过与环境进行交互并观测结果,从而学习如何做出正确的决策。这种学习方式强调了通过尝试和经验积累来获取知识和提高性能的重要性,使智能体能够在未知的环境中不断改进和优化策略,以达到更好的决策结果。

(2)探索(Exploration)与利用(Exploitation)的权衡。探索指在当前的情况下,继续尝试采取一些新的行动,这些新的行动有可能会使智能体得到更多的奖励,也有可能使智能体"一无所有"。利用指在当前的情况下,继续采取已知的可以获得最多奖励的行动,选择重复执行这个行动,因为我们知道这样做可以获得一定的奖励。从短期看,利用是正确的做法,可以实现某一步的预期回报最大化。但从长远看,探索可能会产生更大的长期回报。在强化学习中,合理的探索策略能够帮助智能体发现潜在的高价值策略，从而获得更大的长期回报。因此，强化学习涉及探索新的行动以发现未知信息和利用已知信息来最大化奖励之间的权衡。

（3）延迟反馈。延迟反馈是指在学习过程中，智能体不会立即获得关于其行动的反馈，而是在一个较长的时间序列中通过累积的反馈来评估其性能。具体来说，延迟反馈意味着智能体在采取一次行动后不会立即得到关于该行动是好还是坏的奖励，而是在一系列的行动之后，根据这些行动所得到的奖励进行累积，并以此来评估其策略的好坏。这种累积的反馈通常称为"长期回报"或"奖励信号"，这种延迟反馈的特点使得强化学习与其他机器学习方法有所不同。在监督学习中，我们通常会为每个输入提供相应的标签或结果，以便算法可以直接进行比较和调整。而在强化学习中，智能体必须根据延迟反馈来逐步调整其行动策略。延迟反馈在学习过程中具有一定的挑战性，因为智能体需要在没有即时反馈的情况下做出决策。然而，通过在学习过程中累积反馈，智能体可以更好地理解其策略在长期中的表现，并逐步优化其策略。

延迟反馈也可以帮助智能体在探索和利用之间进行权衡。由于延迟反馈通常是在一个较长的时间序列中进行的，因此智能体可以在采取行动时更加大胆地探索新的解决方案，而不用担心即时奖励。同时，智能体也可以利用其过去的经验来采取更好的行动，以获得更高的长期回报。

### 4.1.3 强化学习的分类

强化学习可以通过不同的特征分为不同的类别，下面介绍两种分类方法。

#### 4.1.3.1 有模型方法和无模型方法

根据智能体在解决强化学习问题时是否建立环境模型，将其分为两大类，即有模型方法和无模型方法。前面我们介绍过，环境模型是对智能体与环境交互过程的一种模拟或近似。该模型可以用来模拟环境中状态的演变、行动的影响以及即时奖励的反馈。这个模型可以是显式的（如状态转移概率），也可以是隐式的（如神经网络）。一旦建立了环境模型，智能体可以使用规划算法，如动态规划，通过在模型上进行推理来找到最优策略，这样的方法通常包括策略迭代和价值迭代。

在实际的强化学习任务中，很难知道环境的反馈机制，如状态转移概率、环境反馈的回报等。这时候只能使用不依赖环境模型的方法，这种方法叫作无模型方法，如蒙特卡罗法、时序差分法都属于此类方法。

对于基于模型的方法，可以更加有效地利用样本数据在模型上进行多次模拟来更好地完成学习目标，但依赖于模型的准确性。无模型的方法对于复杂、高维的状态空间和行动空间可能更具有通用性，更容易处理实际的实时环境。对于不同的问题性质和情况，我们可以采用不同的方法来解决强化学习问题。

#### 4.1.3.2 基于价值函数的方法、基于策略的方法、基于策略和价值函数的方法

策略优化在强化学习中扮演重要角色，通过有效引导智能体学习优化策略，实现了对环境的适应性和灵活性。这一方法不仅能够处理高维和连续行动空间，还有助于降低探索成本，克服局部最优。特别在深度强化学习中，通过端到端学习直接优化策略和价值函数，能够处理复杂任务和庞大状态空间，提高系统性能。

回顾前面所提到的两个基本概念：状态值函数 $v_\pi(s)$ 和行动值函数 $q_\pi(s,a)$。可以

发现状态值函数 $v_\pi(s)$ 和行动值函数 $q_\pi(s,a)$ 都与回报有关。$v_\pi(s)$ 是指在当前状态下，遵循策略 $\pi$，能够获得的长期回报的期望。$q_\pi(s,a)$ 表示在当前状态下，遵循策略 $\pi$，采取行动 $a$，能够获得的长期回报的期望。因此，可以通过建立状态值估计来解决强化学习问题，也可以通过直接建立策略的估计来解决强化学习问题。根据不同的估计和策略优化方法，可以把强化学习方法分为基于价值函数的方法、基于策略的方法、基于策略和价值函数的联合优化方法共 3 类，如图 4-2 所示。

图 4-2 强化学习的分类

1) 基于价值函数（Value-Based）的方法

这类方法通过学习状态值函数 $v_\pi(s)$ 和行动值函数 $q_\pi(s,a)$ 来评估状态或状态 - 行动对的好坏，然后选择具有最大值的行动，以最大化长期回报，如图 4-3 所示。基于价值函数的优化方法的核心原理是通过迭代地更新状态或行动的价值函数，使其逼近真实的最优价值函数。一旦获得了最优价值函数，智能体可以根据这个函数来选择最优的行动。通常，价值函数的更新可以通过价值迭代或策略迭代等方法实现。价值函数的求解方法可以使用表格法或拟合法。动态规划法、Q-Learning、DQN 都属于基于价值函数的方法。

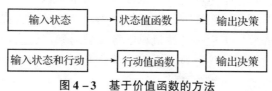

图 4-3 基于价值函数的方法

(1) 价值迭代（Value Iteration）：通过迭代更新状态值函数或行动值函数，最终找到最优值函数。策略可以通过选择最大化价值函数的行动来得到。

(2) 策略迭代（Policy Iteration）：通过交替进行策略评估和策略改进，优化策略以最大化价值函数。策略评估涉及计算当前策略的价值函数，而策略改进则通过选择使价值函数最大化的行动来更新策略。

2) 基于策略（Policy-Based）的方法

这类方法直接学习策略函数，如图 4-4 所示。最优行动或策略直接通过求解策略函数产生，不需求解各状态值的估计函数。所有的策略函数逼近方法都属于基于策略的方法，包括蒙特卡罗策略梯度、时序差分策略梯度等。

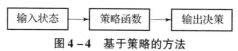

图 4-4 基于策略的方法

3) 基于策略和价值函数的方法

这类方法中既有价值函数估计又有策略函数估计和优化,结合两种强化学习方法的优势,以更有效地学习最优策略。这些方法通常涉及同时学习策略和价值函数,并通过协同训练来提高智能体的性能。其中,常见的算法包括 AC(Actor-Critic,行动者-评论家方法)、A2C(Advantage Actor-Critic,优势行动者-评论家方法)、A3C(Asynchronous Advantage Actor-Critic,异步优势行动者-评论家方法)、深度确定策略梯度(Deep Deterministic Policy Gradient,DDPG)等。

## 4.2 马尔可夫决策过程

马尔可夫决策过程是基于马尔可夫过程理论的随机动态系统的最优决策过程。马尔可夫决策过程是解决序贯决策问题(Sequential Decision Problem)的经典方法,几乎所有的强化学习问题都可以由马尔可夫决策过程的数学框架来描述。需要注意的是:决策和预测任务不同,决策往往会带来"后果",因此决策者需要为未来负责,在未来的时间点做出进一步的决策。预测仅仅产生一个针对输入数据的信号,并期望它和未来可观测到的信号一致,这不会使未来情况发生任何改变。这也是强化学习和监督学习的主要区别。在介绍马尔可夫决策过程之前,先介绍它的简化版本:马尔可夫过程以及马尔可夫奖励过程。通过与这两种过程的比较,可以更容易地理解马尔可夫决策过程。

### 4.2.1 马尔可夫过程

马尔可夫过程(Markov Process)是一类随机过程,由俄国数学家安德烈·马尔可夫于 1907 年提出,他在 19 世纪末 20 世纪初对随机过程和概率论做出了重要贡献。马尔可夫过程源自于他引入的马尔可夫性,该性质指出未来状态的条件概率分布只与当前状态有关,而与过去的所有状态无关。这一特性为建模随机过程提供了一种方法,并在物理学、生物学、经济学、工程和计算机科学等领域得到广泛应用。在强化学习中,马尔可夫过程被用来描述智能体与环境的交互,为强化学习算法的开发和分析提供支持,具体指的就是下面介绍的马尔可夫链。

#### 4.2.1.1 马尔可夫过程

在随机过程中,马尔可夫性(Markov Property)是指一个随机过程在给定现在状态及所有过去状态的情况下,其未来状态的条件概率分布仅依赖于当前状态,而与过去的所有状态无关,也称为无后效性或无记忆性。即要确定过程将来的状态,知道它此刻的状态就足够了,并不需要对它以往状态的认识。例如,流感病毒的传播,未来感染病毒的人数只依赖于目前感染病毒的人数,而与之前感染病毒的历史人数无关。

假设随机过程 $\{X(t), t \in T\}$, $t_1, t_2, \cdots, t_n, t_{n+1} \in T$ 且 $t_1 < t_2 < \cdots < t_n < t_{n+1}$,若对任意自然数 $n$,随机过程 $\{X(t), t \in T\}$ 满足如下马尔可夫性:

$$\mathbb{P}\{X(t_{n+1}) \leq x_{n+1} \mid X(t_n) = x_n, \cdots, X(t_1) = x_1\} = \mathbb{P}\{X(t_{n+1}) \leq x_{n+1} \mid X(t_n) = x_n\} \tag{4.6}$$

则称随机过程 $\{X(t), t \in T\}$ 为马尔可夫过程。

式(4.6)就是马尔可夫性的准确数学定义式。也就是说,当前状态是未来状态的充分统计量,即下一刻的状态只取决于当前状态,而不会受到过去状态的影响。

若将 $t = t_n$ 看作现在的时刻,$t_{n+1}$ 就是未来,$t_{n-1}, \cdots, t_2, t_1$ 就是过去,$X(t_n) = x_n$ 表示系统在时刻 $t = t_n$ 时所处的状态 $x_n$。在已知现在状态 $x_n$ 的情况下,马尔可夫过程的未来状态 $x_{n+1}$ 只与现在的状态 $x_n$ 有关,与过去的所有状态 $x_{n-1}, \cdots, x_2, x_1$ 无关。需要明确的是,具有马尔可夫性质并不代表这个随机过程就和历史完全没有关系。因为虽然 $t_{n+1}$ 时刻的状态只与 $t_n$ 时刻的状态有关,但是 $t_n$ 时刻的状态其实包含了 $t_{n-1}$ 时刻的状态信息,通过这种链式的关系,过去的信息被传递到了现在。

#### 4.2.1.2 马尔可夫链

状态离散的马尔可夫过程称为马尔可夫链(Markov Chain)。自然,马尔可夫链也具有马尔可夫性。一般地,在强化学习中提及的马尔可夫过程指的就是马尔可夫链。根据随机过程的时间参数类型,马尔可夫链可分为离散时间马尔可夫链和连续时间马尔可夫链。除非特别说明,马尔可夫链均指离散时间马尔可夫链。因此,本书讨论的是离散时间、离散状态的马尔可夫过程。

离散时间、离散状态的马尔可夫链可表示为 $\{X(t,s), t \in T, s \in S\}$,通常简记为 $\{X_t\}$,其时间参数集 $T = \{1, 2, \cdots\}$ 是离散的时间集合,状态空间 $S = \{S_1, S_2, \cdots\}$ 是离散的状态集合,且它只能取有限或可列个值。下面给出马尔可夫链的具体数学定义。

随机过程 $\{X_t\}$,若对于任意的自然数 $t \in T$ 和任意 $S_t \in S$,条件分布函数满足:

$$\mathbb{P}\{X_{n+1} = S_{n+1} \mid X_n = S_n, X_{n-1} = S_{n-1}, \cdots, X_1 = S_1\} = \mathbb{P}\{X_{n+1} = S_{n+1} \mid X_n = S_n\} \quad (4.7)$$

则称随机过程 $\{X_t\}$ 为马尔可夫链。

马尔可夫链的统计特性完全由条件概率 $\mathbb{P}\{X_{n+1} = S_{n+1} \mid X_n = S_n\}$ 决定,该条件概率通常被称为转移概率(Transition Probability)。因此,马尔可夫链可以通过一个二元组 $(S, \boldsymbol{P})$ 来表示,其中 $S$ 是有限数量的状态空间,$S = \{S_1, S_2, \cdots, S_n, \cdots\}$,$\boldsymbol{P}$ 是状态转移概率矩阵,见式(4.9)。马尔可夫链中的每一个状态 $S_t$ 都涵盖了该状态之前的所有状态信息,所以在状态 $S_t$ 确定的情况下,过去的状态信息对于确定下一个状态信息 $S_{t+1}$ 而言也就不再重要了。在当前时刻 $t$ 系统处于状态 $s$,在下一时刻 $t+1$ 处于状态 $s'$ 的状态转移概率 $p(s' \mid s)$ 可表示为

$$p(s' \mid s) = \mathbb{P}\{S_{t+1} = s' \mid S_t = s\}, \forall s, s' \in S \quad (4.8)$$

称为马尔可夫链 $\{X_t\}$ 的一步转移概率,通常简称为转移概率。

我们可以用状态转移概率矩阵来描述所有的状态转移概率 $p(s' \mid s)$:

$$\boldsymbol{P} = \begin{array}{c} \\ S_1 \\ S_2 \\ \vdots \\ S_m \\ \vdots \end{array} \begin{array}{c} S_1 \quad S_2 \quad \cdots \quad S_n \quad \cdots \\ \begin{bmatrix} p_{11} & p_{12} & \cdots & p_{1n} & \cdots \\ p_{21} & p_{22} & \cdots & p_{2n} & \cdots \\ \vdots & \vdots & & \vdots & \vdots \\ p_{m1} & p_{m2} & \cdots & p_{mn} & \cdots \\ \vdots & \vdots & & \vdots & \end{bmatrix} \end{array} \quad (4.9)$$

一般情况下,状态转移概率矩阵中的每一行描述的是从一个状态到达所有其他状态的概率,所以,它的每一行的状态转移概率之和为 1。可以用状态转移概率图模型来表示一个马尔可夫链,如图 4-5 所示。马尔可夫链的状态转移是直接决定的,如当前状态是 $S_t$,那么直接通过状态转移概率决定下一个状态是什么。

图 4-5 马尔可夫链的状态转移概率图模型

### 4.2.2 马尔可夫奖励过程

马尔可夫奖励过程（Markov Reward Process，MRP）也是强化学习中的一个数学模型，是指包含奖励函数的马尔可夫链，描述了在马尔可夫决策过程中的状态转移和奖励过程。在前面提到的马尔可夫链中，智能体通过状态转移矩阵 $\boldsymbol{P}$ 来实现与环境的交互，但在马尔可夫链中没有涉及环境给智能体提供奖励反馈的过程。为了引入奖励反馈，马尔可夫奖励过程在原来的马尔可夫链$(S,\boldsymbol{P})$的基础上扩展到四元组$(S,\boldsymbol{P},R,\gamma)$表示。其中，$S$ 和 $\boldsymbol{P}$ 的含义与马尔可夫链中的相同；$R$ 表示奖励函数，它是一个期望，表示当我们到达某一个状态的时候可以获得多大的奖励；$\gamma$ 表示折扣因子，$\gamma \in [0,1]$。

对于每个状态 $S_t = s$，在下一个时刻 $t+1$ 能获得的期望奖励如下：

$$R(s) = \mathbb{E}[R_{t+1} \mid S_t = s] \tag{4.10}$$

即时奖励函数 $R(s)$ 表示在状态 $s$ 下智能体立即获得的奖励。

图 4-6 是马尔可夫奖励过程的状态转移概率图模型。通过图 4-6 的概率图模型可以看出：奖励函数取决于当前的状态，而当前状态是基于之前状态和之前行动产生的结果。前面介绍价值函数时提到了 $t$ 时刻的长期回报 $G_t$：

$$\begin{aligned} G_t &= R_{t+1} + \gamma R_{t+2} + \gamma^2 R_{t+3} + \cdots = \sum_{k=0}^{\infty} \gamma^k R_{t+k+1} \\ &= R_{t+1} + \gamma(R_{t+2} + \gamma R_{t+3} + \cdots) = R_{t+1} + \gamma G_{t+1} \end{aligned} \tag{4.11}$$

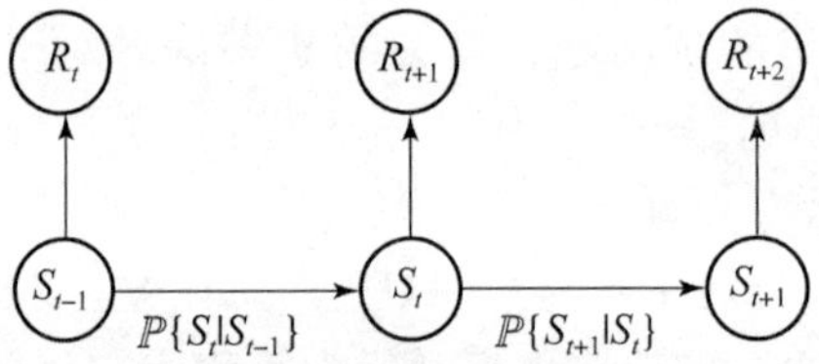

图 4-6 马尔可夫奖励过程的状态转移概率图模型

$G_t$ 是指从时刻 $t$ 开始的长期回报，$R_{t+k+1}$ 是时刻 $t+k+1$ 的即时奖励。从式（4.11）可以看出，可以用下一状态 $S_{t+1}$ 的回报 $G_{t+1}$ 来表示当前状态 $S_t$ 的回报 $G_t$。折扣因子 $\gamma$ 的引入有两个目的：一个是对未来奖励的权重衰减，当 $\gamma < 1$ 时，未来奖励的权重随时间呈指数级减小。这表示智能体更关注即时奖励，对未来奖励的重视程度逐渐减小。另一个是确保奖励的收敛性，在计算累积奖励时，如果遇到无限长马尔可夫奖励过程的情况，可能导致累积奖励发散。引入折扣因子可以确保长期回报的期望是有限的，从而使奖励的计算更加稳定。

在马尔可夫奖励过程中，仅通过奖励是无法来描述一个状态的重要性的，因此对于每一个状态，需要引入价值函数来评估状态的重要程度。也就是前面所提到的状态值函数 $v(s)$，表示从状态 $S_t = s$ 开始，智能体在未来接收到的长期回报的期望值。

$$\begin{aligned}
v(s) &= \mathbb{E}[G_t \mid S_t = s] \\
&= \mathbb{E}[R_{t+1} + \gamma G_{t+1} \mid S_t = s] \\
&= \mathbb{E}[R_{t+1} \mid S_t = s] + \gamma \mathbb{E}[G_{t+1} \mid S_t = s] \\
&= \mathbb{E}[R_{t+1} \mid S_t = s] + \gamma \mathbb{E}[v(S_{t+1}) \mid S_t = s] \\
&= R(s) + \gamma \sum_{s' \in S} v(s') p(s' \mid s)
\end{aligned} \tag{4.12}$$

式中：$s'$ 可以看成未来的所有状态；$p(s' \mid s)$ 是指从当前状态 $s$ 转移到未来状态 $s'$ 的条件概率。$v(s')$ 代表的是未来某一个状态的价值。从当前状态开始，有一定的概率去到未来的所有状态，所以要用 $p(s' \mid s)$ 进行加权求和。然后得到了未来状态后，乘一个 $\gamma$，这样就可以把未来的奖励打折扣，$\gamma \sum_{s' \in S} v(s') p(s' \mid s)$ 可以看成未来奖励的折扣总和。

使用全期望公式可知，$\mathbb{E}[v(S_{t+1}) \mid S_t = s] = \mathbb{E}[\mathbb{E}[G_{t+1} \mid S_{t+1} = s'] \mid S_t = s] = \mathbb{E}[G_{t+1} \mid S_t = s]$，式（4.12）第二行和第三行的等式是成立的。

下面从正向给出 $\mathbb{E}[G_{t+1} \mid S_t = s] = \mathbb{E}[v(S_{t+1}) \mid S_t = s]$ 的推导过程。

$$\begin{aligned}
\mathbb{E}[G_{t+1} \mid S_t = s] &= \sum G_{t+1} \mathbb{P}\{G_{t+1} \mid S_t = s\} \\
&= \sum G_{t+1} \frac{\mathbb{P}\{G_{t+1}, S_t = s\}}{\mathbb{P}\{S_t = s\}} \\
&= \sum G_{t+1} \frac{\sum_{s' \in S} \mathbb{P}\{G_{t+1}, S_{t+1} = s', S_t = s\}}{\mathbb{P}\{S_t = s\}} \\
&= \sum G_{t+1} \frac{\sum_{s' \in S} \mathbb{P}\{G_{t+1} \mid S_{t+1} = s', S_t = s\} \mathbb{P}\{S_{t+1} = s' \mid S_t = s\} \mathbb{P}\{S_t = s\}}{\mathbb{P}\{S_t = s\}} \\
&= \sum G_{t+1} \sum_{s' \in S} \mathbb{P}\{G_{t+1} \mid S_{t+1} = s', S_t = s\} \mathbb{P}\{S_{t+1} = s' \mid S_t = s\} \\
&= \sum_{s' \in S} \sum G_{t+1} \mathbb{P}\{G_{t+1} \mid S_{t+1} = s', S_t = s\} \mathbb{P}\{S_{t+1} = s' \mid S_t = s\} \\
&= \sum_{s' \in S} \mathbb{E}[G_{t+1} \mid S_{t+1} = s', S_t = s] \mathbb{P}\{S_{t+1} = s' \mid S_t = s\} \\
&= \sum_{s' \in S} v(S_{t+1}) \mathbb{P}\{S_{t+1} = s' \mid S_t = s\} \\
&= \mathbb{E}[v(S_{t+1}) \mid S_t = s]
\end{aligned}$$

$\sum_{s' \in S} v(S_{t+1}) \mathbb{P}\{S_{t+1} = s' \mid S_t = s\}$ 可简记为 $\sum_{s' \in S} v(s') p(s' \mid s)$。

引入马尔可夫奖励过程是为了通过学习状态值函数来理解状态之间的价值关系，在马尔可夫决策过程中更好地建模环境中的奖励结构，评估状态的价值，并设计优化策略，以便智能体在环境中做出最佳决策序列，从而达到长期奖励最大化的目标。

从式（4.12）中可以看出：

$$v(s) = \mathbb{E}[R_{t+1} + \gamma v(S_{t+1}) \mid S_t = s] \tag{4.13}$$

式（4.13）通常称为贝尔曼方程（Bellman Equation）。贝尔曼方程定义了当前状态与未来状态之间的迭代关系，表示当前状态的价值函数可以通过下个状态的价值函数来计算。同时，说明状态值函数 $v(s)$ 可以分为两部分：①时刻 $t$ 的状态获得的即时奖励 $\mathbb{E}[R_{t+1} \mid S_t = s]$；②后续奖励的折现，$\gamma \mathbb{E}[v(S_{t+1}) \mid S_t = s]$。通常利用公式 $v(s) =$

$R(s) + \gamma \sum_{s' \in S} v(s')p(s'|s)$ 求解贝尔曼方程。

### 4.2.3 马尔可夫决策过程

在强化学习中，智能体与环境之间的交互过程本质上是一个序列决策过程，通常可以建模为一个离散时间和离散状态的马尔可夫决策过程（MDP）。它提供了一种形式化的数学框架，使智能体能够在不确定性的环境中做出决策，并学习如何通过行动来最大化长期回报的期望。

#### 4.2.3.1 马尔可夫决策过程的形式化表示

马尔可夫奖励过程可以由一个四元组 $(S,P,R,\gamma)$ 表示，马尔可夫决策过程就是在马尔可夫奖励过程中加入一组有限的行动集，即马尔可夫决策过程可以由一个五元组 $(S,A,P,R,\gamma)$ 表示，即

$$\text{MDP} = (S,A,P,R,\gamma) \tag{4.14}$$

式中：$S = \{S_1, S_2, \cdots\}$ 为智能体的有限状态集，是对系统环境的描述，采取的行动会引起状态的变化。$A = \{A_1, A_2, \cdots\}$ 是智能体在某一状态下的有限行动集，是智能体在环境中行动的描述，智能体根据当前状态按照自身策略采取行动 $A_t \in A$。$P$ 表示智能体的状态转移概率矩阵。未来的状态不仅依赖于当前的状态，也依赖于在当前状态智能体采取的行动，因此，状态转移概率多了一个条件，变成了 $p(s'|s,a) = \mathbb{P}\{S_{t+1} = s' | S_t = s, A_t = a\}$。$R$ 为奖励函数，表示智能体采取行动后环境的反馈信息。在马尔可夫奖励过程中，即时奖励只取决于当前的状态，而在马尔可夫决策过程中，即时奖励与状态和智能体采取的行动都有关。相对于马尔可夫奖励过程，马尔可夫决策过程多了决策（这里就是指行动），因此，奖励函数变成了 $R(s,a) = \mathbb{E}\{R_{t+1} | S_t = s, A_t = a\}$。$\gamma$ 表示折扣因子，用来计算长期回报。

图 4-7 描述了马尔可夫决策过程的概率图模型。

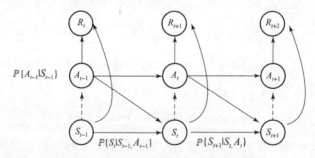

图 4-7 马尔可夫决策过程的概率图模型

#### 4.2.3.2 策略和价值函数

策略定义了在某一个状态，智能体应该采取什么样的行动，马尔可夫决策过程采取的是随机性策略。具体地说，策略描述了智能体采取不同行动的概率，即给定一个状态 $s$，智能体采取行动 $a$ 的概率为

$$\pi(a|s) = \mathbb{P}\{A_t = a | S_t = s\} \tag{4.15}$$

马尔可夫决策过程应用一个策略产生序列的方法如下。

（1）从初始状态分布中产生一个初始状态 $S_i = S_1$。

(2) 根据策略 $\pi(a|s)$，选择采取的行动 $A_i$，并执行该行动。

(3) 根据奖励函数和状态转移函数得到奖励 $R_{i+1}$ 和下一个状态 $S_{i+1}$。

(4) $S_i \leftarrow S_{i+1}$。

(5) 不断重复步骤（2）~步骤（4）的过程，产生一个序列：

$$\{S_1, A_1, R_2, \cdots, S_t, A_t, R_{t+1}, S_{t+1}, A_{t+1}, R_{t+2}, \cdots\}$$

(6) 如果任务是情节式的，序列将终止于状态 $S_{\text{goal}}$；如果任务是连续式的，序列将无限延续。

图 4-8 所示为马尔可夫决策过程。

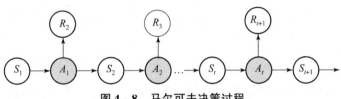

图 4-8　马尔可夫决策过程

价值函数是针对状态或行动的评价值函数，包括状态值函数和行动值函数。状态值函数 $v_\pi(s)$ 是在给定策略 $\pi$ 下，用于评价状态 $s$ 的指标。具体地，状态值函数 $v_\pi(s)$ 定义为：采用策略 $\pi$，状态 $s$ 获得的长期回报的期望，即 $v_\pi(s) = \mathbb{E}_\pi[G_t | S_t = s]$。行动值函数 $q_\pi(s,a)$ 是在给定策略 $\pi$ 下，用于评价状态 $s$ 下行动 $a$ 的指标。具体地，行动值函数 $q_\pi(s,a)$ 定义为：采用策略 $\pi$，在状态 $s$ 下采取行动 $a$ 获得的长期回报的期望，即 $q_\pi(s,a) = \mathbb{E}_\pi[G_t | S_t = s, A_t = a]$。其中，期望 $\mathbb{E}_\pi$ 的下标是策略 $\pi$ 函数，$\pi$ 函数的值可反映在我们使用策略的时候，到底可以得到多少奖励。

在马尔可夫决策过程中还有一个因素至关重要，即贝尔曼方程。它是描述价值函数之间关系的方程，为价值函数的更新提供了迭代关系。由式（4.13）可知，对于状态值函数 $v_\pi(s)$ 和行动值函数 $q_\pi(s,a)$，相应的贝尔曼方程分别为

$$v_\pi(s) = \mathbb{E}_\pi[R_{t+1} + \gamma v_\pi(S_{t+1}) | S_t = s] \tag{4.16}$$

$$q_\pi(s,a) = \mathbb{E}_\pi[R_{t+1} + \gamma q_\pi(S_{t+1}, A_{t+1}) | S_t = s, A_t = a] \tag{4.17}$$

贝尔曼方程说明，价值函数可以分为两部分：①当前时刻获得的即时奖励；②后续奖励在当前时刻的累积折现。

在采取策略 $\pi$ 的情况下，状态 $s$ 的值函数表示为该状态下采取的所有可能的行动值函数 $q_\pi(s,a)$ 与行动发生概率 $\pi(a|s)$ 的乘积之和，就是该状态下所有行动的 $q_\pi(s,a)$ 值在策略 $\pi$ 下的期望。因此，状态值函数 $v_\pi(s)$ 与行动值函数 $q_\pi(s,a)$ 之间的关系可表示为 $v_\pi(s) = \sum_{a \in A} \pi(a|s) q_\pi(s,a)$，即

$$\begin{aligned} v_\pi(s) &= \mathbb{E}_\pi[G_t | S_t = s] \\ &= \sum_{a \in A} \pi(a|s) \mathbb{E}_\pi[G_t | S_t = s, A_t = a] \\ &= \sum_{a \in A} \pi(a|s) q_\pi(s,a) \end{aligned} \tag{4.18}$$

进一步地，马尔可夫决策过程中用于求解贝尔曼方程的公式推导如下：

$$\begin{aligned}
v_\pi(s) &= \mathbb{E}_\pi[G_t \mid S_t = s] \\
&= \sum_{a \in A} \pi(a \mid s) \mathbb{E}_\pi[G_t \mid S_t = s, A_t = a] \\
&= \sum_{a \in A} \pi(a \mid s) \mathbb{E}_\pi[R_{t+1} + \gamma G_{t+1} \mid S_t = s, A_t = a] \\
&= \sum_{a \in A} \pi(a \mid s) \{\mathbb{E}_\pi[R_{t+1} \mid S_t = s, A_t = a] + \gamma \mathbb{E}_\pi[G_{t+1} \mid S_t = s, A_t = a]\} \\
&= \sum_{a \in A} \pi(a \mid s) \left\{ R(s,a) + \gamma \sum_{s' \in S} v_\pi(S_{t+1}) \mathbb{P}[S_{t+1} = s' \mid S_t = s, A_t = a] \right\} \\
&= \sum_{a \in A} \pi(a \mid s) \left[ R(s,a) + \gamma \sum_{s' \in S} p(s' \mid s, a) v_\pi(s') \right]
\end{aligned} \tag{4.19}$$

由上述 $v_\pi(s)$ 推导过程的第 2 行与第 6 行可知，采取行动 $a$ 后，状态由 $s$ 变成 $s'$。此时：

$$q_\pi(s,a) = R(s,a) + \gamma \sum_{s' \in S} p(s' \mid s, a) v_\pi(s') \tag{4.20}$$

式中：第一项是采取行动 $a$ 后的即时奖励；第二项是所有可能的状态值 $v_\pi(s')$ 乘以状态转移概率 $p(s' \mid s, a)$ 进行折扣求和。$s'$ 可以看成未来的所有状态，$p(s' \mid s, a)$ 是指从当前状态转移到未来状态的概率。$v_\pi(s')$ 代表的是未来某一个状态的价值。从当前状态开始，有一定的概率去到未来的所有状态，所以我们要乘以 $p(s' \mid s, a)$。我们得到了未来状态后，乘一个 $\gamma$，这样就可以把未来的奖励折扣到当前值。贝尔曼方程定义了当前状态与未来状态之间的关系。

综上所述，马尔可夫决策过程中的贝尔曼方程可表示为

$$\begin{aligned}
v_\pi(s) &= \mathbb{E}_\pi[R_{t+1} + \gamma v_\pi(S_{t+1}) \mid S_t = s] \\
&= \sum_{a \in A} \pi(a \mid s) q_\pi(s, a) \\
&= \sum_{a \in A} \pi(a \mid s) \left[ R(s,a) + \gamma \sum_{s' \in S} p(s' \mid s, a) v_\pi(s') \right]
\end{aligned} \tag{4.21}$$

$$\begin{aligned}
q_\pi(s,a) &= \mathbb{E}_\pi[R_{t+1} + \gamma q_\pi(S_{t+1}, A_{t+1}) \mid S_t = s, A_t = a] \\
&= R(s,a) + \gamma \sum_{s' \in S} p(s' \mid s, a) v_\pi(s') \\
&= R(s,a) + \gamma \sum_{s' \in S} p(s' \mid s, a) \sum_{a' \in A} \pi(a' \mid s') q_\pi(s', a')
\end{aligned} \tag{4.22}$$

马尔可夫决策过程的目标是找到一个最优策略 $\pi_*$，使得长期回报的期望最大化。最优策略对应的价值函数分别称为最优状态值函数 $v_*(s)$ 和最优行动值函数 $q_*(s,a)$。下面给出最优价值函数的定义：

$$v_*(s) = \max_\pi v_\pi(s) \tag{4.23}$$

$$q_*(s,a) = \max_\pi q_\pi(s,a) \tag{4.24}$$

也就是说，最优状态值函数 $v_*(s)$ 是所有可能策略下状态值函数中最大的，最优行动值函数 $q_*(s,a)$ 是所有可能策略下行动值函数中最大的。

最优策略可以通过最大化 $q_*(s,a)$ 找到：

$$\pi_*(a \mid s) = \begin{cases} 1, & a = \underset{a \in A}{\mathrm{argmax}}\, q_*(s,a) \\ 0, & a \neq \underset{a \in A}{\mathrm{argmax}}\, q_*(s,a) \end{cases} \tag{4.25}$$

也就是说，当找到最优行动值函数 $q_*(s,a)$ 时，就知道了马尔可夫决策过程的最优策略。

#### 4.2.3.3 贝尔曼最优方程

由式（4.18）可知，状态值函数 $v_\pi(s)$ 与行动值函数 $q_\pi(s,a)$ 之间的关系可表示为 $v_\pi(s) = \sum_{a \in A} \pi(a|s) q_\pi(s,a)$，结合式（4.25）可知，最优状态值函数可表示为

$$v_*(s) = \max_a q_*(s,a) \tag{4.26}$$

此处，$\max_a$ 表示相应的行动 $a = \arg\max_{a \in A} q_*(s,a)$，对应的 $\pi_*(a|s) = 1$。

由式（4.20）可知，$q_\pi(s,a) = R(s,a) + \gamma \sum_{s' \in S} p(s'|s,a) v_\pi(s')$，因此：

$$q_*(s,a) = R(s,a) + \gamma \sum_{s' \in S} p(s'|s,a) v_*(s') \tag{4.27}$$

结合式（4.26）和式（4.27），最优状态值函数可表示为

$$v_*(s) = \max_a \left[ R(s,a) + \gamma \sum_{s' \in S} p(s'|s,a) v_*(s') \right] \tag{4.28}$$

最优行动值函数可表示为

$$q_*(s,a) = R(s,a) + \gamma \sum_{s' \in S} p(s'|s,a) \max_{a'} q_*(s',a') \tag{4.29}$$

综上所述，贝尔曼最优方程（Bellman Optimality Equation）为

$$\begin{aligned} v_*(s) &= \max_a q_*(s,a) \\ &= \max_a \left[ R(s,a) + \gamma \sum_{s' \in S} p(s'|s,a) v_*(s') \right] \end{aligned} \tag{4.30}$$

$$\begin{aligned} q_*(s,a) &= R(s,a) + \gamma \sum_{s' \in S} p(s'|s,a) v_*(s') \\ &= R(s,a) + \gamma \sum_{s' \in S} p(s'|s,a) \max_{a'} q_*(s',a') \end{aligned} \tag{4.31}$$

在强化学习中，对 $v_\pi(s)$ 值或 $q_\pi(s,a)$ 值的迭代更新，可以采用动态规划、蒙特卡罗（Monte Carlo）和时间差分（Temporal Difference）等方法。

## 4.3 动态规划

动态规划（Dynamic Programming，DP）是一种重要的问题求解方法。最早由美国数学家贝尔曼在 20 世纪 50 年代提出，他首次使用"动态规划"这个术语，并在其著名的《动态规划》一书中详细介绍了这种方法。贝尔曼最初研究的是一类包含多个阶段的最优化问题，即需要做出一系列决策来达到最优解。他意识到，在这类问题中，将问题分解为若干子问题，并通过保存和重复利用已解决的子问题的解，可以极大地降低问题的复杂性。

强化学习中的"动态规划"一词中，"动态"是指求解的问题是序列化的，"规划"是指优化策略。动态规划依据已知模型来判断一个策略的好坏，并在此基础上通过"规划"来寻找最优策略。动态规划的核心思想是将原问题划分为更小的子问题，并使用递归的方式求解这些子问题，最后再组合得到原问题的解。可采用动态规划方法求解的问题需要具备以下两个性质：

(1) 最优子结构。如果一个问题可以分解成若干个子问题，若原问题的最优解由其子问题的最优解组合而成，并且这些子问题可以独立求解，则该问题具有最优子结构特性。

(2) 子问题重叠。若子问题之间存在重叠的子问题，则该问题具有子问题重叠特性。在用递归算法自顶向下对问题进行求解时，每次产生的子问题并不总是新问题，有些子问题会被重复计算多次。动态规划算法正是利用了这种子问题的重叠特性，对每一个子问题只计算一次，然后将其计算结果保存在一个表格中，当再次需要计算已经计算过的子问题时，只是在表格中简单地查看一下结果，从而获得较高的效率，降低了时间复杂度。

如果一个问题同时具有这两个特性，则这个问题就可以采用动态规划求解。在实际应用中，设计一个动态规划算法，通常包含如下 3 个步骤。

(1) 通过自顶向下的思路分析最优解的结构特征，用递归的形式定义一个最优解。

(2) 探讨底层的边界问题。

(3) 采用自底向上的思路，根据最优解的形式设计动态规划算法。

求解动态规划算法的设计思路一般有两种：自顶向下和自底向上。自顶向下的设计思路采用递归的求解方法，而自底向上的设计思路采用迭代的求解方法。动态规划一般采用基于自底向上的迭代方法实现。

马尔可夫决策过程满足动态规划方法求解问题的两个特性：①最优子结构，即最优值函数具有递归形式。贝尔曼方程式（4.30）和式（4.31）把问题递归为求解子问题；②子问题重叠，即存储求解过程中的最优值函数，以便后续使用。因此，动态规划法可以用于求解有模型的马尔可夫决策过程。动态规划寻找最优策略的过程就是策略搜索的过程。最简单的策略搜索方法就是穷举，但是穷举的效率低，因此搜索最优策略有两种常用的基于模型的方法：策略迭代和价值迭代。

## 4.3.1 策略迭代

策略迭代（Policy Iteration）通过构建策略的状态值函数 $v_\pi(s)$ 或行动值函数 $q_\pi(s,a)$ 来评估当前策略，并利用这些价值函数给出改进的新策略。即通过不断地迭代策略评估（Policy Evaluation，PE）和策略改进（Policy Improvement，PI），寻找最优策略的过程。

策略迭代由策略评估和策略改进两个步骤组成。如图 4-9（a）所示，第一步是策略评估，当前我们在优化策略 $\pi$，在优化过程中得到一个最新的策略。我们先保证这个策略不变，然后估计它的价值，即给定当前的策略函数来估计状态值函数。第二步是策略改进，得到状态值函数后，我们可以进一步推算出它的行动值函数 $q_\pi(s,a)$。得到 $q_\pi(s,a)$ 后，直接对 $q_\pi(s,a)$ 进行最大化，通过对 $q_\pi(s,a)$ 做一个贪婪策略搜索来进一步改进策略。这两个步骤反复执行，直到策略不再改变，即策略收敛到最优策略。如图 4-9（b）所示，从一个初始的策略 $\pi$ 和状态值函数 $V_\pi(s)$ 开始，进行策略评估得到一个新的价值函数，再采用贪婪策略进行策略改进得到一个新的策略。这里为了区别，用 $V_\pi(s)$ 表示对 $v_\pi(s)$ 的估计值。图 4-9（b）上面的线是当前状态值函数的值，下面的线是策略的值。反复执行这个过程，迭代更新价值函数和策略，最终会收敛至最优价值函数和最优策略。

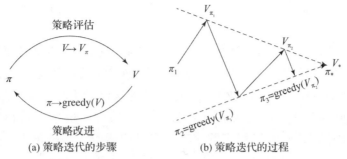

图 4-9 策略迭代

策略迭代的具体过程示例如下所示：

$$\pi_1 \xrightarrow{PE} V_{\pi_1} \xrightarrow{PI} \pi_2 \xrightarrow{PE} V_{\pi_2} \xrightarrow{PI} \pi_3 \xrightarrow{PE} \cdots \xrightarrow{PI} \pi_* \xrightarrow{PE} V_* \quad (4.32)$$

式中：PE 表示策略评估；PI 表示策略改进。

#### 4.3.1.1 策略评估

所谓策略评估，是指在给定 MDP$(S,A,\boldsymbol{P},R,\gamma)$ 和策略 $\pi$ 的情况下，估计和计算每个状态的值函数 $V_\pi(s)$ 的过程，可用于评价给定策略 $\pi$ 的效果。状态值函数 $V_\pi(s)$ 的值越大，说明策略 $\pi$ 的效果越好。策略评估在有些地方也被称为价值预测，也就是预测我们当前采取的策略最终会产生多少价值。

策略评估的迭代算法如图 4-10 所示。

---

**策略评估的迭代算法**

输入：待评估的策略 $\pi(a|s)$，以及 MDP$(S, A, \boldsymbol{P}, R, \gamma)$ 的参数

输出：策略 $\pi$ 下的状态值函数 $V_\pi(s)$

1. 初始化：初始化状态值函数 $V_\pi^k(s)=0$，$k=0$，$\forall s \in S$；
2. **repeat**
3. $\Delta=0$；
4. **for each** $s \in S$ **do**
5. $V_\pi^{k+1}(s) = \sum\limits_{a \in A} \pi(a|s)[R(s,a) + \gamma \sum\limits_{s' \in S} p(s'|s,a) V_\pi^k(s')]$；
6. $\Delta = \max(\Delta, |V_\pi^{k+1}(s) - V_\pi^k(s)|)$；
7. **until** $\Delta < \theta$；
8. $V_\pi(s) = V_\pi^{k+1}(s)$，$\forall s \in S$

---

图 4-10 策略评估的迭代算法

其中，第 5 步可以通过贝尔曼方程 $V_\pi(s) = \sum\limits_{a \in A} \pi(a|s) \left[R(s,a) + \gamma \sum\limits_{s' \in S} p(s'|s,a) V_\pi(s') \right]$ 得到。从 $k=0$ 时开始迭代计算，若第 $k$ 轮已经计算出所有的状态值函数，则第 $k+1$ 轮迭代时，可以利用第 $k$ 轮已经计算出的状态值函数，计算第 $k+1$ 轮迭代时的状态值函数，即

$$V_\pi^{k+1}(s) = \sum_{a \in A} \pi(a|s) \left[R(s,a) + \gamma \sum_{s' \in S} p(s'|s,a) V_\pi^k(s') \right] \quad (4.33)$$

可以看出，每个状态值函数可以通过采取行动后的状态值函数（后继状态）来迭

代表示，这样求取状态值函数的方法称为自举法（Bootstrapping）。其中 $v_\pi(s')$ 是状态 $S_{t+1}$ 的真实值函数，在计算过程中是不可知的，通常使用估计值 $V(S_{t+1})$ 来代替真实值函数。

理论上讲，策略评估的迭代算法收敛时，第 $k+1$ 轮迭代的状态值函数 $V_\pi^{k+1}(s)$ 与第 $k$ 轮迭代的状态值函数 $V_\pi^k(s)$ 相等，但为了提高效率，实际上采用误差 $|V_\pi^{k+1}(s) - V_\pi^k(s)| < \theta$ 时，即可认为算法收敛。当策略评估的迭代算法收敛时，即可得到给定策略 $\pi$ 下的状态值函数 $V_\pi(s)$，从而得到预测问题的解。根据求解出的状态值函数 $V_\pi(s)$，可对给定策略 $\pi$ 做出相应的评估。状态值函数 $V_\pi(s)$ 越大，策略 $\pi$ 的效果越好。

因为已经给定了策略函数，所以我们可以直接把它简化成一个马尔可夫奖励过程的表达形式，相当于把行动 $a$ 去掉，即

$$V_\pi^{k+1}(s) = R_\pi(s) + \gamma p_\pi(s'|s) V_\pi^k(s') \tag{4.34}$$

这样迭代的式子中就只有价值函数与状态转移函数了。通过迭代式（4.34），我们也可以得到每个状态的价值，因为不管是在马尔可夫奖励过程，还是在马尔可夫决策过程中，价值函数包含的变量都只与状态有关。它表示智能体进入某一个状态，未来可能得到多大的价值。

#### 4.3.1.2 策略改进

利用策略评估计算给定策略 $\pi$ 下的状态值函数 $V_\pi(s)$，目的之一是改进策略 $\pi$，获得更好的策略。如果策略 $\pi'$ 的所有状态值函数 $V_{\pi'}(s)$ 都不小于另一个策略 $\pi$ 的状态值函数 $V_\pi(s)$，即 $V_{\pi'}(s) \geq V_\pi(s), \forall s \in S$，则策略 $\pi'$ 优于策略 $\pi$，记为 $\pi' \geq \pi$。依据策略评估计算不同策略下的状态值函数，通过比较状态值函数的大小判断不同策略的好坏。

策略改进是指针对原策略 $\pi$，找到新策略 $\pi'$，使得 $V_{\pi'}(s) \geq V_\pi(s)$，即 $\pi' \geq \pi$。也就是说，在已知状态值函数的情况下，改进当前策略，从而得到一个最优策略。

得到状态值函数后，我们就可以根据式（4.20），通过奖励函数以及状态转移函数来计算 $Q_\pi(s,a)$ 函数。策略改进可以通过求解静态最优化问题来实现，即通过行动值来选择行动，通常比策略评估容易。对于每个状态，策略改进会得到它的新一轮的策略，通常可以采用贪心策略使它得到 $Q_\pi(s,a)$ 函数最大值的行动，即

$$\pi'(s) = \arg\max_a Q_\pi(s,a) = \arg\max_a \left[ R(s,a) + \gamma \sum_{s' \in S} p(s'|s,a) V_\pi(s') \right] \tag{4.35}$$

#### 4.3.1.3 策略迭代

将策略评估算法和策略改进算法结合起来便得到了策略迭代算法。当策略改进停止后，我们就会得到一个最佳策略。此时，可以得到贝尔曼最优方程：

$$v_*(s) = \max_a q_*(s,a) \tag{4.36}$$

贝尔曼最优方程表明：最佳策略下的一个状态的价值必须等于在这个状态下采取最好行动得到的长期回报的期望。

图 4-11 给出了从第 $k$ 轮开始的策略迭代算法图解。

```
策略迭代算法
输入:MDP(S, A, P, R, γ)的参数
输出:最优策略π*,最优状态值函数v*(s)
1. 初始化状态值函数$V_{\pi_k}^k(s)=0, k=0, \forall s \in S$;
2. 初始化策略$\pi_k(a|s)$;
3. **repeat**
4. 策略评估阶段;
5. $V_{\pi_{k+1}}^{k+1}(s) = \max_{a \in A}[R(s,a) + \gamma \sum_{s' \in S} p(s'|s, a)V_{\pi_k}^k(s')]$;
6. 策略改进阶段;
7. $\pi_{k+1}(a|s) = \begin{cases} 1, a = \arg\max_{a \in A} Q_{\pi_k}(s,a) \\ 0, a \neq \arg\max_{a \in A} Q_{\pi_k}(s,a) \end{cases}$;
8. **until** $\pi_k = \pi_{k+1}$;
9. $\pi_* = \pi_{k+1}$;
10. $v_*(s) = V_{\pi_{k+1}}^{k+1}(s)$
```

图 4-11 策略迭代算法图解

## 4.3.2 价值迭代

在策略迭代算法中，每轮策略改进之前都涉及策略评估，每次策略评估都需要多次遍历才能保证状态值函数在一定程度上得到收敛，这将消耗大量的时间和计算资源。根据迭代次数与策略稳定的相互关系，考虑在单步评估之后就进入改进过程，即采取截断式策略评估，在一次遍历完所有的状态后立即停止策略评估，随后进行策略改进，这种方法称为价值迭代。价值迭代是一种直接通过迭代更新价值函数来寻找最优策略的方法。相较于策略迭代，价值迭代就是把贝尔曼最优方程当成一条更新规则来进行，即

$$V^{k+1}(s) = \max_{a \in A} \left[ R(s,a) + \gamma \sum_{s' \in S} p(s'|s,a)V^k(s') \right] \tag{4.37}$$

价值迭代的目标仍然是寻找到一个最优策略，它通过贝尔曼最优方程从前次迭代的价值函数中计算得到当次迭代的价值函数。在这个反复迭代的过程中，并没有一个明确的策略参与，由于使用贝尔曼最优方程进行价值函数迭代时贪婪地选择了最优行动对应的后续状态的价值，因而价值迭代其实等效于策略迭代中每迭代一次，价值函数就更新一次策略的过程。

价值迭代是一种迭代次数较少的方法，因为它在每次迭代中都尽可能选择最优行动。它的主要挑战在于如何选择合适的停止条件，以确保价值函数收敛到最优值函数。价值迭代算法流程图如图 4-12 所示。

当然，也可以直接基于行动值函数进行价值迭代，迭代公式为

$$Q^{k+1}(s,a) = \max_{a' \in A} \left[ R(s,a) + \gamma \sum_{s' \in S} p(s'|s,a)Q^k(s',a') \right] \tag{4.38}$$

综上可以看出，在环境模型已知的前提下，基于马尔可夫决策过程，动态规划法可以很好地完成强化学习任务。策略评估通常对于给定的策略，不断迭代计算每个状态（或状态-行动对）的价值。其迭代方法主要是利用对后继状态（或状态-行动对）价值的估计，来更新当前状态（或状态-行动对）价值的估计，也就是用自举的方法。

策略改进是采用贪心策略,利用行动值函数获得更优的策略,每次都选择最好的行动。策略迭代是重复策略评估和策略改进的迭代,直到策略收敛,找到最优的策略。但是策略迭代需要多次使用策略评估才能得到收敛的状态值函数或行动值函数,即策略评估是迭代进行的,只有在状态值函数收敛时,才能停止迭代。价值迭代不需要等到其完全收敛,提前计算出贪心策略,截断策略评估,在一次遍历后即刻停止策略评估,并对每个状态进行更新。实践证明,价值迭代算法收敛速度优于策略迭代算法。在使用动态规划法求解马尔可夫决策过程中,采取了不同的贝尔曼方程进行迭代。策略评估使用贝尔曼方程,策略迭代使用贝尔曼期望方程,价值迭代使用贝尔曼最优方程。

---

**价值迭代算法**

输入:MDP($S, A, \boldsymbol{P}, R, \gamma$)的参数

输出:最优策略$\pi_*$,最优状态值函数$v_*(s)$

1. 初始化状态值函数$V^k_{\pi_k}(s)=0$, $k=0, \forall s \in S$;
2. 初始化策略$\pi_k(a|s)$;
3. **repeat**
4. $\Delta=0$;
5. **for each** $s \in S$ **do**
6. $V^{k+1}_{\pi_{k+1}}(s)=\max\limits_{a \in A}[R(s, a)+\gamma\sum\limits_{s' \in S}p(s'|s, a)V^k_{\pi_k}(s')]$;
7. $\Delta=\max(\Delta,|V^{k+1}_{\pi_{k+1}}(s)-V^k_{\pi_k}(s)|)$;
8. **until** $\Delta<\theta$;
9. $\pi_*=\pi_{k+1}$;
10. $v_*(s)=V^{k+1}_{\pi_{k+1}}(s)$

---

图4-12 价值迭代算法图解

## 4.4 无模型强化学习方法

动态规划法属于有模型的马尔可夫决策过程求解方法。在环境模型已知的情况下,动态规划法不需要对环境采样,只需要通过迭代计算,就可以得到问题的最优策略。但是,在很多实际的问题中,马尔可夫决策过程的模型有可能是未知的,也有可能因模型太大不能进行迭代计算。在无法获取马尔可夫决策过程的模型情况下,可以通过蒙特卡罗法、时序差分法、Q-Learning等来估计某个给定策略的价值。

### 4.4.1 蒙特卡罗法

蒙特卡罗法仅需要经验,即从真实或者模拟的环境交互中采样得到的状态、行动、收益的序列。蒙特卡罗法是基于采样的方法,给定策略$\pi$,让智能体与环境进行交互,可以得到很多轨迹。每条轨迹都有对应的回报:

$$G_t = R_{t+1} + \gamma R_{t+2} + \gamma^2 R_{t+3} + \cdots \tag{4.39}$$

我们求出所有轨迹回报的平均值,就可以知道某一个策略对应状态的价值,即

$$v_\pi = \mathbb{E}_\pi[G_t \mid S_t = s] \tag{4.40}$$

在蒙特卡罗法算法中,由于回报$G_t$的期望是不可知的,所以通过采样大量的轨迹,

计算所有轨迹的真实回报，然后计算平均值。随着越来越多的回报被观察到，平均值就会收敛于期望值。也就是说，蒙特卡罗法需要计算每一个完整交互序列的回报，这要求交互序列能在有限步内达到终止状态。蒙特卡罗法使用经验平均回报的方法来估计，它不需要马尔可夫决策过程的状态转移函数和奖励函数，并且不需要像动态规划那样用自举的方法。

在蒙特卡罗法中，可以采用增量均值法计算状态值函数的均值：

$$V(S_t^k) = V(S_t^{k-1}) + \alpha(G_t^k - V(S_t^{k-1})) \tag{4.41}$$

式中：$\alpha = 1/k$ 表示更新的速率；$G_t^k$ 为 $t$ 时刻的回报，表示目标值；公式右侧的 $V(S_t^{k-1})$ 为历史状态值函数的均值，表示估计值。

增量均值法只需要保存第 $k-1$ 轮计算得到的 $V(S_t^{k-1})$，同时利用第 $k$ 次试验获得的 $G_t^k$，即可计算 $1 \sim k$ 轮的状态值函数均值 $V(S_t^k)$。

同样地，可以采用增量均值法计算行动值函数的均值：

$$Q(S_t^k, A_t^k) = Q(S_t^{k-1}, A_t^{k-1}) + \alpha(G_t^k - Q(S_t^{k-1}, A_t^{k-1})) \tag{4.42}$$

### 4.4.2 时序差分法

时序差分法（Temporal – Difference，TD）作为另外一种解决无模型强化学习的方法，延续了蒙特卡罗法的无模型求解思想，采取了从交互经验数据中进行学习的机制。它利用差异值进行学习，即目标值和估计值在不同时间步上的差异。同时，它也保留了动态规划法中的自举思想，基于后续状态的估计值更新当前状态的估计值。最重要的是，与蒙特卡罗法不同，时序差分法无须等待一个完整交互序列的结束即可进行学习。

时序差分法的目的是对于某个给定的策略 $\pi$，在线一步一步地算出它的状态值函数 $V_\pi(s)$。最简单的算法是一步时序差分（One – Step TD），即 TD（0）。每往前走一步，就做一步自举，用得到的估计回报来更新上一时刻的值：

$$V(S_t) \leftarrow V(S_t) + \alpha[R_{t+1} + \gamma V(S_{t+1}) - V(S_t)] \tag{4.43}$$

式中：右侧的 $V(S_t)$ 表示 $t$ 时刻状态值函数 $v_\pi(s)$ 的估计值；$\alpha$ 为学习率；$R_{t+1}$ 为 $t+1$ 时刻的即时奖励；$V(S_{t+1})$ 表示 $t+1$ 时刻状态值函数的估计值；$R_{t+1} + \gamma V(S_{t+1})$ 被称为 TD 目标，是由采样获得的；另外由于自举特性，$v_\pi(S_{t+1})$ 也是未知的，所以使用了估计值 $V(S_{t+1})$；$R_{t+1} + \gamma V(S_{t+1}) - V(S_t)$ 被称为 TD 误差，记为 $\delta_t$；由于 TD 误差取决于获得的即时奖励和下一状态，所以 $\delta_t$ 在 $t+1$ 时刻才能获得。蒙特卡罗法在更新时的目标值为 $G_t$，这个值只有在一个回合结束后才能计算得到。但是对于时序差分法来说，TD 目标 $R_{t+1} + \gamma V(S_{t+1})$ 每一步都可以计算得到。

目前，TD 算法是应用较为广泛的算法，TD 算法的更新流程如图 4 – 13 所示。基于 TD 算法进一步发展的算法有 Q – Learning 算法、DQN 算法等，其中 Q – Learning 算法将在 4.4.4 小节介绍。

图 4 – 14（a）是时序差分法的回溯图，回溯图顶部状态节点的价值的估计值是根据它到一个直接后继状态节点的单次样本转移来更新的。我们将时序差分法和蒙特卡罗法的更新称为采样更新，因为它们都会通过采样得到一个后继状态（或状态 – 行动对），使用后继状态的价值和沿途得到的收益来计算回溯值，然后相应地改变原始状态

（或状态-行动对）价值的估计值。蒙特卡罗法和时序差分法的采样更新与动态规划法的期望更新思想不同，采样更新利用下一时刻单一的样本转换，而期望更新利用所有可能的下一状态的分布，如图 4-14 所示。

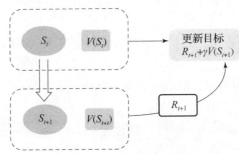

图 4-13 TD 算法的更新流程

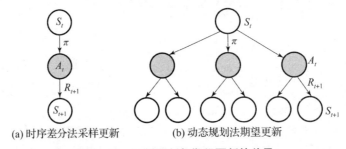

(a) 时序差分法采样更新　　(b) 动态规划法期望更新

图 4-14 采样更新与期望更新的差异

由状态值函数 $v_\pi(s)$ 的定义和贝尔曼方程（4.16）可知：

$$v_\pi(s) = \mathbb{E}_\pi[G_t \mid S_t = s] \quad (4.44a)$$
$$= \mathbb{E}_\pi[R_{t+1} + \gamma v_\pi(S_{t+1}) \mid S_t = s] \quad (4.44b)$$

蒙特卡罗法把式（4.44a）的估计值作为目标，而动态规划法则把式（4.44b）的估计值作为目标，这是二者的主要差别。蒙特卡罗的目标之所以是一个"估计值"，是因为式（4.44a）中的期望值是未知的，我们用采样回报来代替实际的期望回报。动态规划法的目标之所以是一个"估计值"是因为真实的 $v_\pi(S_{t+1})$ 是未知的，因此要使用当前的估计值 $V(S_{t+1})$ 来替代。时序差分法的目标也是一个"估计值"，原因在于：它采样得到对式（4.44b）的期望值，并且使用当前的估计值 $V(S_t)$ 来代替真实值 $v_\pi(s)$。因此，时序差分法结合了蒙特卡罗采样方法和动态规划的自举法。

### 4.4.3　Sarsa 算法

通常来说，用来产生行动的策略被称为行为策略，而用来评估和提升的策略被称为目标策略。当算法中的行为策略和目标策略是同一个策略时（如 Sarsa），该算法就称为同策略学习（On-Policy Learning）。若行动遵循的行为策略和被评估的目标策略是不同的策略，则称为异策略学习（Off-Policy Learning）。通俗来说，同策略学习中，用于采样的策略和我们要学习的策略是一致的；异策略学习中，需要学习的是一个策略，而用于采样的是另一个策略。在异策略学习中，我们对一个策略（目标策略）的评估是基于另一个策略（行为策略）所产生的交互数据进行的。同策略方法本质上是一种试错的过程，当前策略产生的经验仅会被直接用于进行策略提升。异策略方法考虑一种反思的策略，使得反复使用过去的经验成为可能。

Sarsa 是一种同策略的时间差分算法。Sarsa 在迭代的时候，基于 $\varepsilon$-贪心策略 $\pi$ 在当前状态 $S_t$ 选择一个行动 $A_t$，然后会进入到下一个状态 $S_{t+1}$，同时获得奖励 $R_{t+1}$，在新的状态 $S_{t+1}$ 同样基于策略 $\pi$ 选择一个行动 $A_{t+1}$，然后用它来更新价值函数，更新公式如下：

$$Q(S_t,A_t) \leftarrow Q(S_t,A_t) + \alpha[R_{t+1} + \gamma Q(S_{t+1},A_{t+1}) - Q(S_t,A_t)] \quad (4.45)$$

式中：行动 $A_t$ 是通过基于 $Q$ 的 $\varepsilon$-贪心策略采样得到的，$A_{t+1}$ 也是通过 $\varepsilon$-贪心策略选择的，所以属于同策略学习；$Q(S_t,A_t)$ 表示在状态 $S_t$ 下采取行动 $A_t$ 的长期回报，是一个估计 $Q$ 值；$R_{t+1}$ 是在状态 $S_t$ 下采取行动 $A_t$ 得到的即时奖励；$Q(S_{t+1},A_{t+1})$ 指的是在状态 $S_{t+1}$ 下选择行动 $A_{t+1}$ 所获得的 $Q$ 值；$\gamma$ 是折扣因子；$R_{t+1} + \gamma Q(S_{t+1},A_{t+1})$ 即为 TD 目标值，是 $Q(S_t,A_t)$ 想要逼近的目标，$\alpha$ 是学习率，衡量更新的幅度。

从式（4.45）可以看出，Sarsa 算法在每一个非终止状态 $S_t$ 都要更新，每次更新将获取 5 个数据：$S_t$、$A_t$、$R_{t+1}$、$S_{t+1}$、$A_{t+1}$。也可用 $s$、$a$、$r$、$s'$、$a'$ 表示，这也是将该算法称为 Sarsa 的原因。每当从非终止状态 $S_t$ 进行一次状态转移后，就进行一次更新，但需要注意的是，行动 $A_t$ 是情节中实际发生的行动，在更新行动值函数 $Q(S_t,A_t)$ 时，智能体并不实际执行状态 $S_{t+1}$ 下的行动 $A_{t+1}$，而是将 $A_{t+1}$ 留到下一个循环中执行。另外，在更新终止状态 $S_t$ 的前一个状态 $S_{t-1}$ 时，需要用到 $(S_t,A_t)$，但在终止状态采取任何行动都原地不动，不会获得奖励。所以为了保证 Sarsa 算法能够完整地更新整个情节，当 $S_{t+1}$ 为终止状态时，$Q(S_{t+1},A_{t+1})$ 定义为 0。

从更新公式可以看出，Sarsa 与动态规划求解中的价值迭代法类似，直接优化最优策略，即 TD 目标中的 $Q(S_{t+1},A_{t+1})$ 实质上是 $Q_\pi(S_{t+1},A_{t+1})$，只不过考虑到探索性，策略 $\pi$ 是通过 $\varepsilon$-贪心策略得到的。

### 4.4.4 Q 学习算法

强化学习是一个与环境交互的学习过程，然而现实世界中很多问题（如自动驾驶）都无法在真实环境中进行策略评估。直接在真实环境交互产生序列的方法不仅可能代价昂贵，也会存在很高的安全风险，异策略学习是解决这类问题的主要理论基础。

Q 学习（Q-Learning）算法是一种异策略的时间差分算法。异策略在学习的过程中，有两种不同的策略：目标策略和行为策略。目标策略是我们需要去学习的策略，一般用 $\pi$ 来表示。目标策略就像是在后方指挥战术的一个军师，它可以根据自己的经验来学习最优的策略，不需要去和环境交互。行为策略是探索环境的策略，一般用 $\mu$ 来表示。行为策略可以大胆地去探索到所有可能的轨迹、采集轨迹、采集数据，然后把采集到的数据"喂"给目标策略学习。行为策略像是一个战士，可以在环境中探索所有的行动、轨迹和经验，然后把这些经验交给目标策略去学习。

Q-Learning 是强化学习的主要代表算法，该算法依据行动值函数来进行学习。具体来说，在不需要知道具体环境模型的前提下，就可以对行动进行状态函数的数值比较，依据每回合的行动选择，最后训练得到一个最优策略。Q-Learning 算法维护一个

$Q$ 表，$Q$ 表记录了不同状态 $s(s \in S)$ 下，采取不同行动 $a(a \in A)$ 所获得的 $Q$ 值，如表 4-1 所列。

表 4-1　$Q$ 表

|  | $A_1$ | $A_2$ | $A_3$ | ... |
|---|---|---|---|---|
| $S_1$ | $Q(S_1,A_1)$ | $Q(S_1,A_2)$ | $Q(S_1,A_3)$ |  |
| $S_2$ | $Q(S_2,A_1)$ | $Q(S_2,A_2)$ | $Q(S_2,A_3)$ |  |
| $S_3$ | $Q(S_3,A_1)$ | $Q(S_3,A_2)$ | $Q(S_3,A_3)$ |  |
| ... |  |  |  |  |

探索环境之前，初始化 $Q$ 表，当智能体与环境交互的过程中，算法利用贝尔曼方程来迭代更新 $Q(s,a)$，每一轮结束后就生成了一个新的 $Q$ 表。智能体不断与环境进行交互，不断更新这个表格，使其最终能收敛。最终，智能体就能通过表格判断在某个状态 $s$ 下采取什么行动，才能获得最大的 $Q$ 值。

Q-Learning 算法的具体流程如图 4-15 所示。

由图 4-15 可知，初始时，对 $Q$ 表中的状态-行动值（$Q$ 值）初始化为零或其他常数。首先，使用行动值函数估计在特定状态下执行某个行动的长期回报。$Q$ 值表示从当前状态开始，采取某个行动后，按照当前策略一直执行下去所获得的长期回报。使用贝尔曼方程来更新 $Q$ 值，以逐步逼近最优 $Q$ 值。智能体根据更新后的 $Q$ 值函数表来选择行动。通常，使用 $\varepsilon$-贪心策略，以便在探索和利用之间取得平衡。Q-Learning 的目标是学习一个最优的行动策略，使得智能体在不同状态下能够最大化长期回报的期望。

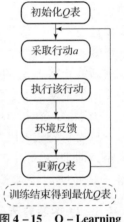

图 4-15　Q-Learning 算法流程

在 Q-Learning 的过程中，轨迹都是行为策略与环境交互产生的，产生这些轨迹后，我们使用这些轨迹来更新目标策略 $\pi$。Q-Learning 算法的行动值函数更新规则如下：

$$Q(S_t,A_t) \leftarrow Q(S_t,A_t) + \alpha[R_{t+1} + \gamma \max_{A_{t+1}} Q(S_{t+1},A_{t+1}) - Q(S_t,A_t)] \quad (4.46)$$

式中：行动 $A_t$ 是通过基于 $Q$ 的 $\varepsilon$-贪心策略采样得到的，而 $A_{t+1}$ 是通过贪心策略选择的；也就是说，Q-Learning 中的行为策略也是 $\varepsilon$-贪心策略，但是目标策略是贪心策略，所以属于异策略学习；$Q(S_t,A_t)$ 表示在状态 $S_t$ 下采取行动 $A_t$ 的长期回报，是一个估计 $Q$ 值；$R_{t+1}$ 是在状态 $S_t$ 下采取行动 $A_t$ 得到的即时奖励；$\max_{A_{t+1}} Q(S_{t+1},A_{t+1})$ 指的是在状态 $S_{t+1}$ 下所获得的最大 $Q$ 值，直接查找 $Q$ 表，取它的最大值；$\alpha$ 是学习率，衡量更新的幅度；$\gamma$ 是折扣因子，看重近期收益，弱化远期收益，同时也保证 $Q$ 函数收敛；$R_{t+1} + \gamma \max_{A_{t+1}} Q(S_{t+1},A_{t+1})$ 即为 TD 目标值，是 $Q(S_t,A_t)$ 想要逼近的目标。

当目标值和估计值的差值趋于 0 的时候，$Q(s,a)$ 就不再继续变化，$Q$ 表趋于稳定，说明得到了一个收敛的结果。这就是算法想要达到的效果。

注意：$\max\limits_{A_{t+1}} Q(S_{t+1}, A_{t+1})$ 所对应的行动不一定是下一步会执行的实际行动。这里引出 $\varepsilon$ - 贪心算法。在智能体探索过程中，执行的行动采用 $\varepsilon$ - 贪心策略，是权衡利用和探索的超参数。探索环境是指通过尝试不同的行动来得到最佳策略（带来最大奖励的策略）；利用是指不去尝试新的行动，利用已知的可以带来很好奖励的行动。Q - Learning 算法中，就是根据 $Q$ 表选择当前状态下能使 $Q$ 值最大的行动。在训练过程中，$\varepsilon$ 在刚开始的时候会被设得比较大，让智能体通过试错的方法充分探索，然后 $\varepsilon$ 逐步减少，智能体会开始慢慢选择 $Q$ 值最大的行动。

## 4.5 深度强化学习

动态规划和 Q - Learning 算法会使用表格的形式存储状态值函数 $V_\pi(s)$ 或行动值函数 $Q_\pi(s,a)$，但是这样的方法存在很大的局限性。例如，现实中的强化学习任务所面临的状态空间往往是连续的，存在无穷多个状态，在这种情况下，就不能再使用表格对价值函数进行存储。同时，虽然 Q - Learning 算法能够快速地更新 $Q$ 表，但是当智能体的状态 - 行动空间很大时，$Q$ 表会占用很大的空间，进而导致搜索效率非常低下。随着强化学习技术的发展和应用场景的复杂化，以 Q - Learning 为代表的强化学习算法的不足逐渐显现。首先，对存储空间要求严格，搜索效率低下；其次，无法解决状态空间连续的问题，存在维数灾难问题，所以实际应用存在局限性。

近年来深度学习的出现，极大地推动了强化学习的进一步发展。深度学习由多重非线性单元构建出强大功能的网络，且随着网络层次和神经元的增加，泛化能力以及函数拟合能力也不断得到增强。目前的研究将深度学习分为卷积神经网络、循环神经网路以及各种改进的神经网络，在自动驾驶、语音识别、图像分析等领域的应用尤为突出。深度强化学习（Deep Reinforcement Learning，DRL）完美融合了深度学习强大的拟合能力和强化学习出色的决策能力，是目前强化学习领域的前沿研究方向。对深度强化学习而言，策略和价值函数通常由深度神经网络中的变量来参数化，因此可以使用基于梯度的优化方法。通过价值函数近似法直接拟合状态值函数或行动值函数，降低了对存储空间的要求，有效地解决了上述问题。常见的算法有 DQN、DDPG 等，让读者初窥深度强化学习的思想精髓。

### 4.5.1 深度 Q 网络

谷歌旗下的 DeepMind 公司将深度学习中的卷积神经网络（Convolutional Neural Network，CNN）和强化学习中 Q - Learning 相结合，提出深度 Q 网络（DQN）模型。该模型可直接将原始的游戏视频画面作为输入状态，游戏得分作为强化学习中的奖励信号，并通过 DQN 算法进行训练。最终该模型在许多 Atari2600 视频游戏上的表现已经赶上甚至超过了专业人类玩家的水平。该项研究工作是深度强化学习方法形成的重要标志。此后，DeepMind 团队又开发出一款称为 AlphaGo 的围棋算法。2016 年 3 月，AlphaGo 以 4:1 战胜围棋世界冠军、职业九段棋手李世石。2017 年 5 月，在中国乌镇围棋峰会上，AlphaGo 以 3:0 战胜排名世界第一的世界围棋冠军柯洁。这两条新闻在世界范围内引发了广泛的关注。AlphaGo 采用的核心技术就是以 DQN 为代表的深度强化学习技术。

前面介绍过 Q – Learning 算法的基本原理，即在有限的状态和行动空间中，通过探索和更新 Q 表中的 Q 值，从而计算出智能体行动的最佳策略。然而，现实中强化学习问题往往具有很大的状态空间和行动空间。因此，使用价值函数近似法代替传统的表格求解法是强化学习实际应用的首选。

为了在连续的状态和行动空间中计算最优行动值函数 $q_\pi(s,a)$，我们可以用一个函数 $Q(s,a;\omega)$ 来表示近似计算，称为价值函数近似，即

$$q_\pi(s,a) \approx Q(s,a;\omega) \tag{4.47}$$

式中，函数 $Q(s,a;\omega)$ 通常是一个参数为 $\omega$ 的函数，DQN 用神经网络来生成这个函数，称为 Q 网络，$\omega$ 是神经网络训练的参数，就是每层网络的权重。

通过上述公式可知，无论 $s$ 是多大的维度，最后都可以通过 $Q(s,a;\omega)$ 函数的输出来得到一个确定的 Q 值，本质就是使用函数 $Q(s,a;\omega)$ 来近似得到 Q 值的分布。这样学习的过程就不是更新 Q 表，而是更新参数 $\omega$ 的过程。

DQN 是一种利用深度学习技术解决强化学习问题的方法，特别适用于处理具有高维状态空间和行动空间的问题。DQN 结合了 Q – Learning 算法和神经网络技术，通过使用深度神经网络来近似价值函数，实现了对复杂环境的学习和决策。神经网络的输入是状态 $S_t$，输出是对所有行动 $A_t$ 的打分，如图 4 – 16 所示。

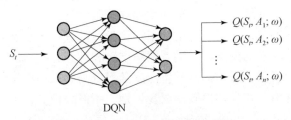

图 4 – 16　DQN 的神经网络结构

对于给定的一个状态 $s$，假定知道真实的 $q_\pi(s,a)$，然后使用函数 $Q(s,a;\omega)$ 来拟合，于是就可以采用均方误差计算 Q 网络训练的损失函数为

$$\begin{aligned}L(w) &= \mathbb{E}_\pi[(q_\pi(s,a) - Q(s,a;w))^2] \\ &= \mathbb{E}_\pi[(R_{t+1} + \gamma \max_{a'} Q(s',a';\omega') - Q(s,a;w))^2]\end{aligned} \tag{4.48}$$

在训练 DQN 的时候，需要对 DQN 关于神经网络参数 $w$ 求梯度。用

$$\nabla_w Q(s,a;w) \cong \frac{\partial Q(s,a;w)}{\partial w} \tag{4.49}$$

计算损失函数 $L(w)$ 关于 $w$ 的梯度：

$$\nabla_w L(w) = \delta_t \nabla_w Q(s,a;w) \tag{4.50}$$

DQN 中，时序差分法用梯度下降更新 DQN 的参数 $w$：

$$w \leftarrow w - \alpha \cdot \delta_t \cdot \nabla_w Q(s,a;w) \tag{4.51}$$

式中：TD 误差 $\delta_t = R_{t+1} + \gamma \max_{a'} Q(s',a';\omega') - Q(s,a;w)$，$\alpha$ 是学习率。

在 DQN 算法中，通常会建立两个结构一模一样的价值函数近似网络，"双网络"包含用于参数训练的估计 Q 网络和进行前向传播以生成目标 Q 值的目标 Q 网络，以目标 Q 值作为监督学习中的训练标签，如图 4 – 17 所示。

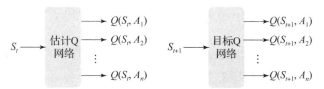

图 4-17　DQN 算法的双网络结构

每个 Q 网络输入是状态,输出是各种行动对应的 $Q$ 值。如果这个 $Q$ 值越精准,就说明 Q 网络训练得越好。估计 Q 网络和目标 Q 网络的区别是:估计 Q 网络是每步都会在经验池中更新,而目标 Q 网络是隔一段时间将估计 Q 的网络参数完全地复制到目标 Q 网络中,实现目标 Q 网络的更新。这种"滞后"更新是为了保证在训练 Q 网络时训练的稳定性。

在每一回合中,智能体去跟环境互动,得到一个状态 $S_t$,通过估计 Q 网络得到各种行动的 $Q$ 值,然后采用 $\varepsilon$-贪心策略选择行动 $A_t$,再将 $A_t$ 输入到环境中,得到下一个状态 $S_{t+1}$ 和奖励 $R_{t+1}$,这样就得到一个经验 $(S_t, A_t, S_{t+1}, R_{t+1})$,然后将该经验放入经验池中,如图 4-18 所示。

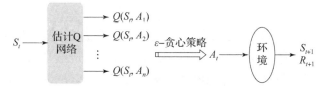

图 4-18　估计 Q 网络的更新过程

DQN 算法的具体流程如图 4-19 所示,可以描述为

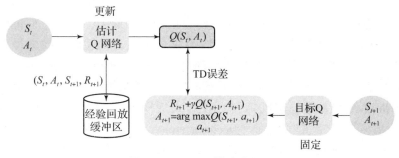

图 4-19　DQN 算法流程图

(1) 初始化两个网络:目标 Q 网络和估计 Q 网络来近似行动值函数,并根据当前的输入状态 $S_t$,由估计 Q 网络输出状态 $S_t$ 下所有行动的 $Q$ 值。

(2) 使用 $\varepsilon$-贪心策略选择一个行动 $A_t$ 并执行,观察环境给出的奖励 $R_{t+1}$ 和下一状态 $S_{t+1}$,并将收集的经验数据存储到经验回放缓冲区中。

(3) 从经验回放缓冲区中随机采样一批经验数据用于训练神经网络,并根据采样的经验数据计算 TD 目标值 $R_{t+1} + \gamma \max_{A_{t+1}} Q(S_{t+1}, A_{t+1}; \omega')$,然后计算以 TD 目标值为标签,网络预估值为 $Q(S_t, A_t)$ 的均方误差损失。其中,目标 Q 网络的参数 $w'$ 会在一次批量训练中进行固定,并用于生成 TD 目标 $Q$ 值,以作为标签数据,从而增加神经网络训练的稳定性。估计 Q 网络则用来评估策略，其网络参数 $w$ 在每次迭代中都会更新。具体而言，每次更新，就复制一份当前的估计 Q 网络，得到一个新的网络（称为目标 Q 网络）。

（4）根据式（4.51）使用随机梯度下降来更新网络权重参数 $w$，以使网络能够更准确地估计 Q 函数，并更新目标 Q 网络。

最后，不断地与环境交互，执行行动、更新经验、训练神经网络，直至达到停止条件。利用经验回放，可以充分发挥异策略的优势，行为策略用来搜集经验数据，而目标策略只专注于价值最大化。

DQN 算法的经验回放机制让智能体反复与环境进行互动，以此积累经验数据。直到数据存储到一定的量（如达到数量 $N$），就开始从 $D$ 中进行随机采样并进行小批次的梯度下降计算。值得注意的是，在 DQN 算法中，强化学习部分的 Q – Learning 算法和深度学习部分的随机梯度下降法是同步进行的，其中通过 Q – Learning 算法获取无限量的训练样本，然后对神经网络进行梯度下降训练。

综上所述，DQN 算法利用经验回放机制增加了数据的利用率，同时也打破了经验数据之间的相关性，从而降低了模型参数方差，避免了过拟合。除此之外，DQN 算法通过固定目标 Q 网络，解决了使用神经网络作为近似函数训练不收敛的问题。

尽管 DQN 克服了 Q – Learning 的维数灾难问题，但也存在对 Q 值的过高估计问题，因为该算法每次都最大化预期累计奖励，所以导致过高估计。为了解决这问题，提出了 DDQN 的算法，改进了目标 Q 值的计算方式，定义了行动的选择和策略评价由不同的价值函数实现，通过引入目标函数冻结机制，来缓解过高估计问题，请读者自己阅读相关文献。

### 4.5.2 深度确定策略梯度算法

DQN 算法通过引入深度学习增强对原始数据的感知能力，通过近似价值函数估计解决连续、高维状态空间问题。然而，DQN 算法需要在行动空间中找到最大状态 – 行动值对应的行动，该操作只能在离散、低维的行动空间中进行，否则存在维数灾难的问题。在现实世界中，很多物理控制问题都拥有连续、高维的行动空间，而将行动空间简单地离散化将会丢失大量关键的信息。针对大规模连续行动空间问题，2016 年 TP Lillicrap 等提出深度确定策略梯度（Deep Deterministic Policy Gradient，DDPG）算法。该算法基于深度神经网络表达确定性策略 $\mu(s)$，采用确定性策略梯度来更新网络参数，能够有效应用于大规模或连续行动空间的强化学习任务中。DDPG 算法引入了 DQN 的经验回放和固定目标网络这两个技巧来延续非线性值函数近似学习的稳健性，并与策略梯度法中最简单的 Actor – Critic 算法结构相结合，旨在解决连续高维的行动空间下的强化学习问题。

1）策略梯度算法

策略梯度（Policy Gradient，PG）算法是参数化策略函数的一种常用算法。这类算法不需要额外的先验知识，直接优化行动策略，使用梯度近似估计得到最优策略。根据策略类型的不同，PG 可分为随机策略梯度（Stochastic Policy Gradient，SPG）算法和确定策略梯度（Deterministic Policy Gradient，DPG）算法两种。

参数化策略不再是一个概率集合，而是一个可微的函数。策略函数 $\pi(a|s,\theta)$ 表示 $t$ 时刻在状态 $s$ 和参数 $\theta$ 下采取行动 $a$ 的概率：

$$\pi(a|s,\theta) = \mathbb{P}\{A_t = a | S_t = s, \theta_t = \theta\} \tag{4.52}$$

式中：$\theta$ 表示策略参数。参数化策略函数可以简记为 $\pi_\theta$，这样 $\pi(a|s,\theta)$ 可以简记为 $\pi_\theta(a|s)$。

参数化策略函数 $\pi(a|s,\theta)$ 可以看作概率密度函数，智能体按照该概率分布进行行动选择。为了保证探索性，通常都采用随机策略梯度函数。为了衡量策略函数 $\pi(a|s,\theta)$ 的优劣性，需要设计一个关于策略参数 $\theta$ 的目标函数 $J(\theta)$，对其使用梯度上升算法优化参数 $\theta$，使得 $J(\theta)$ 最大。通常最直接的想法就是将目标函数 $J(\theta)$ 定义为长期回报的期望：

$$J(\theta) = \mathbb{E}_{\pi_\theta}[G] = \mathbb{E}_{\pi_\theta}[R_1 + \gamma R_2 + \gamma^2 R_3 + \cdots + \gamma^{n-1} R_n] \tag{4.53}$$

此时算法的目标是使得回报最大化，所以对参数 $\theta$ 采用梯度上升方法，该方法也被称为随机梯度上升算法。基于随机梯度上升的参数 $\theta$ 更新方程为

$$\theta_{t+1} = \theta_t + \alpha \nabla J(\theta_t) \tag{4.54}$$

此方法是基于目标函数 $J(\theta)$ 的梯度进行策略参数更新的，在更新过程中无论是否同时对价值函数进行近似，任何遵循这种更新机制的方法都叫作策略梯度法。策略梯度法不计算奖励，而是输出选择所有行动的概率分布，然后基于概率选择行动，训练的过程中基于反馈来动态调整策略。也就是说，当智能体得到奖励为正时，就会增加相应行动的概率；得到负向的奖励时，随之降低相应行动的概率。PG 的学习就是一个策略的学习优化过程，在每个训练回合中总是使用一个策略，通过梯度上升优化策略，循环往复直到最后累计奖励收敛为止。

构建策略概率分布函数 $\pi(a|s,\theta^\pi)$，在每个时刻，智能体根据该概率分布选择行动：

$$a \sim \pi(a|s,\theta^\pi) \tag{4.55}$$

式中：$\theta^\pi$ 是关于随机策略 $\pi$ 的参数。

由于 PG 算法既涉及状态空间又涉及行动空间，因此在大规模情况下，得到随机策略需要大量的样本。这样在采样过程中会耗费较多的计算资源，相对而言，该算法效率比较低下。

2) 确定策略梯度算法

基于确定策略的算法主要是确定策略梯度 DPG、深度确定策略梯度。DPG 使用的是线性函数逼近行动值函数和确定性策略，如果将线性函数扩展到非线性函数——深度神经网络，就转化成 DDPG 算法。由上文可知，PG 算法在学习到随机策略后，采取行动前会根据该最优策略的概率分布进行随机采样，则可以获得此次行动的数值。若是行动的维数比较高，频繁在高维采样会耗费很大的算力，从而影响训练的收敛速度。DPG 算法是一种强化学习算法，用于解决连续行动空间的问题，并且能够学习到确定性策略。它结合了策略梯度方法和确定性策略的思想，通过近似价值函数和确定性策略的梯度来优化策略。

构建确定性策略函数 $\mu_\theta(s) = \mu(s,\theta^\mu)$，在每个时刻，智能体根据该策略函数获得确定的行动：

$$a = \mu(s, \theta^\mu) \tag{4.56}$$

式中：$\theta^\mu$ 是关于确定性策略 $\mu$ 的参数。

由于 DPG 算法仅涉及状态空间，因此与 PG 算法相比，需要的样本数较少，尤其在大规模或连续行动空间任务中，算法效率会显著提升。

DPG 算法的核心原理是通过近似价值函数来估计状态的价值，并通过确定性策略的梯度来优化策略。它的目标是最大化确定性策略的长期回报期望，同时学习一个价值函数来估计状态的价值。DPG 算法通过策略梯度定理来优化确定性策略，使用价值函数的梯度来指导策略更新。其对应的梯度公式为

$$\nabla_\theta J(\theta) = \mathbb{E}_{\mu_\theta}[\nabla_\theta \mu_\theta(s) \nabla_a Q_\mu(s, a) \mid_{a = \mu_\theta(s)}] \tag{4.57}$$

式中：$\mu_\theta(s)$ 表示用参数表征的确定性策略。

3) 行动者 – 评论家算法

DDPG 算法引入一个全新的迭代框架：行动者 – 评论家（Actor – Critic，AC）算法，Actor 负责根据当前状态选择行动，而 Critic 则评估 Actor 选择的行动的好坏，帮助 Actor 学习到更优的策略。AC 算法是一种基于策略和价值函数的方法，属于单步更新算法，其核心原理是同时训练一个策略（Actor）网络和一个价值函数（Critic）网络，并通过最大化策略梯度和最小化价值函数的误差来优化策略和价值函数。策略网络用于近似地学习策略，即在给定状态下选择行动的概率分布；价值函数网络用于近似地学习状态的价值，即状态的长期回报的估计。

策略网络的参数更新通过策略梯度方法进行。假设策略网络的参数为 $\theta$，并且策略网络输出的行动概率为 $\pi(a \mid s; \theta)$，其中 $a$ 是行动，$s$ 是状态。那么策略梯度可以表示为

$$\nabla_\theta J(\theta) = \mathbb{E}_{\pi_\theta}[\nabla_\theta \log \pi_\theta(a \mid s) Q_\omega(s, a)] \tag{4.58}$$

$$\nabla \theta = \alpha \nabla_\theta \log \pi_\theta(a \mid s) Q_\omega(s, a) \tag{4.59}$$

式中：$J(\theta)$ 是策略的性能指标（通常是长期回报）。

参数更新过程为

$$\delta_t = R_{t+1} + \gamma Q_w(s', a') - Q_w(s, a) \tag{4.60}$$

$$\theta \leftarrow \theta + \alpha \cdot Q_w(s, a) \cdot \nabla_\theta \log \pi_\theta(a \mid s) \tag{4.61}$$

$$w \leftarrow w + \beta \cdot \delta_t \cdot \nabla_\omega Q_w(s, a) \tag{4.62}$$

式中：$\alpha$ 和 $\beta$ 都表示学习率。

4) 深度确定策略梯度算法

和 DQN 一样，将 DPG 与深度学习结合在一起得到新的 DDPG 算法。DDPG 算法结合了策略梯度方法和确定策略，使用一个深度神经网络来近似行动值函数，同时使用另一个深度神经网络来学习近似最优的确定策略。DDPG 算法通过最大化确定策略的长期回报期望来优化策略，同时使用行动值函数的梯度来指导策略的更新。行动值函数的更新通过类似于 Q – Learning 的方法进行，利用经验回放缓冲区中的数据来进行离线学习。使用 AC 算法作为其基本的框架，利用神经网络来学习训练策略网络 $\mu(s)$ 和 Q 网络 $Q(s, a)$。将 $\mu(s, \theta^\mu)$ 与 $Q(s, a; \theta^Q)$ 利用神经网络表示，并利用梯度下降来更新，相应的更新公式为

$$\theta^{Q'} \leftarrow \tau \theta^Q + (1 - \tau) \theta^{Q'} \tag{4.63}$$

$$\theta^{\mu'} \leftarrow \tau\theta^{\mu} + (1-\tau)\theta^{\mu'} \qquad (4.64)$$

DDPG 算法更新过程中保持与 DQN 一样，为了防止更新目标不断变动造成的更新困难，DDPG 算法采用了固定网络的方法，固定住用来求目标网络，在每轮回合更新结束后，才将参数赋值给对应的目标网络。另一方面，DDPG 算法还引入了经验回放机制，可以有效加快算法的训练速度。具体的流程如图 4-20 所示。

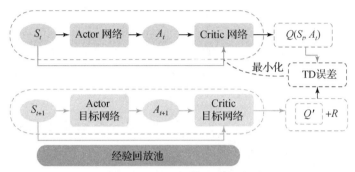

图 4-20　DDPG 算法更新流程

DDPG 算法增加了策略网络（Actor 网络），包含两部分，2 个策略网络（Actor 网络和 Actor 目标网络）和 2 个价值网络（Critic 网络和 Critic 目标网络），策略网络输出行动，价值网络评估行动。Actor 网络的输出的是一个行动，其功能是将输出的行动输入到 Crititc 网络后，能够获得最大的 $Q$ 值。Critic 网络的作用是预估 $Q$（评估行动的价值），注意 Critic 网络的输入有两个：状态和行动，需要一起输入到 Critic 网络中。两者都有自己的更新信息的方式。策略网络 Actor 通过梯度计算公式进行更新，而价值网络 Critic 根据目标值进行更新。

## 4.6　强化学习在移动边缘计算中的应用

移动边缘计算（Mobile Edge Computing，MEC）作为 5G 通信的关键技术之一，将在第 10 章进行详细介绍。本节通过引入强化学习，将探讨强化学习在 MEC 计算资源分配中的应用。

### 4.6.1　移动边缘计算系统模型

MEC 是一种分布式计算模型，通过将计算和数据处理推向网络边缘，实现在离用户更近的地方进行资源分配。这种计算模型应运而生的原因包括传统的云计算系统无法满足终端用户对低时延的迫切需求、日益增长的大数据量处理需求以及对实时决策的需求。MEC 的工作原理在于实现近场处理，通过资源共享和分布式计算，提高系统效率，同时降低数据传输到云端的网络延迟。这使得 MEC 广泛应用于智能城市、工业互联网、智能家居、移动通信网络和医疗保健等多个领域，为各种应用场景提供了高效、低延迟的解决方案。

计算卸载作为 MEC 的关键技术，主要包含卸载决策和计算资源分配两个问题。考虑如图 4-21 所示的 MEC 双层网络架构[8]，家庭基站通过光纤等连接多个微蜂窝基站。MEC 服务器部署在微蜂窝基站上，因此家庭基站节点不仅为用户设备提供了无线接入服务，还承担了将用户卸载的任务分发给多个 MEC 服务器的功能，即完成 MEC 计算资源的分配。

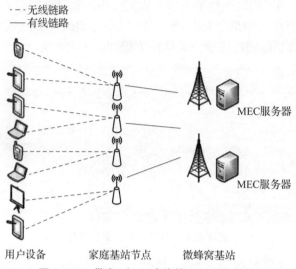

图 4-21 带有 MEC 功能的双层网络架构

MEC 计算资源分配的主要挑战在于各个 MEC 节点的工作负载不均衡。为此，引入强化学习作为一种智能化的决策方案。强化学习可以使家庭基站通过学习自主决策，将计算任务卸载到合适的 MEC 节点，实现服务器端的负载均衡。

如图 4-21 所示，用户通过无线链路接入家庭基站，家庭基站与微蜂窝基站之间、微蜂窝基站与核心网之间的通信链路采用光纤，MEC 服务器部署在微蜂窝基站。当终端用户的应用产生计算任务后，移动设备运行自己的卸载决策算法决定何时以及要卸载哪些计算任务。用户将需要卸载的计算任务打包上传给家庭基站，家庭基站依据资源分配算法将收到的计算任务转发给特定的带有 MEC 功能的微蜂窝基站。来自多个家庭基站的计算任务到达 MEC 服务器后，首先进入缓存队列中排队。MEC 服务器按照先到先服务的策略执行任务。任务处理完成后，MEC 服务器将任务完成结果返回给家庭基站，家庭基站再转发给用户。

### 4.6.2 移动边缘计算形式化建模

假设 MEC 网络中家庭基站的总数为 $I$，用 $AP_i, i \in \{1, 2, \cdots, I\}$ 表示第 $i$ 个家庭基站。用 $x_i(t)$ 表示时刻 $t$ 时家庭基站 $AP_i$ 中需要转发的计算任务，任务 $x_i(t)$ 所需计算量为 $\omega_i(t)$（bit），其中 $\omega_i(t)$ 为 0 时表示待处理队列为空。MEC 微蜂窝基站数量为 $J$，分别用 $E_j, j \in \{1, 2, \cdots, J\}$ 表示。MEC 微蜂窝基站 $E_j$ 当前的缓存任务队列长度由 $Q_j(t)$ 表示，单位为 bit。$E_j$ 的处理能力用 $R_j$ 表示，单位为 bit/s。用完成任务所需时间来量化 MEC 服务器的负载强度，则 MEC 微蜂窝基站 $E_j$ 的当前负载强度为 $L_j(t) = Q_j(t)/R_j$。每个家庭基站以分布式方式选择执行任务的 MEC 微蜂窝基站。定义一个 $I \times J$ 的决策矩阵 $[\gamma_i^j(t)]$ 表示时刻 $t$ 的计算任务卸载选择决策。$\gamma_i^j(t) \in \{0, 1\}$，$\gamma_i^j(t) = 1$ 表示在时刻 $t$ 家庭基站 $AP_i$ 选择将计算任务转发到 MEC 微蜂窝基站 $E_j$ 上完成具体计算。如果家庭基站 $AP_i$ 不选择 MEC 微蜂窝基站 $E_j$，则 $\gamma_i^j(t) = 0$。决策矩阵 $[\gamma_i^j(t)]$ 给定后，可以得到各个 MEC 微蜂窝基站的负载状态。假设家庭基站与 MEC 微蜂窝基站间的传播时延很小,不考虑传播时延给 MEC 微蜂窝基站负载带来的影响,则 MEC 微蜂窝基站 $E_j$ 的负载可表示为

$$L_j(t+1) = L_j(t) + \frac{\sum_{i=1}^{I} \gamma_i^j(t)\omega_i(t) - R_j}{R_j} = \frac{Q_j(t) + \sum_{i=1}^{I} \gamma_i^j(t)\omega_i(t)}{R_j} - 1 \quad (4.65)$$

在多 MEC 节点的场景下,计算资源分配的优化目标函数可以表示为

$$\min_{\gamma_i^j(t)} \sum_{j=1}^{J} (L_j(t) - \bar{L}(t))^2, \forall t \in \{1,2,3,\cdots\}$$

$$\text{s.t.} \sum_{j=1}^{J} \gamma_i^j(t) = 1, \forall i:\omega_i(t) > 0 \quad (4.66)$$

$$\gamma_i^j(t) = 0, \forall i:\omega_i(t) = 0$$

$$\gamma_i^j(t) \in \{0,1\}, \forall i \in \{1,2,\cdots,I\}, \forall j \in \{1,2,\cdots,J\}$$

式中:$\bar{L}(t)$ 为 MEC 服务器节点的平均负载。这里只考虑一个计算任务只能分配给一个 MEC 服务器执行,即不支持多个服务器同时执行一个任务的情况。

### 4.6.3 基于强化学习的计算资源分配算法

基于前面提到的双层网络架构和 MEC 系统模型,家庭基站需要通过分布式决策选择合适的 MEC 节点,以实现服务器端的负载均衡。根据目标函数的特性,提出一种基于强化学习的计算资源分配算法,各个家庭基站利用该算法,基于过去的经验评估当前各 MEC 微蜂窝基站的状态从而进行独立决策。

每个家庭基站 $AP_i$ 维护两张评估表格:MEC 节点评分表 $S(t)$ 和 MEC 节点归一化时延表 $\beta(t)$,作为分布式决策的依据。下面从 $S(t)$ 表的学习、$\beta(t)$ 表的学习和决策流程三个方面,介绍设计的基于强化学习的 MEC 资源分配算法。

如表 4-2 所列,$S(t)$ 表是家庭基站对各个 MEC 节点的评分。评分越高代表该 MEC 节点负载越轻,因此在收到新任务时基站会优先考虑这些节点。引入一个列表 $\text{Table}(t)$,用以记录正在执行该 $AP_i$ 分发的任务的所有 MEC 节点。具体来说,当一个新任务被分发给某个 MEC 节点时,把该 MEC 节点标号插入列表。当计算结果返回时,把对应的 MEC 节点标号从列表中删除。在为一个新任务选择 MEC 节点之前,采用下列方法更新评分表 $S(t)$。对于列表 $\text{Table}(t)$ 中的所有 MEC 节点,表示在新任务到来时还有旧任务未完成,因此认为该节点负载较重。为此,引入一个惩罚值 punish(正整数值,通常设为 1)来降低其在评分表中的评分,即 $S^j(t+1) = S^j(t) - \text{punish}$。

表 4-2 MEC 节点评分表 $S(t)$

| 1 | ... | j | ... | J |
|---|-----|---|-----|---|
| $S^1(t)$ | ... | $S^j(t)$ | ... | $S^J(t)$ |

对于 MEC 节点归一化时延表 $\beta(t)$,如表 4-3 所列。当任务 $x(t)$ 的执行结果从

MEC 节点返回 AP 时,假设计算结果到达时间与任务发出时间之间的时延为 $D^j(x(t))$。归一化时延可定义为

$$\beta^j(x(t)) = \frac{D^j(x(t))}{\omega(t)} \tag{4.67}$$

式中:$\omega(t)$ 为任务 $x(t)$ 的计算量。归一化的目的是消除由任务需求计算量大小不同而引起的时延差别。$\beta(t)$ 表中的 $\beta^j(t)$ 表示 $E_j$ 完成任务的平均 $\beta$ 值。当 $\beta^j(x(t))$ 产生时,分别对 $S(t)$ 表和 $\beta(t)$ 表进行如下更新:

(1) 定义 reward = $\text{sign}(\beta^j(t) - \beta^j(x(t)))$,$S^j(t+1) = S^j(t) + \text{reward}$;

(2) $\beta^j(t+1) = \alpha\beta^j(t) + (1-\alpha)\beta^j(x(t))(0 < \alpha < 1)$。

表 4-3 MEC 节点归一化时延表 $\beta(t)$

| 1 | … | j | … | J |
|---|---|---|---|---|
| $\beta^1(t)$ | … | $\beta^j(t)$ | … | $\beta^J(t)$ |

对于评分表 $S(t)$,通过符号函数将 MEC 节点的时延差转化为奖励信号 reward,用奖励信号来更新评分表 $S(t)$。对于 $\beta(t)$ 表,通过预先设定的参数 $\alpha$ 来完成对时延表的更新。

所以,在每个时隙开始时,家庭基站检查待处理队列是否为空,若非空,则取出头部任务 $x(t)$,按照上述描述方法更新评分表,选择 $S(t)$ 表中评分最高的 MEC 服务器来完成任务的处理。

## 4.7 习题

1. 简述强化学习技术演进的 4 个阶段。
2. 简述强化学习的概念。
3. 简述强化学习的基本结构。
4. 简述强化学习的主要特点。
5. 简述强化学习中有模型方法和无模型方法的概念。
6. 简述马尔可夫链的概念。
7. 简述马尔可夫奖励过程的概念。
8. 简述马尔可夫决策过程的概念。
9. 试述马尔可夫决策过程中的贝尔曼方程。
10. 简述动态规划算法设计的步骤。
11. 简要描述策略迭代算法的流程。
12. 简述时序差分法算法。
13. 为什么 Q – Learning 是一种异策略的时间差分算法?简述 Q – Learning 算法。
14. 简述 DQN 算法的双网络结构。
15. 简述 DDPG 算法的结构和流程。

## 参考文献

［1］ SUTTON R S，BARTO A G. 强化学习［M］. 2版. 俞凯，等译. 北京：电子工业出版社，2019.
［2］ 袁莎，白朔天，唐杰. 强化学习［M］. 北京：清华大学出版社，2021.
［3］ 叶强，闫维新，黎斌编. 强化学习入门［M］. 北京：机械工业出版社，2020.
［4］ 王树森，黎彧君，张志华. 深度强化学习［M］. 北京：人民邮电出版社，2022.
［5］ 董豪，丁子涵，仉尚航，等. 深度强化学习基础、研究与应用［M］. 北京：电子工业出版社，2021.
［6］ 马可·威宁，马丁·范·奥特罗. 强化学习［M］. 赵地，等译. 北京：机械工业出版社，2018.
［7］ 马克西姆·拉潘. 深度强化学习入门与实践指南［M］. 北京：机械工业出版社，2021.
［8］ 余萌迪，唐俊华，李建华. 一种基于强化学习的多节点MEC计算资源分配方案［J］. 通信技术，2019，52（12）：2920－2925.

# 第5章 联邦学习

随着移动设备、物联网设备和边缘计算的普及,越来越多的数据被分布式地存储在不同的终端设备上。传统的集中式机器学习方法面临着隐私泄露、数据传输成本高昂等问题。如何将跨机构、跨行业的大数据与人工智能技术完美结合是人们一直在探索的问题,联邦学习技术的诞生为之提供了一条新的解决思路,它将模型训练和数据存储保留在分布式网络的边缘,因其隐私保护的能力展示出其在诸多业务场景中的应用价值。数据是具有战略价值的核心资产,相比传统的数据授权和数据传输模式,联邦学习的出现将解决分散边缘设备数据隐私与数据共享之间的矛盾,既能满足数据隐私保护要求,又能实现数据共享和商业合作的诉求。

对于分布式终端设备在网络边缘侧产生的海量数据,以隐私保护为前提的联邦学习框架,为大规模终端提供了新型的机器学习模型训练方式。联邦学习作为一种强调用户隐私保护、数据安全和市场合规监管的分布式机器学习框架,强调的核心理念是"数据不动模型动,隐私不显价值显,数据可用不可见,合法合规促合作"。它是实现高效数据共享、解决数据孤岛问题的有效解决方案,为深度神经网络分布式部署、训练数据扩展等问题的解决带来了希望。

本章从联邦学习的基本概念出发,概述联邦学习提出的背景、联邦学习的概念和特点,联邦学习的开源框架。然后,根据训练数据在不同参与方之间的数据特征空间和样本空间的分布情况,可将联邦习划分为横向联邦学习、纵向联邦学习和联邦迁移学习3类。在此基础上,分别从概念、应用场景、系统架构、学习算法详细介绍了这3类联邦学习。最后,介绍了联邦学习在医疗影像中的应用。

## 5.1 联邦学习简介

联邦学习能够在不同参与方之间搭建起数据合作的"桥梁",既能帮助多个参与方搭建数据共享的高性能模型,又符合用户隐私、数据安全和市场合规监管的要求。除了保护用户隐私和数据安全,联邦学习的另一发展动机是为了最大化地利用云系统下分布式终端设备的计算能力。如果只在终端设备和服务器之间传输计算结果而不是原始数据,那么通信将会变得极为高效。人造卫星能够完成绝大部分的信息收集计算,并只需使用最低限度的信道与地面计算机通信。联邦学习也是通过交换中间计算结果即可在多台终端设备和计算服务器之间进行同步,在金融、医疗、通信等对数据安全有极高要求的强监管行业中表现出色。

## 5.1.1 联邦学习提出的背景

在过去几年中，机器学习（Machine Learning，ML）在人工智能应用领域取得了显著进展，涵盖了计算机视觉、自动语音识别、自然语言处理以及推荐系统等领域。这些技术的成功，特别是深度学习，主要建立在大数据的基础上。通过充分利用大数据，深度学习系统能够在多个领域执行人类难以完成的任务。

通常情况下，训练人工智能应用模型需要大量的数据。AlphaGo的巨大成功使得人们自然而然地希望像这种大数据驱动的人工智能会在各行各业得以实现。然而，真实的情况却让人非常失望：除了有限的几个行业，更多领域存在着数据有限且质量较差的问题，不足以支撑人工智能技术的实现。事实上，在许多应用领域，数据以孤岛的形式存在，即不同机构、组织、企业拥有不同量级和异构的数据，这些数据独立存储、分仓管理，难以流通和利用，获取大规模的数据是困难甚至无法实现的。我们通常只能获得所谓的"小数据"，即规模较小或缺乏标签和关键信息的数据。例如，在医学图像分析中，获取高质量、大规模的训练数据需要大量专业医生的工作，这是一个耗时且烦琐的过程。因此，获取高质量、大规模的训练数据通常是困难的，我们正面临着数据孤岛的挑战。

同时，在愈发重视用户隐私和数据安全的全球性趋势下，社会各界逐渐提升了数据所有权、资产化的保护意识，各国也逐步出台新的法律法规来严格规范数据的管理和使用。例如，2018年5月，欧盟实施《通用数据保护条例》（General Data Protection Regulation，GDPR）来保护用户的个人隐私和数据安全，禁止数据在实体间转移、交换和交易。2021年6月，我国正式公布了《中华人民共和国数据安全法》，自2021年9月1日起施行；同年8月，公布了《中华人民共和国个人信息保护法》，并于2021年11月1日起正式施行，为个人信息保护提供了强有力的法律保障。在法律法规强监管的环境下，如何在确保数据隐私安全的前提下解决数据孤岛问题，已然成为人工智能发展的首要挑战。

此外，各方协同分享和处理大数据的益处并不明显。若多方试图将各自的数据联合起来，共同训练一个机器学习模型。然而，传统的数据传输方法会导致数据的原始所有者失去对其数据的控制。一旦数据不再在其掌控之中，其利用价值将大幅降低。此外，尽管整合数据训练得到的模型性能更好，但如何分配整合带来的性能增益在参与方之间并不确定。数据所有者对于失去对数据的掌控以及性能增益分配效果的不透明性感到担忧，加剧了数据孤岛分布的严重性。

随着物联网和边缘计算的兴起，全球数百亿的联网设备产生的数据呈指数级增长。大数据往往不再局限于单一整体，而是分布在许多地点。例如，卫星拍摄的地球影像数据无法通过传输到地面数据中心的方式来实现，因为所需的传输带宽太大。同样，在自动驾驶汽车领域，每辆汽车都必须能够在本地使用机器学习模型处理大量信息，并需要与全球范围内的其他汽车和计算中心协同工作。在这样的背景下，如何在多个地点安全有效地实现机器学习模型的更新和共享成为各种计算方法所面临的新挑战。

由于多方面原因导致的数据孤岛阻碍了训练人工智能模型所需大数据的使用，因此人们开始寻求打破数据壁垒的方法，即不需要将所有数据集中到一个数据中心，就能够训练机器学习模型。一种可行的方法是由每个拥有数据源的组织训练一个模型，然后让这些组织在各自的模型上进行相互交流，最终通过模型聚合得到一个全局模型。为了确保用户隐私和数据安全，组织之间的模型信息交换过程将经过精心设计，以确保没有组织能够猜测到其他任何组织的隐私数据内容。同时，在构建全局模型时，各数据源仿佛已被整合在一起，这就是联邦机器学习（Federated Machine Learning）或简称联邦学习（Federated Learning）的核心思想。

目前，一方面，数据孤岛和隐私问题的出现，使传统人工智能技术发展受限，大数据处理方法遭遇瓶颈；而另一方面，各机构、组织、企业所拥有的海量数据又有极大的潜在应用价值。于是，如何在保护用户隐私、数据安全和监管要求的前提下，利用多方异构数据进一步学习以推动人工智能的发展与落地，成为亟待解决的问题。在这样的背景下，能够解决数据集中化和数据孤岛问题、保护隐私和数据安全的联邦学习技术应运而生。

### 5.1.2 联邦学习的概念

谷歌于 2016 年首次提出联邦学习的概念。本质上，由谷歌提出的联邦学习是一种加密的分布式机器学习技术，它允许参与方建立一个联合训练模型，但参与方均在本地维护其底层数据而不将原始数据进行共享。之后，联邦学习的概念被扩展为所有保护隐私的多方协作机器学习技术，它不仅可以处理基于数据样本的水平分区数据，还可以处理基于数据特征的垂直分区数据。在后者的场景，联邦学习可以使跨组织的企业纳入联邦学习框架。联邦学习基于机器学习框架，是一种新型的安全多方计算技术，该技术能在保证本地数据安全的前提下，基于分布数据集实现多方共同建模，从而扩充全局模型的信息量，提升模型效果。

对于联邦学习，有一个比较著名的比喻是"小羊吃草"，小羊和草分别被比做模型和数据。对于传统的机器学习，需要将各个草场的草移动至小羊所在的中心区域，然后小羊才可以吃草，即小羊不动草动。而联邦学习是小羊移动到各个草场分别进行吃草，即小羊动草不动。在上述两种模式中，小羊都可以将所有的草吃完。

在客户-服务器联邦学习系统架构中，各参与方（客户端）须与中央服务器合作完成联合训练。假设参与方的总数为 $N$，联邦学习通过中央服务器协调多个参与方 $C_i(i=1,2,\cdots,N)$，将各自的数据 $D_i$ 联合，共同训练机器学习模型。传统的方法是把所有数据整合到中央服务器形成全局数据集 $D=\{D_1,D_2,\cdots,D_N\}$，并利用数据集 $D$ 训练得到一个机器学习模型 $M_S$。然而，该方案中实时性难以保证，同时任何一个参与方 $C_i$ 会将自己的数据 $D_i$ 暴露给中央服务器甚至其他参与方，因违背数据隐私保护条例而难以实施。为了解决这一问题，提出了联邦学习的概念。

联邦学习是指使得这些参与方 $C_i(i=1,2,\cdots,N)$ 在不用上传各自的数据 $D_i$ 的情况下也可进行模型训练并得到全局模型 $M_F$ 的计算过程，并能够保证联邦学习模型 $M_F$ 与集中学习模型 $M_S$ 能够达到近似相同的性能指标（如准确度、召回率、F1 分数等）。设 $V_S$ 和 $V_F$ 分别表示集中学习模型 $M_S$ 和联邦学习模型 $M_F$ 的性能指标，则可以精确地表示为

$$|V_S - V_F| < \delta \tag{5.1}$$

式中：$\delta$ 为一个非负实数。这里允许联邦学习模型在性能上比集中学习模型稍差，因为在联邦学习中，参与方 $C_i$ 并不会将他们的数据 $D_i$ 暴露给中央服务器或者任何其他的参与方，所以相比准确度 $\delta$ 的损失，额外的安全性和隐私保护无疑价值更大。

之所以称为联邦学习，是因为学习任务是通过由中央服务器协调的各个参与方的松散联邦来完成的。也就是多方参与，共同学习。

### 5.1.3 联邦学习的特点

联邦学习在提出之初，可能有很多人会认为是将分布式机器学习套用了一个联邦学习的概念。事实上，二者存在以下主要区别。

（1）设计动机不同。联邦学习的设计动机是保护用户隐私和数据安全，而分布式机器学习的设计动机是处理大规模数据计算。

（2）控制权不同。联邦学习中各个参与方具有绝对的自主权，其可以随时停止计算和通信、退出学习过程，且参与方对数据具有绝对的控制权，中心服务器无法直接控制各个参与方上的数据。分布式机器学习的中心服务器对各个参与方及数据具有绝对的控制权，各个参与方及数据受中心服务器的控制。

（3）参与方稳定性不同。联邦学习中的参与方可能是手机、平板等移动设备，要么是处在不同机构的机房中，要么各个参与方之间所处的网络环境并不相同，稳定性较差。分布式机器学习的各个参与方一般都是位于专用的集群或数据中心中，网络环境相差不大，稳定性较好。

（4）数据分布、规模不同。联邦学习中的数据主要取决于数据提供方，如不同的机构或用户。数据提供方的不同，会导致数据的分布、规模等不同，进而导致各个参与方的数据不满足独立同分布假设。分布式机器学习通常会均匀划分数据到各个参与方，各个参与方的数据规模差别不大，且一般认为各个参与方的数据满足独立同分布假设。

（5）通信代价不同。联邦学习中参与方的地理位置可能相差很远，与中心服务器一般处于远程连接的状态，且不同参与方的网络条件千差万别，因此具有较高的通信代价。分布式机器学习的参与方一般位于相同的集群或数据中心，各个参与方具有相似的网络条件，因此具有较小的通信代价。

因此，联邦学习具有以下特点。

（1）多方协作。由两个或两个以上的联邦学习参与方协作构建一个共享的机器学习模型。每一个参与方都拥有若干能够用来训练模型的训练数据。

（2）各方自主且平等。联邦学习的各参与方之间都是平等的，并具有绝对的自主权。

（3）数据隐私保护性。参与联邦学习的各参与方在建模过程中全程保持数据本地化，数据库独立于联邦学习系统之外。参与全局模型的训练过程中，各参与方采用参数交换来替代数据交换，传输过程中不涉及数据本身。

（4）合法性。目前出台的相关法律法规对用户隐私、数据保护等内容提出了严格的要求，联邦学习在建模过程中无须打通数据，满足政策和法律法规的要求。

（5）普遍性。联邦学习的概念基于庞大的参与方群体，对参与方来说参与门槛较低，如小型公司的数据库、个人用户数据集以及个人移动设备的数据都可以作为参与方参与联邦学习。

总的来说，在联邦学习过程中，参与方的数据保存在本地，只需要交互加密后的模型参数，极大地保证了各参与方的用户隐私和数据安全；且各参与方地位平等，都可以获得模型收益。此外，联邦学习方案严格遵循法律法规，合理运用异构数据集进行模型训练，打破了数据孤岛壁垒，有效地解决了机器学习面临的数据难题。

### 5.1.4 联邦学习的分类

不同参与方拥有的数据特征空间和样本空间可能都是不同的，根据训练数据在不同参与方之间的数据特征空间和样本空间的分布情况，我们将联邦习划分为横向联邦学习、纵向联邦学习和联邦迁移学习共3类。

（1）横向联邦学习（Horizontal Federated Learning，HFL）。

横向联邦学习以数据特征维度为对齐导向，取出参与方数据特征相同而样本空间不完全相同的部分进行联合训练。在此过程中，通过各参与方之间的样本联合，扩大了训练的样本空间，从而提升了模型的准确度和泛化能力。它类似于在表格视图中将数据水平划分的情况。因此，我们也将横向联邦学习称为按样本划分的联邦学习（Sample – Partitioned Federated Learning 或 Example – Partitioned Federated Learning）。如图 5 – 1 所示，各参与方拥有不同客户的数据，这些数据具有较多重叠的特征。只取虚线框中的特征和标签进行训练，可以看到数据样本得到了扩充，数据特征只采用参与方的公共特征。横向联邦学习适用于各参与方的业务类型相似、所获得的数据特征重叠多而样本空间只有较少重叠或基本无重叠的场景。例如，各地区不同的商场拥有客户的购物信息大多类似，即数据特征空间相似；但是用户人群不同，因此样本空间不同。

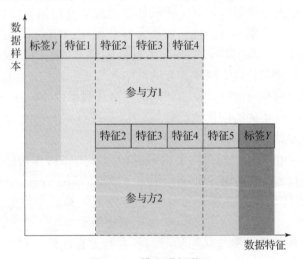

图 5 – 1 横向联邦学习

横向联邦学习解决了如何合并具有相同数据特征但分布在不同位置的数据集以进行模型训练的问题，同时保护了用户隐私和数据安全。

（2）纵向联邦学习（Vertical Federated Learning，VFL）。

与横向联邦学习不同，纵向联邦学习是以数据样本维度为对齐导向，取出参与方样本相同而特征不完全相同的部分进行联合训练。因此，在联合训练时，需要先对各参与方数据进行样本对齐，获得用户重叠的数据，然后各自在被选出的数据集上进行训练。此外，为了保证非交叉部分数据的安全性，在系统级进行样本对齐操作，每个参与方只有基于本地数据训练的模型。它类似于数据在表格视图中将数据垂直划分的情况。因此，我们也将纵向联邦学习称为按特征划分的联邦学习（Feature – Partitioned Federated Learning）。如图 5 – 2 所示，参与方数据集中样本空间重叠较多，但是特征空间交集较少。只取虚线框中的特征和标签进行训练，可以看到数据特征得到了扩充，数据样本只采用参与方的公共样本。纵向联邦学习适用于各参与方之间用户空间重叠较多，而数据特征空间重叠较少或没有重叠的场景。例如，某区域内的银行和超市，由于地理位置类似，用户空间交叉较多，但因为业务类型不同，用户的特征相差较大。

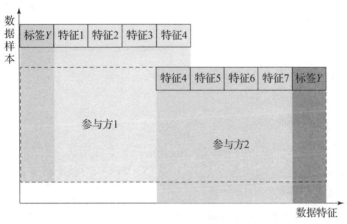

图 5 – 2　纵向联邦学习

纵向联邦学习的特点是参与方之间拥有相同的数据样本，但拥有不同的数据特征。纵向联邦学习解决了如何将具有相同数据样本但不同特征信息的数据集结合起来以进行模型训练的问题，同时保护了用户隐私。

（3）联邦迁移学习（Federated Transfer Learning，FTL）。

联邦迁移学习是联邦学习和迁移学习的结合体，是对横向联邦学习和纵向联邦学习的补充，适用于各参与方数据样本空间和特征空间都重叠较少的场景，如图 5 – 3 所示。在传统的机器学习中，迁移学习通常用于从一个任务或数据分布中学到的知识迁移到另一个相关任务或数据分布中。而在联邦学习中，参与方拥有不同的数据分布或任务，但具有某种关联性，因此联邦迁移学习的目标是在这些相关参与方之间共享知识，以提高模型的泛化能力和性能。在图 5 – 3 中，只取虚线框中的特征和标签进行训练，可以看到数据样本和数据特征都得到了扩充。例如，不同地区的银行和商场之间，用户空间交叉较少，并且特征空间基本无重叠。在该场景下，采用横向联邦学习可能会产生比单独训练更差的模型，采用纵向联邦学习可能会产生负迁移的情况。联邦迁移学习基于各参与方数据或模型之间的相似性，将在源域中学习的模型迁移到目标域中。大多采用源域中的标签来预测目标域中的标签准确性。

联邦迁移学习适用于参与方的数据样本和数据特征重叠都很少的情况。联邦迁移学习解决了如何在具有不同数据分布或任务的参与方之间共享知识，以提高模型的泛化能力和性能的问题，同时保护了数据隐私。

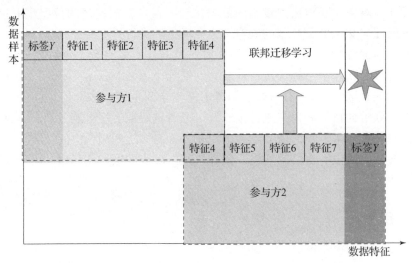

图 5-3 联邦迁移学习

### 5.1.5 联邦学习开源框架

人工智能的研究者对于联邦学习的兴趣并不局限于理论工作,关于联邦学习算法和系统的开发和部署也正在蓬勃发展。有许多关于联邦学习的开源项目正在迅速发展壮大。下面是几个具有代表性的例子。

(1) Federated AI Technology Enabler(FATE)是由微众银行人工智能项目组发起的一个开源项目,该项目提供了一个安全的计算框架和联邦学习平台,同时覆盖横向、纵向、迁移联邦学习,以支持联邦学习生态的发展和运作。FATE 平台实现了一种基于同态加密和多方计算的安全计算协议,支持一系列的联邦学习架构和安全计算算法,包括逻辑回归、决策树、梯度提升树、深度学习和迁移学习等。

(2) PaddleFL 是由阿里巴巴集团与百度公司联合推出的开源联邦学习平台。它基于流行的深度学习框架 PaddlePaddle 构建,旨在提供一种安全、高效和可扩展的方式来执行跨机构的数据协作,而无须实际共享数据,有效解决了大数据时代的数据孤岛和隐私问题。PaddleFL 支持多种联邦学习模式,包括横向联邦学习、纵向联邦学习和联邦迁移学习。这种灵活性使得它能够适应各种业务场景,如智能设备、个性化推荐、金融风控、医疗诊断等。

(3) Tensor Flow Federated(TFF)是由谷歌开源的一个为联邦学习在去中心化数据集上进行实验的开源框架。TFF 让开发者能在自己的模型和数据上模拟实验现有的联邦学习算法。TFF 提供的联邦学习模型训练模块也能够应用于去中心化数据集上,以实现非学习化的计算,如聚合分析。TFF 的接口由两层构成:联邦学习应用程序接口(Application Programming Interface,API)和联邦学习核心 API。TFF 使得开发者能够声明和表达联邦计算,从而能够将其部署于各类运行环境中。TFF 包含的是一个单机的实验运行过程模拟器。

(4) PySyft 是由 OpenMined 开源的一个用于安全和隐私深度学习模型的联邦学习框架,它将联邦学习、安全多方计算和差分隐私结合在一个编程模型中,集成到不同的深度学习框架中，如 PyTorch、Keras 或 TensorFlow，可用于搭建安全和可扩展性的机器学习模型的联邦学习框架。

（5）coMind 是一个训练面向隐私保护联邦深度学习模型的开源平台。coMind 的关键组件是联邦平均算法的实现，即在保护用户隐私和数据安全的前提下，协作地训练机器学习模型。coMind 搭建在 TensorFlow 的顶层并且提供实现联邦学习的高层 API。

（6）Horovod 由 Uber 创立，是一个深度学习的开源分布式训练框架。它基于开放的消息传输接口，并工作在著名的深度学习框架如 TensorFlow 和 PyTorch 的顶层。Horovod 旨在使得分布式深度学习变得快速且易用。

## 5.2 横向联邦学习

横向联邦学习（HFL）以数据的特征维度为对齐导向，取出参与方数据特征相同而样本空间不完全相同的部分进行联合训练。

### 5.2.1 横向联邦学习的概念与应用场景

#### 5.2.1.1 横向联邦学习的概念

横向联邦学习可应用于联邦学习的各个参与方的数据集有相同的特征空间和不同的样本空间的场景。事实上，"横向"一词来源于术语"横向划分"。"横向划分"广泛用于传统的以表格形式展示数据库记录内容的场景，例如，表格中的记录按照行被横向划分为不同的组，且每行都包含完整的数据特征。例如，两个地区的城市商业银行可能在各自的地区拥有非常不同的客户群体，所以他们的客户交集非常小，他们的数据集有不同的样本 ID。然而，他们的业务模型非常相似，因此他们的数据集的特征空间是相同的。这两家银行可以联合起来进行横向联邦学习以构建更好的风控模型。确切地说，我们可以将横向联邦学习的条件总结为

$$X_i = X_j, Y_i = Y_j, I_i \neq I_j, \forall D_i, D_j, i \neq j \tag{5.2}$$

式中：$X$ 表示数据特征空间；$Y$ 表示标签空间；$I$ 是样本 ID 空间；$D_i$ 和 $D_j$ 分别表示第 $i$ 个和第 $j$ 个参与方拥有的数据集。我们假设两个参与方的数据特征空间和标签空间对，即 $(X_i, Y_i)$ 和 $(X_j, Y_j)$ 是相同的；而两个参与方的样本空间，即 $I_i$ 和 $I_j$ 是没有交集的或交集很小。

下面给出横向联邦学习的数学定义：

假设有 $N$ 个参与方 $\{C_1, C_2, \cdots, C_N\}$，每个参与方 $C_i$ 都拥有一个本地数据集 $D_i$，这些数据集包含相同的特征集 $X_i$，但是样本来自不同的分布。我们使用 $D_i(X_i)$ 表示参与方 $C_i$ 的数据分布。目标是在这些参与方之间进行模型训练，以合并所有数据集并获得全局模型。假定每个参与方 $C_i$ 的本地损失函数为 $L_i(w)$，其中 $w$ 是模型的参数。纵向联邦学习的目标是最小化所有参与方的本地损失函数的平均值：

$$\min_w \frac{1}{N} \sum_{i=1}^{N} L_i(w) \tag{5.3}$$

式中：$L_i(w)$ 可以是任何适用于参与方 $C_i$ 的损失函数，如均方误差（MSE）或交叉熵损失。这个优化问题通常通过分布式优化算法来解决，参与方之间交换模型参数 $w$ 的更新，并且在合并这些更新之前对其进行安全聚合。

#### 5.2.1.2 横向联邦学习的应用场景

横向联邦学习适用于数据特征在参与方之间有重叠,但是数据样本不同的情况。以下是横向联邦学习的一些应用场景。

(1) 金融领域的反欺诈。不同银行或金融机构可能有相似的客户群体,但是客户数据不同。通过横向联邦学习,这些机构可以合作建立反欺诈模型,以检测欺诈行为,同时保护客户隐私。

(2) 医疗保健中的病例诊断。多个医疗机构可能拥有不同患者的医疗数据,但由于隐私和合规性原因,数据不能集中在一起。横向联邦学习可以用于共同建立模型,从而提高病例诊断的准确性,同时保持患者数据的分散。

(3) 零售业的个性化推荐。不同零售商可能服务于相似的客户群体,但是他们的销售数据是独立的。通过横向联邦学习,这些零售商可以共同学习客户喜好,提供更准确的个性化产品推荐。

(4) 广告和营销的用户画像建模。不同的广告公司可能面向相似的受众,但是拥有不同的用户数据。横向联邦学习可用于建立更全面的用户画像,帮助精准定位广告目标受众,同时不泄露具体用户信息。

(5) 交通领域的流量预测。不同城市或地区的交通管理部门可能拥有不同区域的交通流量数据。通过横向联邦学习,这些数据可以合并用于建立更精准的交通流量预测模型,帮助优化交通管理。

(6) 物联网和边缘计算。将联邦学习应用到边缘计算框架中,通过聚合由物联网设备上传的本地计算更新,从而协作训练高质量的共享模型,更好地实现通信计算。

### 5.2.2 横向联邦学习系统架构

根据应用场景的不同,常用的横向联邦学习系统架构分为两种:客户-服务器(Client-Server) 架构和对等(Peer-to-Peer,P2P) 网络架构。

#### 5.2.2.1 客户-服务器架构

典型的横向联邦学习系统的客户-服务器架构一般由参与方(也称为客户端、客户或用户)和中央服务器(也称为参数服务器、聚合服务器、协调方、协调者)组成,其系统架构如图 5-4 所示,也称为中心化联邦架构、主-从(Master-Worker) 架构、轮辐式(hub-and-spoke) 架构等。各个参与方拥有自己的本地数据,这些数据可能不足以训练模型或者所得模型不准确。为了提升模型精准度,各参与方寻求与其他拥有数据的参与方合作。当大于等于两方参与时,中央服务器启动联合建模。在这种系统中,具有同样数据结构的 $N$ 个参与方在中央服务器的帮助下,协作地训练一个机器学习模型。这里,中央服务器起着协调全局模型的作用。联邦学习不同于一般机器学习算法的一个很重要的区别就是:横向联邦学习系统的客户-服务器架构中,优化算法在中央服务器端工作,联邦机器学习算法在各参与方工作。

横向联邦学习系统在训练模型时,参与方不需要将数据上传到中央服务器,而是将模型参数在参与方和中央服务器之间相互传递,以保护参与方的用户隐私和数据安全。横向联邦学习系统的训练过程如图 5-5 所示,通常由以下 6 步组成。假设参与方的总数为 $N$,$n_i$ 表示第 $i$ 个参与方的样本个数。

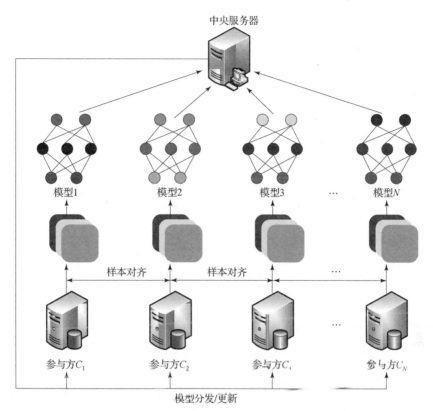

图 5-4 横向联邦学习系统的客户-服务器架构

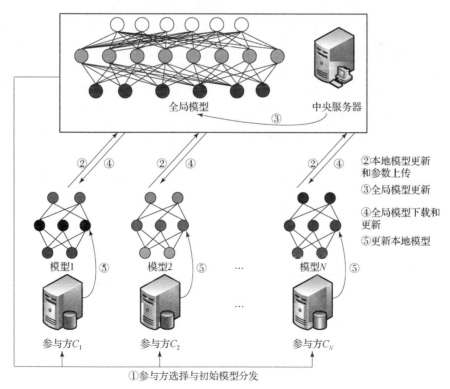

图 5-5 客户端/服务器架构联邦学习过程

(1) 参与方选择与初始模型分发。中央服务器首先选择参与方的一个子集 $k \cdot N(0 < k < 1)$ 进行模型训练,要求至少两个或两个以上的参与方进行模型训练,每个参与方拥有可用于训练的本地数据集。然后,中央服务器生成一个通用模型,将其作为全局模型广播分发给联邦学习系统中选中的各个参与方。选择参与方的典型条件是设备本身可靠、当前设备空闲以及网络连接良好。

(2) 本地模型更新和参数上传。各个参与方使用本地私有数据对接收到的模型参数进行训练和优化,完成本地模型更新。然后,所有参与方将训练后的本地模型参数加密上传、发送到中央服务器。

(3) 全局模型更新。中央服务器对各个参与方上传的模型进行聚合更新全局模型(例如,使用 FedAvg,如式(5.4))。同时中央服务器可以在训练过程中随时添加或者删除参与方。

$$w_{t+1} = w_t + \eta \cdot \frac{\sum_{i=1}^{kN} n_i \Delta w_{t+1}^i}{\sum_{i=1}^{kN} n_i} \tag{5.4}$$

式中:$w_t$ 表示模型在 $t$ 时刻的更新,而 $w_{t+1}$ 是模型在 $t+1$ 时刻的更新。此外 $\Delta w_{t+1}^i$ 给出了参与方 $C_i$ 在全局参数中更新的改变量,$\eta$ 为全局联邦学习模型的学习率。

(4) 全局模型下载和更新。中央服务器将聚合后的全局模型广播分发给所有参与方。

(5) 更新本地模型。参与方使用收到的全局模型更新本地模型参数,完成一次联邦学习迭代。

(6) 收敛判停。联邦学习通过不断重复步骤(2)至步骤(5),使用聚合算法持续迭代更新全局模型,然后同步给所有参与方。中央服务器上的全局模型会随着迭代更新次数的增多变得更加符合目标要求,在所训练的模型达到收敛条件,或者达到允许的迭代次数的上限或允许的训练时间时,停止训练模型。

需要注意的是,上述步骤中参与方将梯度信息发送给中央服务器,服务器将收到的梯度信息进行聚合(如计算加权平均),再将聚合的梯度信息发送给参与方,我们称这种方法为梯度平均(Gradient Averaging)。除了共享梯度信息,联邦学习的参与方还可以共享模型的参数。参与方在本地计算模型参数,并将它们发送到中央服务器。服务器对收到的模型参数进行聚合(如计算加权平均),再将聚合的模型参数发送给参与方,我们称这种方法为模型平均(Model Averaging)。

表 5-1 比较了模型平均与梯度平均。模型平均和梯度平均统称为联邦平均算法(Federated Averaging,FedAvg)。

表 5-1 模型平均和梯度平均的比较

| 方法 | 优点 | 缺点 |
| --- | --- | --- |
| 梯度平均 | 准确的梯度信息;有保证的收敛性 | 加重通信负担;需要可靠连接 |
| 模型平均 | 不受 SGD 限制;可以容忍更新缺失;不频繁地同步 | 不保证收敛性;性能损失 |

## 5.2.2.2 对等网络架构

除了上面讨论的客户-服务器架构,横向联邦学习系统也能够利用对等网络架构,也称为去中心化联邦架构,如图5-6所示。在该框架下,不存在中央服务器,这进一步确保了安全性,因为各参与方无须借助第三方便可以直接通信。在这种架构中,横向联邦学习系统的 $N$ 个参与方也称为训练方(Trainer)或分布式训练方。每一个参与方负责只使用本地数据来训练同一个机器学习模型(如CNN模型)。此外,各参与方使用安全链路在相互之间传输模型参数信息。为了保证任意两个参与方之间的通信安全,需要使用诸如基于公共密钥的加密方法等安全措施。针对联合多家面临数据孤岛困境的企业进行模型训练的场景,一般可以采用对等网络架构,因为难以从多家企业中选择进行协调的服务器方。

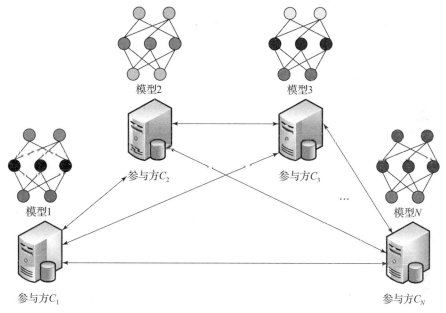

图5-6 横向联邦学习系统的对等网络架构

由于横向联邦学习系统的对等网络架构中不存在中央服务器,参与方必须提前商定发送和接收模型参数信息的顺序,主要有两种方法可以达到这个目的。

1) 循环传输

在循环传输模式中,各参与方被组织成一条链。第一个参与方(即链首)将当前的模型参数发送给他的下一个参与方。该参与方接收来自上游的模型参数后,将使用来自本地数据集的小批量数据更新收到的模型参数。之后,它将更新后的模型参数传输给下一个参与方。例如,参与方 $C_1$ 到参与方 $C_2$,参与方 $C_2$ 到参与方 $C_3$,…,参与方 $C_{N-1}$ 到参与方 $C_N$,然后参与方 $C_N$ 再回到参与方 $C_1$。这一过程将被持续重复,直到模型参数收敛或达到允许的最大训练时间。但由于没有中央服务器,权重参数并不分批量更新而是连续更新,这将导致训练模型耗费更多的时间。

2) 随机传输

在随机传输模式中,第 $i$ 个参与方 $C_i$ 从 $\{C_1, C_2, \cdots, C_N\} \setminus C_i$ 中选取参与方 $C_j$,并将模型参数发送给参与方 $C_j$。当参与方 $C_j$ 收到来自参与方 $C_i$ 的模型参数后,它将使用来自本地数据集的数据的 mini-batch 更新收到的模型参数。之后，参与方 $C_j$ 也从 $\{C_1, C_2, \cdots, C_N\} \setminus C_j$ 中等概率地随机选取一个参与方 $C_k$，并将自己的模型参数发送给参与方 $C_k$。这一过程将会重复，直到 $N$ 个参与方同意模型参数收敛或达到允许的最大训练时间。

### 5.2.3 横向联邦学习算法——联邦平均算法

联邦平均算法（Federated Averaging，FedAvg）是联邦学习中最简单和最常用的模型聚合算法之一，其简洁性和高效性使其成为众多联邦学习研究和应用中的首选方法之一。它的基本思想是通过对参与方本地模型参数的加权平均来构建全局模型。FedAvg 算法由谷歌于 2016 年提出，并在随后的研究中被广泛采用和改进。

FedAvg 的基本思想是将所有参与方的本地模型参数进行加权平均，以获得全局模型参数。这个过程分为以下几个步骤。

（1）初始化：在联邦学习开始时，所有参与方都从一个全局模型初始化自己的本地模型。

（2）本地训练：每个参与方使用自己的本地数据集进行模型训练。在本地训练期间，参与方可以采用任何适合自己数据的机器学习算法和优化器来更新自己的模型参数。通常，参与方在本地训练中执行多个轮次（Epochs）的迭代。

（3）模型聚合：在每轮本地训练结束后，所有参与方将其本地模型参数发送到中央服务器进行模型聚合。在 FedAvg 中，模型聚合是通过简单的加权平均来完成的，即将所有参与方的模型参数加权平均到一个全局模型中。

（4）更新全局模型：中央服务器根据参与方发送的模型参数计算全局模型的新参数，并将更新后的全局模型发送回参与方。

（5）重复迭代：这个过程会在多个轮次中重复进行，直到满足停止条件（例如，达到最大轮次、全局模型收敛等）为止。

FedAvg 算法的数学表达如下。

假设 $k$ 为本地轮次数，$w_0$ 是初始的全局模型参数，$w_i^k$ 是参与方 $C_i$ 在第 $k$ 轮本地训练后的模型参数。则全局模型参数的更新规则为

$$w_{t+1} = \sum_{i=1}^{N} \frac{|D_i|}{|D|} w_i^k \tag{5.5}$$

式中：$|D_i|$ 是参与方 $C_i$ 的数据集大小；$|D|$ 是所有参与方的数据集总大小。FedAvg 算法的优点包括简单易实现、通用性强和高效性。但是，它也存在一些限制，如对所有参与方的数据分布要求相同、对参与方的计算能力要求不高等。因此，在实际应用中，需要根据具体情况选择合适的模型聚合算法。

联邦平均算法完整的伪代码如下。

```
//初始化全局模型参数
全局模型 = 初始化模型()
//设置迭代次数和停止条件
迭代轮数 = 10
停止条件 = False
//开始迭代
```

```
对于 t = 1 到 迭代轮数 do:
    //本地训练
    对于第 i 个参与方 do:
        本地模型_i = 全局模型  //每个参与方从全局模型初始化
        对于每个本地轮次 k do:
            本地模型_i = 训练本地模型(本地模型_i, 数据_i)  //使用本地数据训练模型
        end for
        本地模型参数_i = 本地模型_i.参数   //获取本地模型参数
        本地数据大小_i = 数据_i.大小    //获取本地数据集大小
        将(本地模型参数_i, 本地数据大小_i)发送到服务器
    end for
    //服务器接收和聚合模型参数
    聚合参数 = 加权平均(接收所有参数和大小())  //对收到的模型参数进行加权平均
    全局模型.参数 = 聚合参数  //更新全局模型参数
    //判断停止条件
    if 满足停止条件(全局模型)则:
        停止条件 = True
        退出循环
    end if
end for
```

## 5.3 纵向联邦学习

本节将介绍如何搭建跨部门或机构的联邦学习,使得用户可以通过共有的样本集在保证用户隐私和数据安全的条件下,利用其各自不同的数据特征进行联邦学习,并建立和使用模型。

### 5.3.1 纵向联邦学习的概念与应用场景

#### 5.3.1.1 纵向联邦学习的概念

纵向联邦学习(VFL)可以应用于联邦学习的各个参与方的数据集有相同的样本空间、不同的特征空间的场景。"纵向"一词来自"纵向划分",该词广泛用于数据库表格视图的语境中,如表格中的列被纵向划分为不同的组,且每列表示所有样本的一个特征。

出于不同的商业目的,不同组织拥有的数据集通常具有不同的特征空间,但这些组织可能共享一个巨大的用户群体。通过使用纵向联邦学习,我们可以利用分布于这些组织的异构数据,搭建更好的机器学习模型,并且不需要交换和泄露隐私数据。

在这种联邦学习框架下,每一个参与方的身份和地位是相同的。联邦学习帮助各参与方建立起一个"共同获益"策略,这就是为什么这种方法被称为联邦学习。对于这样的纵向联邦学习系统,我们有

$$X_i \neq X_j, Y_i \neq Y_j, I_i = I_j, \forall D_i, D_j, i \neq j \tag{5.6}$$

式中:$X$ 表示特征空间;$Y$ 表示标签空间;$I$ 是样本 ID 空间;$D$ 表示由不同参与方拥有

的数据集。纵向联邦学习的目的是，通过利用由参与方收集的所有特征，协作地建立起一个共享的机器学习模型。

下面给出纵向联邦学习的数学定义：

假设有 $N$ 个参与方 $\{C_1, C_2, \cdots, C_N\}$，每个参与方 $C_i$ 都拥有一个本地数据集 $D_i$，这些数据集包含相同的实体集 $E$，但是具有不同的特征集 $X_i$。我们使用 $D_i(E, X_i)$ 表示参与方 $C_i$ 的数据分布。目标是在这些参与方之间进行模型训练，以合并所有数据集并获得全局模型。

#### 5.3.1.2 纵向联邦学习的应用场景

纵向联邦学习可以应用于许多领域，特别是当参与方之间拥有相同实体但具有不同特征的情况时。通过合作训练模型，可以实现对共享实体的全局建模，同时保护用户隐私和数据安全。以下是纵向联邦学习的一些详细应用场景。

(1) 医疗诊断和预测模型。不同医疗机构拥有患者的医疗数据，如患者的基本信息、症状、检查结果等。这些数据可能包含不同的特征，如不同的诊断标准、医院记录格式等。使用纵向联邦学习，医疗机构可以共同训练医疗诊断和预测模型，从而提升疾病预测和诊断的准确性，而无须共享患者的原始医疗数据。

(2) 个人信用评分。不同金融机构拥有客户的个人财务信息，如收入、支出、贷款历史等。这些信息可能在不同的金融产品和服务中使用，但由于隐私和法规的限制，机构之间很少共享这些数据。使用纵向联邦学习，金融机构可以合作训练个人信用评分模型，提高评分的准确性和公平性，同时保护客户的隐私。

(3) 学生学习建模。不同学校或教育机构拥有学生的学术成绩、学习行为、课程参与情况等数据。这些数据可能采用不同的教学方法和评估标准。使用纵向联邦学习，教育机构与学校可以合作进行学生学习建模，从而识别学生的学习偏好、弱点和优势，为个性化教育提供支持，同时保护学生的隐私。

### 5.3.2 纵向联邦学习系统架构

为了易于描述，假设仅有两个参与方：参与方1（公司1）和参与方2（公司2），两个参与方想要协同训练一个机器学习模型。每个参与方都拥有各自的数据，此外参与方2还拥有进行模型预测任务所需的标注数据。由于用户隐私和数据安全的原因，参与方1和参与方2不能直接交换数据。为了保证训练过程中的数据安全性，引入一个第三方的协调者 $C$。在这里，假设 $C$ 方是诚实的且不与参与方1或参与方2共谋，且参与方1和参与方2都是诚实但好奇的。被信任的第三方 $C$ 是一个合理的假设，因为 $C$ 方的角色可以由权威机关（如政府）扮演或由安全计算节点代替。纵向联邦学习的一个例子如图5-7（a）所示。纵向联邦学习系统的训练过程一般由两部分组成：首先对齐具有相同 ID，但分布于不同参与方的实体；基于这些已对齐的实体执行加密的模型训练。

1) 加密实体对齐

由于参与方1和参与方2的用户群体不同，系统使用一种基于加密的用户 ID 对齐技术，来确保参与方1和参与方2不需要暴露各自的原始数据便可以对齐共同用户。在实体对齐期间，系统不会将属于某一参与方的用户暴露出来，如图5-8所示。

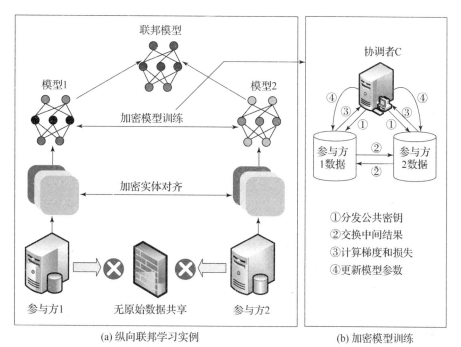

图 5-7 纵向联邦学习系统的架构

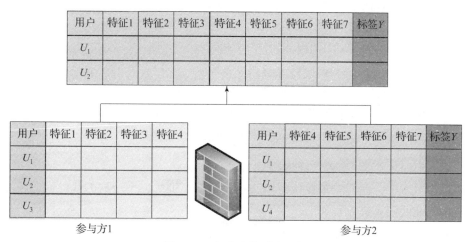

图 5-8 加密实体对齐图解

2) 加密模型训练

在确定共有实体后,各参与方可以使用这些共有实体的数据来协同地训练一个机器学习模型。训练过程可以被分为以下 4 个步骤,如图 5-7(b)所示。

- 步骤 1 协调者 $C$ 创建公共密钥对,并将公共密钥发送给所有参与方。
- 步骤 2 参与方 1 和参与方 2 根据本地数据集中的特征对模型进行训练,之后将中间结果加密,与其他参与方交换,并根据其他参与方的中间结果求解本地模型的梯度与损失值。
- 步骤 3 参与方 1 和参与方 2 计算加密梯度并分别加入附加掩码。参与方 2 还会计算加密损失。参与方 1 和参与方 2 将加密的模型参数发送给协调者 $C$。

- 步骤4 协调者 $C$ 对梯度和损失信息解密并汇总结果，然后将汇总后的结果分发给参与方1和参与方2。参与方1和参与方2解除梯度信息上的掩码，并根据这些梯度信息来更新模型参数。

在整个纵向联邦学习的过程中，参与方维护的只是基于本地数据特征的模型，称为半模型。在后续采用模型预测时，需要各方共同参与。

### 5.3.3 纵向联邦学习算法——联邦线性回归

联邦线性回归是纵向联邦学习的一种典型算法，本节将详细描述该算法，帮助更好地理解纵向联邦学习是如何工作的。联邦线性回归旨在解决多个参与方合作进行线性回归模型训练时的隐私保护和数据安全问题。在联邦线性回归中，每个参与方都拥有自己的本地数据，但不共享原始数据。相反，参与方通过共享模型参数来合作训练一个全局的线性回归模型，从而在不泄露隐私的情况下获得模型的共同收益。

线性回归是常用的统计机器学习模型。假设目标值与特征之间线性相关，通过向线性回归模型中输入特征自变量，可以得到目标值的预测结果，用来描述各特征和目标值之间的关系。

通常，线性回归模型可用函数的形式表达如下：

$$\hat{y} = \omega_1 x_1 + \omega_2 x_2 + \cdots + \omega_d x_d + b \tag{5.7}$$

式中：$\hat{y}$ 表示预测值；$d$ 表示特征维度；$x_1$，$x_2$，$\cdots$，$x_d$ 表示在各特征维度上的取值；$\omega_1$，$\omega_2$，$\cdots$，$\omega_d$ 表示各特征在预测中的重要程度；$b$ 是偏置项。

另外，线性回归模型还可用矢量的形式表示为

$$\hat{y} = \boldsymbol{w}^\mathrm{T} \boldsymbol{x} + b \tag{5.8}$$

式中：$\boldsymbol{x}$ 是特征矢量；$\boldsymbol{w}$ 是权重矢量；$b$ 是偏置项。

对于线性回归模型，一般将损失函数定义为

$$L(\boldsymbol{\omega}, b) = \frac{1}{2m} \sum_{i=1}^{m} (\hat{y}^{(i)} - y^{(i)})^2 \tag{5.9}$$

式中：$m$ 表示样本总数；$i$ 表示样本编号。

在联邦学习中，我们希望在所有参与方的数据上训练一个全局的线性回归模型。

联邦线性回归算法流程如下。

(1) 初始化全局模型参数：在联邦线性回归开始时，需要初始化一个全局的权重矢量 $\boldsymbol{w}$ 和偏置项 $b$。

(2) 本地训练：每个参与方 $C_i$ 使用自己的本地数据集 $D_i$ 进行模型训练。训练过程可以采用梯度下降等优化算法，目标是最小化损失函数，例如均方误差或对数损失函数。

(3) 模型参数聚合：完成本地训练后，每个参与方将本地训练得到的模型参数 $w_i$ 和 $b_i$ 发送到协调者。

(4) 模型参数更新：协调者收集到所有参与方的模型参数后，根据一定的规则对这些参数进行聚合，例如简单地取平均值，得到全局模型参数 $w$ 和 $b$。

(5) 重复迭代：重复执行步骤（2）至步骤（4），直到满足停止条件，例如，达到最大迭代次数或模型收敛。

以下是联邦线性回归的伪代码。

```
//初始化全局模型参数
全局权重矢量 w = 随机初始化()
全局偏置项 b = 随机初始化()
// 设置迭代次数和停止条件
迭代次数 = 10
停止条件 = False
// 开始迭代
    对于 t = 1 到 迭代次数 do：
    // 本地训练
    对于每个参与方 i do：
        从全局参数 w 和 b 初始化本地模型参数 w_i 和 b_i
        使用本地数据集训练本地模型参数 w_i 和 b_i
        将本地模型参数 w_i 和 b_i 发送到中央服务器
    end for
    // 模型参数聚合
    收集所有参与方发送的模型参数 w_i 和 b_i
    对模型参数进行聚合得到全局参数 w 和 b
    // 判断停止条件
    如果满足停止条件 then：
        退出循环
    end if
end for
```

## 5.4 联邦迁移学习

### 5.4.1 异构联邦学习

横向联邦学习和纵向联邦学习要求所有的参与方具有相同的特征空间或样本空间，从而建立起一个有效的共享机器学习模型。然而，在更多的实际情况下，各个参与方所拥有的数据集可能存在高度的差异，例如，参与方的数据集之间可能只有少量的重叠样本和特征，并且这些数据集的分布情况可能差别很大，此时横向联邦学习与纵向联邦学习就不是很适合了。

在这种情况下，联邦学习可以结合迁移学习技术，使其可以应用于更广的业务范围，同时可以帮助只有较少重叠的样本和特征以及较少标记数据的应用建立有效且精确的机器学习模型，并且遵守用户隐私和数据安全条例的规定。这种组合称为联邦迁移学习，其于2018年提出，它可以处理超出现有横向联邦学习和纵向联邦学习能力范围的问题。

### 5.4.2 联邦迁移学习的概念及分类

迁移学习是一种为跨领域知识迁移提供解决方案的学习技术。生活中常用的"举一反三""照猫画虎"就很好地体现了迁移学习的思想。在许多应用中，我们只有较少的标注数据或者较弱的监督能力，这导致可靠的机器学习模型并不能被建立起来。在这些情况下，我们仍然可以通过利用和调试相似任务或相似领域中的模型，建立高性能的机器学习模型。近年来，从图像分类、自然语言理解到情感分析，越来越多的研究将迁移学习应用于各种各样的领域中。迁移学习的性能依赖于领域之间的相关程度，目前人们提出了许多用来测量领域相似度的理论模型。

一个联邦迁移学习系统一般包括两方，称为源域和目标域。一个多方的联邦迁移学习系统可以认为是多个两方联邦迁移学习系统的结合。迁移学习的本质是发现资源丰富的源域和资源稀缺的目标域之间的相似性，利用该相似性在两个领域之间传输知识。基于执行迁移学习的方法可以将联邦学习主要分为3类：基于实例的迁移、基于特征的迁移和基于模型的迁移。联邦迁移学习将传统的迁移学习扩展到了面向隐私保护的分布式机器学习范式中。

（1）基于实例的联邦迁移学习。

对于横向联邦学习，参与方的数据通常来自不同的分布，这可能会导致在这些数据上训练的机器学习模型的性能较差。参与方可以有选择地挑选或者加权训练样本，以减小分布差异，从而可以将目标损失函数最小化。对于纵向联邦学习，参与方可能具有非常不同的业务目标。因此，对齐的样本及其某些特征可能对联邦迁移学习产生负面影响，这称为负迁移。在这种情况下，参与方可以有选择地挑选用于训练的特征和样本，以避免产生负迁移。

（2）基于特征的联邦迁移学习。

参与方协同学习一个共同的表征空间。在该空间中，可以缓解从原始数据转换而来的表征之间的分布和语义差异，从而使知识可以在不同领域之间传递。对于横向联邦学习，可以通过最小化参与方样本之间的最大平均差异来学习共同的表征空间。对于纵向联邦学习，可以通过最小化对齐样本中属于不同参与方的表征之间的距离，来学习共同的表征空间。

（3）基于模型的联邦迁移学习。

参与方协同学习可以用于迁移学习的共享模型，或者参与方利用预训练模型作为联邦学习任务的全部或者部分初始模型。横向联邦学习本身就是一种基于模型的联邦迁移学习。因为在每个通信回合中，各参与方会协同训练一个全局模型（基于所有数据），并且各参与方把该全局模型作为初始模型进行微调（基于本地数据）。对于纵向联邦学习，可以从对齐的样本中学习预测模型或者利用半监督学习技术，以推断缺失的特征和标签。然后，可以使用扩大的训练样本训练更准确的共享模型。

### 5.4.3 联邦迁移学习系统架构

在本节中，将介绍一种基于秘密共享的联邦迁移学习框架。秘密共享方法的最大优点是没有精度损失；相比同态加密方法，计算效率大大提高。秘密共享方法的缺点是在进行线上计算之前，必须离线生成和存储许多用于乘法计算的三元组数据。

考虑一个属于源域的参与方 $A$ 有数据集 $D_A$，一个属于目标域的参与方 $B$ 有数据集 $D_B$。$D_A$ 和 $D_B$ 分别由参与方 $A$ 和参与方 $B$ 拥有，且不能暴露给对方。不失一般性，我们假设所有的标签都在参与方 $A$。在以上设置下，最终目标是双方协作地建立一个迁移学习模型，在不向对方公开数据的情况下，尽可能准确地为目标域的参与方 $B$ 中未标记样本预测标签。两个领域的隐私保护损失函数以及相应的梯度的计算可表示为

$$\mathcal{L} = \mathcal{L}_A + \mathcal{L}_B + \mathcal{L}_{AB} \tag{5.10}$$

$$\frac{\partial \mathcal{L}}{\partial \theta_l^A} = \left(\frac{\partial \mathcal{L}}{\partial \theta_l^A}\right)_A + \left(\frac{\partial \mathcal{L}}{\partial \theta_l^A}\right)_{AB} \tag{5.11}$$

$$\frac{\partial \mathcal{L}}{\partial \theta_l^B} = \left(\frac{\partial \mathcal{L}}{\partial \theta_l^B}\right)_B + \left(\frac{\partial \mathcal{L}}{\partial \theta_l^B}\right)_{AB} \tag{5.12}$$

式中：$\mathcal{L}_A$ 和 $\left(\frac{\partial \mathcal{L}}{\partial \theta_l^A}\right)_A$ 由参与方 $A$ 单独计算得到；$\mathcal{L}_B$ 和 $\left(\frac{\partial \mathcal{L}}{\partial \theta_l^B}\right)_B$ 由参与方 $B$ 方单独计算得到；$\mathcal{L}_{AB}$、$\left(\frac{\partial \mathcal{L}}{\partial \theta_l^A}\right)_{AB}$ 和 $\left(\frac{\partial \mathcal{L}}{\partial \theta_l^B}\right)_{AB}$ 由 $A$ 和 $B$ 通过秘密共享方法协同计算得到。

这样，式（5.10）、式（5.11）和式（5.12）可以通过秘密共享协议安全地计算得到。对于基于秘密共享的联邦迁移学习的训练过程，可以总结为如下几个步骤。

（1）参与方 $A$ 和参与方 $B$ 分别在本地运行各自的神经网络 $\text{Net}^A$ 和 $\text{Net}^B$，以获得相应数据的隐藏表征 $u_i^A$ 和 $u_i^B$。

（2）参与方 $A$ 和参与方 $B$ 通过秘密共享协议共同地计算 $\mathcal{L}_{AB}$。参与方 $A$ 计算 $\mathcal{L}_A$ 并发送给参与方 $B$。参与方 $B$ 计算 $\mathcal{L}_B$ 并发送给参与方 $A$。

（3）参与方 $A$ 和参与方 $B$ 通过式（5.10）分别重构损失 $\mathcal{L}$。

（4）参与方 $A$ 和参与方 $B$ 通过秘密共享协议共同地计算 $\left(\frac{\partial \mathcal{L}}{\partial \theta_l^A}\right)_{AB}$ 和 $\left(\frac{\partial \mathcal{L}}{\partial \theta_l^B}\right)_{AB}$。

（5）参与方 $A$ 通过 $\frac{\partial \mathcal{L}}{\partial \theta_l^A} = \left(\frac{\partial \mathcal{L}}{\partial \theta_l^A}\right)_A + \left(\frac{\partial \mathcal{L}}{\partial \theta_l^A}\right)_{AB}$ 计算梯度，并更新它的本地模型 $\theta_l^A$。同时，参与方 $B$ 通过 $\frac{\partial \mathcal{L}}{\partial \theta_l^B} = \left(\frac{\partial \mathcal{L}}{\partial \theta_l^B}\right)_B + \left(\frac{\partial \mathcal{L}}{\partial \theta_l^B}\right)_{AB}$ 计算梯度，并更新它的本地模型 $\theta_l^B$。

（6）一旦损失 $\mathcal{L}$ 收敛，参与方 $A$ 向参与方 $B$ 发送终止信号。否则，前往步骤（1）以继续进行训练。

一旦联邦迁移学习模型训练完毕，它便能用于预测参与方 $B$ 中的未标注数据。对于每一未标注数据样本的预测过程，包括如下步骤。

（1）参与方 $A$ 和参与方 $B$ 在本地运行已训练完毕的神经网络 $\text{Net}^A$ 和 $\text{Net}^B$，以获得数据的隐藏表征 $u_i^A$ 和 $u_i^B$。

（2）基于 $u_i^A$ 和 $u_i^B$，参与方 $A$ 和参与方 $B$ 共同地通过秘密共享协议重建 $\varphi(u_j^B)$ 以及计算标签 $y_j^B$。

## 5.5 联邦学习在医疗影像中的应用

联邦学习已经在医疗保健、金融领域、智能交通管理、个性化推荐等多个领域得到广泛应用。在医学影像分析中，数据通常受到严格的隐私保护法规限制，而且在不同医疗机构之间的数据分布可能存在较大差异，而联邦学习可以用来解决这些挑战。

假设有多个医疗机构拥有不同的医学影像数据集，如 X 光、MRI 和 CT（Computed

Tomography)扫描。这些数据集包含了许多疾病的影像信息,如肺部炎症、肿瘤等。由于隐私和法律限制,这些数据无法共享到一个中心化的地方进行训练,但是可以通过联邦学习的方式进行模型的训练。

在这种情况下,每个医疗机构可以在本地使用自己的数据训练一个局部模型,而无须将数据传输到其他地方。然后,这些局部模型可以通过联邦学习算法进行聚合,生成一个全局模型,该模型融合了所有医疗机构的数据特征和知识,但并没有直接访问到原始数据。

这个全局模型可以用于诊断新的医学影像,如一个患者的 X 光片。当新的数据进入系统时,它可以在本地被用来更新局部模型,同时也可以通过联邦学习更新全局模型,从而不断提高模型的性能和准确率,而无须共享敏感的医学影像数据。这种方法既保护了隐私,又能够利用多个数据源的信息来提高模型的泛化能力。

### 5.5.1 COVID-19 案例描述

COVID-19 大流行给人类生活和健康带来了重大影响。检测这种病毒感染的常用方法有:通过 CT、反转录聚合酶链式反应(RT-PCR)和胸部 X 光(Chest X-rays,CXR)。由于限制 COVID-19 的传播至关重要,因此,需要 AI 工程师和数据科学家利用人工智能和深度学习方法来检测病毒并预测其传播。本案例将分析在各家医院不共享医疗影像数据时,如何提升 COVID-19 识别模型的效果。

### 5.5.2 COVID-19 数据概述

使用的数据集名为 COVID19ACTION-RADIOLOGY-CXR,是一个包含胸部 X 光图像的数据集,如图 5-9 所示。总共有 3 个类别,数据集中有 1823 张图像。其中,536 张图像是 COVID-19 患者的 X 光图像,668 张是健康人群的 X 光图像,其余 619 张是病毒性肺炎患者的 X 光图像。数据集包含来自不同年龄组的图像,年龄范围从 18 岁到 75 岁。数据集分为两类:80% 的训练图像和 20% 的测试图像。

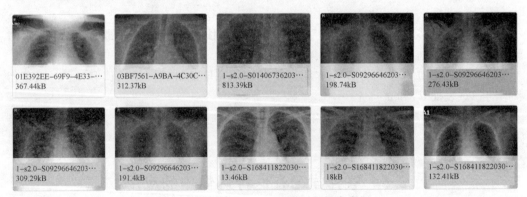

图 5-9 COVID-19 胸部 X 光图像案例

### 5.5.3 联邦迁移学习模型设计

本应用采用 Flower 联邦学习框架,该框架的主要元素包括:Flower 服务(Service)、Flower 流程和 Flower 容器。Flower 服务实现一个细粒度的服务功能,Flower 服务之间通过消息关联，前一个 Flower 服务的返回值（消息），必须是后一个 Flower 服务的输入参数（消息），Flower 服务按照业务逻辑编辑成一个 Flower 流程，Flower 容器负责将前一个 Flower 服务的返回消息，传递给后一个 Flower 服务。Flower 支持 gRPC 的通信方式，在分布式训练的条件下，客户端可以实现对不同语言、不同深度学习框架的支持。

在实验中使用的预训练模型是 ResNet50、DenseNet121、InceptionV3 和 Xception。这些模型使用 ImageNet 数据集进行了预训练，并且在用于二分类时表现非常好。然后将其迁移到本应用设计的 CNN 模型，设计了 5 个连续的层，分别是：带有 ReLu 激活的卷积层、Dropout 层、MaxPooling，以及 Sigmoid 激活的密集层作为最终输出层。学习率为 0.0001。联邦学习流程图如图 5 – 10 所示。

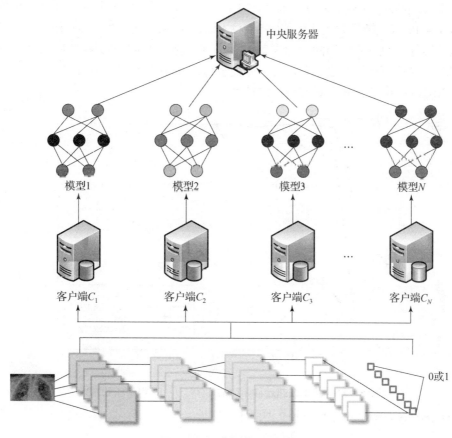

图 5 – 10 联邦学习流程图

该模型以用户的胸部 X 光图像作为输入，并基于其给出 COVID 阳性或阴性的测试结果。

为了获得准确的结果，输入数据预处理是至关重要的一步。不同大小的图像范围从（512 × 512）像素到（1024 × 1024）像素存在于数据集中。因此，将所有图像的大小调整为（224 × 224）像素，并将灰度图转换为 RGB 彩色图。然后图像就可以作为系统的输入了。使用标签列表相应地标记图像。在这里，"健康"图像和 COVID – 19 图像分别被标记为"0"和"1"。然后将图像列表转换为 NumPy 数组，并通过除以 255 将维度减少到 0 ~ 1 的范围。最后，将整个数据集分为训练图像和测试图像，并发送用于训练模型。

在联邦学习中,每个客户端都有一个自己的数据集和一个本地机器学习模型,无论是服务器还是移动设备。除此之外,具有全局模型的中央服务器获取并聚合分散模型的权重和参数。每个客户端在每次迭代中共享经过训练的模型参数,而不共享原始用户数据。该模型进行了 10 个轮次的全局训练,每轮有 20 个本地 epoch。每轮通信结束后,将局部权重上传到中央服务器进行聚合分散模型的权重和参数,以提高进一步预测的准确性。

### 5.5.4 训练效果

基于 Xception、InceptionV3、ResNet50 和 DenseNet121 预训练模型的联邦迁移学习的 COVID-19 识别结果对比实验如图 5-11 所示。结果表明:Xception 模型优于其他通用模型。其他模型也使用相同的超参数进行训练。然而 ResNet50 模型偶尔会出现过拟合的情况,并且测试精度也较差。另一方面,InceptionV3 模型和 DenseNet121 模型的性能接近 Xception 模型,并且具有不错的精度。

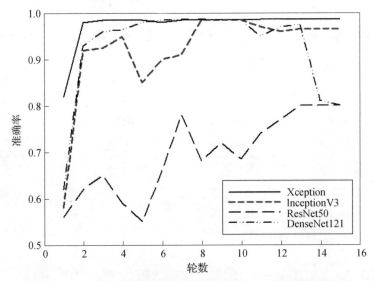

图 5-11 基于联邦迁移学习的 COVID-19 识别模型结果

4 种分类器的性能指标如表 5-2 所列。

表 5-2 4 种分类器的性能指标

| 分类器 | 准确率 | 精确度 | 召回率 | F-1 分数 |
| --- | --- | --- | --- | --- |
| Xception | 0.9959 | 0.9911 | 1.000 | 0.9955 |
| InceptionV3 | 0.9917 | 1.0000 | 0.9845 | 0.9922 |
| ResNet50 | 0.9087 | 0.8125 | 0.9922 | 0.8934 |
| DenseNet121 | 0.9751 | 1.0000 | 0.9535 | 0.9762 |

## 5.6 习题

1. 简述联邦学习的概念。
2. 联邦学习与分布式机器学习的联系和区别是什么?
3. 简述联邦学习的特点。
4. 根据训练数据在不同参与方之间的数据特征空间和样本空间的分布情况,简述联邦学习的分类。
5. 简述横向联邦学习的两种系统架构。
6. 简述客户-服务器架构的横向联邦学习系统的训练过程。
7. 简述纵向联邦学习系统的训练过程。
8. 简述联邦迁移学习的概念。

## 参考文献

[1] MCMAHAN H B, MOORE E, RAMAGE D, et al. Communication efficient learning of deep networks from decentralized data [C]. Proceedings of the 20th International Conference on Artificial Intelligence and Statistics. Fort Lauderdale, United states, 2017: 1273 – 1282.

[2] MCMAHAN H B, MOORE E, RAMAGE D, et al. Federated learning of deep networks using model averaging [C] // Proceedings of the 20th International Conference on Artificial Intelligence and statistics (AISTATS), 2017.

[3] 杨强, 刘洋, 程勇, 等. 联邦学习 [M]. 北京: 电子工业出版社, 2020.

[4] 王健宗, 李泽远, 何安珣. 深入浅出联邦学习: 原理与实践 [M]. 北京: 机械工业出版社, 2021.

[5] CHOWDHURY D, BANERJEE S, SANNIGRAHI M, et al. Federated learning based Covid – 19 detection [J]. Expert Systems, 2023, 40 (5): 1 – 12.

# 第6章 智能通信的基础设施

下一代网络（Next Generation Network，NGN）是集语音、数据、图像、视频等多媒体业务于一体的全新网络。其核心概念在于通过一个统一的网络平台，以统一管理的方式提供多媒体业务。这一网络不仅整合了现有的固定电话和移动电话业务，还增加了多媒体数据服务及其他增值服务。下一代网络以其统一、高效、安全、便利的特点以及广阔的应用前景，正逐渐改变着人们的生活方式，推动着社会的进步。

随着信息和通信技术（Information and Communications Technology，ICT）的飞速发展，下一代网络不断完善和升级，新的技术也不断被应用到下一代网络中，例如，软件定义网络（Software Defined Network，SDN）和网络功能虚拟化（Network Functions Virtualization，NFV）等技术，这些技术的应用可以提高网络的效率和可靠性，降低运营成本，从而进一步推动下一代网络的发展。其中，NFV负责的是开放系统互连（Open System Interconnection，OSI）七层网络模型中的第4层~第7层，而SDN负责OSI七层网络模型中的第1层~第3层。

本章首先介绍了下一代网络的概念和特点、基于软交换的下一代网络的体系架构，以及基于软交换的开放业务支撑环境。然后，介绍了IP多媒体子系统（IP Multimedia Subsystem，IMS）的概念和特点，以及IMS的网络架构，主要包括IMS的功能实体、接口及其主要协议。其次，介绍了SDN的基本概念、特点和工作原理，SDN的体系架构。最后，介绍了NFV的基本概念和特点，NFV的参考架构、主要功能模块、接口和参考点。

## 6.1 下一代网络的概念与体系结构

下一代网络作为一种全新的网络技术架构，在通信领域带来了显著的创新和变革。

### 6.1.1 下一代网络的概念

下一代网络是20世纪90年代末期提出的一个概念，广义上的下一代网络是一个非常宽泛的概念，泛指一个不同于现有网络，大量采用当前业界公认的新技术，可以提供语音、数据、图像、视频等多媒体业务，能够实现各网络终端用户之间的业务互通及共享的融合网络。下一代网络包含下一代传送网、下一代承载网、下一代接入网、下一代交换网、下一代互联网和下一代移动通信网。从传输网络层面看，NGN是以自动交换光网络（Automatically Switched Optical Network，ASON）为核心的下一代智能光传送网络；从承载网层面看，NGN 是以高带宽和 IPv6 为代表的下一代因特网（Next Generation Internet，NGI）；从接入网层面看，NGN 是各种宽带接入网；从网络控制层面看，NGN 是软交换网络；从移动通信网络层面看，NGN 是 4G 与 5G；从业务层面看，NGN 是支持语音、数据、图像、视频等多媒体业务，满足移动和固定通信，具有开放性和智能化的多业务网络。总之，下一代网络涵盖了所有的新一代网络技术，是通信新技术的集大成。

下面是欧洲电信标准学会（European Telecommunications Standards Institute，ETSI）、国际电信联盟电信标准化组（International Telecommunication Union – Telecommunication standardization sector，ITU – T）给出了下一代网络的定义。

1）ETSI

ETSI 对 NGN 的定义："NGN 是一种规范和部署网络的概念，即通过采用分层、分布和开放业务接口的方式，为业务提供商与运营商提供一种能够通过逐步演进的策略，实现一个具有快速生成、提供、部署和管理新业务的平台。"

2）ITU – T

2004 年 2 月，ITU – T 在新颁布的 Draft Recommendation Y. NGN – overview 中给出了 NGN 的初步定义："NGN 是一个分组网络，它能够提供包括电信业务在内的多种业务；能够利用多种带宽和具有 QoS 能力的传送技术，实现业务功能与底层传送技术的分离；它提供用户对不同运营商网络的自由接入；并支持通用移动性，实现用户对业务使用的一致性和统一性。"

ITU – T 将 NGN 应具有的基本特征概括为以下几点：①多业务（语音与数据、固定与移动、点到点与广播的汇聚）；②宽带化（具有端到端透明性）；③分组化、开放性（控制功能与承载能力分离，业务功能与传送功能分离，用户接入与业务提供分离）；④移动性、兼容性（与现有网的互通）。除此之外，安全性和可管理性（包括 QoS 的保证）是电信运营商和用户所普遍关心的，也是 NGN 与目前互联网的主要区别。

## 6.1.2 基于软交换的下一代网络的体系架构

现存通信网络在架构上是纵向独立的，即每个网络由特定的网络资源和设备组成，提供特定的功能和业务，自上而下独立形成一个闭合系统。而与此完全不同，NGN 具有横向划分的体系架构，各种异构网络从水平方向划分为不同的功能层次，各层之间遵循开放接口。整个 NGN 体系架构由多个功能相对单一的实体组成，各实体之间通过开放的接口互相配合和协调。因此与现存通信网络相比，NGN 的体系架构呈现出融合、分层和开放的特点，下一代网络的演进思想如图 6 – 1 所示。

依照这些特点，参考国际标准化组织（International Standardization Organization，ISO）定义的 OSI 七层参考模型，NGN 可以从功能上分为 4 个相对独立的层次，从下至上依次是接入层、传输层、控制层和业务层，其中控制层的软交换和业务层的应用服务器是整个 NGN 的核心设备，基于软交换的下一代网络体系结构如图 6 – 2 所示。传统电话交换机的业务接入功能模块对应于 NGN 的接入层；IP 网络构成了 NGN 的核心传输网络；呼叫处理（交换）功能模块对应于 NGN 的控制层；业务控制模块对应于 NGN 的业务层。NGN 的这种体系架构使承载、呼叫控制、业务相分离，体现了其开放性与灵活性的优势。

智能通信与应用

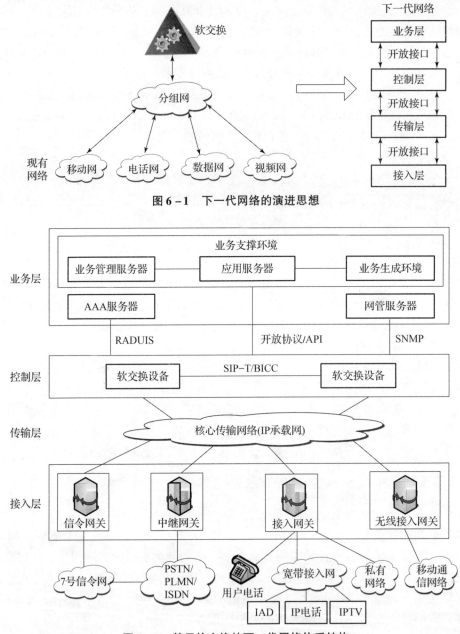

图 6-1 下一代网络的演进思想

图 6-2 基于软交换的下一代网络体系结构

#### 6.1.2.1 接入层

接入层的主要功能是提供多种方式和手段，以确保各种不同类型的设备和网络可以与核心网络进行连接。这些方式包括信令网关、中继网关和接入网关等接入设备，它们可以集中处理各种业务量，并通过公共的传输平台传输到目的地。

需要注意的是，相对基于 IP 承载方式的核心传输网络而言，各种现有的电路交换网络（如 PSTN、PLMN 等）都属于边缘网络，需要通过接入层的不同网关接入 NGN 的体系。网关是完成两个异构网络之间的信息（包括媒体信息和用于控制的信令信息）

相互转换的设备。接入层具有丰富的业务接口,如 PSTN、ISDN、xDSL、以太网、CA-BLE、无线接入等接口。基于软交换的 NGN 体系结构通过接入层屏蔽了用户接入设备的差异性,可以在此之上灵活地开发和生成适用于各种用户的业务。同时,接入层的设备作为独立的网元设备独立发展,它的功能、性能、容量都可以灵活设置,以满足不同用户和环境的需求。

接入层的主要接入设备有:信令网关、中继网关、接入网关和综合接入设备(Integrated Access Device,IAD)等。媒体网关的功能是将一种网络中的媒体转换成另一种网络所要求的媒体格式。媒体网关按所在位置的不同,分为中继网关和接入网关,所以这里直接介绍具体的两种媒体网关。接入层的设备没有呼叫控制的功能,它必须和控制层设备相配合,才能完成所需要的操作。

(1) 信令网关(Signaling Gateway,SG):完成电路交换网(基于 MTP)和分组交换网(基于 IP)之间的 No.7 信令的转换,即完成 No.7 信令消息与 IP 网络中信令消息的互通,中继 No.7 信令协议的高层(ISUP、SCCP、TCAP)跨越 IP 网络。

(2) 中继网关(Trunk Gateway,TG):代替传统的电信网络的长途局或中继局,完成用户接入网络或终端用户的接入。在软交换的控制下,完成流媒体的转换功能,主要用于中继接入,把语音流从 TDM 转换成 IP 包在 IP 网络上面传送。中继网关的应用示例如图 6-3 所示。

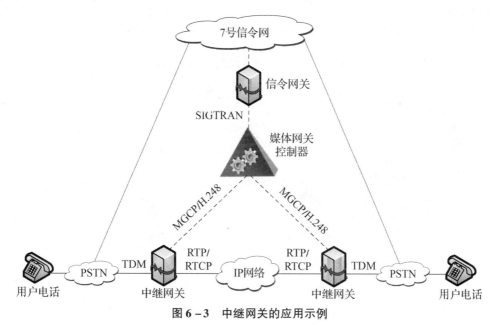

图 6-3 中继网关的应用示例

(3) 接入网关(Access Gateway,AG):用来连接不同的 IP 网络。例如,不同的运营商有各自不同的私有 IP 网络,而它们的 NGN 往往构建在各自私有的网络上面,不能够直接互通,因此需要接入网关作互联互通。同时,可以携带具体用户,它的下行接口带有电话用户,在软交换的控制下,将用户语音流转换成 IP 包在 IP 网络上面传送。接入网关的应用示例如图 6-4 所示。

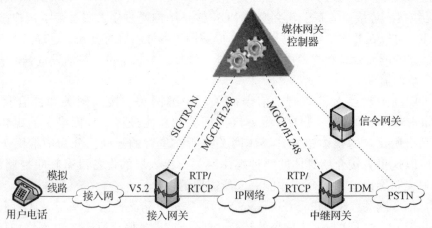

图 6-4 接入网关的应用示例

(4) 综合接入设备 (IAD): 适用于小型企业用户与家庭用户的接入网关, 属于用户终端产品, 为用户综合提供语音、数据、图像等多媒体业务的接入。对于话音的分组业务流的传送方式有多种, 主要的两种是数字用户线传话音 (Voice over DSL, VoDSL) 及 VoIP。VoIP 接入技术是指 IAD 的网络侧接口为以太网接口; VoDSL 接入技术是指 IAD 的网络侧采用 DSL 接入方式, 通过 DSL 接入复用器 (DSL Access Multiplexer, DSLAM) 接入到网络中。VoIP 通过 IAD 接入 NGN 的应用示例如图 6-5 所示。

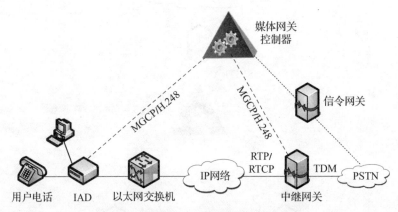

图 6-5 综合接入设备的接入应用示例

(5) 无线接入媒体网关 (Wireless Access Gateway, WAG): 用于将无线接入用户连接至软交换网。

#### 6.1.2.2 传输层

传输层负责提供各种信令流和媒体流传输的通道, 完成信息传输。鉴于 IP 网络能够同时承载语音、数据、视频等多种媒体信息, 同时具有协议简单、终端设备对协议的支持性好且价格低廉的优势, 因此, NGN 选择了 IP 分组网络作为其承载网络。IP 网络具有灵活性和可扩展性, 可以通过动态路由协议来实现网络的自适应和优化, 以适应不同的应用场景和业务需求。传输层的作用和功能就是将接入层中的各种媒体网关、控制层中的软交换机、业务应用层中的各种服务器平台等各个 NGN 的网元连接起来。无论是控制信令还是各种媒体信息,都将通过不同种类的媒体网关将媒体流转换成统一格式的 IP 分组,在 IP 网络进行统一传输。该层的设备主要包括高速路由器、交换机等传输设备。

#### 6.1.2.3 控制层

控制层主要由媒体网关控制器(Media Gateway Controller,MGC)组成,业界通常将其称为"软交换机"。它提供传统有线网、无线网、No.7 信令网和 IP 网的桥接功能(包括建立电话呼叫和管理通过各种网络的话音和数据业务流量),是软交换技术中的呼叫控制引擎。控制层是 NGN 体系结构的核心控制层次,主要提供呼叫控制、接入协议适配、互联互通等功能,并为业务层提供访问底层各种网络资源的开放接口。该层的主要设备包括媒体网关控制器(MGC)、媒体服务器(Media Server,MS)等。

软交换是 NGN 的核心控制实体,为 NGN 提供具有实时性要求的业务呼叫控制和连接控制功能,对下支持多种网络协议,对上支持多种业务,是下一代网络呼叫与控制的核心。软交换通过软件实现基本呼叫控制功能,包括呼叫选路、管理控制、连接控制和信令互通。与此同时,软交换还将网络资源、网络能力封装起来,通过标准开放的业务接口和业务应用层相连,从而可方便地在网络上快速提供新业务。其基本特征是业务与呼叫控制分离、呼叫控制与承载分离,分离的接口采用标准的协议或 API,从而使得业务真正独立于网络,实现灵活有效地提供业务。

#### 6.1.2.4 业务层

业务层利用底层的各种网络资源为 NGN 提供各类业务所需的业务逻辑、数据资源和媒体资源,以及网络运营所必需的管理、维护和计费等功能。其主要功能是创建、执行和管理 NGN 的各项业务,包括多媒体业务、增值业务和第三方业务等。该层的主要设备包括应用服务器(Application Server,AS)、网管服务器(Policy Server)、鉴权、认证和计费服务器(Authentication,Authorization and Accounting Server,AAAS)等。其中最主要的功能实体是应用服务器,应用服务器是 NGN 中业务的执行场所,利用 Parley API 技术,提供业务生成环境,向用户提供增值业务、多媒体业务的生成和管理功能。对下支持访问软交换的协议或 API,对上可以提供更高层的业务开发接口,以进一步支持业务的开发和定制。运营商、业务开发商、用户可以通过标准化的接口,开发各种实时业务,而不用考虑承载业务的网络形式、终端类型以及所采用的协议细节。网管服务器与软交换设备相互协作,可以提供更灵活的网络管理业务。

NGN 中各实体之间的接口采用行业标准。在信令方面,电路交换网络中的交换机与软交换之间仍然使用 No.7 信令,只是在 IP 传输网中 No.7 信令通过信令网关转换成 IP 承载,遵循 IETF 制定的信令传送(Signaling Transport,SIGTRAN)协议;软交换与各种媒体网关之间则是 ITU-T 和 IETF 共同制定的 Megaco/H.248 协议;多个软交换设备之间通过 IETF 制定的 SIP-T(SIP for Telephony)协议或 ITU-T 制定的与承载无关的呼叫控制(Bearer Independent Call Control,BICC)协议进行通信;而软交换和应用服务器之间的接口有多种选择,可采用 IETF 制定的会话启动协议(Session Initiation Protocol,SIP),也可以采用开放的 API 规范。在媒体方面,媒体网关负责将现有电路交换网络中的语音打包成 IP 分组,以 RTP 流的形式在核心 IP 网上传输。

可见，NGN 采用融合、分层、开放的体系结构，将传统电话网络中交换机的功能模块分离成独立的网络实体，各实体间采用开放的协议或 API 接口，从而打破了传统电信网封闭的格局，实现了多种异构网络间的融合。NGN 的体系架构通过将业务与呼叫控制分离、呼叫控制与承载分离来实现相对独立的业务体系，使得上层业务与底层的异构网络无关，灵活、有效地实现业务的提供，从而能够满足人们多样的、不断发展的业务需求。可以说，NGN 完全体现了业务驱动的思想和理念，很好地实现了多网融合，提供了开放灵活的业务提供体系，是对传统电信网络的一次彻底的变革。

### 6.1.3 下一代网络的特点

（1）采用分层的、全开放的体系结构和标准接口，具有独立的模块化结构。

将传统交换机的功能模块分离成为独立的网络部件，各个部件可以按相应的功能划分各自独立发展。部件间的协议接口基于相应的标准。从网络功能层次上看，NGN 在垂直方向从上往下依次包括业务层、控制层、传输层和接入层，在水平方向应覆盖核心网、接入网乃至用户驻地网。

NGN 强调网络的开放性，其原则包括网络架构、网络设备、网络信令和协议。开放式网络架构能让众多的网络运营商、设备制造商和服务提供商方便地进入市场参与竞争，易于生成和运行各种服务，而网络信令和协议的标准化可以实现各种异构网络的互通。NGN 的分层组网特点使得运营商几乎不用考虑过多的网络规划，仅需根据业务的发展情况，来考虑各接入节点的部署。

（2）下一代网络是业务驱动的网络，应实现业务与呼叫控制分离、呼叫控制与承载分离。

NGN 通过业务与呼叫控制分离以及呼叫控制与承载分离，实现真正的"业务独立于网络"，允许业务和网络独立发展，使得业务供应商和用户能够灵活有效地生成或更新业务，也使得网络具有可持续发展的能力和竞争力。从网络管理上看，由于 NGN 中呼叫控制与传输层和业务层分离，对业务层和传输层的管理边界将更加清晰，而各层的管理也将更加集中灵活。

（3）下一代网络是基于统一协议的分组网络体系，NGN 可使用 IP 协议，使得基于 IP 的业务都能在不同网上实现互通，成为传统电信网、计算机网络和有线电视网三大网络都能接受的通信协议，支持各种业务和用户任意接入。

NGN 是一个基于分组传送的网络，能够承载语音、数据、图像、视频等所有比特流的多业务网，并能通过各种各样的传送特性满足多样化、个性化业务需求，使服务质量得到保证，令用户满意。具有开放的业务 API 以及对业务灵活的配置和客户化能力，运营商可以推出新的盈利模式，实现按质论价、优质优价。普通用户可通过智能分组语音终端、多媒体终端接入，通过接入媒体网关、综合接入设备（IAD）来满足用户的语音、数据和视频业务的共存需求。

（4）可与现有网络互通。NGN 是具有后向兼容性、允许平滑演进的网络，通过接入网关、中继网关和信令网关等，可实现与 PSTN、PLMN、智能网、互联网等网络的互通，从而充分挖掘现有网络设施潜力和保护已有投资。

（5）支持移动性。移动电话的大发展充分表明人类对移动性的旺盛需求，电话服务需要移动性，互联网服务同样需要移动性。NGN 的分层组网特点和部件化有利于支持普遍的移动性和漫游性。

（6）电信级的硬件平台。NGN 的业务处理部分运行于通用的电信级硬件平台上，运营商可以通过选购性能优越的硬件平台，来提高处理能力。同样，在这个平台上，摩尔定律所带来的处理性能的持续增长，也将使整个通信产业获益。

### 6.1.4 下一代网络的优势

NGN 网络具有的许多优势如下。

（1）NGN 网络具有很好的扩展性和灵活性，可以支持不同的网络接入方式和不同的业务模式，为用户提供更为便捷的服务。

（2）NGN 网络的技术结构更加优化和智能化，可以提供更快速、高效和可靠的数据传输服务，为用户提供更加出色的使用体验。

（3）NGN 网络还具有更好的互操作性和开放性，可以与其他的网络技术进行良好的对接，使得不同网络技术之间可以实现良好的协同和配合。

### 6.1.5 基于软交换的开放业务支撑环境

以软交换为核心的下一代网络是一种多业务融合的网络，除了提供现有电话网中的基本业务和补充业务之外，还可以提供各种智能网业务。最重要的是下一代网络还将支持各种新型的增值业务。因此，对于下一代网络而言，开放式业务支撑环境的建立尤为重要。在下一代网络的体系结构中，业务层包括一个业务支撑环境，业务层能够充分利用下层网络提供的丰富的业务功能，快速地向用户提供丰富的、高质量的增值业务。

NGN 提供的业务主要有以下几类。

（1）PSTN 的语音业务：基本的 PSTN/ISDN 语音业务、标准补充业务、CENTREX 业务和智能业务。

（2）与互联网相结合的业务：Click to Dial、Web Call、即时消息（Instant Messaging，IM）、同步浏览、个人通信管理。

（3）多媒体业务：桌面视频呼叫/会议、协同应用、流媒体服务。

（4）开放的业务 API：NGN 不仅能够提供上述业务，更重要的是能够提供新业务开发和接入的标准接口。这些接口包括 JAIN、PARLAY、SIP。

#### 6.1.5.1 应用服务器

应用服务器是业务支撑环境的主体。应用服务器通过开放的协议或 API 与软交换交互，来间接地利用底层的网络资源，从而实现业务与呼叫控制的分离，方便新业务的引入。

根据应用服务器和软交换之间接口的不同，可以把应用服务器分为 SIP 应用服务器和 Parlay 应用服务器两类，前者与软交换之间采用 SIP 协议进行交互，而后者则将 Parlay API 作为与软交换之间的接口。

（1）SIP 应用服务器。

基于 SIP 协议的 API 进行业务开发，可以很容易地利用 Email 等互联网中特有的业务特性，形成新的业务增长点。图 6-6 所示的应用服务器可以提供对基于 SIP Servlet、

SIP CGI、呼叫处理语言（Call Processing Language，CPL）等多种接口业务的运行支持。底层是 SIP 协议栈，用来提供协议能力。其上引入了一个规则引擎，主要用来处理业务冲突和事件分发。SIP Servlet 引擎提供基于 SIP Servlet 业务的运行环境，SIP CGI 环境则提供对基于 SIP CGI 业务的支持，而 CPL 是对 CPL 业务脚本解释程序。

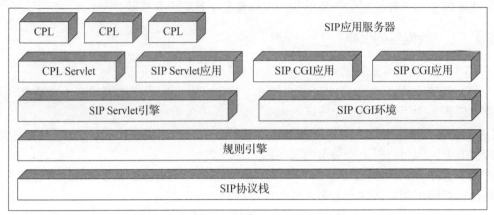

图 6-6 SIP 应用服务器的高层体系结构

（2）基于 Parlay 的应用服务器。

Parlay 应用服务器可以提供不同抽象层次的业务开发接口，方便不同能力、不同类型的业务开发者开发丰富多样的业务。例如，可以提供基于 CORBA 的 Parlay API 接口，基于 JAIN SPA 标准的 Java API 接口，基于 JavaBeans 的接口，基于 XML、CPL、VoiceXML 的接口等。

图 6-7 所示的 Parlay 应用服务器不仅支持软交换设备通过 CORBA 总线发来的业务请求，还支持通过 Web 浏览器经超文本传送协议（HyperText Transfer Protocol，HTTP）

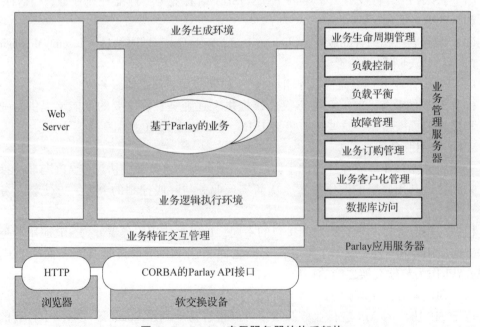

图 6-7 Parlay 应用服务器的体系架构

发来的业务请求，而且用户还可以通过浏览器进行业务的订购、客户化管理。Web Server 是应用服务器的一个组成部分。业务逻辑执行环境提供了基于 Parlay 业务逻辑的运行场所。图 6-7 中的应用服务器还包含业务管理服务器和业务生成环境的功能，前者负责负载控制、负载均衡、故障管理、业务生命周期管理、业务订购管理、业务客户化管理等工作，后者则利用应用服务器提供的多种业务开发接口，提供图形化工具，方便业务的开发。

#### 6.1.5.2 业务管理服务器

业务管理服务器与应用服务器相配合，主要负责业务的生命周期管理、业务的接入和订购、业务数据和用户数据的管理等。业务管理服务器可以与应用服务器配合存在，也可以通过制定业务管理服务器和应用服务器之间交互的开放接口标准，作为独立的实体存在。

#### 6.1.5.3 业务生成环境

业务生成环境以应用服务器提供的各种开放 API 为基础，具有友好的图形化界面，提供完备的业务开发环境、仿真测试环境和冲突检测环境。通过将应用框架/构件技术和脚本技术（如 CPL、VoiceXML 等）引入到业务生成环境中，简化业务的开发。

## 6.2　IMS 的概念与网络架构

IP 多媒体子系统（IP Multimedia Subsystem，IMS）是一种全新的多媒体业务形式，它能够满足现在的终端用户更新颖、更多样化多媒体业务的需求。目前，IMS 认为是下一代网络的核心技术，也是解决移动与固网融合，引入语音、数据、视频三重融合等差异化业务的重要方式。

### 6.2.1　IMS 的概念

IMS 是叠加在分组交换域上的用于支持多媒体业务的子系统，目的是在基于全 IP 的网络上为移动用户提供多媒体业务。IP 是指 IMS 可以实现基于 IP 的传输、基于 IP 的会话控制和基于 IP 的业务实现，实现承载、业务与控制的分离。这里的多媒体是指语音、数据、视频、图像、文本等多种媒体的组合，可以支持多种接入方式，各种不同能力终端。子系统是指 IMS 依赖于现有网络技术和设备，最大程度重用现有网络系统，其中，无线网络把 PS/GPRS 网络作为承载网络，固定网络把基于固定接入 IP 系统作为承载网络。IMS 是由 3GPP 在 Release 5（R5）版本提出的支持 IP 多媒体业务的子系统，并在 R6 与 R7 版本中得到了进一步完善。它的核心特点是采用 SIP 协议和与接入无关性。IMS 是基于 SIP 协议的开放业务体系架构，是提升网络多媒体业务控制能力的重要手段。除了可以降低普通业务的成本，IMS 还具备开发全新业务的能力，可以通过融合不同媒体和不同实现方案提供实时多媒体业务。IMS 将移动通信网技术与互联网有机地结合起来，形成一个具有电信级 QoS 保证、能够对业务进行有效而灵活的计费且提供各类融合网络业务的 IP 多媒体子系统。IMS 是一个在分组域上的多媒体控制/呼叫控制平台，支持会话类和非会话类多媒体业务，为未来的多媒体应用提供一个通用的业务使能平台，它是向全 IP 网络业务提供体系演进的重要一步。

### 6.2.2 IMS 的特点

IMS 的主要特点如下。

(1) 接入无关性。

IMS 允许各种设备以 IP 方式接入 IMS,这种接入无关的特性为运营商全业务运营提供了有效保证。IMS 网络的通信终端通过 IP 连通接入网络(IP Connection Access Network,IP-CAN)与网络连通。只要是 IP 接入,不管是固定还是移动,都可以使用 IMS 业务,支持多种接入方式的融合,提供优越的融合特性。支持无缝的移动性和业务连续性,为全业务运营提供了便利。

(2) 归属地提供服务。

呼叫控制和业务控制都由归属网络完成,保证业务提供的一致性,易于实现私有业务扩展,促进归属运营商积极提供吸引客户的服务,区别于软交换拜访地控制。

(3) 基于 SIP 协议的会话控制。

IMS 的核心功能实体是呼叫会话控制功能(CSCF)实体,并向上层的服务平台提供标准的接口,使业务独立于呼叫控制。为了实现接入的独立性及 Internet 互操作的平滑性,IMS 尽量采用与 IETF 一致的 Internet 标准,采用基于 IETF 定义的 SIP 的会话控制能力,并进行了移动特性方面的扩展。IMS 网络的终端与网络都支持 SIP,SIP 成为 IMS 域唯一的会话控制协议。这一特点实现了端到端的 SIP 信令互通,网络中不再像软交换技术那样,需要支持多种不同的呼叫信令,如 ISUP/TUP、BICC 等。这一特性也顺应了终端智能化的网络发展趋势,使网络的业务提供和发布具有更大的灵活性。

(4) 业务与呼叫控制、呼叫控制与承载分离。

3GPP 采用分层的方法来进行 IMS 体系设计,这意味着传输和承载服务被从 IMS 信令网和会话管理服务中分离出去,更高层的服务都运行在 IMS 信令网之上。打破竖井式业务部署模式,业务与控制完全分离,有利于灵活、快速地提供各种业务应用,更利于业务融合,实现开放的业务提供模式。

(5) 提供丰富且动态的组合业务。

IMS 在个人业务实现方面采用比传统网络更加面向用户的方法。IMS 给用户带来的一个直接的好处,就是实现了端到端的 IP 多媒体通信。与传统的多媒体业务是人到内容或人到服务器的通信方式不同,IMS 是直接的人到人的多媒体通信方式。同时,IMS 具有在多媒体会话和呼叫过程中增加、修改和删除会话和业务的能力,并且还可以对不同的业务进行区分和计费的能力。因此对用户而言,IMS 业务以高度个性化和可管理的方式支持个人与个人以及个人与信息内容之间的多媒体通信,包括语音、文本、图像和视频或这些媒体的组合。

(6) 统一策略控制和安全机制。

IMS 采用统一的 QoS 和计费策略控制机制。多种安全接入机制共存,并逐渐向 Fully IMS 机制过渡;部署安全域间信令保护机制;部署网络拓扑隐藏机制。

### 6.2.3 IMS 的网络架构

IMS 的网络架构与软交换技术相似,采用业务控制与呼叫控制相分离,呼叫控制与承载能力相分离的分层体系架构,便于网络演进和业务部署。IMS 是一种对接入层、承载层、会话控制层、业务/应用层提供相应控制但独立于各种接入技术的多媒体业务的体系架构。IMS 的网络架构如图 6-8 所示,图中的接口功能如表 6-1 所列,各层功能的简要描述如下。

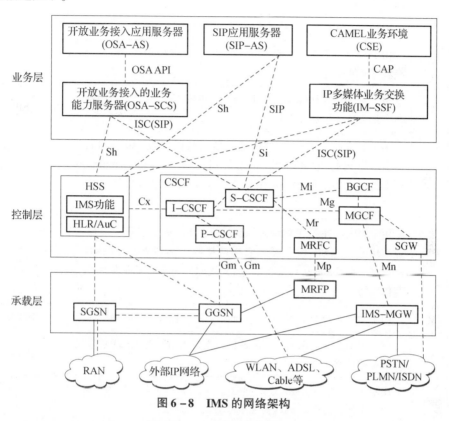

**图 6-8 IMS 的网络架构**

**表 6-1 IMS 的接口功能**

| 序号 | 接口 | 功能描述 | 接口协议 |
| --- | --- | --- | --- |
| 1 | Cx | 用于 I-CSCF、S-CSCF 和 HSS 之间的通信,用于位置管理、用户数据处理和认证 | Diameter |
| 2 | Dh | 用于 AS 与 SLF 之间的通信,用于 HSS 定向 | Diameter |
| 3 | Dx | 用于 I-CSCF、S-CSCF 和 SLF 之间的通信,用于 HSS 定向 | Diameter |
| 4 | Gm | 用于 UE 和 P-CSCF 之间的通信,完成注册、呼叫控制、事务处理等功能 | SIP |
| 5 | Go | 用于 PDF 与 GGSN 之间的通信,交换与策略相关的信息,如媒体授权和计费关联 | COPS(R5)、Diameter(R6 及其以上版本) |
| 6 | Gq | 用于 P-CSCF 与 PDF 之间通信,用于传输会话信息 | Diameter |
| 7 | ISC | 用于 S-CSCF 与 AS 之间的通信,提供 IMS 业务控制机制的重要接口,传送 AS 提供的业务相关的 SIP 消息 | SIP |

续表

| 序号 | 接口 | 功能描述 | 接口协议 |
|---|---|---|---|
| 8 | Mg | 用于 S - CSCF 与 MGCF 之间通信，负责将边缘功能 MGCF 连接到 IMS 上 | SIP |
| 9 | Ma | 用于 I - CSCF 与 AS 之间的通信 | SIP |
| 10 | Mi | 用于 S - CSCF 与 BGCF 之间的通信，是 IMS 域内部与电路交换域互通的通道 | SIP |
| 11 | Mj | 用于同一网络中 MGCF 与 BGCF 之间的通信，是 IMS 域内部与电路交换域互通的通道 | SIP |
| 12 | Mk | 用于不同网络中 BGCF 之间的通信。当 BGCF 从 Mi 接口收到会话信令时，它会选择进行出局的电路域。如果出局在其他网络进行，那它使用 Mk 接口来将会话转发给其他网络中的 BGCF | SIP |
| 13 | Mm | 用于 IMS 和外部 IP 网络之间的通信，Mm 接口使得 I - CSCF 能够从另外的 SIP 服务器或者终端接收会话请求。类似的，S - CSCF 使用 Mm 接口来将 IMS UE 发起的请求转发到其他多媒体网络 | SIP |
| 14 | Mn | 用于 MGCF 与 IM - MGW 之间通信，用于控制用户平面资源 | H.248 |
| 15 | Mp | 用于 MRFC 与 MRFP 之间的通信，支持 MRFC 对 MRFP 提供的资源的控制 | H.248 |
| 16 | Mr | 用于 S - CSCF 与 MRFC 之间通信，支持 S - CSCF 与 MRFC 之间的交互，是 IMS 域内实现多方会议的通道 | SIP |
| 17 | Mw | 用于 P - CSCF、I - CSCF 与 S - CSCF 之间的通信，完成注册、呼叫控制、事务处理等功能 | SIP |
| 18 | Rf | 用于 AS、P/S/I - CSCF、BGCF、MGCF、MRFC 与 CCF 进行离线计费 | Diameter |
| 19 | Ro | 用于 AS、MRFC、S - CSCF 与 OCS 进行在线计费 | Diameter |
| 20 | Sh | 用于 SIP AS、OSA - SCS 和 HSS 之间的通信，完成数据处理和订阅通知 | Diameter |
| 21 | Si | 用于 HSS 和 IM - SSF 之间的通信，传输 CAMEL 订阅关系信息 | MAP |
| 22 | Ut | 用于 UE 与 SIP 应用服务器之间的通信，它使得用户能够安全地管理和配置他们在 AS 上的服务相关的信息。用户能够使用 Ut 接口来创建公共业务标识符（PSI），例如资源列表，并能够管理业务使用的授权策略。使用 Ut 接口的业务的例子是在线业务和会议业务 | HTTP |

(1) 业务层。

IMS 业务层完成 IMS 业务的提供、执行 IMS 业务能力的抽象与开放，支持多种业务提供方式。业务层提供多种多样的业务能力，这些能力由各种应用服务器和资源服务器组成。IMS 业务提供平台支持 SIP 应用服务器、IM-SSF、开放业务接入的业务能力服务器 3 种业务提供方式，各 IMS 业务能力之间可以相互调用。提供的业务能力包括即时消息、呈现、群组通信、PoC（Push-to-talk over Cellular）以及通用电信业务等。该层确保用户能够享受到丰富的多媒体服务。

(2) 控制层。

IMS 控制层主要完成会话控制、协议处理、路由、资源分配、认证、计费、业务触发等功能，是 IMS 网络的核心。会话控制主要负责呼叫控制、用户管理、业务触发、资源控制以及网络互通等功能。关键的网元包括 P-CSCF、I-CSCF 和 S-CSCF。这些网元协同工作，确保呼叫的顺利建立、用户信息的有效管理以及业务的正确触发。

(3) 承载层。

该层的主要功能是将各种接入网络汇总到 IMS 核心网，实现对现有网络的互通以及对承载的控制。它负责处理用户接入，支持多种接入技术，如 GPRS、UMTS、CDMA、WiFi、xDSL 和 LAN 等，并连接传统网络，如 PSTN、PLMN、H.323 和 VoIP 等。

#### 6.2.3.1 IMS 功能实体分类

IMS 的主要功能实体包括呼叫会话控制功能（Call Session Control Function，CSCF）实体、归属用户服务器（Home Subscriber Server，HSS）和 SLF、媒体网关控制功能（Media Gateway Control Function，MGCF）、媒体网关（Media Gate Way，MGW）等。IMS 功能实体的分类如表 6-2 所列。

表 6-2 IMS 的主要功能实体分类

| 功能 | IMS 的功能实体 |
| --- | --- |
| 呼叫会话控制和路由 | S-CSCF、I-CSCF、P-CSCF |
| 用户数据管理、认证鉴权（数据库） | HSS、SLF |
| 网关功能实体 | BGCF、MGCF、IM-MGW、SGW |
| 业务控制 | SIP-AS、OSA-AS、IMS-SSF |
| 媒体资源 | MRFC、MRFP |
| 支撑实体 | THIG、SEG |
| 其他功能实体 | SBC、DNS 服务器、ENUM 服务器、DHCP 服务器、NAT/ALG 设备、PDF&PEP |

#### 6.2.3.2 IMS 的接口

本节介绍前面描述的网络实体是如何互相连接到一起的以及使用什么协议。IMS 的协议和接口如图 6-9 所示，主要接口功能如表 6-1 所列。

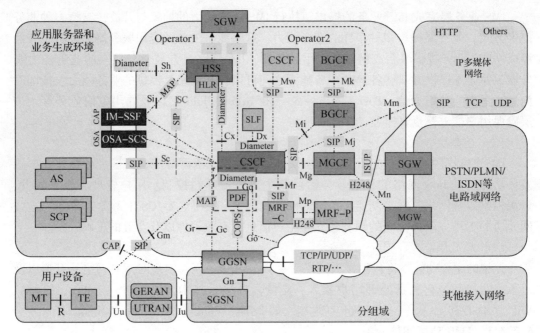

图 6-9 IMS 的协议和接口

### 6.2.3.3 IMS 的主要协议

IMS 业务的开放性和实用性是通过一系列协议来支持实现的。IMS 主要使用 SIP 协议、Diameter 协议、通用开放策略服务（Common Open Policy Service，COPS）协议和 H.248 协议。

(1) SIP 协议。

SIP 协议是由 IETF 制定的一个在 IP 网络上进行多媒体通信的应用层控制协议，它被用来创建、修改和终结一个或多个参与者参与的会话进程。这些会话包括 Internet 多媒体会议、Internet 电话、远程教育以及远程医疗等。SIP 协议具有简单、易于扩展、便于实现等诸多优点，是下一代网络和 IMS 中的重要协议。IMS 对 SIP 协议进行了扩展，增加了 SIP 压缩（SigComp）、增强了安全和路由功能，定义了专用于 3GPP IMS 的 SIP 头，详细信息参见 RFC3455。定义的主要功能接口如下。

NNI 接口：在 P/I/S-CSCF 之间，CSCF 与 BGCF/MGCF/MRFC 等实体间，BGCF 与 BGCF/MGCF 之间，包括 Mw、Mm、Mr、Mg、Mi、Mj、Mk 等。

UNI 接口：UE 和 P-CSCF 之间，完成用户接入、注册、会话控制、SIP 压缩等。

ISC 接口：S-CSCF 与 IMS AS 之间，用于业务控制。

(2) Diameter 协议。

鉴权、认证和计费（Authentication, Authorization and Accounting，AAA）体制是网络运营的基础。Diameter 协议是由 IETF 基于远程拨入用户认证服务（Remote Authentication Dial In User Service，RADIUS）开发的认证、授权和计费的协议。Diameter 协议包括基本协议、网络接入服务（Network Access Service，NAS）协议、可扩展认证协议（Extensible Authentication Protocol，EAP）、移动 IP（Mobile IP，MIP）、密码消息语法

（Cryptographic Message Syntax，CMS）协议等。Diameter 协议支持移动 IP、NAS 请求和移动代理的认证、授权和计费工作，协议的实现与 RADIUS 类似。定义的主要功能接口如下：Cx 接口、Sh 接口、Dx 接口、Dh 接口和 Gq 接口。

（3）COPS 协议。

COPS 协议是 IETF 开发的一种简单的查询和响应协议，主要用于策略服务器（策略决策点 PDP）与其客户机（策略执行点 PEP）之间交换策略信息。策略客户机的一个典型例子是 RSVP 路由器，它主要行使基于策略的允许控制功能。在每个受控管理域中至少有一个策略服务器。

（4）H.248 协议。

H.248 协议是 IETF、ITU-T 制定的媒体网关控制协议，用于 MGC 和 MGW 之间的通信，实现 MGC 对 MGW 控制的一个非对等协议。

## 6.3 软件定义网络

作为一种新型网络体系架构与实现技术，SDN 将重塑网络行业的竞争格局，它不仅是对传统网络的颠覆式创新，也是自动化、智能化网络的基础。SDN 的设计理念是将网络的控制平面与数据转发平面进行分离，逻辑上集中的控制层能够支持网络资源的灵活调度，灵活的开放接口能够支持网络能力的按需调用，并实现可编程化控制。通过这种方式，推动网络能力被便捷地调用，支持网络业务的创新。

### 6.3.1 SDN 的基本概念

开放网络研究中心（OpenFlow Network Research Center，ONRC）是斯坦福大学尼克·麦考恩（Nick McKeown）教授、加州大学伯克利分校的斯科特·申克（Scott Shenker）教授以及普林斯顿大学的拉里·彼得森（Larry Peterson）教授共同创建的研究机构。ONRC 对 SDN 的定义是："SDN 是一种逻辑集中控制的新网络架构，其关键属性包括：数据平面和控制平面分离；控制平面和数据平面之间有统一的开放接口 OpenFlow。"在 ONRC 的定义中，SDN 的特征表现为数据平面和控制平面分离，拥有逻辑集中式的控制平面，并通过统一而开放的南向接口来实现对网络的控制。ONRC 强调"数控分离"，逻辑集中式控制和统一、开放的接口。控制平面确定网络的行为方式，而数据平面负责在各个分组上实现该行为。

相比 ONRC 对 SDN 的定义，另一个重要的组织开放网络基金会（Open Networking Foundation，ONF）对 SDN 定义做出了不同的描述。ONF 是 Nick McKeown 教授和 Scott Shenker 教授联合多家业界厂商发起的非营利性开放组织，其工作的主要内容是推动 SDN 的标准化和商业化进程。ONF 认为："SDN 是一种支持动态、弹性管理的新型网络体系架构，是实现高带宽、动态网络的理想架构。SDN 将网络的控制平面和数据平面解耦分离，抽象了数据平面网络资源，并支持通过统一的接口对网络直接进行编程控制"。相比之下，ONF 强调了 SDN 对网络资源的抽象能力和可编程能力。在 SDN 网络中，网络设备只负责单纯的数据转发，可以采用通用的硬件。而原来负责控制的操作系统变为独立的网络操作系统，负责对不同业务特性进行适配。同时，网络操作系统和业务特性以及硬件设备之间的通信都可以通过编程实现。

本质上，这两个组织给出的 SDN 定义并没有太大的差别，都强调了 SDN 拥有数据平面和控制平面解耦分离的特点，也都强调了 SDN 支持通过软件编程对网络进行控制的能力。但是 ONRC 更强调数控分离和集中控制等表现形式，而 ONF 则强调抽象和可编程等功能。

SDN 的核心思想就是要分离控制平面与数据平面，并使用集中式的控制器实现网络的可编程性，控制器通过北向接口协议和南向接口协议分别与上层应用和下层转发设备实现交互。正是这种集中式控制和数控分离（解耦）的特点使 SDN 具有强大的可编程能力，这种强大的可编程能力使网络能够真正地被软件所定义，达到简化网络运维、灵活管理调度的目标。同时，为了使 SDN 能够实现大规模的部署，需要通过东、西向接口协议支持多控制器间的协同。

### 6.3.2　SDN 的特征

从 ONRC 和 ONF 对 SDN 的定义中可以了解到：SDN 不仅重构了网络的系统功能，实现了数控分离，也对网络资源进行了抽象，建立了新的网络抽象模型。SDN 主要有如下 3 个特征。

（1）控制平面与数据平面分离。此处的分离是指控制平面与数据平面的解耦。控制平面和数据平面之间不再相互依赖，两者可以独立完成体系架构的演进，类似于计算机工业的 Wintel 模式，双方只需要遵循统一的开放接口进行通信即可。数据平面只负责根据规则高速转发数据，路由控制算法和转发策略则由控制平面通过可编程的标准接口下发给转发设备，这样，网络的管理和配置就会变得简单。控制平面与数据平面的分离是 SDN 架构区别于传统网络体系架构的重要标志，是网络获得更多可编程能力的架构基础。这在一定程度上可以降低网络设备和控制平面功能软件的成本。

（2）开放的网络可编程接口。传统网络需要通过命令行或者直接基于硬件的编译写入从而实现对网络的编程管理，而 SDN 可以实现更高级的编程能力，为用户提供了一套完整的通用 API，通过软件灵活地配置和管理网络并与网络设备双向交互。这种可编程性是基于整个网络的，而不是某一台设备，它是对网络整体功能的抽象，使程序能通过这种抽象为网络添加新的功能。开放的网络可编程接口极大地弥补了传统网络不易升级的缺陷，同时，网络中的用户可以在控制器上编程实现对网络的配置、控制和管理，不需要太大的开销即可实现需要的网络功能，从而加快网络业务部署的进程。

（3）逻辑上的集中控制。逻辑上的集中控制主要是指对分布式网络状态的集中统一管理。SDN 将交换机中的控制部分抽象出来，并集中放置在控制器中，构成一个单独的控制平面，实现对网络的统一管理。控制器直接管理底层设备，向其下发指令；而底层网络设备会向控制器上报自身的运行状态。因此，控制器具有全局的网络视图，借此能够更加有效地进行路径规划，快速准确地发现网络中存在的问题，从而采取应对措施。在 SDN 架构中，控制器会担负起收集和管理所有网络状态信息的重任。逻辑集中控制为软件编程定义网络功能提供了架构基础，也为网络自动化管理提供了可能。

因此，只要符合以上 3 个特征的网络都可以称为 SDN。在这 3 个特征中，控制平面和数据平面分离为逻辑集中控制创造了条件，逻辑集中控制为开放的可编程接口提供了架构基础，而网络开放可编程才是 SDN 的核心特征。

### 6.3.3 SDN 的体系架构

ONF 于 2013 年年底发布了最新的 SDN 体系架构，如图 6-10 所示。该体系架构自下而上分为数据平面、控制平面、应用平面以及右侧的管理平面，各平面之间采用不同的接口协议进行交互。下面将分别介绍这些平面和相应的接口。

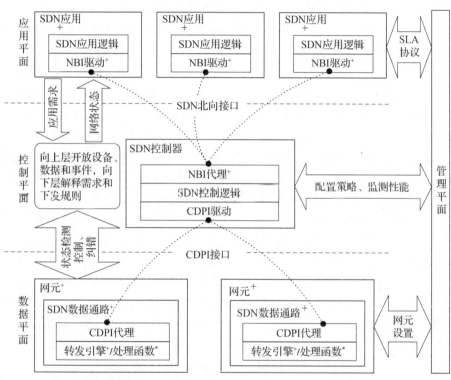

图 6-10 ONF 提出的最新 SDN 体系架构

（1）SDN 数据平面。

SDN 数据平面（Data Plane）也称为转发平面（Forwarding Plane），负责分组的转发，由交换机等若干网元构成，每个网元可以包含一个或多个 SDN 数据通路（Datapath），是一个被管理的资源在逻辑上的抽象集合。每个 SDN 数据通路是一个逻辑上的网络设备，它没有控制能力，只是单纯用来转发和处理数据，它在逻辑上代表全部或部分的物理资源，可以包括与转发相关的各类计算、存储、网络功能等虚拟化资源。同时，一个网元应支持多种物理连接类型（如分组交换和电路交换），支持多种物理和软件平台，支持多种转发协议。如图 6-10 所示，一个 SDN 数据通路包含 CDPI 代理、转发引擎表和处理函数 3 个部分。

（2）南向接口。

SDN 南向接口（Southbound Interface，SBI）是控制平面和数据平面之间的接口，也称为控制数据平面接口（Control Data Plane Interface，CDPI）提供的主要功能包括控制所有的转发行为、设备性能查询、统计报告、事件通知等，本质上是一组标准的API。各个平面之间的接口都由驱动和相对应的代理实现，其中，驱动运行在上层的部分，代理则相应地运行在下层的部分。南向接口需要同时适配控制器和交换机。在众多南向接口中，受到广泛关注的是标准化组织 ONF 主推的 OpenFlow 协议。OpenFlow 协议是第一个用于 SDN 的通信协议，它明确规定了如何建立控制器和转发设备之间的通信机制。

（3）SDN 控制平面。

SDN 控制平面是连接底层网络交换设备和上层应用的桥梁，一般由一个或多个 SDN 控制器组成，是 SDN 的"大脑"，指挥数据平面的转发等网络行为。一个 SDN 控制器包含 NBI 代理、SDN 控制逻辑以及 CDPI 驱动 3 个部分。SDN 控制器只要求逻辑上完整，因此它可以由多个控制器实例协同组成，也可以是层级式的控制器集群。控制平面需要创建本地数据集，用来建立转发表项。数据平面利用这些转发表项在网络设备的输入端口和输出设备之间转发流量，例如，访问控制列表（Access Control List，ACL）或者基于策略的路由（Policy–Based Routing，PBR）。其中，用于存储网络拓扑结构的数据集称为路由信息库（Routing Information Base，RIB）。RIB 经常需要通过与控制平面的其他实例之间进行信息交换来保持一致（无环路）。转发表项通常称为转发信息库（Forwarding Information Base，FIB），并且经常反映在一个典型设备的控制平面和数据平面中。一旦 RIB 被认为是一致或稳定的，FIB 就会被程序化。SDN 控制器是一个逻辑上集中的实体。它主要承担两个任务：一方面，通过 SBI 对底层网络交换设备进行集中管理、状态监测、转发决策以处理和调度数据平面的流量；另一方面，通过 SDN 北向接口（Northbound Interface，NBI）向上层应用开放多个层次的可编程能力，允许网络用户根据特定的应用场景灵活地制定各种网络策略，实现应用平面部署的各种服务。从地理位置上讲，所有控制器实例可以在同一位置，也可以由多个实例分散在不同的位置。控制平面包含的关键技术包括：链路发现、拓扑管理、策略定制、流表项分发、路由优化、网络虚拟化、QoS 保证、接口适配、访问控制、防火墙、镜像等。

控制平面也称为网络操作系统，它除了管理网络资源、维护网络运营外，还对外提供虚拟化平台的可编程接口。因此，控制平面主要由两部分组成，分别为控制器和虚拟化平台。控制器负责控制和管理底层设备以及物理资源，同时基于全局网络视图制定相应的路由、调度和管理策略。虚拟化平台是运行于控制器和物理设备之间的软件层，它能够对硬件资源进行虚拟化，允许多个控制器共享底层硬件设备而不发生冲突。

OpenFlow 控制平面与传统网络控制平面之间的主要区别体现在 3 个方面。首先，它可以采用通用的标准化语言（如 OpenFlow）来对不同的数据平面元素进行编程。其次，传统交换机的控制平面实体和数据平面实体都被放置在同一个物理盒子里，与此不同的是 OpenFlow 控制平面位于一个独立的硬件设备里，与数据平面是分离的。这种分离之所以能够实现，是因为控制器能够通过互联网远程对数据平面元素进行编程。第三，OpenFlow 控制器可以做到通过一个控制平面实体来控制多个数据平面元素的编程。

（4）北向接口。

SDN 北向接口（Northbound Interface，NBI）是应用平面和控制平面之间的一系列接口，主要负责提供抽象的网络视图，并使应用能直接控制网络的行为，其中包含从不同层次对网络及功能进行抽象。北向接口也是一个开放的、与厂商无关的接口。通过这个接口，网络管理员可以很容易地获取当前网络的状态和资源信息，便于进行统一的管理与调度操作。因此，北向接口设计的合理性和开放程度将直接影响 SDN 应用的开发速度和效率。与南向接口一样，北向接口也是 SDN 生态环境中重要的抽象层，全部由软件实现。OpenFlow 是目前公认的南向接口标准，而北向接口的现状是各大运营商各自为政，并没有一个统一的标准，主要原因是互联网中业务的多样性。无论怎样，北向接口都必须足够开放，从而加速网络应用的开发和创新。

目前，众多的北向接口中，RESTful API 是用户比较容易接受的一种。RESTful 不是一种具体的接口协议，指的是满足表现层状态转移（Representational State Transfer，REST）架构约束条件和原则的一种接口设计风格。它将整个网络看作一个资源池，所有资源都由统一资源标识符（Uniform Resource Identifier，URI）表示，用户通过 URI 来获取对应的资源。此外，RESTful API 还提供了一系列简单的 HTML 交互指令，如获取（GET）、更新（POST）、增加（PUT）、删除（DELETE）等。RESTful API 使用简单，但也存在一些问题，如 RESTful API 所能提供的操作极其有限。为了对外提供更加丰富和完善的北向接口，许多控制器（如 Floodlight、OpenDaylight）开始根据各自控制器的特点有针对性地设计北向接口。以 OpenDaylight 为例，它提供了开放服务网关协议框架和双向 RESTful API 两种北向接口形式，对外开放了网络虚拟化、服务编排与管理等功能。其中，开放服务网关协议框架主要用来开发与控制处于同一地址空间的 Java 应用程序，这些应用程序可以作为控制器所能提供服务的一部分。双向 RESTful API 则为远程 Web 应用的开发提供了完善的接口描述、参数、响应设置和状态编码等信息。基于这些北向接口，网络业务应用可以充分利用控制器的调度能力，通过具体的算法来驱动控制器对全网资源进行编排。

（5）SDN 应用平面。

在 SDN 体系架构中，应用平面位于控制平面之上，它通过控制器所提供的北向接口来实现各类网络应用，也能根据用户需求提供定义化的应用服务。一个 SDN 应用可以包含多个 NBI 驱动和一个 SDN 应用逻辑。同时，SDN 应用也可以对本身的功能进行抽象、封装以对外提供北向代理接口，封装后的接口就形成了更高级的北向接口。通常来说，应用平面提供抽象的控制逻辑，控制平面负责将这些控制逻辑转换为数据平面可以识别的命令，从而起到对网络的管控作用。理论上，SDN 可以部署到任何传统的网络中，如园区网、企业网、数据中心网络等。于是，不同的网络环境促成了不同的 SDN 应用。与传统的网络应用相比，SDN 应用将具有更强的智能性、动态性和可编程性。SDN 应用可以与控制器交互，根据网络业务的需求，及时、动态地调整网络的状态。应用平面由若干 SDN 应用构成。SDN 应用是用户关注的应用程序，它可以通过北向接口与 SDN 控制器交互，即这些应用能够通过可编程方式把需要请求的网络行为提交给控制器。

（6）SDN 管理平面。

管理平面主要负责一系列静态的工作。这些工作比较适合在应用平面、控制平面、数据平面外实现，例如，对网元进行初始配置、指定 SDN 数据通路对应的控制器、定义 SDN 控制器以及 SDN 应用的控制范围等。

（7）东、西向接口。

为了解决 SDN 集中式控制带来的问题，控制平面可以由多个控制器实例构成一个大的集群。SDN 的东、西向接口主要解决了控制器之间物理资源共享、身份认证、授权数据库之间的协作以及保持控制逻辑一致性等问题，其通过实现多域间控制信息交互，从而实现了底层基础设施透明化的多控制器组网策略，实现逻辑上的集中控制。其中，东向接口负责与其他控制器交互，西向接口用于备份数据。

从 ONF 对 SDN 架构的定义我们可以看出，控制平面拥有对底层网络设备进行集中式控制的能力。同时，控制平面与数据平面完全分离，用户可以通过丰富的北向接口对网络进行编程，满足其自身的需求。另外，SDN 控制器负责收集网络的实时状态，并将这些状态反馈给上层应用，同时把上层应用程序翻译成更底层、低级的规则或者设备硬件指令下发给底层网络设备。在 SDN 架构中，控制策略是建立在整个网络视图之上的，而不再是传统的分布式策略控制，控制平面演变成一个单一且逻辑集中的网络操作系统。这个网络操作系统可以实现对底层网络资源的抽象隔离，并可在全局网络视图的基础上有效解决资源冲突与高效分配的问题。ONF 组织定义的 SDN 体系架构最突出的特点是标准化的南向接口协议，希望所有的底层网络设备都能实现标准化的接口协议，这样控制平面和应用平面就不再依赖底层具体厂商的交换设备。控制平面可以使用标准的南向接口协议控制底层数据平面的设备，从而使得任何实现这套标准化南向接口协议的设备都可以进入市场并投入使用。交换设备生产厂商可以专注研发底层的硬件设备，甚至交换设备能逐步向白盒化的方向发展。

## 6.4 网络功能虚拟化

虚拟化技术就是一种资源管理方式。它将各种实体资源进行逻辑抽象后再统一表示，使得用户使用资源时可以不受资源类型、位置等因素的限制。网络功能虚拟化（Network Functions Virtualization，NFV）可以利用虚拟化技术使网络功能运行在通用服务器平台上，从而为广大网络服务提供商提供更多更自由的选择，可以实现网络软件与硬件的分离，这种解耦不但能够大幅降低网络部署和网络运营成本、加快新型网络功能的按需配置，而且还能提升网络运营效率并增强网络的灵活性和可扩展性。这些优势为业界带来了更多的商业机会，允许人们更快地将新型服务推向市场，引起了云和互联网服务提供商、移动运营商以及诸多企业的巨大兴趣。

### 6.4.1 NFV 的概念

维基百科对 NFV 的定义是："NFV 是一种网络架构概念，基于 IT 虚拟化技术将网络功能节点虚拟化为可以链接在一起提供通信服务的功能模块。"OpenStack 基金会对 NFV 的定义是："通过用软件和自动化替代专用网络设备来定义、创建和管理网络的新方式。"ETSI NFV 标准化组织对 NFV 的描述是："NFV 致力于改变网络运营者构建网络的方式，通过 IT 虚拟化技术将各种网元变成了独立的应用，可以灵活部署在基于标准的服务器、存储、交换机构建的统一平台上，实现在数据中心、网络节点和用户端等各个位置的部署与配置。NFV 可以将网络功能软件化，以便在业界标准的服务器上运行，软件化的功能模块可以被迁移或实例化部署在网络中的多个位置而不需要安装新的设备。"

总而言之，NFV 就是一种新的网元实现形态，实现传统网络网元软件功能和硬件功能的解耦，使得硬件平台通用化、软件运行环境虚拟化，网络功能部署动态化和自动化。所谓硬件解耦，就是指不再绑定专用的硬件设备，利用通用设备来承载各种网络功能。NFV 所倡导的网络开放化、智能化和虚拟化的新理念，将驱动网络技术路线的深刻调整，推动网络建设、运维、业务创新和产业生态的根本性变革。NFV 是实现网络资源高效利用、按需分配的重要手段，NFV 可以与 SDN 一起互为补充，有效降低部署周期和成本。

## 6.4.2 NFV 的特点

目前，互联网中的中间盒子数量越来越多。这些中间盒子在投入使用前，需要被集成到专用硬件中。该过程不但复杂，而且耗时长、需要付出较高的人工成本。此外，中间盒子的存在也导致网络变得越来越僵化。NFV 能有效地减轻甚至消除这些由中间盒子所造成的网络难题。究其原因，主要有以下几个。

（1）网络功能与专用硬件解耦。针对传统网络中专用硬件与网络功能耦合的现状，NFV 提出将这种网络功能特性与底层硬件解耦。然后，通过软件形式来实现解耦之后的网络功能。这种软件形式的网络功能也称为虚拟化网络功能。和基于专用硬件的网络功能相比较，虚拟化网络功能的初始化、更新、安装和部署更加灵活和方便。鉴于软件和硬件的区别，虚拟化网络功能具有更低的成本。

（2）硬件通用化。在 NFV 中，由于虚拟化网络功能的出现，专用硬件平台已经不再适用。相应地，NFV 提出使用通用化硬件来取代这些专用硬件。一方面，虚拟化网络功能的本质还是软件，因此可以较好地安装和运行于通用化硬件平台上。另一方面，通用化硬件的成本更低，而且不会导致网络异构的情况。

（3）软件模块化。在 NFV 中，软件定义的虚拟化网络功能在 NFV 中被设计为一个一个的网络组件。基于模块化的性质，这些虚拟化网络功能既能独立提供某种特定功能，又能被打包到一起，共同实现软件框架的部署。这种设计机制很容易就能够满足网络中的一些扩展性需求。

## 6.4.3 NFV 的参考架构

2013 年 ETSI 发布了首批 NFV 规范，给出 NFV 的参考架构示意图如图 6-11 所示。NFV 的参考架构由 4 个功能模块组成，分别是 NFV 基础设施（NFV Infrastructure，NFVI）、虚拟化网络功能（Virtualized Network Function，VNF）模块、NFV 管理和编排（Management And Orchestration，MANO）模块、运营与业务支撑系统（Operational and Business Support System，OSS/BSS），这 4 个模块在 NFV 生态系统中都扮演着重要的角色。NFVI 构成了整个架构的基础，承载着虚拟资源的硬件、实现虚拟化的软件以及虚拟化资源，支持 VNF 的执行。VNF 使用 NFVI 提供的虚拟资源创建虚拟环境，并通过软件实现网络功能。MANO 涉及软硬件资源和 VNF 的管理与编排，包括 3 个部分：虚拟化基础设施管理器（Virtualized Infrastructure Manager，VIM）、VNF 管理器（VNF Manager，VNFM）以及 NFV 编排器（NFV Orchestrator，NFVO）。其中，VIM 负责管理 NFVI 的计算、存储和网络全部资源，VNFM 负责 VNF 的生命周期管理等，NFVO 负责与传统的运营与业务支撑系统进行对接，完成业务相关的资源调配、信息收集、决策等。

图 6-11 的 NFV 参考架构还定义了 3 类参考点：执行参考点、主要参考点以及其他参考点，以识别功能模块之间必须发生的通信。执行参考点和主要参考点由粗实线表示，这些都是标准化的潜在目标。其他参考点在目前部署中是可用的，但处理网络功能虚拟化时可能需要扩展。这些参考点不是 NFV 目前的关注点。下面分别对 NFV 的功能模块和参考点进行介绍。

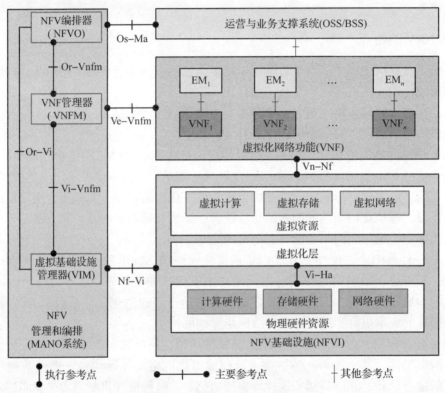

图 6-11　ETSINFV 参考架构示意图

#### 6.4.3.1　NFV 的主要功能模块

（1）NFV 基础设施。

NFVI 位于 NFV 架构的最底层，是 NFV 的基础，其为 VNF 提供虚拟化的资源。也就是说，NFVI 利用所有硬件和软件组件搭建了一个环境，各种 VNF 都可以在这个环境中被部署、管理和执行。NFVI 中虚拟化功能完成的就是将硬件资源抽象为虚拟资源池的操作，即底层硬件经过虚拟化后形成细粒度的虚拟计算、虚拟存储和虚拟网络资源；并且虚拟化还可以完成资源的跨设备调度，以便将不同设备上的资源整合起来供上层使用。从这个角度来看，NFVI 可以分为 3 个独立的子层：物理硬件资源层、虚拟化层、虚拟资源层。而从水平方向来看，NFVI 可以分为计算资源、存储资源、网络资源 3 种。

结合 NFV 的特点，ETSI 对 NFVI 进行了更加精确地划分，如图 6-12 所示，主要包括 3 个区域：计算区域、虚拟区域和网络区域。其中，计算区域一般由 COTS 硬件组成，主要为 NFV 系统提供基础的计算和存储能力，负责提供计算能力的组件称为计算节点。每个计算节点都是一个独立的结构实体，通过内部指令集对其进行独立管理。不同计算节点以及网元设备之间通过网络接口进行通信。因此，一个计算节点通常由 CPU、芯片组（指令集处理部件）、存储系统、网卡、硬件加速器和内存等组成。虚拟区域包括虚拟化平台以及虚拟的计算和存储资源。通常，虚拟化平台所提供的环境必须和硬件设备所提供的环境保持一致。这也就意味着虚拟化平台所提供的虚拟环境必须能够支持相同的操作系统和工具包，从而为软件设备的可移植性提供充分的硬件抽象。另外，虚拟化平台还负责虚拟资源的分配，从而实现虚拟网络功能或者虚拟机的初始化。尽管如此，虚拟化平台并不会自动提供虚拟服务。它提供给 NFV 管理编排系统一个接口，通过这个接口，NFV 可以实现虚拟网络功能或者虚拟机的创建、监测、管理和释放。网络区域本质上由物理网络、虚拟网络和管理功能模块组成。物理网络负责业务数据的转发，而虚拟网络则负责业务逻辑的实现。通过使用一些技术（如地址空间划分或隧道技术），不同的虚拟网络可以共享同样的物理网络而不发生冲突，从而实现网络虚拟化的效果。区域的划分突出了 NFV 模块化的设计，并且这 3 个区域不论在功能上还是在实践层面上都存在很大的差异。

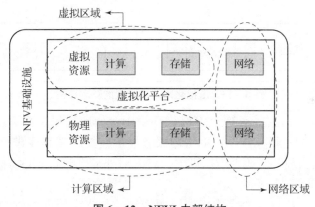

图 6-12　NFVI 内部结构

ETSI 并没有明确规定 NFVI 的具体解决方案，因此，一般的项目都基于现有的虚拟化平台来实现对底层硬件资源的抽象及虚拟资源的分配。除此之外，企业也可以利用非虚拟化服务器的操作系统来提供虚拟化层，或者通过结合实时 Linux 操作系统、vSwitch 等技术，实现 NFV 的最终目标，即在标准商用硬件资源上运行网络。

（2）VNF 模块。

网络功能指的是网络中用于转换、检查、过滤或以其他方式处理流量的网络设备，如防火墙、入侵检测系统、入侵防御系统等。VNF 模块对应电信网中的各种功能网元，是指能在网络功能虚拟资源之上运行的网络功能的软件实现。通常，一些基础的物理网络功能都应该具有定义完善的外部接口以及对应的行为模式，如边界网关、防火墙等。如果将这些网络功能看作部署在物理网络中的功能块，那么 VNF 就是网络功能在虚拟环境中的实现。在 NFV 中，VNF 以软件的形式实现网络功能，能根据需要随时进行初始化、安装和部署,主要用于提供原本由专用硬件所提供的网络功能,一般由其依赖的硬件设备提供。VNF 意味着执行一种网络功能,如路由、交换、防火墙以及负载均衡等,想要结合使用这些 VNF,就可能需要让整个网段被虚拟化。

图 6-13 给出了虚拟化网络功能模块的基本结构。首先,它由多个 VNF 组成,并且每个 VNF 又分为 VNF 组件和网元管理器(Element Management,EM)。因此,一方面,VNF 的实例化实际上是通过对隶属于它的组件进行实例化来完成的。另一方面,可以对不同的 VNF 进行组装和连接,从而达到快速装配出符合用户或者企业需求的服务功能链的目的。其次,每个 VNF 均由独立的 EM 进行管理。EM 是 VNFM 的"助手",旨在协助 VNFM 管理 VNF。因此,根据企业所采用的网络架构,既可以将服务功能链部署在单个节点上,也可以跨越多个节点实现服务功能链的协同部署。对于这两种部署方式,VNF 的 EM 都起着重要的作用。除了负责 VNF 的配置和安全外,EM 还需要监测 VNF 的所有状态。通常来说,从 VNF 创建到终止,其间最多有 5 种状态的变化,主要包括:①等待初始化;②已初始化等待服务配置;③已服务配置等待激活;④已激活提供服务;⑤终止。这 5 种状态显示出了 VNF 从实例化到终止的一整套常规状态转移过程。

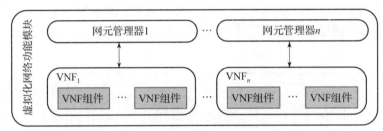

图 6-13 虚拟化网络功能域的基本结构

前面介绍过,VNF 主要运行于虚拟化环境中,如虚拟机。然而,在某些情况下,VNF 也可以运行在物理服务器上,由物理服务器的监控管理程序进行管理。需要注意的是,不论运行在物理环境还是虚拟机中,VNF 对外提供的服务必须保持一致。

(3) NFV 管理和编排模块。

NFV 管理和编排模块主要完成虚拟资源的编排与生命周期的管理,同时还与外部的现有的运营与业务支撑系统相互作用,可以整合到整个网络环境中去。NFV 架构授权 MANO 去管理所有 NFVI 的资源,并可以对分配给其管理的 VNF 进行资源的创建、删除和管理。

在传统网络中,网络功能的实现通常和专用硬件紧密地耦合在一起。NFV 利用虚拟化技术打破了这种耦合,将网络功能与专用硬件分离,从而提出了一系列新的概念,如 VNF。因此,有必要对这些新出现的概念进行统一的规划和管理。

NFV 的 MANO 系统主要负责对 NFV 框架中所有特定虚拟化的内容和过程进行管理,包括基础设施的虚拟化、软硬件资源的编排、VNF 和业务的生命周期管理等。为了实现更加细粒度的管理,ETSI 将 NFV MANO 系统进一步划分为 3 部分,分别为 NFV 编排器(NFVO)、VNF 管理器(VNFM)和虚拟化基础设施管理器(VIM),如图 6-14 所示。

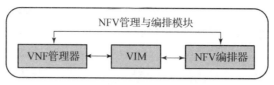

图 6-14 MANO 系统结构

其中，NFVO 负责对 NFVI 中的软硬件资源进行管理和编排，从而实现网络服务的部署与供给。所谓资源编排，就是将 NFVI 资源分配、释放到虚拟机并进行管理的过程。这种管理和编排能力既可以根据业务的需求，动态地调整分配给各 VNF 的资源，也能实现 VNF 的自动化迁移。VNFM 除了包括传统的故障管理、配置管理、账户管理、性能管理和安全管理（Fault，Configuration，Accounting，Performance and Security，FCAPS）之外，主要负责 VNF 的生命周期管理，包括 VNF 实例化、缩放 VNF、更新和改进 VNF、终止 VNF 等。通常来说，一个 VNF 管理系统可以管理一个或者多个 VNF。因此，运营商可以根据成本和需要来决定网络中 VNF 管理系统的数量。VIM 系统负责将上层编排器所做的决策具体化为对 NFVI 的操作，并且通过接口命令 NFVI 做出一些动作。但 VIM 也只负责对 NFVI 的管理，并不能对其中运行的 VNF 进行任何操作。它通常是虚拟层的一部分，用于控制和管理 VNF 与虚拟资源之间的交互。目前，企业主要沿用现有的虚拟化平台来实现 VIM 系统的相关功能。因此，从虚拟化平台的角度看，VIM 系统为底层基础设施和资源提供了可视化管理，如 VNF 管理系统可用资源清单、物理和虚拟资源使用效率等。然而，考虑到 NFV 与传统网络共存的必然性，MANO 系统还需要提供对传统 OSS 的支持。OSS 将传统 IP 数据业务与移动增值业务相融合，是电信运营商一体化、信息资源共享的支持系统。然而，OSS 并不是 ETSI 关心的重点。ETSI 的准则是希望整合 NFV 与传统 OSS，从而达到改善传统 OSS 的目的。因此，形成了各大企业纷纷将 NFV 技术架构和企业本身的 OSS 进行集成的趋势。

（4）运营与业务支撑系统。

运营与业务支撑系统就是目前的 OSS/BSS，是支撑各种端到端的电信服务（如订单、账单、续约、排障等）所需要的主要管理系统，同时还要支持与 NFVO 的协同功能，包括与 NFVO 交互完成网络服务描述、网络服务生命周期管理、虚拟资源故障及性能信息交互以及策略管理等功能。在 OSS/BSS 域中包含众多软件，这些软件产品线涵盖基础架构领域和网络功能领域，需要为网络功能虚拟化后带来的变化进行相应的修改和调整。

### 6.4.3.2　NFV 的主要接口和参考点

NFV 参考架构中各个模块通过定义的参考点进行交互，从而实现模块间的解耦。NFV 的主要接口和参考点介绍如下。

（1）Virtualization Layer – Hardware Resources（Vi – Ha）。

提供虚拟化层与硬件层的通道，实现软硬件的解耦。可以根据 VNF 不同的需求分配资源；同时也会收集底层的硬件信息上报到虚拟化平台，告诉网络运营商硬件平台状况。

（2）VNF – NFV Infrastructure（Vn – Nf）。

描述了 NFVI 为 VNF 提供的虚拟硬件资源，此接口本身不包含任何协议，只是在逻辑上把 NFVI 与网络功能区分开，让 NFVI 的配置更加灵活多样。

（3）NFV Orchestrator – VNF Manager（Or – Vnfm）。

Or – Vnfm 为 NFVO 与 VNFM 的接口，建议采用 REST、SNMP、FTP 协议，承载 NFVO 与 VNFM 之间的信息流，实现如下接口功能：VNF 相关的 NFVI 资源的鉴权、验证、预留、分配和释放等；VNF 实例化；VNF 实例查询；VNF 实例更新；VNF 实例垂直与水平的缩扩容；VNF 实例终止；VNF 软件包查询；转发可能会影响网络服务实例的 VNF 的事件或其他状态信息。

（4）Virtualized Infrastructure Manager – VNF Manager（Vi – Vnfm）。

Vi – Vnfm 为 VNFM 与 VIM 的接口，建议采用 REST、SNMP、FTP 协议，实现如下接口功能：查询 NFVI 资源预留信息；NFVI 资源的分配、释放；交换 VNFM 与 VIM 之间的配置信息；转发 VNFM 在 VIM 订阅的信息；VNF 所占用虚拟机的监控；VNF 所占用虚拟机的变化通知；VNF 所占用虚拟机的故障上报。

（5）NFV Orchestrator – Virtualized Infrastructure Manager（Or – Vi）。

Or – Vi 为 NFVO 与 VIM 的接口，建议采用 REST、SNMP、FTP 协议，实现如下接口功能：NFVI 资源的预留和释放；NFVI 资源的分配、释放和更新；VNF 软件镜像的增加、删除和更新；转发 NFVI 资源相关的配置信息、事件、性能测量、使用记录到 NFVO。

（6）NFVI – Virtualized Infrastructure Manager（Nf – Vi）。

Nf – Vi 为 VIM 与 NFVI 的接口，实现硬件资源的一致性管理；实现虚拟基础设施的分配和连接；提供监控系统的使用率、性能以及故障管理。

（7）OSS/BSS – NFV Management and Orchestration（Os – Ma）。

完成 OSS/BSS 和 NFVO 之间的信息交互，实现如下接口功能：网元生命周期信息与管理编排的交互；转发 NFV 有关的状态配置信息；管理配置策略交互；NFVI 用量数据信息交互。

（8）VNF/EM – VNF Manager（Ve – Vnfm）。

让管理平面与虚拟网络功能有信息交流，主要完成网元配置信息与生命周期状态交互。

（9）Service, VNF and Infrastructure Description – NFV Management and Orchestration（Se – Ma）。

主要完成 VNF 部署模板的下发工作，这个模板由管理和编排层根据网络运营者的意愿生成。

### 6.4.3.3　NFV 部署方案

NFV 通过软硬件解耦，使得网络设备开放化，软硬件可以独立演进，避免厂家锁定。基于 NFV 分层解耦的特性，根据软硬件解耦的开放性不同，可将集成部署策略分为单厂家、共享资源池、硬件独立和三层全解耦共 4 种方案，如图 6 – 15 所示。

方案 1 为单厂家方案，优点就是可以实现快速部署，整体系统的性能、稳定性与可靠性都比较理想，不需要进行异构厂商的互通测试与集成。缺点是与传统网络设备一样，存在软硬件一体化和封闭性问题，难以实现灵活的架构部署，不利于实现共享；与厂商存在捆绑关系，不利于竞争，会再次形成烟囱式部署，总体成本较高，也不利于自主创新以及灵活的迭代式部署升级。

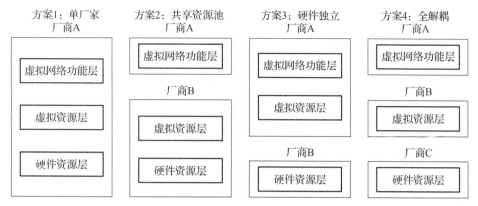

图 6-15 NFV 的 4 种部署方案

方案 2 倾向于 IT 化思路，选择最好的硬件平台和虚拟机产品，要求上层应用向底层平台靠拢。关于 VNF 与 NFVI 层解耦，VNF 能够部署于统一管理的虚拟资源之上，并确保功能可用、性能良好、运行情况可监控、故障可定位；不同供应商的 VNF 可灵活配置、可互通、可混用、可集约管理。其中，VNFM 与 VNF 通常为同一厂商（即"专用 VNFM"），这种情况下 VNF 与 VNFM 之间的接口不需标准化；特殊场景下采用跨厂商的"VNFM"（即"通用 VNFM"）。

方案 3 倾向于电信思路，通用硬件与虚拟化层软件解耦，基础设施全部采用通用硬件，实现多供应商设备混用；虚拟化层采用商用/开源软件进行虚拟资源的统一管理。可以由电信设备制造商提供所有软件，只适配在 IT 平台上。

方案 4 全解耦的好处是可以实现通用化、标准化、模块化、分布式部署，架构灵活，而且部分核心模块可选择进行定制与自主研发，也有利于形成竞争，降低成本，实现规模化部署。不利的地方是需要规范和标准化，周期很长，也需要大量的多厂商互通测试，需要很强的集成开发能力，部署就绪时间长，效率较低，后续的运营复杂度高，故障定位和排除较为困难，对运营商的运营能力要求较高。

其中，方案 2 和方案 3 采用当前阶段比较务实的两层解耦，在这种部署场景下，云操作系统处于中间层，起到承上启下的关键作用，正好为平台与应用软件之间的解耦提供了天然的解决方案。因为云操作系统为应用软件提供的是虚拟机，这个虚拟机运行在硬件和底层软件上，对于应用是透明的。因此，应用软件不必做任何修改就可以运行在任何虚拟机上，实现了自然的解耦。

另外，以上各方案都涉及 MANO 的解耦，涉及运营商自主开发或者第三方的 NFVO 与不同厂商的 VNFM、VIM 之间的对接和打通，屏蔽了供应商间的差异，统一实现网络功能的协同、面向业务的编排与虚拟资源的管理。

根据上述分析，从满足 NFV 引入的目标要求来看，方案 4 更符合网络云化的演进需求，也是主流运营商的选择方式。但该方式对于接口的开放性和标准化、集成商的工作、运营商的规划管理和运维均提出了新的、更高的要求。

## 6.5 习题

1. 什么是下一代网络？它的基本特征是什么？
2. 画出 NGN 网络的体系架构，并说明每层完成的功能。
3. 简述 IMS 与软交换的联系和区别。
4. IMS 的主要特点是什么？
5. 简述 IMS 网络架构的构成。
6. 简述 IMS 的主要协议。
7. 什么是 SDN？它与传统网络的区别是什么？
8. SDN 的网络架构主要包含哪几部分？其中各部分的接口协议是如何定义的？
9. 简述 SDN 的三个特征。
10. 简述 NFV 的概念和特点？
11. 简述 NFV 参考架构的组成和各部分的功能。
12. 简述 NFV 的管理和编排机制。

## 参考文献

[1] 马忠贵，李新宇，王丽娜. 现代交换原理与技术 [M]. 北京：机械工业出版社，2017.
[2] 中兴通讯学院. 对话下一代网络 [M]. 北京：人民邮电出版社，2010.
[3] 杨放春，孙其博. 软交换与 IMS 技术 [M]. 北京：北京邮电大学出版社，2007.
[4] 桂海源，张碧玲. 软交换与 NGN [M]. 北京：人民邮电出版社，2009.
[5] 杨泽卫，李呈. 重构网络：SDN 架构与实现 [M]. 北京：电子工业出版社，2017.
[6] 王兴伟，易波，李福亮. SDN/NFV 基本理论与服务编排技术应用实践 [M]. 北京：科学出版社，2021.
[7] 吉姆·多尔蒂. SDN/NFV 精要——下一代网络图解指南 [M]. 李楠，李奇，厉睿卿，等译. 北京：机械工业出版社，2022.
[8] 张娇，黄韬，杨帆，等. 走近 SDN/NFV [M]. 北京：人民邮电出版社，2020.
[9] LARRY P，CARMELO C，BRIAN O'C，et al. Software-defined networks：a systems approach [M]. New York：Systems Approach LLC，2021.
[10] 欧国建. 软件定义网络（SDN）技术与应用 [M]. 北京：人民邮电出版社，2022.
[11] 崔鸿雁，陈建亚，金惠文. 现代交换原理 [M]. 5 版. 北京：电子工业出版社，2018.
[12] 陈庆华，乔庐峰，罗国明. 现代交换技术 [M]. 北京：机械工业出版社，2020.
[13] 李素游，寿国础. 网络功能虚拟化：NFV 架构、开发、测试及应用 [M]. 北京：人民邮电出版社，2017.
[14] CHAYAPATHI R，HASSAN S F，SHAH P. 网络虚拟化技术详解：NFV 与 SDN [M]. 夏俊杰，范恂毅，赵辉，译. 北京：人民邮电出版社，2019.

# 第7章 认知无线网络

认知无线电是 5G 和 6G 的关键技术之一，自 Joseph Mitola 博士、Simon Haykin 教授提出认知无线电和认知环模型以来，认知无线电和认知无线网络的研究就受到了国内外信息与通信工程领域学者的高度关注。认知无线电的核心思想是使无线电设备像人一样具备"智能"，通过主动感知可用频谱资源，根据一定的学习和决策算法，实时、自适应地改变系统工作参数，动态地检测和有效地利用空闲频谱，在空域、时域和频域上实现多维的频谱复用。认知无线电的出现使得频谱的"二次利用"成为可能，从而为在频谱资源不足的情况下实现频谱动态管理、提高频谱利用率的构想开创了一个可行的思路。认知无线网络是在认知无线电技术基础上形成的网络形态，具有高度智能化能力，能感知网络的环境信息和分辨当前的网络状态，并依据这些状态进行相应的规划、决策和响应。这些都是为了实现端到端的效能，以提高网络资源的使用效率。因此，将人工智能领域的相关理论和方法引入无线通信网络决策系统中，实现通信系统的"认知"智能化，不仅为管理者和运营商提供未来无线频谱管理和运营的全新模式，而且将为用户带来动态和异构网络环境下更好的用户体验。

本章首先介绍了认知无线电的概念和特点，在此基础上介绍了认知无线电的关键技术：频谱感知、频谱管理、频谱共享和频谱移动性管理。其次，介绍了认知无线网络的概念、特点和网络架构。再次，介绍了基于卷积神经网络的雷达频谱图分类检测，学习新的频谱感知方法。最后，介绍了基于 Q 学习的认知无线电信道选择，理解认知无线电如何与环境进行动态交互，人工智能技术如何用于解决动态交互。

## 7.1 认知无线电

随着无线通信技术的飞速发展，越来越多的用户和应用以无线的方式接入互联网，在此过程中，无线频谱资源被不断授权分配给各种不同的通信系统使用，导致可用的频段越来越少，无线频谱资源已成为现代社会不可或缺的宝贵资源。动态变化的异构网络环境更加剧了业务需求和频谱资源紧缺之间的矛盾，从而严重制约了现有和未来无线网络的部署和运行。

频谱资源的统筹规划是由国际电信联盟（International Telecommunication Union，ITU）管理的，如图 7-1 所示。在国内，频谱管理是由国家频率管理委员会下属的国家频率管理研究所负责。对于频谱这个通信能够使用的唯一资源，可用频段将它分为两类：授权频段和非授权频段。授权频段是由政府授权使用的，图 7-1 所示的都是授权频段,不同的频段被分配用于特定的通信业务使用。因此,授权频段具有独享性。非授权频段是开放的,使用者无须申请就可以使用。我国先后开放了 2.4 GHz、5.8 GHz 作为工业/科学/医学(Industrial,Scientific and Medical,ISM)频段,提高了微波频段无线扩频技术的商业价值。但是,非授权的 ISM 频段的资源非常有限,也趋于饱和。

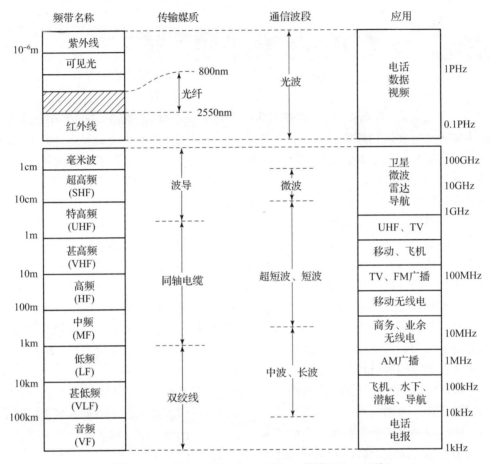

图 7-1 频段分配情况

尽管频谱资源的划分已经渐趋饱和,但是,近年来很多研究机构在分析与监测当前无线频谱的使用情况时却发现,目前大量珍贵的已授权频谱并未得到充分利用,甚至在很多时候处于空闲状态,导致无线频谱资源的极大浪费。美国加州大学伯克利分校对频谱利用情况的实测结果表明,3GHz 以上的频谱几乎没有被使用,而 3GHz 以下的频谱有多达 70% 未被充分利用。根据美国联邦通信委员会(Federal Communications Commission,FCC)所提供的数据显示,在美国已授权分配的大量无线电频段中,因时间和地域的差异,频谱利用率在 15%~85% 之间。事实上,在许多频段,频谱接入是比频谱物理稀缺更重要的问题,由于现有的频谱授权机制采用固定频谱分配策略,使得频谱利用率低,造成大量频谱资源浪费。固定频谱分配策略主要是通过授予频谱使用权,把一个频段分配给一个特定的通信系统使用,而不允许其他系统占用该频段。即使该频段在某一时间、某一地点没有被其授权用户所使用,其他非授权用户也不能使用该频段,从而导致了频谱资源在时间和空间上的浪费，使得频谱利用率低下。

为了解决这种在频谱资源匮乏的情况下授权频谱利用率低下的问题，斯德哥尔摩皇家学院的博士 Joseph Mitola 在 1999 年首次提出了"认知无线电"（Cognitive Radio，CR）的概念，用以表示软件无线电（Software Defined Radio，SDR）与人工智能的集成。认知无线电打破了传统僵化的频谱资源管理和使用机制，允许无线通信系统对无线环境、网络环境和用户环境进行智能学习、推理和决策，在时间、频率以及空间上进行多维信道复用，来减少频谱资源的浪费，从而提高频谱利用率。

## 7.1.1 认知无线电的概念和特点

在认知无线电系统中，授权频段的拥有者称为授权用户（Licensed User，LU），也称为主用户（Primary User，PU）；具备认知功能，以机会方式接入频谱的用户称为认知用户（Cognitive User，CU），也称为次级用户（Secondary User，SU）。授权用户对授权频段具有最高的优先权，一旦该频段的授权用户出现，认知用户必须及时腾出信道给授权用户。认知用户可以以机会方式使用授权的空闲频谱，并避免对授权用户的干扰。认知无线电的基本出发点是：在不影响授权用户正常通信的基础上，认知用户可以按照某种"机会方式"接入授权的空闲频段内，并动态地使用频谱。这种在空域、时域和频域中出现的可以被使用的频谱资源称为"频谱空穴（Spectrum Holes）"，如图 7-2 所示。认知无线电的核心思想是通过对频谱空穴的感知，实现频谱的动态分配和共享。

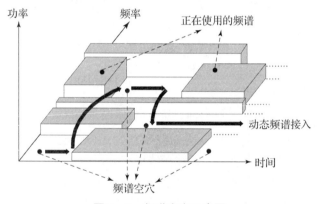

**图 7-2 频谱空穴示意图**

### 7.1.1.1 认知无线电的概念

认知无线电被认为是软件无线电技术的一种智能化扩展。但是随着认知无线电技术的发展，其研究和应用都已不再局限于最初的范畴，不同的研究者和研究机构从不同的领域和角度对认知无线电进行了新的定义和内涵阐述。其中有代表性的是 Joseph Mitola 博士、FCC 和 Simon Haykin 教授的观点。Joseph Mitola 博士从软件无线电和人工智能的角度出发来理解认知无线电，FCC 从工业应用角度出发来认识认知无线电，而 Simon Haykin 教授从信号处理的观点出发对认知无线电进行定义。

1）Joseph Mitola 博士的定义

Joseph Mitola 博士认为：认知无线电技术将连续不断地感知外部环境的各种信息（如工作频率、调制方式、接收端的信噪比、网络的流量分布等），对这些信息进行分析、学习和判断,然后通过无线电知识描述语言(Radio Knowledge Representation Language,RKRL)与其他认知无线电终端进行智能交流,以选择合适的工作频率、调制方式、发射功率、介质访问协议和路由等,保证整个网络能够始终提供可靠的通信,并达到最佳的频谱利用率。认知无线电最大的特点在于智能性,它能通过学习实现自我重配置,动态自适应通信环境的变化,这是它与普通软件无线电最大的不同之处。

Joseph Mitola 在文献[3]中提出如图7-3所示的认知环的概念,包括完整的认知处理流程:观察(Observe)、定位(Orient)、计划(Plan)、决策(Decide)、行动(Act)和学习(Learn)六个环节,因此也称为 OOPDAL 认知环。认知环是一个闭环系统,它通过观察、学习、决策和行动等步骤不断优化无线通信环境。其中,学习环节是构成认知无线电的核心部分,几乎与所有其他环节都有交互,充分体现了认知无线电的"智能性"。但该模型并没有考虑不同认知无线电之间的相互影响和干扰。

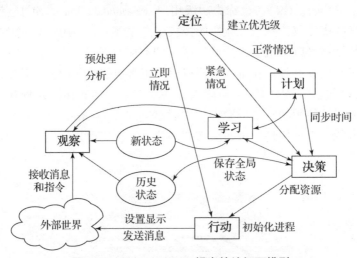

图 7-3 Joseph Mitola 提出的认知环模型

(1)观察:认知无线电通过频谱感知技术感知周围的无线环境,包括频谱使用情况和干扰情况。由于是免许可使用,认知无线电必须具备迅速发现授权用户的能力,在工作过程中时刻检测授权用户是否处于活动状态,从而确保不对其产生干扰。

(2)分析:分析包括对自身性能、网络内部状态、外部相关数据(包括频谱使用、策略使用等)和用户自身需求等相关知识的分析。如果说观察是信息的获取,那么分析就是对相关信息的初步处理。认知无线电设备通过所获取的频谱检测结果分析授权用户的位置、使用的频段和发射时间,同时分析可用频段位置、可用带宽、信道状况、自身传输可能会对其他用户产生的影响以及完成业务传输所需的带宽和时间。

(3)定位:通过分析结果对外部情形进行评估来确定情形是否熟悉,如果需要则立即做出反应。同时,判断外部激励的优先级并分以下三种情况处理:电源故障会直接触发行动,即执行图7-3中标识"立即"的线路;被认为是"紧急"的情况会送入到决策环节,例如,当网络中链路信号遭受不可恢复的损失而导致资源重新分配时,可通过图7-3中标识"紧急"的线路来完成;一般情况下,输入网络的消息通过生成计划来完成,即执行图7-3中标识"正常"的线路。

(4)计划:通常以"慎重"而非"反应式"的方式处理绝大部分的激励。根据用户需求和当前通信环境生成优化目标。

（5）学习：认知无线电将感知到的信息进行收集和处理，并通过学习和分析这些信息来理解无线环境的特性。它利用人工智能和机器学习技术来提取有用的模式和知识，以更好地理解频谱使用情况和干扰情况。

（6）决策：基于学习和分析的结果，在候选的计划中做出选择。认知无线电决策出最合适的传输参数和通信策略。这包括选择最合适的频谱、调制方式和传输功率等，以确保可靠和高效的通信。

（7）行动：认知无线电根据决策结果调整其传输参数和通信策略，以在所选频谱上实现可靠和高效的通信。它还可能需要与其他用户进行协同通信，以避免干扰和最大化频谱利用率。

（8）反馈：在行动之后，认知无线电会再次进行观察和感知，进入下一轮循环，以便评估其决策和行动的效果。如果需要，它可以调整其学习和决策策略，以不断优化无线通信环境。

OOPDAL 认知环对知识的运用过程充分体现了认知无线电的智能性，其中计划、学习、决策等环节更是智能性得以实现的关键所在，具体的实现方法则需要借助于人工智能技术。人工智能的主要目标是使机器能够胜任一些通常需要人类智能才能完成的复杂工作，其基本模型如图 7-4 所示。通过对环境的信息获取、信息认知、形成知识、智能决策、执行作用环境形成循环过程，与 OOPDAL 认知环相比，该模型更能表征认知过程的基本要素。

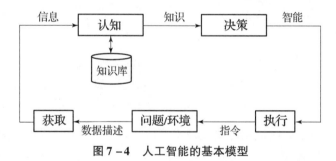

图 7-4 人工智能的基本模型

2）FCC 的定义

美国 FCC 对认知无线电的定义如下：认知无线电是指能够通过与工作环境的交互，改变发射机参数的无线电设备。

在上述定义中，无线电设备与工作环境的"交互"包括主动协商和与其他频谱使用者通信，或者被动感知环境并决定频谱的使用。针对频谱利用率低的现状，FCC 提出采用认知无线电技术实现开放频谱系统：即合法的授权用户具有优先接入频谱的权利，而配有认知无线电功能的认知用户可在对授权用户不造成干扰的情况下按"机会方式"接入频谱。从 FCC 对认知无线电的定义可以看出，FCC 主要是基于频谱管理上的考虑，集中于发射机的行为进行定义的。与 Joseph Mitola 的理想化定义相比较，FCC 对于认知无线电的定义更能为业界所接受，也更容易实现。

3）Simon Haykin 教授的定义

国际电子电气工程界的著名学者、加拿大皇家学会院士 Simon Haykin 教授在总结现有研究的基础上，于 2005 年在 IEEE JSAC 杂志上发表的一篇学术论文中详细阐述了与认知无线电相关的信号处理与自适应过程，并从信号处理的角度对认知无线电进行了定义："认知无线电是一种智能的无线通信系统。它能够感知外界环境，并使用人工智能技术从环境中学习，通过实时改变某些操作参数（如发射功率、载波频率、调制技术等），使其内部状态适应接收到的无线信号的统计性变化，以达到改进系统的稳定性和提高频谱资源利用率的目的。"

根据 Simon Haykin 教授的定义，认知无线电的认知行为主要包含以下三大要素：无线环境分析，主要包括无线环境中干扰温度（Interference Temperature）的估计和频谱空穴的检测；信道状态估计与预测建模，主要包括信道状态信息的估计和信道容量的预测；发射功率控制与动态频谱管理。

通过认知行为的三大要素与射频环境的交互，Simon Haykin 教授从信号处理的角度提出了如图 7-5 所示的认知环模型。将认知无线电定义为一个智能的无线通信系统，并且从如何实现认知的目标出发，具体描述了系统的工作过程和功能组成，针对其中的关键问题提出了可能的解决方法，同时指明了研究的方向。

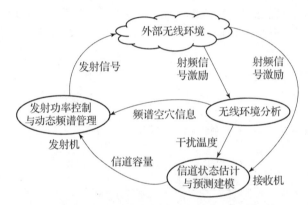

图 7-5 Simon Haykin 提出的认知环模型

由此可知，针对不同的应用环境或技术领域，认知无线电有着多种狭义和广义的定义。总的来说，认知无线电是一种能够依靠人工智能的支持，感知无线通信环境，并根据一定的学习和决策算法，实时、自适应地改变系统的工作参数，从而在任何时间、任何地点提供可靠通信，动态高效地使用频谱资源的无线电。

#### 7.1.1.2 认知无线电的特点

从认知无线电的定义可以得到认知无线电的两个主要特点：认知能力和重配置能力。

1）认知能力

认知能力是指认知无线电能够从它周围的无线环境中实时捕获或感知信息，从而可以识别特定时间和空间上的频谱空穴，选择合适的频谱和对应的工作参数。认知能力不仅包括对无线环境的感知（如检测某一频段上的信号功率），还包括对无线环境空时变化的统计规律的分析，从而避免给其他用户带来干扰。

2）重配置能力

认知无线电的重配置能力是指认知无线电设备可以根据无线环境进行动态设置，从而允许认知无线电设备采用不同的无线传输技术进行数据的发送和接收。这种能力要求在不改动任何硬件的前提下，对无线传输参数进行动态调整。可重配置的工作参数包括工作频率、调制方式、发射功率、传输功率和通信协议等。重配置的核心思想是在不对授权用户产生有害干扰的前提下，利用授权系统的空闲频谱提供可靠的通信服务。一旦该频段被授权用户所使用，认知无线电有两种应对方式：一是切换到其他空闲频段通信；二是继续使用该频段，但调整发射功率、调制方式等系统参数以避免对授权用户产生干扰。

根据认知无线电的上述两大特征，可以把认知无线电期望具备或应当具备的能力概括如下。

(1) 环境感知能力、对环境变化的学习能力和自适应能力。
(2) 系统功能模块可重构性和传输参数的动态调整能力。
(3) 通信高可靠性和频谱资源的高利用性。

认知无线电的上述特征和能力，使其具备灵活、智能、可重配置等优势，可以通过感知无线信道环境，改变工作参数，实时地适应环境，从而在任何时间、任何地点提供可靠的通信，动态高效使用无线频谱资源。

**7.1.1.3　认知无线电的关键技术**

认知无线电能够捕获和感知外部环境信息，推理和学习外部环境变化规律，并根据环境的变化动态调整其工作参数（如工作频率、发射功率、调制方式等），以有效地利用空闲频谱，同时避免了对其他系统的干扰。因此，认知无线电的关键技术主要包括频谱感知、频谱管理（频谱分析、频谱决策）、频谱共享、频谱移动性管理等。由此可见，环境感知、机器学习和智能决策是认知无线网络区别于其他通信网络的三大特征。下面分别对频谱感知、频谱管理、频谱共享和频谱移动性管理进行介绍。

**7.1.2　频谱感知**

频谱感知是认知无线电的基本功能，是实现频谱管理、频谱共享的前提。所谓"感知"就是在时域、空域和频域多维空间，对被分配给授权用户的频段不断地进行频谱检测，检测这些频段内授权用户是否工作，从而得到频谱的使用情况。如果检测到频谱空穴，认知用户就可以临时使用该频谱空穴。对频谱空穴的使用，由于授权用户比认知用户具有更高级别频谱接入优先权。因此，认知用户在利用频谱空穴通信过程中，能够快速感知到授权用户的再次出现，及时进行频谱切换，腾出所占用频段给授权用户使用，或者继续使用原来频段，但需要通过调整发射功率或者调制机制来避免干扰。这就需要认知无线电具有频谱感知功能，能够实时地连续侦听频谱，以提高检测的可靠性。

频谱感知技术可以分为单点频谱感知和多用户协作频谱感知，具体分类如图7-6所示[5-6]。所谓单点频谱感知是指单个认知节点根据本地的无线射频环境进行频谱特性识别，是一种非合作的检测方式。对于单点频谱感知而言，根据检测对象的不同，频谱感知的实现方法可以分为以下两大类。①授权用户接收机检测：通过检测授权用户接收机进行频谱感知。通过传感器节点检测授权用户的接收机泄露，判定该接收机工作的信道，再以特定的功率通过独立的控制信道将判决信道信息传送给认知用户，认知用户利用判决结果来决定是否接入相应频带进行通信。该方案在理论上是实现频谱感知的最佳方法，可保证不对授权用户造成干扰，但是这一方案在实际系统中的实现比较困难。②授权用户发射机检测：通过检测授权用户发射机进行频谱感知。该方案在技术上更易实现，但是该方案存在可用频谱漏检的可能，从而容易造成频谱资源浪费。与此同时，这一方案还存在对授权用户接收机造成干扰的可能，于是出现了多用户协作频谱感知。

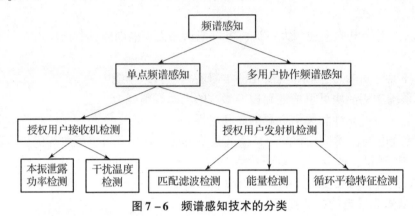

图 7-6 频谱感知技术的分类

#### 7.1.2.1 发射机检测

发射机检测又称为非合作检测。认知无线电应该能够识别被使用和未被使用的频段。因此，认知无线电系统必须能够检测到某个频段的授权用户信号。发射机检测途径是通过感知用户的局部观测报告，检测来自授权用户发射源的微弱信号。授权用户对频谱的占用情况决定了认知用户占用频谱的机会，可用一个简单的二元假设问题来表示对授权用户进行频谱检测的模型，即

$$r(t) = \begin{cases} n(t), & H_0 \\ hs(t) + n(t), & H_1 \end{cases} \quad (7.1)$$

式中：$r(t)$ 为认知用户接收到的信号；$s(t)$ 为授权用户发射机的发射信号；$n(t)$ 为加性高斯白噪声（Additive White Gaussian Noise，AWGN）；$h$ 为信道增益；$H_0$ 为无效假设，表示信道未被授权用户占用；$H_1$ 为有效假设，表示信道已被授权用户占用。

利用某种检测算法对 $r(t)$ 构造相应的检测统计量 $m$，根据设置的门限 $\eta$ 和相关判决准则来对 $m$ 进行判决。频谱检测的主要任务是区分以下两种假设，判定授权用户在该时刻是否占用该频带：

$$\begin{cases} m < \eta, & H_0 \\ m > \eta, & H_1 \end{cases} \quad (7.2)$$

当前，Newman – Pearson 准则常用来衡量检测性能，并分别用 $P_d$、$P_f$ 表示该准则包含的两个重要参数：检测概率 $P_d$ 表示某一频带被占用情况下认知用户也检测到了该频带被占用的概率；虚警概率 $P_f$ 表示某频带空闲时认知用户错误地认为该频带被占用的概率，即

$$\begin{cases} P_f = \Pr[m > \eta \mid H_0] \\ P_d = \Pr[m > \eta \mid H_1] \end{cases} \quad (7.3)$$

检测概率越高,意味着越有利于对授权用户的保护;虚警概率越低,意味着认知用户拥有更多机会使用空闲频带。因此,频谱感知算法的研究力求使频谱检测具有较高的检测概率,同时保持较低的虚警概率。通常来说,最大化检测概率并使虚警概率最小化对认知无线网络有益。但是,这两个指标的优化是相互矛盾的,即虚警概率会随着检测概率的增加而增加;类似地,提高判定阈值会降低检测概率和虚警概率。对于每一种感知方法,必须找到一种折中方案,以在保持高检测概率的同时降低虚警概率。在实际情况中,虚警概率和检测概率的大小往往要根据系统需要进行折中。除了虚警概率和检测概率,还需要考虑频谱感知算法的检测速度。检测速度快,相应的检测时间就会短,这样,既能使认知用户获得更多的频谱利用机会,又能使认知用户快速、及时地退出。

通信系统中用到的信号处理技术,如匹配滤波、能量检测和循环平稳特征检测均可应用于频谱感知中,因此,发射机检测方法包括匹配滤波、能量检测、循环平稳特征检测以及时频分析等。

1) 匹配滤波检测

所谓匹配滤波器是指输出信噪比(SNR)最大化的最佳线性滤波器,主要通过将已知的授权用户信号的先验信息作为已知条件,通过对授权用户信号进行相干解调或导频检测来实现频谱的检测,具体流程如图 7-7 所示。理论分析和实践都表明,如果滤波器的输出端能够获得最大信噪比,我们就能够最佳地判断信号的出现,从而提高系统的检测性能。

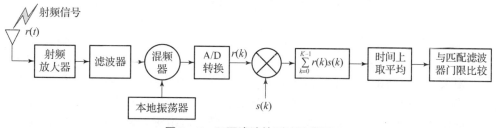

图 7-7 匹配滤波检测法流程图

如图 7-8 所示,令匹配滤波器的输入信号为 $r(t)=s(t)+n(t)$,其中,$s(t)$ 为有用的通信信号,$n(t)$ 为加性高斯白噪声,功率谱密度为 $N_0/2$。我们假定信号 $s(t)$ 和白噪声 $n(t)$ 是统计独立的。

图 7-8 线性滤波器

令滤波器的输出 $y(t)=s_0(t)+n_0(t)$,其中,$s_0(t)$ 和 $n_0(t)$ 分别是滤波器对应于 $s(t)$ 和 $n(t)$ 的输出。从某种意义来说匹配滤波是最优的信号检测方法,它具有相干信号处理过程,因此可以解调信号。但其实现复杂,因为对于认知无线电而言,针对每个授权用户接收机都需要一个单独的匹配滤波器。

2) 能量检测

能量检测法是通过对时域或频域内的接收信号总能量的测量来判断是否存在活跃的

授权用户，也称基于功率的检测法。能量检测法多采用频域的实现方式，其流程如图 7-9 所示。

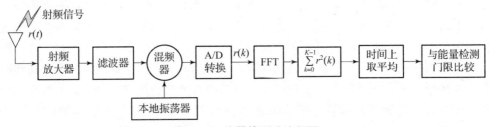

图 7-9 能量检测法流程图

能量检测法是一种比较简单的信号检测方法，属于信号的非相干检测，直接对时域信号采样值求模，然后平方即可得到；或利用 FFT 转换到频域，然后对频域信号求模平方也可得到。它的另外一个优点是无须知道检测信号的任何先验知识。实际上，能量检测是在一定频带范围作能量积累，如果积累的能量高于一定的门限，则说明有信号存在，如果低于一定的门限，则说明仅有噪声。能量检测的出发点是信号加噪声的能量大于噪声的能量。能量检测方法对信号没有作任何假设，是一种盲检算法。能量检测中天线接收到的射频信号 $r(t)$ 经射频放大、滤波后，与本地振荡器信号进行混频处理，再经 AD 转换并进行快速傅里叶变换（Fast Fourier Transform，FFT），对其平方和构建判决统计量 $Y$，$Y$ 服从卡方（Chi-Square）分布，即

$$Y = \sum_{k=0}^{K-1} r^2(k) \tag{7.4}$$

$$Y \sim \begin{cases} x_{2u}^2(2\gamma), & H_1 \\ x_{2u}^2, & H_0 \end{cases} \tag{7.5}$$

互相关能量检测器是为了克服能量检测器对噪声功率敏感而发展出来的一种检测器。该检测器以两个阵元来获得一些检测性能上的提高，并且对噪声的敏感程度要小。

能量检测法将输入信号首先通过一个带通滤波器取出感兴趣的频段，然后进行平方运算，通过积分器对一时间段内进行积累。检测框图如图 7-10 所示。

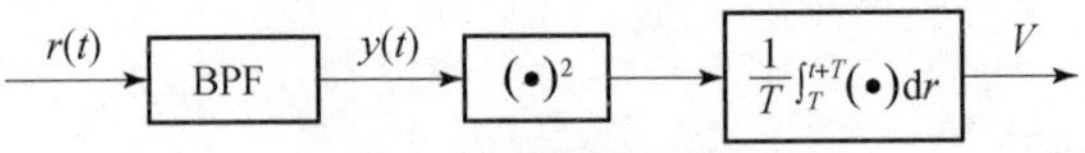

$$r(t) \rightarrow \boxed{BPF} \xrightarrow{y(t)} \boxed{(\cdot)^2} \rightarrow \boxed{\frac{1}{T}\int_{t-T}^{t+T}(\cdot)\mathrm{d}\tau} \xrightarrow{V}$$

图 7-10 能量检测器原理

能量检测的出发点很简单：信号加噪声的能量大于噪声的能量，即

$$\mathbb{E}\{(s(t)+n(t))^2\} = \mathbb{E}\{s(t)^2\} + \mathbb{E}\{n(t)^2\} > \mathbb{E}\{n(t)^2\} \tag{7.6}$$

其中，假定了信号与噪声相互独立，并且噪声是零均值的。这里用的是功率，再积分就是能量了。如果累积的能量大于一定的门限，就说明在该频带存在信号，否则仅存在噪声。

对检测器的性能进行分析需要确定统计量的分布，先假设：

（1）噪声 $n(t)$ 是零均值的高斯白噪声，其双边带功率谱密度是 $N_0$，噪声的带宽是 $W$；

（2）信号 $s(t)$ 与噪声不相关，即 $\mathbb{E}\{s(t)n(t)\}=0$。

能量检测是一个次优的检测方法，它不具有相干信号处理。微弱检测信号能力比匹配滤波检测差。通过比较能量检测的输出和一个依赖于估计的噪声功率值来检测信号，这样即使一个非常小的噪声功率估计偏差都会造成能量检测性能的急剧下降。虽然其实现简单，但要准确评估射频发射机的噪声功率是非常困难的。实际上，这需要校准噪声指数和多频率射频前端在整个频率范围的增益。

3) 循环平稳特征检测

冗余信号的存在使得授权用户信号的统计特性、均值及自相关函数都呈现一定的周期性。循环平稳特征检测是利用谱相关函数检测接收信号中存在的循环周期特征来确定是否存在授权用户信号，其实现流程如图 7-11 所示。区别于上述两种方法，循环平稳特征检测法是通过 FFT、复共轭相乘、求平均运算来构建谱相关函数。

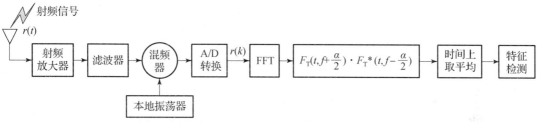

图 7-11 循环平稳特征检测法流程图

由于循环平稳特征检测对未知噪声变量的鲁棒性使得其在区分噪声方面较能量检测法要好，其实现复杂度增加了 $N^2$。因为相比于能量检测法只需计算 $N$ 个 FFT 输出，它还需要计算 $N$ 个 FFT 输出的相互相干性。

#### 7.1.2.2 接收机检测

基于接收机的频谱检测是相对于基于发射机的频谱检测而言的，它是通过判断授权用户接收端是否处于工作状态来判断授权用户是否正在使用某个频段的方法。目前基于接收机的频谱检测方法有本振泄露功率检测和基于干扰温度的检测。

1) 本振泄露功率检测

文献[7]提出一种利用直接测量授权用户本振泄漏信号的方法来检测授权用户是否存在。为了检测本振泄漏出来的微弱信号，在授权用户接收端附近需要放置传感器节点。这些传感器节点直接检测本振泄漏信号，并计算授权用户所用信道。这一信息被认知用户用来控制其工作频谱。

目前几乎所有的无线电接收机都是 Edwin Armstrong 于 1918 年发明的超外差接收机结构，其结构如图 7-12 所示。此结构流行的一个原因是它可将射频信号下变频到一个确定的中频信号，并用一个高 Q 中频滤波器代替了一个 Q 可调射频滤波器。为了将射

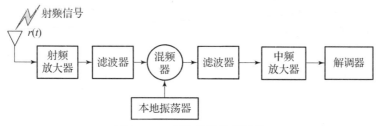

图 7-12 超外差接收机结构

频信号下变频到中频信号,需要利用本地振荡器,将本振调谐到某一特定频率并与输入的射频信号混合,就可下变频到中频频段。

2) 干扰温度检测

2003 年美国 FCC 提出一种新的干扰检测模型——干扰温度模型(如图 7 – 13 所示)。该模型要求发射基站有意识地控制信号发射功率,使接收端接收信号功率接近其噪声电平。当接收端工作频段内出现未知干扰信号时,不同频点的峰值将超出原有噪声电平,噪声电平相应被提高。干扰温度模型不使用噪声电平作为判别门限,而是使用干扰温度即接收端所能容忍的新增干扰数量来判别。也就是说,干扰温度模型是对多个射频信号能量进行积累,获得其最大容量的对应信号数量,作为判别门限。依据干扰温度模型,某频段内,只要感知用户发射机工作数量不超过判别门限,认知用户就可以使用该频段。

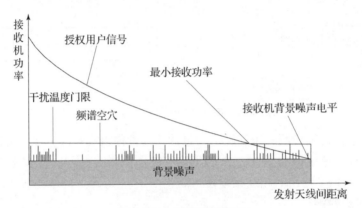

图 7 – 13 干扰温度模型

干扰温度的概念等同于噪声温度,它是干扰功率和所占的带宽的一个度量,定义如下:

$$T_\mathrm{I}(f_\mathrm{c}, B) = \frac{P_\mathrm{I}(f_\mathrm{c}, B)}{kB} \tag{7.7}$$

式中: $T_\mathrm{I}$ 为干扰温度; $P_\mathrm{I}(f_\mathrm{c}, B)$ 为带宽为 $B$,中心频率 $f_\mathrm{c}$ 处干扰的平均功率,单位 W; $k$ 为玻尔兹曼常量,等于 $1.38 \times 10^{-23}$ J/(°)。

依据该定义,噪声和干扰被合起来,只作为一个参数来考虑和检测。当然,干扰和噪声是不同的,干扰的特征比较明确,与带宽不相关,而噪声不是。认知用户使用相应频带的前提是认知用户信号的传输不会使授权用户接收机处的干扰温度超过预先设定的干扰温度门限 $T_\mathrm{L}$。这种方法最大的难点在于如何准确测量接收机处的干扰温度。

### 7.1.2.3 多用户协作频谱检测

在大多数情况下,认知用户和授权用户的网络在物理上是分开的,他们之间没有交互信息,这导致认知用户缺少授权用户接收机的信息。因此,在检测过程中不可避免地会对授权用户造成干扰,如图 7 – 14 (a) 所示。另外,发射机检测法无法解决"隐藏终端"问题。一个认知无线网络的发射机和接收机之间可能是视距传播,但由于阴影效应可能检测不到授权用户的存在,如图 7 – 14 (b) 所示。因此,在这种情况下,认知用户需要从其他用户那里得到信息并进行更精确的检测，也就是需要与其他用户进行协作频谱检测。

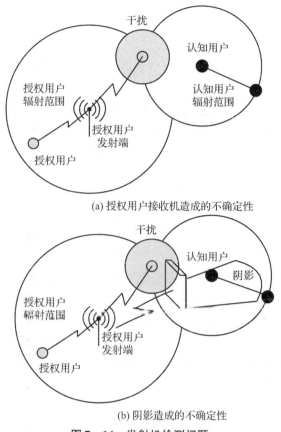

图 7-14 发射机检测问题

由于无线环境的复杂性以及硬件设备的限制，在实际认知无线网络中，单用户检测方法很难满足高检测概率和低虚警概率的需求，考虑到认知无线网络中存在多个认知用户，利用多个认知用户彼此协作的方式，即多用户协作频谱感知的方法进行检测，能减少多径衰落和阴影效应，可以显著提高频谱检测概率，满足实际要求。

多个认知用户的协作频谱感知主要有两种感知方式：中心式和分布式。在中心式感知方式中，由一个融合中心负责收集各个认知节点传送的感知数据信息，并进行数据融合和频谱空穴的决策判决，通过控制信道将判决结果广播给各个认知用户或由该融合中心直接控制认知用户的传输。在分布式感知方式中，各个认知节点可以根据需要与其单跳或多跳范围内的邻居共享信息，但是各个节点独立判决可供自身使用的频谱位置。相比于中心式感知方式，分布式感知方式不需要基础网络结构从而可降低开销。认知节点可以同时具备这两种方式，根据需要选择当前的工作模式。

协作频谱感知可分为三个阶段：本地检测、本地判决结果报告、数据融合与全局判决汇报，如图 7-15 所示。其本

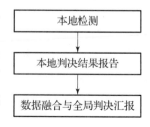

图 7-15 多用户协作频谱检测的三个阶段

地检测阶段与单用户频谱感知没有本质差别。本地判决结果报告可以是认知用户之间的报告，也可以是多个认知用户向融合中心报告，报告的信息内容可以是二进制判决信息，也可以是感知的度量数据。

### 7.1.3 频谱管理

动态频谱管理主要是利用频谱感知所获取的频谱信息，如频谱信噪比、工作频率等，然后根据用户的 QoS 需求，在所有的可用频谱资源中选择最合适的频段。动态频谱管理涉及两个过程：频谱分析和频谱决策。频谱分析主要是通过复杂的信号处理过程来分析和估计频谱参数等信息，进而分析频谱特性，以保证频谱的合理分配；频谱决策主要根据当前用户业务的 QoS 需求，决定数据速率、误码率门限、时延上限、传输模式和传输带宽等重要参数，然后结合已有的频谱描述信息，为用户选择最适合的频段。

#### 7.1.3.1 频谱分析

在认知无线网络中，可用频谱空穴在不同的时间段内具有不同的频谱特征。频谱分析的目的就是归纳这些频段的频谱特性，使认知无线电能够做出最符合用户需求的判决。

为了描述认知无线网络的动态特性，每个频谱空穴必须根据其频谱环境的时间变化和授权用户的活动特征以及工作频率和带宽等频带信息进行特性定义。因此，定义如干扰等级、路径损耗、信道误码率、链路层延时和信道占用时间等参数来说明特定频带的性能。

（1）干扰：一些频带相对于其他频带更加拥挤。因此，正在使用的频带决定了信道的干扰特性。从授权用户接收端的干扰程度，可以得出认知用户的允许发射功率，这可以用来估计信道容量。

（2）路径损耗：路径损耗随着工作频率的增加而增加。因此，如果一个认知用户的发射功率保持不变，那么传输范围将随着频率的增加而减少。同样地，发射功率增加可以弥补路径损耗，但会对其他用户造成更大的干扰。

（3）无线链路误码率：根据调制方式和干扰等级，信道误码率会有所不同。

（4）链路层时延：为了满足路径损耗、无线链路误码率和干扰等问题的要求，需要在不同的频带上采用不同的链路层协议，这就导致了不同的链路层数据包传输时延。

（5）信道占用时间：在认知无线网络中，授权用户的活动能够影响信道质量。信道占用时间指的是认知无线电用户在中断退出前可以占用授权信道的预期持续时间。很明显可以看出，信道占用时间越长，信道质量越好。由于信道切换会减少信道占用时间，因此在设计具有较长信道占用时间的认知无线网络时，必须预先考虑切换统计模型。

信道容量是频谱特性中最主要的一个特性，它可以从上述参数中推导出。通常情况下可以用接收端的信噪比来计算信道容量。

假设高斯白噪声和干扰情况下的频谱容量计算如下：

$$C = B\log\left(1 + \frac{S}{N+I}\right) \tag{7.8}$$

式中：$B$ 为带宽；$S$ 为从认知用户接收机接收到的信号功率；$N$ 为认知用户接收机的噪

声功率；$I$ 为由于授权用户发射机对认知用户接收机造成的干扰功率。

#### 7.1.3.2 频谱决策

一旦所有的可用频谱的特性都被分析出来以后，认知无线电应该根据当前传输的 QoS 需求，为当前的传输选择一个合适的工作频段，这就是频谱决策功能。

频谱决策功能主要负责选择最合适的频谱供认知用户机会使用，同时避免对授权用户的干扰。它通过使用从频谱感知功能接收到的信息来实现这一目标。在选择一个频带时，频谱决策功能会根据认知用户的 QoS 需求，如传输速率、可接受的误码率、最大时延、传输模式和传输带宽等，进行综合考虑。

此外，频谱决策功能还需要协调认知用户的协同感知操作，以防止对授权用户活动的误检测。为了避免对认知用户的干扰，频谱决策功能会在等待认知用户活动停止或切换到另一个可用频谱波段时进行频谱切换。

在认知无线电中，频谱决策功能通常包括以下几个步骤。

（1）频谱感知：通过感知无线环境中的可用频谱空穴，检测出频谱的空闲和占用状态。

（2）频谱决策：根据感知到的频谱状态和认知用户的服务质量需求，选择最合适的频谱供认知用户使用。

（3）频谱接入：通过动态调整认知用户的传输参数（如传输功率、载波频率和调制技术等），确保认知用户能够在所选频谱上实现可靠通信。

（4）频谱切换：当授权用户占用所选频谱时，认知用户需要切换到另一个可用频谱波段以继续通信。

通过这些步骤，认知无线电的频谱决策功能能够实现对无线频谱资源的高效利用，并提高通信系统的性能和可靠性。

### 7.1.4 频谱共享

认知无线网络频谱分配技术的主要目的是在避免对授权用户造成干扰的同时，实现认知用户之间高效、公平地共享可用频谱资源。与传统网络不同，认知无线网络的频谱分配必须考虑三个方面的问题：一是认知用户对授权用户的干扰；二是认知用户之间的干扰；三是认知无线电系统的效益和用户之间的公平性。

频谱共享的分类如图 7-16 所示。

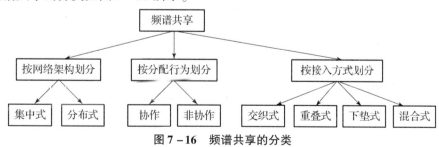

图 7-16 频谱共享的分类

（1）按网络架构划分，频谱共享可以分为集中式频谱共享和分布式频谱共享。

集中式频谱共享方式中，认知用户将各自对授权频谱信息的感知结果发送到集中控制器（如认知基站或中央接入点），集中控制器将各个认知用户的感知结果进行收集融合，再决定各个认知用户频谱分配和接入频谱的方式。这种方式下集中控制器的负担很重，一定程度上限制了认知无线网络的性能。

分布式频谱共享方式中，各个认知用户单独对授权频谱信息进行感知检测，各自决定能否接入频谱以及相应的接入方式。这种方式没有集中控制器对频谱信息的整合判决，认知用户不需要与集中控制器进行大量的信息交互，但是需要通过进一步优化来避免因认知用户互相竞争频谱而带来的干扰。

（2）按分配行为划分，可以分为协作频谱共享与非协作频谱共享。

协作频谱共享方式中，认知用户通过相互协作方式，考虑其频谱分配和频谱接入对其他认知用户造成的干扰，来确定各个认知用户的最优频谱分配和频谱接入方式。频谱共享方式信息共享量较大，引起的通信开销也大。

非协作频谱共享方式中，认知用户未对频谱资源进行深层次的分析，单独对授权用户的频谱资源进行分析，选择接入一个可用的频谱。非协作频谱共享方式不需要用户间进行信息共享，通信开销较小，但可能存在多个认知用户对于频谱资源的激烈竞争。

（3）按接入方式划分，频谱共享可以分为交织式（Interweave）、重叠式（Overlay）、下垫式（Underlay）、混合式（Hybrid）。

交织式频谱共享方式是指不允许认知用户和授权用户共享同一频谱资源，以防止对授权用户的通信造成干扰。认知用户可以感知认知无线网络中的所有可用频谱资源，当该频谱未被授权用户占用而处于空闲状态时才允许被认知用户访问。当授权用户重新使用该频谱时，认知用户应当立即终止使用该频谱。该种方式能够最大限度地保证授权用户的通信质量，其原理如图 7 – 17 所示。

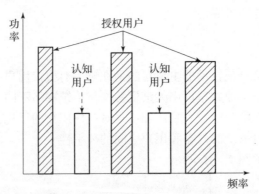

图 7 – 17　交织式频谱共享方式

重叠式频谱共享方式是指在对授权用户通信不干涉的情况下，认知用户通过对授权用户信息进行解码同时获得授权用户网络信息，并利用部分能量帮助授权用户传输，提高其通信质量，且保证认知用户正常通信，其原理如图 7 – 18 所示。这种方式允许授权用户和认知用户同时共享频谱，且对认知用户的发射功率没有具体的约束，但是上述两种方法都规定了认知用户传输的时间和地点。

下垫式频谱共享方式是指在对授权用户通信的干扰不能超过其允许干扰的最大阈值，即干扰温度时，认知用户和授权用户可以共享同一频谱资源共同通信，如图 7 – 19 所示。下垫式频谱共享能够最大限度地提高频谱资源利用率，但是由于下垫式频谱共享需要对认知用户的发射功率进行控制，因此，下垫式频谱共享不适合长距离通信。

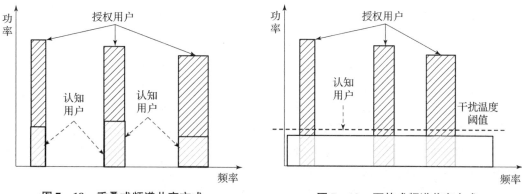

图 7-18　重叠式频谱共享方式　　　　　　图 7-19　下垫式频谱共享方式

混合式频谱共享方式是指认知用户检测授权用户的频谱占用情况，当授权用户占用频带时，认知用户在不高于授权用户干扰温度阈值的情况下，控制其自身功率并采用下垫式频谱共享方式接入网络；当授权用户退出占用频带时，认知用户将采用交织式频谱共享方式，以提高频谱利用率。这种方式综合了交织式、下垫式两种频谱共享方式，具有两种方式的优缺点。

### 7.1.5　频谱移动性管理

频谱移动性是指当用户需求或外部环境发生变化而导致原先使用的频段变得不可用时，重新选择一个最合适的可用频段的过程，这个过程也称为频谱切换。频谱切换通常发生在两种情况下：一是当某一空闲频段被授权用户重新使用时，工作于该频段的认知用户必须跳转到其他频段；二是当用户 QoS 需求发生变化，而当前正在使用的频段无法满足用户的 QoS 需求时，必须跳转到其他合适的频段。频谱移动性管理主要包括频谱切换以及切换过程中的链路维持，即如何保持切换过程中用户的服务不被中断。

频谱切换主要包括三个过程：频谱切换初始化、频谱切换决策和频谱切换执行。频谱切换初始化即初步搜索可以利用的频谱资源，频谱切换决策即对可用频谱资源进行估计，选择当前情况下最优的频谱资源，最后通过频谱切换执行过程进行切换操作。

频谱移动性管理需要设计快速频谱选择算法和快速频谱切换算法，以保证切换过程中用户服务的 QoS。快速频谱选择算法保证了认知用户从多个可供选择的可用频谱中快速地选择一个最合适的频段，在满足用户业务的 QoS 需求的同时，最优化整个系统对频谱资源的利用率。快速频谱切换算法保证了用户迅速从一个频段跳转到另一个频段，从而使用户业务的 QoS 性能不至于受到过多的影响，维持无缝通信。此外，在算法设计中，收敛速度和避免乒乓效应也是需要考虑的重点和难点。

## 7.2　认知无线网络概述

随着当今无线网络环境日益复杂化、异构化和动态化的趋势，以及认知无线电技术的发展和深入研究，Virginia Tech 公司的 Ryan W. Thomas 等于 2005 年提出了认知无线网络（Cognitive Radio Networks，CRN）的概念。

### 7.2.1 认知无线网络的概念

Joseph Mitola 在其博士学位论文中改进了认知无线电的定义，广义上讲是无线节点能通过对周围无线环境的历史和当前状况进行检测、分析、学习、推理和规划，利用相应结果调整自己的传输参数，用最适合的无线资源完成无线传输。目前，智能化特征正从无线节点向无线网络延伸和拓展，在此基础上形成的网络形态称为认知无线网络。

认知无线网络是具有环境感知能力，对环境变化的自学习能力和自适应能力，能够实现网际和网间协同、资源的动态管理、系统功能模块和协议的重配置等，从而提供更好的网络端到端性能。认知无线网络的出现为频谱资源的高效利用、异构网络多种标准的并存、泛在接入与服务、网络的自主管理等问题的解决提供了一种新的思路、方法与途径。

认知无线网络是从认知无线电发展而来的，两者有很多相同的属性。例如，两者都是以认知环作为性能优化的核心；都需要通过认知语言进行推理学习，并采用软件可调整平台根据认知环进行调整。然而，认知无线网络与认知无线电还是存在明显的区别，主要区别总结如下：

（1）认知无线网络端到端的性能目标是相对整个认知无线网络范围而言的，包括运营、用户以及资源需求等，目标由局部演进为全局，使认知特性深入各层协议；而认知无线电仅仅侧重于无线信道的局部目标。这与认知无线电区别开来。

（2）认知环境发生了变化，认知无线网络将认知的研究对象从无线域横向拓展到网络域、用户域与政策域，反映了认知对象的多域特性。认知内容不仅包括了无线域的频谱空穴探测和授权用户位置估计等，还拓展至网络传输时延与承载能力、用户的偏好与需求等。

（3）认知无线网络允许无线通信七层协议栈被动态重构；而认知无线电只侧重于物理层和 MAC 层。

（4）认知无线网络需要根据目前环境的观察信息，确定最佳网络并进行网络元素协议栈的重配置，因而需采用基于应用和网络特征的跨层体系结构，而认知无线电中的跨层设计侧重于单目标优化，不考虑网络方面的性能，会造成多个自适应过程相互冲突。

（5）相比认知无线电，认知无线网络中的整体网络可以提高资源管理、服务质量、安全、接入控制或吞吐量等端到端性能。

认知无线网络是认知无线电的网络化，其本质是将认知特性纳入到无线通信网络的整体中去研究。因此，它可以定义为：认知无线网络能够利用环境认知来获取环境信息，并对信息进行挖掘处理与学习，为智能决策提供依据，并通过网络重构实现对无线环境的动态适应。

### 7.2.2 认知无线网络的特点

认知无线网络具有高智能性及灵活性，从构成网络的终端、无线接入等到网络的协议、软硬件体系结构多方面，都要具有自主、自管理、自配置、自优化等功能。认知无线网络应具备以下主要特征。

（1）认知能力：即能够从其所处的无线环境中捕获或感知相关信息的能力。要获得时间或空间上的变量信息，同时避免对其他用户产生干扰，不能仅通过简单地监视某一频段上的功率就可以实现，而是需要更为复杂的分析能力。通过认知能力，认知用户能与周围环境实时交换信息，识别在某一特定时间或空间可用的频谱空穴，确定合适的通信参数。

认知无线网络的外部环境是随时间和空间在不断地变化，因此必须能够自适应无线环境的变化。这是由认知无线网络的频谱感知、频谱决策、频谱共享和频谱移动性管理共同实现的，通常采用图7-20所示的通用认知环来表示。

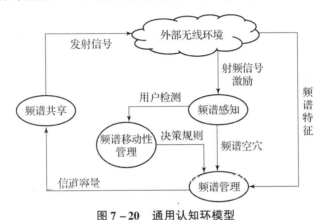

图7-20 通用认知环模型

①频谱感知。频谱感知是指保证不干扰授权用户的前提下，在特定的时间和位置通过信号检测和处理的技术手段来获取频谱信息，其主要目的是为了发现"频谱空穴"，频谱感知的好坏是决定高效频谱分配的前提。

②频谱管理。频谱管理是根据频谱感知得到的频谱相关信息和服务质量要求来选择最适合用户的"频谱空穴"频段，通过调整认知用户的发射功率并让该认知用户接入信道从而提高频谱资源的利用率。

③频谱共享。频谱共享是指多个认知用户在不干扰授权用户的前提下公平地共享频谱资源，频谱共享的效果取决于频谱感知和频谱分配策略的好坏。

④频谱移动性管理。认知无线网络中频谱移动性管理是指当认知用户检测到授权用户需要使用其占用的某一频段时能立即退避，同时满足无缝切换要求。频谱移动性管理分为频谱切换和连接管理。频谱切换是指将当前正在进行的数据传输从当前的频段切换到另一个空闲频段的过程，然而这自然会导致与认知用户通信的额外延迟。

（2）重配置能力：可以使用户根据其所处的无线环境动态进行调整，这样使认知用户能动态地在多个频段上发送和接收，并可使用不同的传输接入技术。通过这种能力，可以调整工作频率、调制方式、发射功率等参数，而不需要改变任何硬件部分。

（3）自组织能力：根据收集到的感知信息和端到端的性能目标做出最优行动决策的能力。

（4）实现端到端目标性能的能力。

## 7.3 认知无线网络架构

### 7.3.1 认知无线网络的系统架构

根据目前对于认知无线网络系统架构的研究成果，可以看到，从最初的集中式网络架构，以及后来涌现的分布式、混合式网络架构，都有研究者在进行研究。

#### 7.3.1.1 集中式认知无线网络系统架构

集中式认知无线网络也称为基于基础设施（Infrastructure – Based）的认知无线网络。在集中式认知无线网络中，存在一个中心控制节点（如基站），统一负责频谱机会的检测、分析和分配、用户调度以及功率控制等功能。在集中式网络架构中，所有认知节点均需要向中心控制节点申请资源，并听从中心控制节点的调度和分配。因此，其优点在于网络拓扑简单，便于管理和控制，网络延迟较小，传输误差较低；其缺点是成本高，不灵活，资源共享能力较差。

集中式认知无线网络的典型代表是 IEEE 802.22 网络，网络系统架构示意图如图 7 – 21 所示。IEEE 802.22 网络主要包含基站和认知用户终端两个主要实体，基站提供集中式的控制，包括功率控制、频谱管理和调度控制等。此外，基站还必须具有分布式感知的能力，即能够指导认知用户终端对不同的频段进行分布式测量。随后，基站根据收到的反馈信息和自身感知到的信息决定下一步行动，以避免对有线电视频道的各种法定授权业务造成干扰。

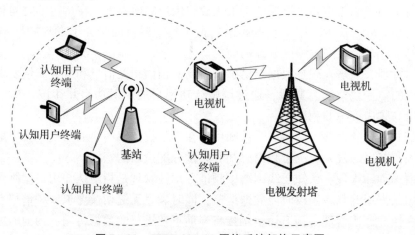

图 7 – 21　IEEE 802.22 网络系统架构示意图

#### 7.3.1.2 分布式认知无线网络系统架构

分布式认知无线网络也称为无基础设施或 Ad Hoc 模式的认知无线网络。在分布式认知无线网络中，不存在中心控制节点，频谱机会地检测、分析和分配，以及功率控制等工作既可以由每个认知用户独立完成，也可以由相邻的认知用户所组成的组（Group）通过合作的方式完成。

分布式认知无线网络的典型代表是 IEEE 802.16h 网络，如图 7 – 22 所示。IEEE 802.16h 网络的主要目的是保证多个 IEEE 802.16 系统的共存以及频谱资源的共享。因此，每个 IEEE 802.16h 系统由一个基站和多个用户站组成。各个基站之间以 Ad Hoc 模式构成一个社区（Community），该社区内的每个基站都需维护构成社区的基站列表，基站之间采用基于 IP 的通信方式。每个基站设有一个可以对其他基站开放的数据库，该数据库包含频谱共享所需的信息及基站与用户站自身相关的信息，各个基站之间通过自组织的形式进行频谱信息的交互。

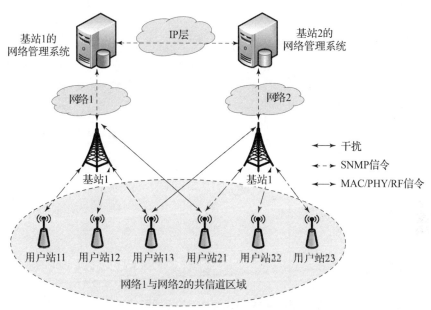

图 7-22　IEEE 802.16h 网络系统架构示意图

在分布式网络系统架构下，认知节点间的通信以自组织的方式进行。由于没有统一的中心控制节点协调控制，节点之间的协调相对困难，但是这种网络架构具有组网容易、易于拓展、可靠性高、成本低的优点。

#### 7.3.1.3　混合式认知无线网络系统架构

混合式网络系统架构的典型网络有 xG 网络、认知 Mesh 网络。

1）xG 网络

xG 网络是由美国国防部高级研究计划署资助的下一代（the neXt Generation）项目，是基于 OFDM 的认知无线网络，其网络系统架构如图 7-23 所示。xG 网络的系统架构主要由两部分组成：授权网络和非授权的认知无线网络。授权网络也称为主用户网络（Primary Network），是运行在授权频段的，如蜂窝网和广播电视网。若授权网络为集中式网络，则授权用户通过主基站（Primary Base Station，PBS）控制接入，不会受其他授权用户和认知用户影响。

非授权网络又称认知无线网络，没有授权频段可用。根据组织方式的不同，认知无线网络可以分为有基础设施和无基础设施两类，其中前者属于集中式网络，后者属于分布式网络。认知无线网络不能像授权网络一样能拥有自己的特定通信频段，因此认知用户需要附加额外的功能模块与授权用户共享授权频谱。认知无线网络基站是集中式认知无线网络中的一个固定基础设施，提供对认知用户的单跳连接。另外，不同的认知无线网络之间通过频谱 Broker 连接，又称调度服务器，用以分配频谱资源。

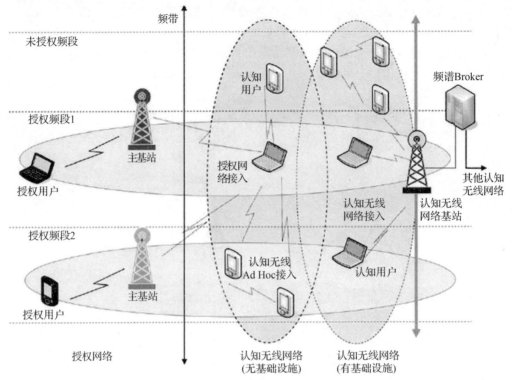

图 7-23  xG 网络架构示意图

2）认知 Mesh 网络

认知 Mesh 网络是由美国国家自然科学基金资助，美国罗格斯大学、佐治亚理工学院等联合研究提出的一种混合式网络架构，如图 7-24 所示。认知 Mesh 网络由多个簇构成，每个簇中有一个 Mesh 路由器及多个 Mesh 客户端，Mesh 路由器间以 Ad Hoc 方式互联；不同簇间的 Mesh 客户端通信可以不通过 Mesh 路由器中转；同一簇内的 Mesh 客户端之间可端到端通信；Mesh 路由器之间通过多跳路由到接入 Internet 的网关。

## 7.3.2  认知无线网络的功能架构

认知无线网络的功能架构如图 7-25 所示，包括端到端目标管理、自组织管理、多域认知管理和重配置管理四个组件。该架构的顶层组件是端到端目标管理组件，用于引导整个认知无线网络的行为。如果没有端到端的目标管理组件来引导网络的运行，一些不可预测的情况就可能会出现。自组织管理组件的主要任务是从外部环境中获取网络信息，并把感知的信息传送给架构中的其他组件，根据收集到的感知信息和端到端的目标性能得出最优的行动决策，从而能更好地服务于当前所处的网络环境。重配置管理组件负责依据最优的行动决策重配置操作参数。

### 7.3.2.1  端到端目标管理

端到端目标管理组件由两个子组件组成：端到端目标和认知规范语言。

1）端到端目标

端到端目标组件提供了整个认知无线网络的操作目标，可用来引导网络的正常运

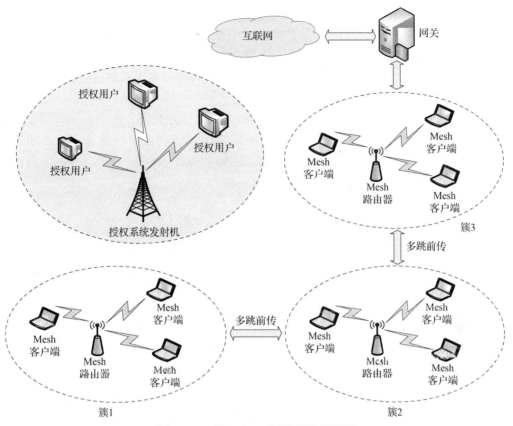

图 7-24 认知 Mesh 网络架构示意图

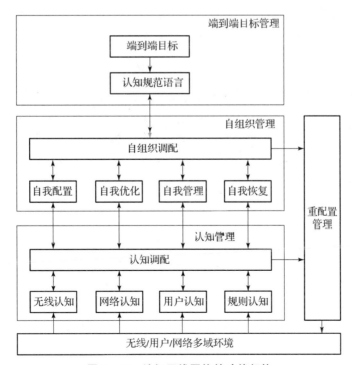

图 7-25 认知无线网络的功能架构

行,达到预期的效果。端到端目标组件的输入可以来自用户、网络运营商或是应用程序。在此,端到端的范围包括一个数据流传输中所涉及的所有网元,如网关、交换机、路由器、协议、调制、编码等。然而,考虑到在许多实际情况下,要达到的目标可能不止一个,同时对多个目标进行优化是不可行的,因此需要对各个目标进行权衡。

2) 认知规范语言

认知规范语言组件能将端到端目标传送给自组织管理组件,为自组织管理组件提供操作行为的引导。尽管端到端目标是全网范围的,经过该组件的处理,自组织管理组件的目标可以只针对本地的某些网元。认知规范语言可以采用由 Mitola 提出的 RKRL。

#### 7.3.2.2 自组织管理

自组织管理组件包括 5 个子组件:自我配置、自我优化、自我管理、自我修复和自组织调配。这 5 个子组件各司其职,缺一不可,实现了组件的自组织管理功能。

1) 自我配置

自我配置组件能够收集基本的网络运行配置信息,调用自动安装程序来配置新部署的网络节点。应当指出,在初始配置之后,网络节点仍然处于预操作状态,但是这些节点已经连接到网络,能够从网络中获得额外的网络配置参数。从用户的角度来说,这些节点是即插即用的,也就是说节点没有具体的安装要求限制。例如,在 3GPP LTE 网络中,本地节点能够自动进行自我配置,并连接到网络中。

2) 自我优化

自我优化组件能够根据收集到的网络信息做出最优化判决(如功率和信道的最优化分配),达到端到端的目标性能。考虑到环境信息是不可能完全获取的,可以采用机器学习,即根据一段时间使用不完整信息总结得出的经验,进行最优化判决,改善端到端的性能。机器学习算法有许多,如深度学习、强化学习、统计机器学习等,它们都可以应用于认知无线网络的架构中。

3) 自我管理

自我管理组件可用于执行网络的运行与维护工作,网络的运行与维护工作本来是由人工完成的,该组件使得网络自身能完成这一工作。我们知道,由端到端目标管理组件提供的端到端目标引导着网络的运行与维护,自我管理组件能够根据从认知管理组件获得的信息采取行动,完成自我管理。同时,也可以使用机器学习来获取环境信息,为提高端到端的性能做准备。

4) 自我修复

自我修复组件用于检测并解决网络问题,避免用户体验的恶化,从而降低网络的维护成本。如果网络节点发生故障,认知管理组件能够检测到这个故障,并把相关的故障信息传送给自我修复组件。而当自我修复组件发生故障时,它能进行自我分析,找出故障原因,做出适当的恢复决策来解决故障。

5) 自组织调配

上述 4 个自组织子组件可以独立地工作,但是在大多数情况下,它们需要同时工作。因此需要自组织调配组件来协调和管理这 4 个自组织子组件的运行。该组件还能向重配置管理组件传送判决信息,接收来自端到端目标管理组件的优化目标信息。

#### 7.3.2.3 认知管理

根据认知管理组件的具体认知操作的侧重点不同,可细分为5个子组件:无线域认知、网络域认知、用户域认知、规则认知和认知调配(图7-26)。下面将一一介绍各个子组件的功能。

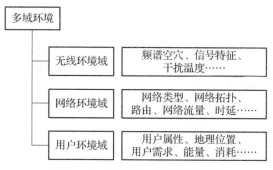

图7-26 多域认知表征体系简图

1)无线域认知

无线域认知组件能够获取两种类型的感知信息,即外部无线电环境信息和内部无线电平台信息。外部无线电环境信息包括相关的频谱使用信息、干扰分布情况、信干噪比等。内部无线电平台信息包括无线电平台的物理资源和计算资源信息,如无线电平台是功率受限还是不受限的信息、计算资源的使用情况等。

2)网络域认知

网络域认知组件的首要任务是获取组件本身的信息。通过定时更新网络状态,组件能够收集实时的网络信息,包括网络流量和网络元素的负载、延迟、路由、调度、安全性、拓扑结构等。

3)用户域认知

用户域认知组件的首要任务是了解服务提供商和终端用户的需求,包括对无线接入方式、性能等的要求以及用户位置信息。例如,可以利用GPS(全球定位系统)来获得用户的位置信息。

4)规则认知

规则认知组件能够获得一些相关的网络规则,如无线频率规划、干扰功率范围等,这些信息能够用来管理认知无线网络的运作,保证网络能够安全、合法地运行。

5)认知调配

以上4个子组件用于获取不同的感知信息,它们可以相互独立地工作。但大多数时候,它们需要同时工作,于是我们设计了认知调配组件,用来协调管理这4个组件的共同运作。认知调配组件也可以用来把信息传送到自组织管理组件和重配置管理组件中。

#### 7.3.2.4 重配置管理

重配置管理组件能够根据自组织管理组件的判决信息和认知管理组件收集的环境信息来重新配置网络,达到端到端的目标性能。对于认知无线网络来说,网络的动态重配置包括无线频谱、发射功率、调制和编码、无线接入技术、协议栈、网络拓扑结构、路由等的重新配置。

### 7.3.3 认知无线网络的通信协议栈

认知无线网络的本质是将认知特性融入无线通信网络的整体中去研究,以端到端性能为目标,允许无线通信协议栈被动态重构,如图 7-27 所示。而认知无线电是以无线链路性能为目标,侧重于物理层和 MAC 层。认知无线网络所涵盖的研究内容非常丰富,涉及从物理层到应用层以及不同层间的跨层设计等多方面的关键技术,如频谱感知、动态频谱管理、动态频谱共享、频谱移动性管理、跨层设计等。

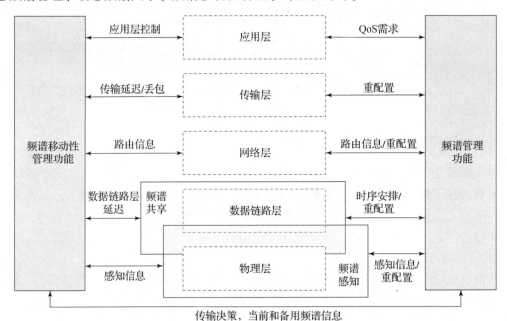

图 7-27 认知无线网络通信协议栈

1) 频谱感知

频谱感知的目的是通过监测频谱资源的使用情况发现在时域、空域和频域上的频谱空穴,以供认知用户机会方式利用频谱。同时,为了不对授权用户造成干扰,认知用户在利用频谱空穴进行通信的过程中,需要能够快速感知到授权用户的再次出现,及时进行频谱切换,腾出信道给授权用户使用;或者继续使用原来频段,但需要通过调整传输功率或改变调制方式来避免干扰。这就需要认知无线网络具有频谱感知功能,能够实时地连续监测频谱,以提高频谱感知的可靠性。频谱感知主要在物理层实现,是频谱管理、频谱共享和频谱移动性管理的基础。

2) 动态频谱管理

动态频谱管理就是根据用户的需求信息以及频谱感知所获取的环境信息,选择最好的可用信道,它包括频谱分析和频谱决策。

频谱分析:在认知无线网络中,可用的频谱空穴在不同时间段内具有不同的频谱特征(中心频率、带宽等)。频谱分析就是所获取的环境信息进行复杂的信号处理运算,估算频谱参数,进而分析频谱特性,以保证频谱的合理分配。为了描述认知无线网络的动态特性,每个频谱空穴必须根据其频谱环境的时间变化和授权用户的活动特性以及频率和带宽等频带信息进行特征定义。因此，定义如干扰等级、信道误码率、路径损耗、链路层延时和持续时间等参数来说明特定频带的性能。目前频谱分析主要集中在信道状态估计和预测、频谱容量估算、干扰、延迟、无线链路占用时间分析等方面。

频谱决策：基于频谱分析对所有频谱空穴的描述，就需要进行频谱决策以选择一个合适的工作频段，满足当前用户业务的 QoS 需求和频谱特性。基于用户的需求，需要确定数据速率、误码率门限、时延上限、传输模式和传输带宽等重要参数，然后结合已有的频谱特征信息，为认知用户选择最适合的频段，以保证认知用户之间公平高效的频谱共享。频谱分析与频谱决策对物理层感知信息进行处理，同时与更高层如应用层有紧密的联系。

频谱管理必须是动态的、自适应的。例如，当一组可用的频谱空穴不能达到用户要求时，动态频谱管理必须能够选择一种更有效的调制策略或者另一组可用的频谱空穴以提高无线通信的可靠性。

3）动态频谱共享

频谱共享技术是认知无线网络里最重要的技术，机会式频谱利用的核心就是频谱共享，它主要包括动态频谱分配和动态频谱接入，可以看作是 MAC 层的技术。频谱共享既包括认知用户与授权用户的频谱共享，也包括认知用户之间的频谱共享，主要解决认知用户之间或认知用户和授权用户之间协同接入可用信道的方式，本质上是一种多目标优化问题。

动态频谱分配广泛采用的研究工具和方法包括图论和博弈论。图论是将频谱分配问题建模为图论中的图着色问题，以此开发优化机制来处理各种网络架构下的频谱利用、公平性与吞吐量问题。博弈论将认知用户间的行为构建为一个博弈模型，从而利用博弈论的相关理论分析合作、非合作等不同行为模式下的最佳分配策略。

认知无线网络实现频谱共享的前提是必须保证不影响授权用户的正常通信，而认知用户的发射功率是造成干扰的主要原因，因此必须控制其发射功率，以避免对授权用户造成干扰。针对认知无线网络的特点，在经典注水算法的基础上，一般主要采用信息论和博弈论来解决功率控制难题。

4）频谱移动性管理

频谱移动性管理就是根据用户需求信息以及外部无线环境的变化，进行频谱重新选择的过程。这个过程也称为频谱切换。当授权用户出现时，或者需要质量更好的信道时，认知用户需要通过频谱切换跳转到另一个信道上继续进行通信。由于频谱切换可能会带来信道接入延迟，导致通信中断，频谱移动性管理的目的就是使网络状态变化尽可能快和平滑地进行，确保在这样的频谱切换中最大限度地降低用户的业务性能损失。为此，频谱移动性管理需要设计一套快速频谱选择算法和快速频谱切换算法。

5）跨层设计

非相邻层间的直接通信或不同层间的信息共享都可以归结到跨层设计的范畴。认知无线网络面临多目标之间的折中，这种折中可以通过跨层设计来实现。跨层设计是认知无线网络中协议设计的一个重要方向，由于认知无线网络中各个节点的可用频谱资源具有差异性和动态性，与传统网络中可用频率是固定的不同，因此需要联合协议栈中的多层来进行设计，以获得较好的性能。从目前的研究来看，认知无线网络中的跨层设计主要涉及两方面的内容：物理层与 MAC 层的跨层设计，以及 MAC 层与网络层的跨层设计。

6）认知无线网络的安全问题

同传统网络一样，认知无线网络面临着传统的数据安全与身份安全的威胁。认知用户对授权用户的检测以及频谱的动态分配引入了新的安全威胁，如冒充授权用户的攻击、强占信道的攻击、对频谱共享过程的攻击等。因此，认知无线网络的安全是个很有研究价值的领域。

在认知无线网络中可引入其他技术，其网络性能得到进一步提升。例如，在认知无线网络中采用正交频分复用（OFDM）技术可进一步提高频谱效率；利用多天线传输可充分利用空间维度资源；布置微蜂窝基站（Femtocell）可增强网络的室内覆盖、实现干扰的避免。

## 7.4 基于卷积神经网络的雷达频谱图分类检测

人工智能和机器学习在下一代共享频谱系统中具有多种潜在用途。频谱感知是认知无线网络机会式频谱使用的关键技术之一，认知用户在时域、空域和频域上不断检测授权用户正在使用的频段，以确定是否存在频谱空穴。在 7.1.2 节基于信号检测理论已介绍了一些经典的频谱感知算法，如能量检测法和匹配滤波检测法，本节介绍基于卷积神经网络的深度学习算法。

### 7.4.1 3.5GHZ 雷达频谱图数据集

在美国，美国联邦通信委员会（FCC）已通过民用宽带无线电服务（Citizens Broadband Radio Service，CBRS）使用规则，允许商业无线网络与联邦现有机构共享 3.5GHz（3550~3650MHz）频段的频谱。FCC 规则中描述了 CBRS 架构包括频谱访问系统（Spectrum Access System，SAS）和环境感知能力（Environmental Sensing Capability，ESC）检测器两部分，以促进 3.5GHz 频段的频谱共享。SAS 的目的是协调商业用户 CBRS 访问权限，以便联邦机构获得优先访问权。在 3.5GHz 频段主要运行的现有设备是美国海军舰载雷达和陆基雷达，属于授权用户，认知用户是 LTE 运营商。当雷达在其操作区域不存在且不处于活动状态时，LTE 运营商可以使用该频段。由于现有雷达设备在激活时不会直接向认知用户发送信号，因此，认知用户必须依靠 ESC 传感器来检测这些雷达的再次出现，从而决定停止发射信号，腾出该频段。在 CBRS 频段，雷达探测器有两个主要干扰源。第一个是来自与雷达同频道的商业 CBRS 系统的干扰，如 SPN-43 空中交通管制雷达。第二个是相邻频段雷达溢出到 CBRS 频段的带外干扰（Out-of-band Emissions，OOBE），如舰载雷达 3。3.5GHz 频段的 CBRS 框架要求 ESC 传感器检测这些雷达，包括 SPN-43 和舰载雷达 3。

在两个沿海地点进行的两个月的测量活动中，总共收集了 14739 个频谱图。其中，大约 58% 是在圣地亚哥采集的，42% 是在弗吉尼亚海滩采集的。在每个测量站点，使用全向天线和定向背腔螺旋（Cavity-Backed Spiral，CBS）天线收集数据。大约 45%

和55%的频谱图分别是通过全向天线和CBS天线获取的。频谱图跨越200MHz频率范围（通常为3465~3665MHz），时间间隔为1min。每个频谱图的尺寸为134×1024，包括134个持续时间为0.455s的时间段和1024个长度为225MHz/1024≈220kHz的频率段。

频谱图是通过应用短时傅里叶变换（STFT）计算的，然后在每个0.455s时间周期内保留每个频率仓中的最大幅度（即最大保持）。离散STFT的窗函数有1024个样本长，中间800个点的权重为1，最左边和最右边的112个点的权重为余弦平方锥度。STFT是通过连续时间段之间的112个样本重叠来实现的。每个频谱图值是$10^5$个时间平均幅度的最大值，其中平均持续时间为$4.55\mu s$，因为STFT在1024个样本（$4.55\mu s$）时间窗口上有效地进行了平均。示例频谱图如图7-28所示，在3570MHz附近检测到SPN-43发射的信号很强。

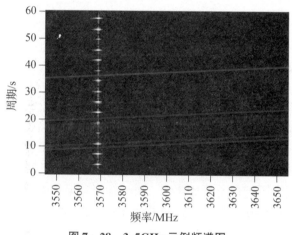

图7-28　3.5GHz示例频谱图

### 7.4.2　基于卷积神经网络的频谱图分类检测模型

基于卷积神经网络的3.5GHz频谱图分类检测的架构如图7-29所示，简称CNN-3。由于ESC检测任务需要在每个10MHz通道中检测SPN-43，因此分类器首先设计用于减少在单个10MHz通道中检测SPN-43的任务。为此，频谱图被分为以10MHz倍数为中心的10MHz宽通道，如3550MHz、3560MHz。首先，10MHz通道经过窗口大小为10×2的平均池化操作，得到时间和频率维度分别减少10倍和2倍的下采样频谱图。然后，下采样的频谱图被传递到具有20个大小为3×3、步幅为1×1的滤波器的卷积层，未使用0填充。随后，将偏置（即常数）添加到滤波器激活中，并使用ReLU激活函数。ReLU步骤的输出由每个卷积层滤波器的20个激活图组成。接下来，使用通道平均池化的操作对激活图进行平均，以创建单个平均激活图。通道平均池化操作的输出被传递到包含150个神经元的全连接层。在这个全连接层的输出中添加了偏差，并应用了ReLU函数。然后，ReLU的输出通过Dropout步骤进行馈送，Dropout概率为50%。随后，Dropout步骤的输出被输入到另一个包含单个神经元的全连接层，然后是一个偏置。最后，偏置输出通过Sigmoid激活函数产生一个介于0和1之间的数字。

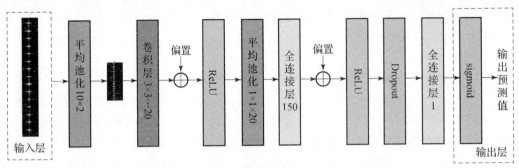

图 7-29　基于卷积神经网络实现的频谱图分类检测流程图

### 7.4.3　频谱图检测分类器性能评估

该分类器使用涵盖 3550~3650MHz 频段的所有 10MHz 通道的随机案例样本进行训练。其中，4491 个频谱图被标记为 SPN-43 和舰载雷达 3 OOBE 存在。该标记数据集合被分为两个不相交的集合：一组用于训练，一组用于测试。

#### 7.4.3.1　测试集组成

标记频谱图数据的样本在两个方面可能存在偏差。首先，由于数据收集是观测性的，仅在两个地理位置各两个月进行，因此不同发射机类型各自的比例并不一定反映所有可能的 3.5GHz 现场测量数据。其次，近 74% 的标记频谱图被选择进行标记，因为它们对应于触发记录波形保留的捕获。因此，标记数据集受到选择偏差的影响，导致具有高振幅发射的标记频谱图的数量不成比例。由于标记数据集中存在上述潜在偏差，并且由于需要对重要子组进行充分测试，因此采用分层抽样方法构建测试集。具体来说，从一组标记数据中随机选择一个测试集，其中各个发射类别（SPN-43、舰载雷达 3 OOBE、SPN-43 和舰载雷达 3 OOBE、两者都不是）、测量位置（弗吉尼亚海滩和圣地亚哥）和天线类型（全向和 CBS）。此外，还包括包含多个 SPN-43 发射的最大数量的频谱图。表 7-1 显示了最一般的测试集（表示为测试集 A）中每个类别的比例。请注意，这些比例并不完全相等，因为随机测试集生成程序必须满足偏好层次结构，而这通常不会导致完美的解决方案。此外，观察到大约 50% 的频谱图包含 SPN-43，50% 的频谱图不包含 SPN-43。为了在不存在舰载雷达 3 OOBE 的情况下评估分类器性能，使用了测试集 A 的一个子集（称为测试集 B），见表 7-1。

表 7-1　测试集组成

| 测试集 | 总数 | 发射机类别 | | | | 测量位置 | | 天线 | |
| --- | --- | --- | --- | --- | --- | --- | --- | --- | --- |
| | | 多个 SPN-43 | SPN-43 | 舰载雷达 3 OOBE | SPN-43 和舰载雷达 3 OOBE | 两者都不是 | 弗吉尼亚海滩 | 圣地亚哥 | 全向 | CBS |
| A | 509 | 109 | 24.56% | 24.36% | 26.72% | 24.36% | 51.28% | 48.72% | 48.92% | 51.08% |
| B | 249 | 40 | 50.20% | 0 | 0 | 49.80% | 50.20% | 49.80% | 50.20% | 49.80% |

选择用于测试集的数据分层是为了确保代表测试用例的全部范围，包括由于信道效应、接收机参考电平、天线类型、测量位置等导致的测量变化。我们的目标是进行通过充分代表可能在现场观察到的所有案例来对模型进行严格评估。

#### 7.4.3.2 频谱图分类检测模型训练

频谱图检测分类器首先在 10MHz 通道上进行单通道检测训练，然后将训练好的单通道检测实例并行连接以在整个频谱图上进行多通道检测。训练集由不在测试集 A 中的标记频谱图集合中随机提取的 10MHz 通道组成，其中包括在两个测量位置收集的案例，具有两种天线类型和所有接收机参考电平。总共随机选择 4285 个通道进行训练，其中一半包含 SPN-43，一半不包含。

模型的卷积层使用统一的 Xavier 初始化；截断均值初始化为均值是 0，标准差是 1，并在全连接层的均值之上和之下两个标准差处截断；以及偏置层的 0 初始化。使用 Adagrad 优化器，所有算法的学习率固定为 0.0001，并使用交叉熵损失函数的随机梯度下降进行训练。

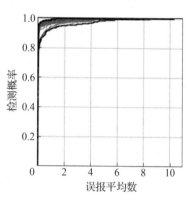

图 7-30 基于卷积神经网络的频谱图分类检测模型 FROC 曲线

使用训练集运行 1000 个 epoch。图 7-30 总结了基于卷积神经网络的频谱图分类检测模型在测试集 A 上 100 次训练实现的性能。在此图中，用浅灰色显示的经验自由响应接收机工作特性（Free-Response Receiver Operating Characteristic，FROC）曲线总结了每次训练初始化的多通道检测性能。所有 100 条 FROC 曲线的最小和最大界限均以粗体显示。

#### 7.4.3.3 性能评估

分别使用接收机工作特性（ROC）和 FROC 曲线评估单通道和多通道检测性能。在单通道 ROC 评估中，对每个频谱图中涵盖 3550~3650MHz 的 11 个 10MHz 通道进行了测试，并将结果按每个通道进行汇总。另一方面，多通道 FROC 评估通过聚合每个频谱图的检测结果，全面评估了整个 3550~3650MHz 频率范围内的检测性能。

单通道检测性能通过 ROC 曲线下面积（ROC AUC）的估计来总结，其中数字越大表示性能越好。通过计算经验 ROC 曲线下的面积，对每个 AUC 点估计值进行非参数估计。表 7-2 给出了测试集 A 和 B 上的 ROC AUC 估计值。为了对性能进行对比分析，增加了基于能量检测（SI-ED）和基于支持向量机（SVM）两种模型。

表 7-2 测试集 A 和 B 的 ROC AUC 估计，每个条目显示一个点估计和 95% 的置信区间

| 分类器 | ROC AUC（测试集 A） | ROC AUC（测试集 B） |
| --- | --- | --- |
| 卷积神经网络（CNN-3） | 0.997, [0.993, 0.998] | 0.997, [0.992, 0.999] |
| 支持向量机（SVM） | 0.991, [0.985, 0.994] | 0.996, [0.989, 0.998] |
| 能量检测（SI-ED） | 0.884, [0.854, 0.910] | 0.899, [0.850, 0.933] |

表7-3给出了测试集 $A$ 和 $B$ 上 FROC AUC 的估计值。在该表中,FROC AUC 被归一化,使其成为0到1之间的数字;测试集 $A$ 和 $B$ 的标准化因子分别为10.28和10.36。AUC 点估计值是通过计算经验 FROC 曲线下的面积以非参数方式估计的。FROC AUC95%的置信区间是使用百分位引导法估计的。

表7-3 测试集 $A$ 和 $B$ 的标准化 FROC AUC 估计,每个条目显示一个点估计和95%置信区间

| 分类器 | ROC FAUC(测试集 $A$) | ROC FAUC(测试集 $B$) |
| --- | --- | --- |
| 卷积神经网络(CNN-3) | 0.997,[0.994,0.998] | 0.993,[0.984,0.997] |
| 支持向量机(SVM) | 0.988,[0.980,0.993] | 0.994,[0.988,0.999] |
| 能量检测(SI-ED) | 0.867,[0.834,0.899] | 0.881,[0.835,0.926] |

图7-31和图7-32分别显示了测试集 $A$ 上 CNN-3、SVM 和能量检测的经验 ROC 和 FROC 曲线。

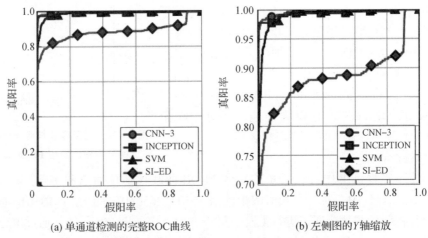

(a) 单通道检测的完整ROC曲线　　(b) 左侧图的 $Y$ 轴缩放

图7-31 测试集 $A$ 上的 ROC 结果

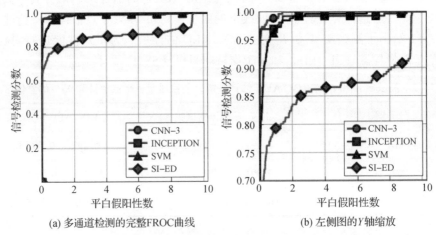

(a) 多通道检测的完整FROC曲线　　(b) 左侧图的 $Y$ 轴缩放

图7-32 测试集 $A$ 上的 FROC 结果

## 7.5 基于 Q 学习的认知无线电协作信道选择

为了认知无线电有效利用频谱资源,需要开展抗干扰技术研究。本节将信道选择问题建模为马尔可夫决策过程(Markov Decision Process,MDP),使用一种基于 Q 学习的实时强化学习算法,以主动避免拥塞的信道。该算法基于宽带频谱感知和贪婪策略来学习有效的实时策略,通过与接收认知无线电节点基于其感知结果的合作来强化学习。仿真结果表明,与经典的固定信道选择和无须学习的最佳信道选择相比,所提出的解决方案实现了更高的数据包成功率。

### 7.5.1 基于 Q 学习的认知无线电协作信道选择算法

MDP 是一种离散时间随机控制系统,它对单个智能体决策问题进行建模以优化最终结果。智能体通过求解 MDP 得到最优策略。信道选择问题的解决方案在于做出适当的决策来避免干扰信道。MDP 由 4 部分组成:有限状态集 $\{S_0, S_1, \cdots, S_t\}$,其中,$t=0,1,\cdots,N$ 代表时隙序列;一组有限的行动 $\{a_1, a_2, \cdots, a_M\}$;采取行动 $a$ 后从一种状态 $s$ 转移到另一种状态 $s'$ 的状态转移概率 $P_a(s,s')$;做出决策的立即奖励 $R_a(s,s')$。

Q 学习作为一种简单的方法来学习如何通过连续改进行动评估来实现最佳行动,该算法能够通过与环境的实时交互找到次优的好策略。目标是找到从状态 – 行动对到 $Q$ 值的映射,该结果可以用 $N$ 行 $M$ 列的 $Q$ 矩阵表示。在每个时间步长,智能体都会测量在状态 $s$ 下尝试行动 $a$ 的反馈,并使用以下表达式更新相应的 $Q(s,a)$ 值:

$$Q(s,a) \leftarrow (1-\alpha)Q(s,a) + \alpha[R_a(s,s') + \gamma \max_x Q(s',x)] \quad (7.9)$$

式中:$0 < \alpha \leq 1$ 是学习率,控制新估计值融合到旧估计值中的速度。$0 \leq \gamma \leq 1$ 是时间折扣因子,用于计算累积奖励,表明越远的奖励对当前的贡献越少。对所有访问过的状态 – 动作对 $(s,a)$ 重复式(7.9),直到收敛到几乎固定的 $Q$ 值。当在训练期间无限访问所有不同的可能性时,就满足了最优策略。但这个标准版本的 Q 学习算法被认为是异步的,因为智能体在每个时间步都会更新单个 $Q$ 值。它也被称为 OFF 策略,因为它允许在训练期间进行任意实验。应用该算法的学习智能体直到等到收敛才开始利用最优策略,这不能适应认知无线电在动态环境下的实时决策。

考虑采用固定干扰策略,试图阻止认知无线电有效利用 $M$ 个可用信道。作为一种防御策略,认知无线电必须学会如何在不牺牲长时间训练的情况下避开拥塞的信道。认知无线电的状态由三个参数定义:$s = \{f_{TX}, n, f_{JX}\}$,其中,$f_{TX}$ 是其当前工作频率,$n$ 是使用该频率的连续时隙的数量。我们选择在状态空间定义中混合空间和时间属性,以考虑认知无线电多次停留在同一信道中。为了考虑异步干扰机行为,包括其随机启动时间和未知的当前信道,在状态定义中引入 $f_{JX}$ 作为干扰频率。考虑在每个时隙,认知无线电都会进行宽带频谱感知以检测最差和最好的信道。在每个状态,认知无线电应该选择一个行动来转移到另一个状态。将其可能的行动定义为 $M$ 个行动的集合,即 $M$ 个可用信道:$\{a_1, a_2, \cdots, a_M\} = \{f_1, f_2, \cdots, f_M\}$。定义一个与认知无线电节点在选择行动之前每次执行宽带频谱感知的结果相关的奖励函数:

$$R_f(s,s') = 1 - \frac{E(f)}{ET} \quad (7.10)$$

式中：$E(f)$ 表示在信道上测量的能量，而 $ET$ 表示在 $M$ 个信道上测量的总能量。这个奖励函数使认知无线电信道选择适应实时频谱占用，从而实现主动避免冲突。

为了使 Q 学习算法适应干扰场景，我们通过添加两个认知无线电节点之间的合作来扩展同步 Q 学习在线算法。同步 Q 学习允许认知无线电不断学习并实时选择最佳决策。它包括通过选择最佳行动而不是尝试随机行动来用 ON 策略替换 OFF 策略，以最大限度地减少错误决策。此外，认知无线电能够通过在行动选择之前进行宽带频谱感知来同步更新与当前状态相关的所有 $Q(s,:)$ 值。同步 Q 学习算法允许在实时通信期间进行在线学习，而无须在使用期之前进行训练。为了克服未被学习节点检测到的隐藏干扰问题，发射机可以与接收分组的节点合作。后者传输确认它自己感知的结果。学习节点根据其感知和接收到的感知结果更新 $Q$ 值，从而更清楚地了解实际和之前的信道占用情况。算法 7.1 中描述了提出的解决方案，使用 $R_a^l(s,s')$ 表示学习节点在当前状态 $s$ 中针对转移到下一个状态 $s'$ 的每个可能行动 $a$ 测量的局部奖励。同样，$R_a^r(S_p,S_p')$ 表示协作节点在接收前一个数据包期间测量到的接收奖励。我们考虑的是一个被干扰的信道，但所提出的基于宽带能量检测的学习算法允许检测多个信道的干扰源。

---

**算法 7.1　Q 学习在线算法伪代码**

选择一个随机的初始状态 $s = S_0$；

**while** true **do**

学习节点执行宽带频谱感知，并检查确认接收；

基于本地宽带频谱感知更新当前状态 $s$ 下的所有 $Q$ 值，并基于接收到的宽带频谱感知结果更新以前状态 $s_p$ 的所有 $Q$ 值，对于任意的行动 $a$：

$$Q(s,a) = (1-\alpha)Q(s,a) + \alpha(R_a^l(s,s') + \delta\max_x Q(s',x))$$

$$Q(s_p,a) = (1-\alpha)Q(s_p,a) + \alpha(R_a^r(s_p,s_p') + \delta\max_x Q(s_p',x))$$

选择具有最大 $Q$ 值的行动 $a$

采取行动 $a$ 并观察下一个状态 $s'$

$s_p = s$

$s = s'$

**end while**

---

图 7-33（a）详细介绍了学习节点执行的任务。第一步收集所考虑的 $M$ 个信道的同相和正交（In-phase and Quadrature，IQ）样本数据。然后，基于能量检测来执行宽带频谱感知，使用式（7.10）计算与所有可能的行动相关的奖励。在该处理步骤期间，学习节点在 $M$ 个考虑的信道上盲目地搜索 ACK 确认。如果通过信道 $f_{ack}$ 收到 ACK 确认，则为携带 ACK 确认信息的信道计算最大奖励值，并与该信道相关联。下一步包括确定哪个是拥塞的信道以及哪个是最好的信道（具有最大奖励）。为了评估所提出的算法，我们比较了四种信道选择策略：第一种策略是经典的固定信道选择策略，即始终通过同一信道进行传输，既不感知也不学习。第二种策略是基于感知而不是学习。它在于选择每个时间步长中具有最小能量的信道，它被表示为最佳信道选择。在第三种信道选择策略中，学习节点应用所提出的 Q 学习算法，但不进行合作，这意味着仅更新与实际状态相关的 $Q(s,:)$ 值。具有最大 $Q$ 值的行动被选择传输数据包。第四种策略是与接收数

据包的节点合作以获取更多信息。因此，学习节点像第三种策略一样更新实际状态，并且还根据从 ACK 确认中提取的奖励值更新先前状态的 $Q$ 值。收到的奖励与目标节点收到传输的数据包时的前一个时间不相关。如果学习节点没有收到 ACK 确认，他认为响应被阻塞或丢失，并认为收到的奖励为空。最后，学习节点选择 $Q$ 值最大的信道。对于这四种策略中的每一种，数据包都通过选定的信道发送。

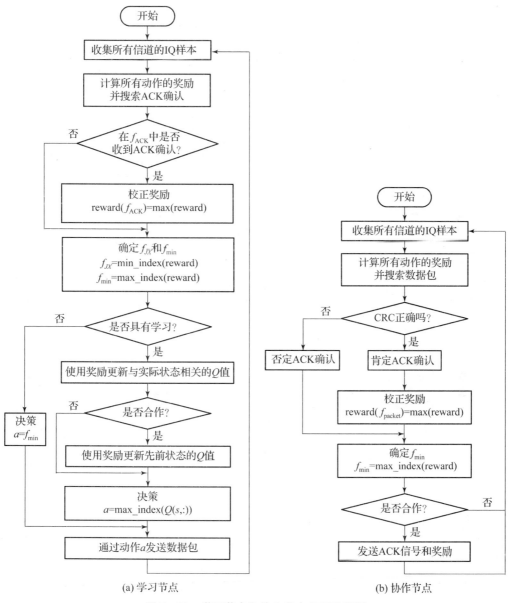

图 7-33　学习节点和协作节点处理流程图

图 7-33（b）描述了认知无线电节点接收传输的数据包的操作。接收到 IQ 样本数据后，根据通过频谱感知检测到的能量计算信道奖励。该节点在所考虑的信道上盲目搜索数据包并执行循环冗余校验（CRC）。如果通过信道 $f_{packet}$ 正确接收到数据包，则认知无线电节点决定发送肯定 ACK 确认。他还将为该信道计算的奖励修正为最大奖励，因

为它不是拥塞的信道。如果 CRC 为假，则发送否定 ACK 确认。在这两种情况下，如果我们选择了合作策略，他都会选择具有最大奖励的最佳信道来发送 ACK 信号和奖励。

### 7.5.2 协作信道选择仿真结果

考虑 4 个信道（$M=4$）、学习率 $\alpha=0.1$ 和折扣因子 $\gamma=0.1$。两个认知无线电节点发送 12kHz 带宽的二进制相移键控（BPSK）调制信号（包括学习节点发送的数据包和协作节点发送的确认信息）并执行宽带频谱感知。接收周期等于发送周期 $T_{RX}=T_{packet}=T_{ACK}=0.98\text{ms}$。针对前面提及的 4 种信道选择策略，考虑慢速扫描干扰器的情况下，学习节点接收数据包并执行 CRC 测量数据包成功率（Packet Success Rate，PSR）的数据如表 7-4 所列，PSRs 是针对 1000 个传输数据包给出的。这 4 种策略对应于表的 4 行，表中的列对应于两种情况，具体取决于干扰对学习节点是否可见。

表 7-4 仿真结果：针对慢速扫描干扰器的数据包成功率

| 信道选择策略 | 学习节点可检测到的干扰/% | 学习节点检测不到的干扰/% |
| --- | --- | --- |
| 经典的固定信道选择 | 66.6 | 66.6 |
| 基于感知而不是学习的最佳信道选择 | 80 | 66.6 |
| 基于非合作的 Q 学习 | 82.8 | 66.6 |
| 基于合作的 Q 学习 | 96.8 | 84.4 |

我们开始考虑每个信道上的驻留时间 $T_{JX}=2.28\text{ms}$ 的慢速扫描干扰机，对应于图 7-34 所示的 $T_{JX}\approx2.3T_{packet}$。接收数据包并执行 CRC 的节点测量表 7-4 中给出的 4 种通道选择策略的数据包成功率（PSR）。

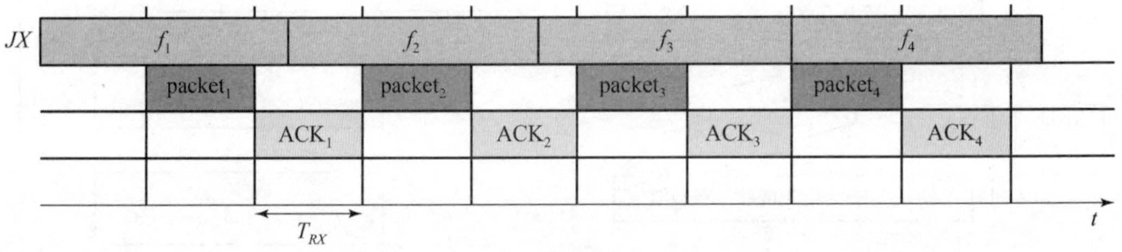

图 7-34 仿真场景

在第一种场景下（表 7-4 的第 2 列），学习节点可以检测到干扰源，基于合作的 Q 学习（第 4 行）优于基于非合作的 Q 学习（第 3 行），因为合作节点向学习节点提供了更多有关干扰源的信息，可能在其感知期间未检测到，但在数据包传输期间出现干扰。基于非合作的 Q 学习（第 3 行）比仅基于频谱感知的最佳信道选择（第 2 行）更好，因为学习决策不仅基于实际信息，还基于过去学习的信息 $(1-\alpha)Q(s,a)$ 以及未来期望 $\alpha\gamma\max_x Q(s',x)$，如式（7.9）所示的 $Q$ 值更新。仅基于频谱感知的最佳信道选择（第 2 行）比固定信道选择（第 1 行）具有更高的成功率，因为后者是始终停留在同一信道上的盲选，没有任何有关信道占用的信息。

在第二种场景下（表 7-4 的第 3 列），学习节点检测不到干扰源，选择有或没有学习的最佳信道（第2行或第3行）类似于固定信道选择（第1行），因为两个最佳信道选择仅基于其感知结果。如果目标节点与学习节点合作（第4行），则 PSR 会增加，因为合作节点给出了有关先前数据包传输所使用的信道的信息：数据包成功意味着干扰源不存在，数据包失败意味着与干扰源发生冲突。

考虑快速扫描干扰器的情况下，学习节点接收数据包并执行 CRC 测量 PSR 的数据如表 7-5 所列。

表 7-5 仿真结果：针对快速扫描干扰器的数据包成功率

| 信道选择策略 | 学习节点可检测到的干扰/% | 学习节点检测不到的干扰/% |
| --- | --- | --- |
| 经典的固定信道选择 | 73.3 | 73.3 |
| 基于感知而不是学习的最佳信道选择 | 65.5 | 73.3 |
| 基于非合作的 Q 学习 | 73.3 | 73.3 |
| 基于合作的 Q 学习 | 86 | 88.7 |

根据表 7-5 给出的结果，基于合作的 Q 学习（第4行）优于基于非合作的 Q 学习。此外，如果干扰源是可检测到的，应用所提出的基于合作的 Q 学习比仅感知频谱的最佳信道选择更好。然而，这些 PSR 取决于干扰器的周期和策略。就干扰周期而言，我们考虑了一种更快的干扰机，其停留时间大于感知周期，但小于学习节点的感知周期加传输周期。表 7-5 中的仿真结果给出了与针对慢速扫描干扰器的结果相同的结论。值得注意的差异涉及基于感知的最佳通道选择（第2行），它的 PSR 低于其他 3 种策略，甚至是固定信道选择。这是由于快速扫描干扰器可能在感知期间在一个信道中被学习节点检测到，但在传输期间移动到另一信道。

## 7.6 习题

1. 简述 Joseph Mitola 提出的认知环模型。
2. 简述 Simon Haykin 提出的认知环模型。
3. 简述认知无线电的概念和特点。
4. 简述 3 种频谱感知的方法，并说明优缺点。
5. 简述频谱管理的原理，并说明频谱决策的步骤。
6. 按接入方式划分，频谱共享有哪些种类？其特点分别是什么？
7. 简述认知无线网络的概念和特点。
8. 简述分布式认知无线网络的系统架构。

## 参考文献

[1] MITOLA J. Cognitive radio：making soft ware radios more personal [J]. IEEE Personal Communications, 1999, 6 (4): 13-18.

［2］ EZIO B，ANDREA J. GOLDSMITH L J，et al. Principles of cognitive radio［M］. Cambridge：Cambridge University Press，2013.

［3］ MITOLA J. Cognitive radio：an integrated agent architecture for software defined radios［D］. Stockholm，Sweden，Royal Institute of Technology（KTH），2000.

［4］ HAYKIN S. Cognitive radio：brain – empo wered wireless communications［J］. IEEE Journal on Selected Areas in Communications，2005，23（2）：201 – 220.

［5］ 许晓荣，姚英彪，包建荣，等. 认知无线网络的频谱检测与资源管理技术［M］. 北京：科学出版社，2019.

［6］ 周贤伟，王建萍，王春江. 认知无线电［M］. 北京：国防工业出版社，2008.

［7］ WILD B，RAMCHANDRAN K. Detecting primary receivers for cognitive radio applications［C］. Proceedings of IEEE International Symposium on New Frontiers in Dynamic Spectrum Access Networks. Baltimore，MA，USA，2005：124 – 130.

［8］ 张平，冯志勇. 认知无线网络［M］. 北京：科学出版社，2010.

［9］ AKYILDIZ I F，LEE W，VURAN M C，et al. Next generation/dynamic spectrum access /cognitive radio wireless networks：A survey［J］. Elsevier Computer Networks，2006，50：2127 – 2159.

［10］ 陈溪. 简谈认知无线电网络的架构［J］. 电信快报：网络与通信，2013，11：44 – 47.

［11］ 张平，李建武，冯志勇，等. 认知无线网络架构与关键技术研究［J］. 无线电通信技术，2014，40（3）：1 – 5.

［12］ ROBERT C Q，ZHEN H，LI H L，et al. Cognitive radio communications and networking：principles and practice［M］. New York：John Wiley and Sons Ltd，2012.

［13］ TIMOTHY A. Hall，raied caromi，michael souryal，adam wunderlich. reference datasets for training and evaluating RF signal detection and classification models［C］. 2019 IEEE Globecom Workshops（GC Wkshps）. IEEE，2019：1 – 5.

［14］ LEES W M，WUNDERLICH A，JEAVONS P J，et al. Deep learning classification of 3.5 GHz band spectrograms with applications to spectrum sensing［J］. IEEE Transactions on Cognitive Communications and Networking，2019，5（2）：224 – 236.

［15］ FETEN S，ZIED C，BART S，et al. Cooperative Q – learning bsed channel selection for cognitive radio networks［J］. Wireless Networks，2019，25（7）：4161 – 4171.

# 第8章 智能网联汽车

智能化和网联化是当前全球新一轮汽车产业变革的核心特征,也是新一代人工智能和信息技术的重要应用领域,智能网联汽车(Intelligent and Connected Vehicles,ICVs)是人工智能、移动互联网、5G 通信、云计算、大数据等先进技术的集成载体和应用平台,是推动智能交通、智慧城市的重要技术载体。大力发展智能网联是深化供给侧结构性改革,推动新旧动能持续转换,建设制造强国、网络强国、交通强国的重要支撑,是培育经济发展新动能的重要引擎。

1939 年,美国设计师诺曼·贝尔·格迪斯(Norman Bel Geddes)最早提出了无人驾驶的概念,他想象中的交通是:汽车采用无线电控制,电力驱动,由嵌在道路中的电磁场提供能量。在 20 世纪 80 年代至 90 年代间,随着计算机、机器人控制、车载传感器的发展,自动驾驶进入了一个快速发展的阶段。这一阶段成功研发了许多自动驾驶汽车的原型,如美国卡内基梅隆大学的 NavLab 系列。21 世纪初,由美国国防高级研究计划局(Defense Advanced Research Projects Agency,DARPA)举办的 DARPA 系列竞赛,促进了全世界范围内无人驾驶技术的发展。现代的自动驾驶技术已经成为以电动化、智能化、网联化、共享化的"新四化"为核心,涉及车辆控制、人工智能、通信网络等多个技术领域的综合技术。虽然智能网联汽车的相关技术已经有了重大的进步,但是普遍应用还尚需时日。

本章首先介绍了车联网、智能交通系统、智能汽车、网联汽车、自动驾驶汽车和智能网联汽车的概念和特点,以及它们之间的区别和联系。在此基础上,介绍了智能网联汽车的物理架构、云控系统架构以及技术架构。其次,介绍了智能网联汽车的三个组成部分:环境感知系统、决策系统和执行系统,并对其中的关键技术和系统进行了介绍,包括车载传感器、导航定位、网联通信、计算平台、智能决策、人机交互、控制执行和系统测试。接着,介绍了智能网联汽车的环境感知与理解部分,环境感知系统进行目标检测,对目标进行跟踪,融合感知多种传感器数据,对目标进行意图识别并预测轨迹。最后,介绍了智能网联汽车的决策与控制部分,主要分为自主决策与控制、协同决策与控制。

## 8.1 智能网联汽车的相关概念

智能网联汽车与车联网、智能交通系统、智能汽车、网联汽车、自动驾驶汽车和无人驾驶汽车密切相关。下面对这些概念进行简要介绍。

### 8.1.1 车联网

近些年来,汽车行业迅猛发展,汽车已成为了国民经济的支柱产业之一,其行业的经济性和社会影响力不断扩大,人们对于驾驶安全性的关注度也日益提升。目前,全球公共交通安全依然面临着严峻的挑战,例如,每年死于道路交通事故的人员数目不断增加,且道路交通事故严重影响国家的 GDP。影响交通事故发生的因素有很多,客观上有道路条件、气象条件和车辆情况等,主观上有司机的驾驶水平、安全意识以及其他突发情况。同时,随着通信技术的不断发展,信息通信技术被认为是解决这一难题的有效工具。如果车辆能够实现信息交换和互相感知,并且可以在必要时进行警告和干预,从而最大限度地降低事故风险,那么这将极大地提高人和车辆的安全性。因此,车联网的概念应运而生。

车联网(Internet of Vehicles)是基于 3GPP 全球统一标准的通信技术,以车内网、车载移动互联网和车际网为基础,按照约定的通信协议和数据交互标准,可实现车辆与周边环境和网络的全方位通信,包括车与车(Vehicle – to – Vehicle,V2V)、车与路(Vehicle – to – Infrastructure,V2I)、车与人(Vehicle – to – Pedestrian,V2P)、车与网络(Vehicle – to – Network,V2N)等,为自动驾驶和智能交通管理应用提供环境感知、信息交互与协同控制能力[1]。其中,车内网是通过应用成熟的总线技术,如控制器局域网络(Controller Area Network,CAN)、局域互联网络(Local Interconnect Network,LIN)、FlexRay 总线网络、MOST(多媒体定向系统传输)、以太网等建立一个标准化的整车内部通信网络,实现汽车内部控制系统与各检测和执行部件间的数据通信;车载移动互联网是指车载终端通过 4G/5G 等通信技术与互联网进行无线连接;车际网(Vehicle – to – Everything,V2X)是基于 LTE – V 等技术实现 V2V 通信、V2I 通信的无线通信技术,目前国际上主要使用蜂窝车联网(Cellular V2X,C – V2X)。三网通过光纤等媒介与基础数据中心连接,以实现智能交通管理、智能动态信息服务和车辆智能化控制。车联网产业是汽车、电子、信息通信和道路交通运输等行业深度融合的新型产业,是全球创新热点和未来发展制高点,让自动驾驶与智能交通产业迸发新的活力[2]。

车联网能够实现车辆与周边环境的全方位通信,它能够协调运作不同的系统以提供安全可靠的服务。其中,V2V 通信实现了车辆与其通信范围内车辆的信息交互过程,通过 V2V 通信,车辆间可以交互彼此位置、速度、行驶路线等相关信息;V2I 通信实现了车辆与基础设施路侧单元(Road Side Unit,RSU)(如蜂窝基站、智慧灯杆等)的信息交互,通过 V2I 通信,RSU 可以为车辆提供如碰撞预警、盲区检测、动态线路规划等车路协同服务,同时车辆还可通过 V2I 通信与网络进行 V2N 通信,从而使车辆可获取如高清视频实时观看等多样化信息交互服务;V2P 通信则能够实现车辆与行人间的信息交互,通过 V2P 通信,车辆与通信范围内的行人可以交互位置、速度、轨迹等相关信息,从而有效避免车祸等事故的发生。作为下一代蜂窝通信技术,5G 能够提供更快的数据速率和更广阔的终端接入带宽。在 5G 技术的支持下,车联网成了应用空间最广泛、产业配套最完备的领域之一。

车际网(V2X)是实现自动驾驶和无人驾驶的关键技术之一,通过将人、车、路、云等交通参与要素有机地联系在一起,构建起了一个智慧的交通体系,如图 8 – 1 所示。

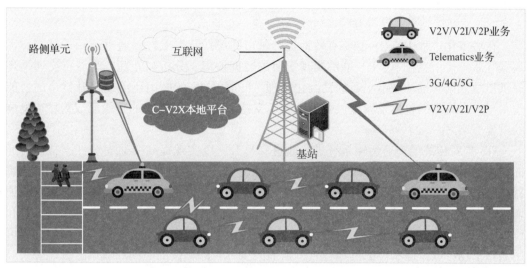

图 8-1 车际网（V2X）示意图

C-V2X 是当前主流的车用无线通信技术，它是基于 3G/4G/5G 等蜂窝网通信技术演进形成的车用无线通信技术，包含了两种通信接口：一种是车、人、路之间的短距离直接通信接口（PC5），另一种是终端和基站之间的通信接口（Uu），可实现长距离和更大范围的可靠通信，如图 8-2 所示。

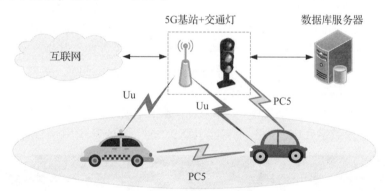

图 8-2 C-V2X 的通信接口

车联网行业作为一个多方领域互相融合的新兴产业，增长潜力巨大，是目前研究的热点之一。

### 8.1.2 智能交通系统

随着全球城市化加速和数字经济蓬勃发展，城市交通面临着越来越大的挑战。道路拥堵、环境污染和交通事故等问题逐渐限制着城市的可持续发展。数字经济时代的到来带来了许多重大的变革和机遇。其中，智能交通系统被认为是推动城市可持续发展的因素之一。

智能交通系统（Intelligent Transportation Systems，ITS）是指将先进的人工智能、通信技术、信息技术、控制技术、传感器技术以及计算机技术等有效地集中运用到整个交通体系中，以形成保障安全、提高效率、改善环境、节约能源的综合运输体系，从而建立实时、准确、高效的大范围、全方位智能综合交通系统。

在城市化进程中，ITS 能够有效地提升城市的可持续发展性。通过运用云计算、大数据等新一代信息技术，ITS 能够实现实时的数据搜集、分析和处理，为城市交通治理提供科学依据，推动城市交通的精细化管理。同时，ITS 的应用还可以提升城市的智能化水平，为城市的整体发展提供强大的技术支持和动力，智能交通建设已成为城市发展的重要战略之一。

ITS 是对传统的交通运输系统进行改进和提升，以实现提高交通安全性、减少交通拥堵、提高运输效率和管理服务水平的目的。例如，智能交通信号控制，通过利用传感器检测交通流量和行人流量，根据实时交通情况调整交通信号灯的灯光时序，以减少拥堵，提高交通效率；智能停车系统通过物联网技术，实时监测停车场的空闲车位数量和位置，为驾驶者提供方便快捷的停车服务。驾驶者可以通过手机应用程序或网站查询可用的停车场，以及停车位的具体位置，从而减少寻找停车位的时间和成本；智能公共交通系统通过实时监测公共交通车辆的位置和到站时间，为乘客提供准确的信息和服务；智能公路系统利用传感器和摄像头监测道路状况和交通流量，及时发现交通事故和其他异常情况，并采取相应的应急措施，方便相关部门和救援机构及时赶到现场进行处理；智能物流系统通过物联网技术和大数据分析，优化物流运输路径和运输方式，提高物流效率和服务水平。这些 ITS 的应用案例只是其中的一部分，随着技术的不断发展和应用，ITS 的应用范围和功能也将不断扩展和完善。

2020 年 4 月，百度正式对外发布 Apollo 智能交通白皮书，推出了 ACE 智能交通引擎 1.0，成为国内外第一个车路行融合的全栈式智能交通解决方案。其中，ACE 分别代表了 Autonomous Driving（自动驾驶）、车路协同（Connected Road）、高效出行（Efficient Mobility）。2021 年 7 月，发布了《百度 Apollo 智能交通白皮书 – ACE 智能交通引擎 2.0》，推出升级的 ACE 智能交通引擎 2.0。整体来看，ACE 智能交通引擎 2.0 总体架构为 "1 + 3 + N"，即 "1" 个数字底座，"3" 个智能引擎，"N" 个场景应用[3]，如图 8 – 3 所示。

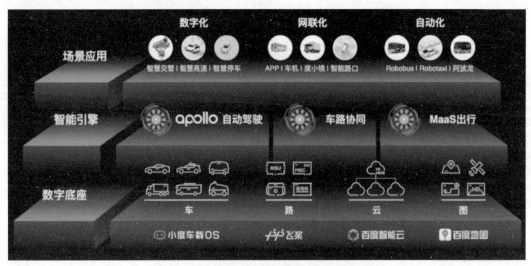

图 8 – 3　百度 ACE 智能交通 2.0 总体架构

总的来讲，"1"个数字底座，"车路云图"全栈技术为核心的数字底座，构成了百度 ACE2.0 的数据基础；"3"大智能引擎，分别为 Apollo 自动驾驶引擎、车路协同引擎、MaaS 出行引擎；"N"个场景应用，包括以智慧交管、智慧高速、智慧停车为代表的数字化，应用、车机、智能后视镜为代表的网联化，以及 Robobus、Robotaxi、阿波龙为代表的自动化。

ITS 作为未来城市交通发展的重要方向，将为城市发展和人们的生活带来更多便利和效益。

### 8.1.3 智能汽车

智能汽车指在普通汽车的基础上增加先进的传感器、控制器、执行器等装置，通过车载环境感知系统和信息终端实现 V2V、V2I、V2P 等智能信息交换，使车辆具备智能的环境感知能力，能够自动地分析汽车行驶的安全及危险状态，并使车辆按照人的意愿到达目的地，最终实现替代人来操作的新一代汽车[4]。智能汽车的发展可分为两个阶段，即初级阶段与终极阶段。初级阶段包括高级驾驶辅助系统（Advanced Driving Assistance System，ADAS）及各级别的自动驾驶汽车。ADAS 包括前向碰撞预警系统（Forward Collision Warning，FCW）、车道偏离预警系统（Lane Departure Warning，LDW）、盲区监测系统、驾驶员疲劳预警系统、车道保持辅助系统（Lane Keeping Assist，LKA）、自动紧急制动系统（Autonomous Emergency Braking，AEB）、自适应巡航控制系统（Adaptive Cruise Control，ACC）、自动泊车辅助系统（Intelligent Parking Assist，IPA）、自适应前照明系统、夜视辅助系统、平视显示系统、全景泊车系统等。ADAS 在汽车上的配置越多，其智能化程度越高。智能汽车的终极阶段指的是最高级别的自动驾驶系统，即无人驾驶汽车。

智能汽车的发展方向是自动驾驶汽车、网联汽车和智能网联汽车，如图 8-4 所示。智能汽车的自动化程度越高，越接近于自动驾驶汽车；智能汽车的网联化程度越高，越接近于网联汽车；智能汽车的自动化、网联化程度越高，越接近于智能网联汽车。

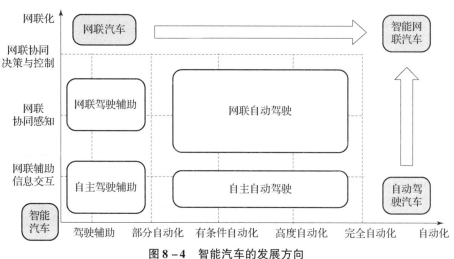

图 8-4 智能汽车的发展方向

### 8.1.4 自动驾驶汽车

自动驾驶汽车是指汽车至少在某些具有关键安全性的控制功能方面（如转向、加速或制动）无须驾驶员直接操作即可自动完成控制动作的车辆。自动驾驶汽车是一个大类，国际汽车工程师协会（Society of Automotive Engineers，SAE）将驾驶自动化技术分为 L0~L5 共6个自动驾驶等级，其中 L0 代表没有驾驶自动化技术辅助的传统人类驾驶，L5 代表全场景完全自动驾驶，数字越大代表驾驶自动化程度越高，具体等级划分如表 8-1 所列。

表 8-1 SAE 对自动驾驶汽车的分级

| 分级 | L0 | L1 | L2 | L3 | L4 | L5 |
| --- | --- | --- | --- | --- | --- | --- |
| 等级名称 | 无自动化 | 驾驶辅助 | 部分自动化 | 有条件自动化 | 高度自动化 | 完全自动化 |
| 定义 | 由驾驶员全权驾驶汽车，在行驶过程中可以受到警告 | 通过驾驶环境对转向盘和加减速中的一项操作提供支持，其余由驾驶员操作 | 通过驾驶环境对转向盘和加减速中的多项操作提供支持，其余由驾驶员操作 | 由无人驾驶系统完成所有的驾驶操作，根据系统要求，驾驶员提供适当的应答 | 由无人驾驶系统完成所有的驾驶操作，根据系统要求，驾驶员不一定提供所有的应答；限定道路和环境条件 | 由无人驾驶系统完成所有的驾驶操作，可能的情况下，驾驶员接管；不限定道路和环境条件 |
| 驾驶操作 | 驾驶员 | 驾驶员/系统 | 系统 | 系统 | 系统 | 系统 |
| 周边监控 | 驾驶员 | 驾驶员 | 驾驶员 | 系统 | 系统 | 系统 |
| 支援 | 驾驶员 | 驾驶员 | 驾驶员 | 驾驶员 | 系统 | 系统 |
| 系统作用域 | 无 | 部分 | 部分 | 部分 | 全域 | 全域 |

（1）L0 级，无自动化：驾驶任务完全由驾驶员执行，包括启动、制动、转向、加速减速、停车等。

（2）L1 级，驾驶辅助：在特定场景下驾驶自动化系统可控制车辆横向或纵向运动中的一项，其他驾驶任务由驾驶员完成。此阶段车辆具有有限自动控制的功能。

（3）L2 级，部分自动化：在特定场景下驾驶自动化系统可同时控制车辆横向和纵向运动，驾驶员需要负责周边环境感知并做出对应决策，同时监控自动驾驶系统。

（4）L3 级，有条件自动化：在特定场景下驾驶自动化系统执行所有动态驾驶任务，当驾驶自动化系统提出接管请求或者出现问题时，驾驶员需要快速接管车辆。

（5）L4 级，高度自动化：在特定场景下驾驶自动化系统执行所有动态驾驶任务和应急处理，不需要任何人为干涉。

(6) L5级，完全自动化：在任何场景下驾驶自动化系统执行所有驾驶任务和应急处理，不需要任何人为干涉。此阶段是真正的全工况完全自动驾驶阶段，是智能网联汽车发展的终极目标。

从商业化的视角来看，L2级或L3级的自动驾驶技术，将来只会被用于有限的场合，而直接面向L4级甚至L5级的自动驾驶，才是未来最大的商业机会。

其中，完全自动化的自动驾驶汽车就是我们常说的"无人驾驶汽车"。无人驾驶汽车是通过车载环境感知系统感知道路环境，自动规划和识别行车路线并控制车辆到达预定目标的智能汽车。无人驾驶汽车是汽车智能化、网联化的终极发展目标，能够在限定的环境乃至全部环境下完成全部的驾驶任务。

2020年3月，中国工业和信息化部公示了《汽车驾驶自动化分级》推荐性国家标准报批稿，将汽车的自动化程度划分为6种不同的等级，如表8-2所列。

表8-2 中国《汽车驾驶自动化分级》中的驾驶自动化等级与划分要素的关系

| 分级 | 0级 | 1级 | 2级 | 3级 | 4级 | 5级 |
| --- | --- | --- | --- | --- | --- | --- |
| 名称 | 应急辅助 | 部分驾驶辅助 | 组合驾驶辅助 | 有条件自动驾驶 | 高度自动驾驶 | 完全自动驾驶 |
| 车辆横向和纵向运动控制 | 驾驶员 | 驾驶员及系统 | 系统 | 系统 | 系统 | 系统 |
| 目标和时间探测与响应 | 驾驶员及系统 | 驾驶员及系统 | 驾驶员及系统 | 系统 | 系统 | 系统 |
| 动态驾驶任务接管 | 驾驶员 | 驾驶员 | 驾驶员 | 动态驾驶任务接管用户（接管后成为驾驶员） | 系统 | 系统 |
| 设计运行条件 | 有限制 | 有限制 | 有限制 | 有限制 | 有限制 | 无限制 |

由表8-2可以看出，汽车驾驶自动化从2级到3级即发生了本质变化，2级及以下目标和事件感知与响应由驾驶员与车辆共同完成；3级及以上则完全交由车辆完成，此时驾驶员只需在紧急情况发生时进行干预即可；5级为完全自动驾驶，此时车载驾驶系统可完成所有驾驶操作，驾驶员无须保持注意力，且不受道路条件的限制。

## 8.1.5 网联汽车

网联汽车是指基于通信网络互联建立车与车之间的连接，车与网络中心和智能交通系统等服务中心的连接，甚至是车与住宅、办公室及一些公共基础设施的连接，也就是可以实现车内网、车载移动互联网和车际网之间的信息交互，全面解决人、车、外部环境之间的信息交流问题。

我国汽车业界按照网联通信功能的不同将网联汽车划分为网联辅助信息交互、网联协同感知、网联协同决策与控制3个等级，如表8-3所列。

表 8–3　我国智能网联汽车网联化分级

| 网联化等级 | 等级名称 | 等级定义 | 控制 | 典型信息 | 传输需求 |
| --- | --- | --- | --- | --- | --- |
| 1 | 网联辅助信息交互 | 基于 V2I、V2N 通信，实现导航等辅助信息的获取以及车辆行驶与驾驶员操作等数据的上传 | 驾驶员 | 地图、交通流量、交通标志、导航、油耗、里程等信息 | 传输实时性、可靠性要求较低 |
| 2 | 网联协同感知 | 基于 V2V、V2I、V2P、V2N 通信，实时获取车辆周边交通环境信息，与车载传感器的感知信息融合，作为自车决策与控制系统的输入 | 驾驶员与系统 | 周边车辆、行人、非机动车位置、信号灯相位、道路预警等信息 | 传输实时性、可靠性要求较高 |
| 3 | 网联协同决策与控制 | 基于 V2V、V2I、V2P、V2N 通信，实时并可靠获取车辆周边交通环境信息及车辆决策信息，车与车、车与路等各交通参与者之间信息进行交互融合，形成车与车、车与路等各交通参与者之间的协同决策与控制 | 驾驶员与系统 | 车与车、车与路之间的协同控制信息 | 传输实时性、可靠性要求最高 |

### 8.1.6　智能网联汽车

智能网联汽车是智能汽车与车联网的有机结合，是智能汽车发展的新形态。"智能""网联"不但赋予了汽车作为运载工具产品的新结构、新形态和新功能，同时也赋予了其移动数据终端和智能生活空间的新价值、新内容、新生态，而智能网联汽车正是集成了两者的技术成果，由传统汽车全面转型升级而形成的新一代汽车，将支撑未来汽车技术与产业的创新发展。

工业和信息化部在《国家车联网产业标准体系建设指南（智能网联汽车）》中明确规定，智能网联汽车是指搭载先进的车载传感器、控制器、执行器等装置，并融合现代通信与网络技术，实现 V2V、V2I、V2P、V2N 等的智能信息交换、共享，使车辆具备复杂环境感知、智能决策、协同控制等功能，可实现车辆"安全、高效、舒适、节能"行驶，并最终可实现替代人来操作的新一代智能汽车[5]。"智能"是指搭载先进的车载传感器、控制器、执行器等装置和车载系统模块，具备复杂环境感知、智能化决策与控制等功能。"网联"主要指信息互联共享能力，即通过通信与网络技术，实现车内、车与车、车与环境间的信息交互。"汽车"是智能终端载体的形态，可以是燃油汽车，也可以是新能源汽车，未来将会以新能源汽车为主。智能网联包含了上网、听音乐、地图导航、车管家、手机远程控制等功能，甚至还可以打游戏，这些功能让汽车能更多地参与生活。

自动驾驶汽车、无人驾驶汽车、智能网联汽车,都不同程度地配备了 ADAS 系统,将车、路、人的信息进行不同程度的交互,实现在特定的条件下解放驾驶员,实现自动驾驶,缓解驾驶员的疲劳感与道路的交通压力,具有一定的智能,它们都属于智能汽车的一种。无人驾驶汽车属于自动驾驶汽车,是自动驾驶汽车发展的终极目标,而智能网联汽车又和自动驾驶汽车关系紧密,虽然不是所有的智能网联汽车都会发展成为自动驾驶汽车,但自动驾驶汽车一定要有智能网联功能,需要有智能和互联技术,将传感器收集反馈的路况信息进行大数据分析,结合高精度地图给出最佳行驶路线规划,通过智能辅助驾驶功能实现自动驾驶。三者之间的关系如图 8-5 所示。

图 8-5 智能网联汽车、自动驾驶汽车、无人驾驶汽车之间的关系

我国智能网联汽车正处于技术快速演进、产业加速布局的关键阶段,人工智能、新一代信息与通信等技术与汽车产业深度融合不仅推动汽车产业加快转型升级,也将带动智能交通、智慧能源、智慧城市等领域深刻变革。同时,我国智能网联汽车采取车路协同的技术路线,"聪明的车"正加快与"智慧的路"协同发展。

## 8.1.7 车联网、智能交通系统、智能汽车和智能网联汽车之间的关系

车联网、智能交通系统、智能汽车和智能网联汽车是在汽车和交通领域中涉及的 4 个相关但不同的概念。车联网、智能交通系统、智能车和智能网联汽车之间的关系如图 8-6 所示。

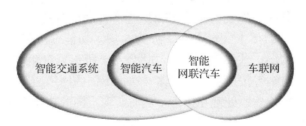

图 8-6 车联网、智能交通系统、智能汽车和智能网联汽车之间的关系

智能交通系统是指将人工智能、通信技术、信息技术、控制技术、传感技术以及计算机技术等先进技术有效地集中运用到整个交通体系,从而能够在大范围内实现实时、准确、高效地运输与管理的交通系统,不仅包括了车辆,还包括了道路、行人等一系列基础设施与交通参与者。其侧重于整体交通系统的优化,包括交通信号灯控制、智能交通管理、实时数据分析等。智能汽车是智能交通系统的子系统之一,是一个融合环境感知、高精度定位与建图、路径规划、车辆控制、多等级辅助驾驶等功能于一体的综合系

统。目前，智能交通系统还难以全面获取交通状态，及时侦测道路情况，准确了解交通主体参与者的运行状况，以及根据车路状况和彼此交互的相关状态为出行者提供更有效的交通信息，车联网为上述问题提供了有效的解决方案。车联网指的是车辆之间以及车辆与基础设施、行人、网络等进行通信和信息交换的技术，主要包括 V2V、V2I、V2P 等连接。在技术上，车联网是智能交通系统和智能汽车的重要技术支撑。传统意义上的自主式智能汽车加上网联化，构成新一代智能网联汽车，除了能够保证自车与其他车辆、物体保持安全距离，还可实现 V2V、V2I、V2P、V2N 的实时在线通信。强调车辆本身的智能化和自主驾驶能力。基于智能网联汽车的发展，有望打造协同式智能交通系统，提升交通安全与交通效率。

智能网联汽车依赖车联网技术实现与其他车辆、基础设施及网络的通信，同时也受益于智能交通系统提供的实时交通信息和基础设施支持。智能网联汽车作为智能交通系统中智能汽车与车联网相结合的产物，其与智能汽车的终极发展目标是实现无人驾驶。同时，车联网技术的不断演进旨在推动智能交通系统的全面发展。这三者相互依存、相互促进，共同构建着未来高度智能化、互联互通的交通网络生态系统。

## 8.2 智能网联汽车的体系架构

智能网联汽车是智能汽车与车联网相结合的产物，可以分为整车物理架构、整车信息架构（云控系统架构）以及技术架构。下面分别进行介绍。

### 8.2.1 智能网联汽车产品的物理架构

智能网联汽车的硬件架构系统是指整合在车辆内部的各种电子硬件组件，旨在支持汽车的智能化、网联化和自动化功能。这一系统由多个核心部件组成，如传感器、控制器、执行器、通信模块等，这些硬件组件以及它们之间的互联互通构成了智能网联汽车的硬件架构系统，该概念中包含一般的车辆电子电器架构（Electrical/Electronic Architecture，E/EA）设计，请读者参考其他相关书籍。

智能网联汽车产品的物理架构是把逻辑结构所涉及的各种"信息感知"与"决策控制"功能落实到物理载体上。自上而下分为 5 层：功能/应用层、软件/平台层、网络/传输层、设备/终端层、基础/通用层，如图 8-7 所示。车辆控制系统、车载终端、交通设施终端、外接终端等按照不同的用途，通过不同的网络通路、软件或平台，对采集或接收到的信息进行传输、处理和执行，从而实现不同的功能或应用。

1) 功能/应用层

功能/应用层根据产品形态、功能类型和应用场景，分为车载信息类、先进驾驶辅助类、自动驾驶类以及协同控制类等，涵盖与智能网联汽车相关各类产品所应具备的基本功能。

2) 软件/平台层

软件/平台层主要涵盖大数据平台、操作系统和云计算平台等基础平台产品，以及资讯、娱乐、导航和诊断等应用软件产品，共同为智能网联汽车相关功能的实现提供平台级、系统级和应用级的服务。

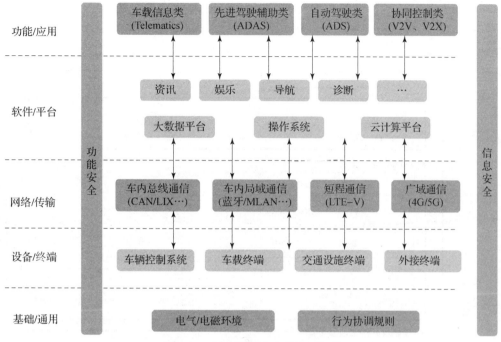

图 8-7 智能网联汽车的物理架构

3) 网络/传输层

网络/传输层根据通信的不同应用范围，分为车内总线通信、车内局域网通信、短距离通信和广域网通信，是信息传递的"管道"。

4) 设备/终端层

设备/终端层按照不同的功能或用途，分为车辆控制系统、车载终端、交通设施终端、外接终端等，各类设备和终端是车辆与外界进行信息交互的载体，同时也作为人机交互界面，成为连接"人"和"系统"的载体。

5) 基础/通用层

基础/通用层涵盖电气/电磁环境以及行为协调规则。安装在智能网联汽车上的设备、终端或系统需要利用汽车电源，在满足汽车特有的电气、电磁环境要求下实现其功能，设备、终端或系统间的信息交互和行为协调也应在统一的规则下进行。

此外，智能网联汽车产品的物理架构中还包括功能安全和信息安全两个重要组成部分。两者作为智能网联汽车各类产品和应用需要普遍满足的基本条件，贯穿于整个产品物理架构之中，是智能网联汽车各类产品和应用实现安全、稳定、有序运行的可靠保障。

## 8.2.2 智能网联汽车的云控系统架构

在智能交通系统的背景下，需要运用云计算、大数据等技术对整体的交通状况进行把控，因此智能网联汽车架构中的云控系统架构是非常重要的一部分。智能网联汽车的云控系统架构是一种基于云端服务的架构，用于连接、管理和控制车辆内部和外部的各种功能、数据和服务，如图 8-8 所示。其主要由云控平台（包括云控应用、云控基础平台)、路侧基础设施、相关支撑平台、通信网、车辆及其他交通参与者组成。这种架构致力于实现车辆与云端的高效通信和数据交换,以提供更智能、便捷、安全的驾驶体验。

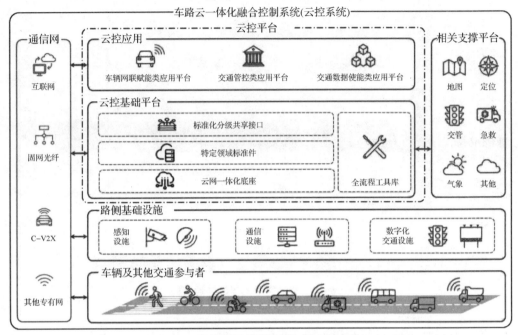

图 8-8 智能网联汽车的云控系统架构

云控系统各组成部分的主要功能如下。

(1) 云控基础平台包括标准化分级共享接口、特定领域标准件、云网一体化底座、全流程工具库等。云控应用由车辆网联赋能类应用平台、交通管控类应用平台和交通数据使能类应用平台组成,通过云控基础平台支持的各种应用服务,包括增强行车安全、提升行车效率、节能功能、优化交通运行性能,以及与车辆和交通相关的大数据应用等,可以开放给第三方机构。云控平台通过实时融合车路云数据,提供实时计算等统一优化交通运行的效率、协调智能网联驾驶和智能交通应用。

(2) 路侧基础设施部署在道路旁边或交通基础设施上的设备单元,用于支持智能交通系统和车辆对基础设施的通信和连接。包括路侧感知设备如摄像机、毫米波雷达、激光雷达、气象传感器等,通信设施 RSU,路侧计算单元(Roadside Computing Unit,RCU),交通信息化设备如信号灯、情报板等,能够实现环境感知、局部辅助定位、实时获取交通信号及交通通告信息和保障前述信息在车路云之间的互联互通。

(3) 通信网用于支撑车路、车云、路云以及云云之间信息的安全、高效互通,包括 C-V2X 网络、固网光纤、4G/5G 蜂窝网络、互联网以及其他专有网络。C-V2X 网络和 4G/5G 蜂窝网络负责连接车辆与路侧设备、云端系统的通信交流;固网光纤主要用于路侧设备和云控基础平台各级云之间的连接;互联网实现云控基础平台与运行在互联网环境下的第三方平台之间的互通;专有网络用于搭建车路云通信环境,确保车辆、路侧设备和不同云端之间的安全高效通信。

(4) 智能网联汽车及其他参与者与云控系统的其他组成部分共享数据,既是云控系统的数据源，又是云控系统的执行对象。云控系统通过感知、决策和执行对交通的整体状况进行优化，提升智能交通系统的运行效率。

（5）相关支撑平台包括地图平台、交管平台、定位平台、气象平台等，能够提供高精地图、地基增强定位、气象预警、交通路网监测与运行监管等数据的专业平台。

### 8.2.3 智能网联汽车的技术架构

智能网联汽车涉及汽车、信息、网络、通信、控制、交通等多领域技术，其技术架构较为复杂，可划分为"三横两纵"式技术架构，如图8-9所示。"三横"是指智能网联汽车主要涉及的车辆/设施、信息交互、基础支撑三大领域关键技术，包括环境感知、智能决策、控制执行、系统设计、专用通信与网络、大数据云控基础平台、车路协同、人工智能、安全、高精度地图和定位、测试评价和标准法规；"两纵"是指支撑智能网联汽车发展的车载平台以及基础设施。其中，基础设施包括能够支撑智能网联汽车发展的全部外部环境条件，如智能道路、交通设施、通信网络等。这些基础设施将逐渐向数字化、智能化、网联化和软件化方向发展。

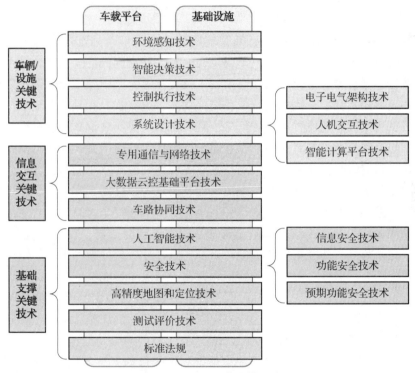

图8-9 智能网联汽车"三横两纵"式的技术架构

智能网联汽车的部分关键技术将在8.3节进行简要介绍。

## 8.3 智能网联汽车的组成

智能网联汽车驾驶系统可分为环境感知系统、决策系统和执行系统三个层次，分别可类比人类的感知器官（眼睛、耳朵）、大脑以及手脚，如图8-10所示。

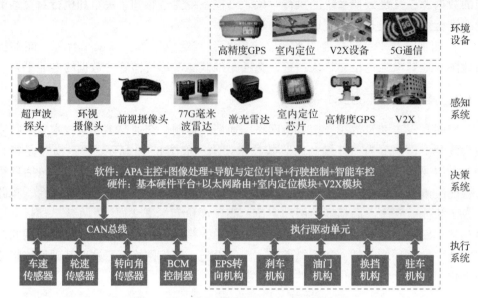

图 8-10 智能网联汽车驾驶系统的组成

（1）感知系统。感知系统用来感知智能网联汽车内部与外部的实时环境，以及驾驶员状态与操纵行为，为智能网联汽车提供人－车－路全面的信息输入，其系统组成主要包括车载传感器、导航定位、网联通信、人机交互等，其中感知传感器主要负责完成外部行驶环境感知，获取车辆所处位置、周围物体、道路状况和其他车辆等信息；导航定位主要负责测量汽车的位置和位姿信息；网联通信主要实现汽车与基础设施、汽车与云端、汽车与道路交通参与者间的互联互通，按照特定的通信方式和数据交互标准在不同通信终端之间实现数据交换；人机交互主要实现驾驶员与汽车的对话，为人与车之间带来更智能化和多样化的交互体验。感知系统收集到的数据用于实时分析和理解周围环境，帮助车辆做出准确的决策和规划行驶路线，从而实现安全、高效、自主地驾驶。

（2）决策系统。决策系统负责基于感知系统收集到的数据，对道路、车辆、行人、交通标志、交通信号、驾驶员疲劳等进行识别，通过分析、处理和推理，做出针对当前行驶环境的决策。其目标是制定最佳的行动方案，确保车辆能够安全、高效地行驶。决策系统依赖于各种模型和算法，以理解周围环境、识别道路状况、预测其他车辆或行人的行为，并做出相应的行驶决策。这些决策可能包括车辆的加速、减速、转向，以及避让障碍物或遵循交通规则等行为。

（3）执行系统。执行系统负责将决策系统制定的行动方案转化为具体的操作指令，控制车辆进行相应的行驶动作。这个系统涉及车辆的操控系统，包括转向、加速、刹车等控制装置。执行系统需要与感知系统和决策系统紧密配合，实现实时的响应和调整，确保车辆在各种交通场景下能够稳定、可靠地执行所需的动作，从而实现自动驾驶或智能化的车辆控制。

## 8.3.1 车载传感器

车载传感器是安装在汽车上的一种检测装置，用于收集车辆和周围环境的数据。这些传感器利用不同的技术和感知方式,以数字或模拟形式捕获车辆运行、驾驶员行为以及周围环境的各种信息,将捕获到的信息转换为电信号或其他所需的形式,方便计算机进行计算处理。车载传感器是汽车计算机系统的输入装置,如图 8-11 所示。其主要由敏感元件、转换元件和转换电路组成。敏感元件是指传感器中能直接感受或响应被测量的部分,转换元件是将上述非电量转换成电参量,转换电路的作用是将转换元件输出的电信号经过处理转换成便于处理、显示、记录和控制的部分。

图 8-11 车载传感器的构成

车载传感器是汽车的"神经元"。按照功能,可分为压力传感器、位置传感器、温度传感器、加速度传感器、角速度传感器、流量传感器、气体浓度传感器和液位传感器共 8 类。

智能网联汽车环境感知所需的硬件主要包括视觉传感器与雷达传感器,其中视觉传感器包括单目、双目、三目、环视摄像头等;雷达传感器则包括毫米波雷达、激光雷达和超声波雷达等。视觉传感器、超声波雷达、毫米波雷达和激光雷达统称为智能传感器,是智能网联汽车的"眼睛",如图 8-12 所示。其主要用于获取道路标识、交通信号、障碍物目标、驾驶状态及环境点云等信息,进而综合完成车辆环境感知任务。

(a) 视觉传感器　　(b) 激光雷达　　(c) 毫米波雷达　　(d) 超声波雷达

图 8-12 四种智能传感器

(1) 视觉传感器。视觉传感器是一类利用光学摄像头或相机来获取图像或视频信息的传感器。它能够获取车辆周边环境二维或三维图像信息,通过图像分析识别技术对行驶环境进行感知。视觉传感器获取的图像信息量大,实时性好,体积小,能耗低,价格低;但易受光照环境影响,三维信息测量精度较低。单目摄像头、双目摄像头、三目摄像头主要应用于中远距离场景,能识别清晰的车道线、交通标识、障碍物、行人等,但对光照、天气等条件很敏感,而且需要复杂的算法支持,对处理器的要求也比较高;环视摄像头主要应用于短距离场景,可识别障碍物,同样对光照、天气等外在条件很敏感。

(2) 超声波雷达。超声波雷达是一种利用超声波来测量距离、检测物体位置和形状的传感器。主要用于短距离探测物体,不受光照影响,但测量精度受测量物体表面形状、材质影响大。由于检测距离比较短,通常把它布置在车身的两侧以及后端,作为近距离的补盲传感器使用。

(3) 毫米波雷达。毫米波雷达是一种利用毫米波频段的电磁波来探测物体位置和运动的传感器,可以获取车辆周边环境二维或三维距离信息,通过距离分析识别技术对行驶环境进行感知。毫米波雷达探测距离远,抗干扰能力强,在雨、雪、大雾等恶劣天气条件下仍然可以正常工作。为了适应不同的感知需求,毫米波雷达包括用于短程的 24GHz 毫米波雷达和中远程的 77GHz 毫米波雷达。

(4) 激光雷达。激光雷达是激光探测及测距系统的简称,是一种利用激光来测量距离、生成高分辨率地图或探测物体位置的传感器。它可以获取车辆周边环境二维或三维距离信息,通过距离分析识别技术对行驶环境进行感知。激光雷达具有探测距离远、距离和角度分辨率高、受光照影响小等优势,逐渐成为智能网联汽车最主要的感知传感器之一。

视觉传感器、超声波雷达、毫米波雷达和激光雷达具有不同的特点。视觉传感器的信息量极为丰富,可获得目标的形状、颜色等细节,进行细化识别;超声波传感器适用于短距离测距;毫米波雷达具有较强的穿透能力,适用于烟、雾、灰尘较大的环境;激光雷达具有分辨率高、探测范围广、可全天候工作。具体比较如表 8-4 所列。

表 8-4 智能传感器的特性对比

| 传感器种类 | 视觉传感器 | 超声波雷达 | 毫米波雷达 | 激光雷达 |
| --- | --- | --- | --- | --- |
| 测量精度 | 通常在几米到十米 | 厘米级 | 亚米级 | 厘米级 |
| 远距离探测 | 较强 | 弱 | 强 | 强 |
| 探测角度/(°) | 30 | 120 | 10~70 | 15~360 |
| 夜间环境 | 弱 | 强 | 强 | 强 |
| 全天候 | 弱 | 弱 | 强 | 强 |
| 不良天气环境 | 弱 | 一般 | 强 | 弱 |
| 温度稳定性 | 强 | 弱 | 强 | 强 |
| 车速测量能力 | 弱 | 一般 | 弱 | 强 |
| 路标识别 | 是 | 否 | 否 | 否 |
| 成本 | 适中 | 低 | 适中 | 高 |
| 工作特性 | 传感器信息丰富,成本低;受天气影响很大,并且无法直接检测对象的深度信息 | 可测量 2m 以内的目标、数据处理简单 | 测量范围远、抗干扰能力强、目标速度测量准 | 方向性好、无电磁干扰、精度高、测量范围广 |
| 主要感知目标 | 目标识别跟踪、前车车距测量 | 近距离障碍物检测、泊车辅助 | 前向远距离障碍距离及速度检测 | 各方向环境感知、建模 |

## 8.3.2 导航定位

智能网联汽车在行驶时首先要知道自己在哪里,这就需要进行定位。智能网联汽车中的导航定位技术主要是用来提供车辆的位置、航向、姿态等信息。定位是导航的第一步,导航是定位的一个连续过程,导航涉及路径规划和决策引导。所常用的定位技术有卫星导航定位（Satellite Navigation and Positioning，SNP）、惯性导航系统（Inertial Navigation System，INS）、航迹推算（Dead Reckoning，DR）、地图匹配（Map matching，MM）、激光 SLAM、视觉 SLAM，以及车联网辅助定位技术等。本节主要介绍卫星导航定位采用的全球导航卫星系统（Global Navigation Satellite System，GNSS）。

全球导航卫星系统是新一代卫星无线电导航定位系统。GNSS 利用一组卫星分布在地球轨道上，通过向地面发送信号来确定接收设备的位置。2020 年，我国"北斗 3 号"卫星系统组网完成，实现了我国卫星导航基础产品的自主可控。至此，GNSS 包括美国的全球定位系统（Global Positioning System，GPS）、俄罗斯的格洛纳斯卫星导航定位系统（Global Navigation Satellite System，GLONASS）、欧洲的伽利略卫星导航定位系统（Galileo Satellite Navigation System，GALILEO）、中国的北斗卫星导航定位系统（Beidou Navigation Satellite System，BDS）等。

表 8-5 从卫星数量、定位精度、优势和应用领域四个方面对全球四大卫星导航定位系统进行了对比。这些全球卫星定位系统在系统组成和定位原理方面具有许多相似之处。由于 GPS 建成最早，拥有全球最多用户，并已广泛应用于诸多领域，因此本书将以 GPS 为例进行介绍。

**表 8-5　智能传感器的特性对比**

| 定位系统 | 卫星数量 | 定位精度 | 优势 | 应用领域 |
| --- | --- | --- | --- | --- |
| GPS | 空间部分由 24 颗卫星组成，其中 21 颗卫星用于导航定位，3 颗属于备份卫星 | 单机导航精度约为 6m，综合定位精度可达毫米级，但民用领域开放的精度约为 6m，测速精度为 0.1m/s，授时精度为 20ns | 提供具有全球覆盖、全天时、全天候、连续性等优点的三维导航和定位能力，覆盖面积广，全球覆盖面积高达 98% | 军事应用方面如坦克、飞机导航等；民用方面如交通管理、个人定位、汽车导航、应急救援、海上导航等 |
| GLONASS | 空间部分由 24 颗卫星组成，其中有 21 颗正常工作卫星和 3 颗备份卫星 | 广域差分系统提供 5~15 m 位置精度，区域差分系统提供 3~10 m 精度，局域内提供 10cm 精度，测速精度为 0.1m/s，授时精度为 25ns | 能够为海、陆、空的民用和军用提供全球范围内的实时、全天候连续导航、定位和授时服务，定位精度高，应用范围和领域广泛 | 主要应用在海洋测绘、地质勘探、石油开发、地震预报、交通等领域 |
| BDS | 空间部分由 5 颗地球静止轨道卫星和 30 颗非地球静止轨道卫星组成 | 定位精度达到 2.5~5m，但民用定位精度为 10m，测速精度为 0.2m/s，授时精度为 10ns | 具有特殊的短报文通信功能，系统兼容性好，操作便利，卫星数量较多。观测条件良好的地区可以接收到 10 余颗卫星的信号 | 军用方面，运动目标定位导航、武器发射快速定位、水上排雷等；民用方面，个人位置服务、气象应用、铁路、海运、航空、应急救援等 |

续表

| 定位系统 | 卫星数量 | 定位精度 | 优势 | 应用领域 |
| --- | --- | --- | --- | --- |
| GALILEO | 空间部分由分布在3个轨道上的30颗地球轨道卫星构成,其中有27颗工作卫星、3颗备份卫星 | 可提供实时的米级定位精度信息,为公路、铁路、航空、海洋,其至是徒步旅行者提供精度为1m的定位导航服务,测速精度为0.1m/s,授时精度为20ns | 提供导航、定位、授时等服务,与GPS相比,GALILEO更先进,也更可靠,定位精度高,安全系数高 | GALILEO系统提供的服务类型包括公开服务、生命安全服务、商业服务、公共授权服务和搜索救援服务 |

GPS 主要由导航卫星星座、地面监控设备和 GPS 用户设备三部分组成,如图 8 – 13 所示。

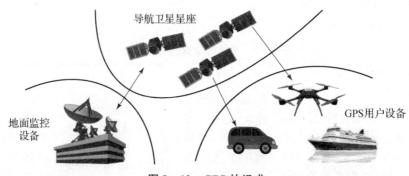

图 8 – 13　GPS 的组成

(1) 导航卫星星座由分布在 6 个地球椭圆轨道平面上的 21 颗工作卫星和 3 颗在轨备用卫星组成,相邻轨道之间的卫星彼此呈 30°,每个轨道面上都有 4 颗卫星,在距离地球表面约 20200km 的高空上进行监测。这些卫星每 12 小时环绕地球一圈,在地球上的任何地方、任何时间都可以观测到 4 颗以上的卫星,保持定位的精度,从而提供连续的全球导航能力。导航卫星的任务是接收和存储地面监控设备发送来的导航定位控制指令,微处理器进行数据处理,以原子钟产生的基准信号和精确的时间为基准向用户连续发送导航定位信息。

(2) 地面监控设备由 1 个主控站、3 个注入站和 5 个监测站组成,它们的任务是实现对导航卫星的控制。GPS 地面监控系统的功能有:监测卫星的轨道,校准和调整卫星的轨道以确保其精确性和稳定性;通过监测卫星发出的信号,监控系统可以帮助校准全球定位系统的时间和位置信息,确保其准确性;监测卫星的健康状态,检测并处理任何可能影响卫星性能的问题。

(3) GPS 用户设备主要是卫星信号接收机。其主要作用是接收卫星发出的信号,并利用这些信号提供位置、时间等信息,为导航、定位和数据分析等方面的需求提供支持。卫星信号接收机可以是多种形式,从便携式设备(如手持 GPS 设备)到车载或船载设备,其至是专业用途的测量仪器,都有可能用到卫星信号接收机。

### 8.3.3 网联通信

智能网联汽车的网联通信是指车辆通过各种通信技术，实现车辆内部系统互联，自车与其他车辆、路侧基础设施、行人以及云端系统的数据交换和信息共享，有助于提高车辆智能化水平、降低车辆安全风险、提升交通系统整体运行效率。汽车的智能网联通信通过车联网实现，车联网的具体概念在 8.1.1 节已经介绍过了，包括以车内总线通信为基础的车载网络、以远距离无线通信为基础的车载移动互联网，以及以短距离无线通信为基础的车际网，如图 8-14 所示。

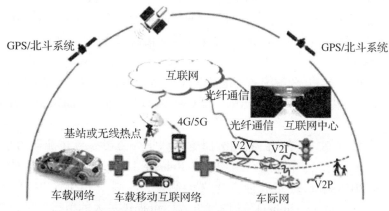

图 8-14　智能网联汽车中的通信网络

本节主要介绍车际网（V2X），包括专用短程通信（Dedicated Short Range Communications，DSRC）、4G LTE 和 C-V2X，其分类如图 8-15 所示。

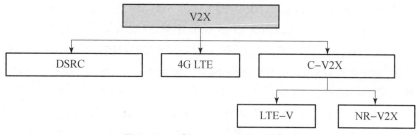

图 8-15　车际网（V2X）的分类

1）DSRC

DSRC 是一种高效的短程无线通信技术，该标准是由欧洲、美国和日本主导并制定，该技术基于 IEEE 802.11p 标准，在 Wi-Fi 基础上增强设计为 V2X 直通通信，工作于 5.9 GHz 频点，采用 CSMA/CA 的调度方式，适用于短程 V2V 和 V2I 通信。

DSRC 主要由车载单元（On-Board Unit，OBU）、路侧单元（RSU）和 DSRC 协议 3 部分组成。OBU 是安装在车辆上的设备，负责与其他车辆或基础设施进行通信。它包含无线通信设备，能够接收和发送 DSRC 信号，以及处理车辆间通信所需的数据。RSU 是安装在道路或交通设施旁边的设备，用于与车辆进行通信。RSU 能够提供交通信息、路况信息等，并接收来自车辆的信息，以便进行交通管理和优化。DSRC 架构中需要部署大量的 RSU 才能较好地满足业务需求，因此建设成本比较高。DSRC 系统依赖于一系列通信协议和标准来确保不同设备之间的互操作性和通信的安全性。虽然 DSRC 能够提供多对多、低时延通信，但可靠性差。

2）LTE

长期演进（Long Term Evolution，LTE）技术是由 3GPP 组织制定的通用移动通信系统（Universal Mobile Telecommunications System，UMTS）技术标准的长期演进，于 2004 年 12 月在 3GPP 多伦多会议上正式立项并启动，引入了正交频分复用（Orthogonal Frequency Division Multiplexing，OFDM）和多输入多输出（Multi-Input & Multi-Output，MIMO）等关键技术，显著增加了频谱效率和数据传输速率。LTE 技术具有覆盖广、容量大、可靠性高的优点，但端到端通信时延大。由此看来，单一的直通通信或蜂窝通信制式各具优缺点，但均无法满足车联网通信需求。

3）C-V2X

C-V2X 是基于 3GPP 全球统一标准的车用通信技术，包含基于 LTE 网络的 LTE-V2X（LTE-V）和基于 5G 网络的 NR-V2X 两个阶段。两者之间是相互补充和共存的关系。

LTE-V 是由 3GPP 主导，由我国大唐电信和华为公司参与并推动的车联网标准，于 2010 年以后开展研究，该技术基于 3GPP Release 14 与 Release 15 标准，并分别于 2017 年 3 月和 2018 年 6 月完成标准化文档制定，主要工作于 5.9GHz 频点，采用 SPS（Semi-Persistent Scheduling）的调度方式，可提供更大的覆盖范围、更高的可靠性和移动性支持，以提供主动安全预警、自动避障、交通信息发送等基本车联网业务。

为了支撑高级别自动驾驶、远程驾驶、车辆自动编组巡航等具有更高性能需求的车联网业务，3GPP 于 2018 年启动了 NR-V2X（即 5G）标准化工作，2019 年 12 月完成了 Release 16，2020 年完成了 Release 17 的标准化制定，NR-V2X 可工作于 6GHz 以下和 20GHz 以上两个频段，具备灵活的子载波间隔，同时对 LTE-V2X 网络具备良好的兼容性，其灵活的带宽管理、公用专用资源池分离的方式，进一步提升了网络的频谱效率，同时降低了网络能耗。

C-V2X 主要由 OBU、RSU、基站和云服务器等组成。C-V2X 既支持蜂窝移动通信方式，也支持直连通信方式。当支持 C-V2X 的终端设备处于蜂窝网络覆盖的范围内时，终端设备之间可以既通过 Uu 接口进行通信，也可以通过 PC5 接口进行通信，减少了 RSU 需要的数量。当终端设备不处于蜂窝网络覆盖范围内时，终端设备之间则通过 PC5 接口进行通信。Uu 接口需要基站作为控制中心，通信节点之间通过基站进行数据中转，这种方式适合高带宽的长距离通信。PC5 接口通过广播方式实现车辆之间的直连，在高频段下支持 500km/h 的相对移动速度，适合低时延、高可靠性通信。

相关产业和联盟对 DSRC 和 C-V2X 进行了对比，如表 8-6 所列。可以看出相对于 DSRC，C-V2X 在低时延和高可靠性、资源利用率、传输范围、传输速率等方面具有技术优势。

表8-6 DSRC和C-V2X技术对比

| C-V2X技术优势 | 具体技术或性能 | DSRC | LTE-V2X | NR-V2X |
|---|---|---|---|---|
| 低时延性 | 时延 | 不确定时延 | R14：20ms<br>R15：10ms | 3ms |
| 低时延性/高可靠性 | 资源分配机制 | CSMA/CA | 支持感知+半持续调度和动态调度 | 支持感知+半持续调度和动态调度 |
| 高可靠性 | 可靠性 | 不保证可靠性 | R14：>90%<br>R15：>95% | 支持99.999% |
| 高可靠性 | 信道编码 | 卷积码 | Turbo | LDPC |
| 高可靠性 | 重传机制 | 不支持 | 支持HARQ，固定2次传输 | 支持HARQ，传输次数灵活，最大支持32次传输 |
| 更高资源利用率 | 资源复用 | 只支持TDM | 支持TDM和FDM | 支持TDM和FDM |
| 更高资源利用率 | 多天线机制 | 取决于UE实现 | R14：不支持 R15：发送分集（2Tx/2Rx） | R16：支持1个传输块2层传输，未确定具体多天线机制 |
| 同步 | 同步 | 不支持 | 支持 | 支持 |
| 更远传输范围 | 通信范围 | 100m | R14：320m<br>R15：500m | 1000m |
| 更远传输范围 | 波形 | OFDM | 单载波频分复用（Single Carrier Frequency-Division Multiplexing，SC-FDM） | 循环前缀（Cyclic Prefix，CP）-OFDM |
| 更高传输速率 | 数据传输速率 | 典型6Mb/s | R14：约30Mb/s<br>R15：约300Mb/s | 与带宽有关，40MHz时R16单载波2层数据传输支持约400Mb/s，多载波聚合情况下更高 |
| 更高传输速率 | 调制方式 | 64QAM | 64QAM | 256QAM |
| 更灵活地与网络融合的工作模式 | 支持网络覆盖内通信 | 有限，通过接入点连接网络 | 支持 | 支持 |
| 更灵活地与网络融合的工作模式 | 支持网络覆盖外操作 | 支持 | 支持 | 支持 |

虽然现在国家政策没有明确规定我国的V2X将采用哪种技术，但业界普遍认为C-V2X将成为国内的V2X通信标准。

### 8.3.4 计算平台

智能网联汽车作为新一代智能移动设备,需要在其电子电气架构上建立强大的计算平台,以满足高效数据存储、处理和通信的要求。这个计算平台的首要任务是处理汽车行驶中产生的大量异构数据,利用人工智能、信息通信网络、互联网、大数据和云计算等先进技术,实现实时感知、决策、规划以及全部或部分控制,实现自动驾驶和联网服务等功能。

该计算平台建立在计算基础平台之上。计算基础平台主要依赖于异构分布式硬件平台,并同时采用车内传统网络和新型高速网络。通过集成系统软件和功能软件,进行差异化硬件定制和应用软件加载,实现一个完整的计算平台以满足智能网联汽车的功能需求。

车载智能计算基础平台的参考架构主要包含两个部分:异构分布硬件架构和自动驾驶操作系统。

异构分布硬件架构是一种智能系统设计理念,它整合了多种不同类型的处理器和硬件组件,以实现最大化的系统性能和效率。这种架构注重异构性,利用各种处理器和加速器的特定优势,相互协同完成任务,提供更高效的计算能力。系统中的这些处理器和硬件单元分布在不同的节点或板级上,并通过高速通信接口连接,实现分布式计算和协作。这种设计灵活性高,能够根据特定应用需求进行定制,选择最适合的硬件组合,以优化系统性能。

异构分布硬件架构涵盖了 AI 单元、计算单元以及控制单元。AI 单元的主要功能是处理各类传感器数据,它可以利用多种芯片架构,如集成图形处理器(Graphics Processing Unit,GPU)、现场可编程门阵列芯片(Field Programmable Gate Arrays,FPGA)、专用集成电路(Application-Specific Integrated Circuit,ASIC)等。其中,GPU 因为具备软硬件解耦、成本较低等优势,有望成为未来 AI 单元的主流选择。计算单元则负责搭载车用操作系统、进行任务调度以及执行自动驾驶相关算法等工作。控制单元则主要承担与车辆安全相关的底层控制任务,如实现车辆驱动总成控制、动力学横向纵向控制等功能。

自动驾驶操作系统是智能网联汽车的核心组成部分,负责管理车辆传感器、控制和执行单元之间的通信和协调。其功能涵盖感知周围环境、路径规划、控制车辆行驶,并具备实时更新和学习能力以适应不断变化的道路条件和交通情况。这个系统通常建立在异构分布硬件架构上,包括多层次的软件系统,涵盖底层操作系统、传感器数据处理、决策规划和执行控制等模块,共同实现车辆的自主驾驶任务。面对安全性和实时性挑战,其不断演进采用最新算法和人工智能技术,以提升自动驾驶性能和安全水平。

自动驾驶操作系统分为系统软件和功能软件两大部分,这两者构成了车载智能计算基础平台,是实现高效、安全、准确运行的关键。系统软件负责管理和调度车载智能计算基础平台及外部硬件传感器设备,支持复杂的嵌入式系统开发和运行。而功能软件则专注于满足自动驾驶的核心共性需求,实现智能网联功能的共性模块,例如,通用的自动驾驶框架、网联功能和云控等。这两部分软件协同作用,确保整个自动驾驶系统的高效稳定运行。

## 8.3.5 智能决策

智能决策技术可根据汽车传感器的输入，制定当前时刻的汽车行驶策略（如直行、变道、超车等），为控制执行模块提供期望参考量。智能决策是自动驾驶技术中的关键技术之一，其难点在于以下。

（1）复杂性：交通参与者多，道路类型多，规则约束多。

（2）动态性：行人/自行车/机动车/红绿灯均变动，车辆面临的情况瞬息万变。

（3）随机性：机动车、非机动车、自行车、行人的意图和行为难以预测。

（4）博弈性：车辆与交通参与者（行人、机动车等）的行为是互相影响、制约的。

决策规划系统根据决策结构可分为模块间次序分明的"感知 – 规划 – 控制"的分解式决策以及基于图像等原始信息输入直接得到控制量的端到端式决策。

## 8.3.6 人机交互

智能汽车从完全手动驾驶到完全自动驾驶，需要经历如图 8 – 16 所示的几个过程[12]。目前，受技术发展的限制，智能汽车在实现完全自动驾驶之前，驾驶人和车辆自主驾驶系统进行交互协同驾驶的情况将长期存在。

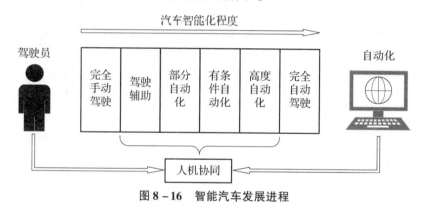

图 8 – 16　智能汽车发展进程

传统的人机交互主要是基于硬件，如转向盘、踏板、手柄等。驾驶人主要通过转向/加速/制动等方式来实现对汽车运动的控制。这种通过传统机械装置交互方式比较简单和易操作。

随着技术的发展，基于智能驾驶技术和人机协同研究越来越深入，但目前的主流产品中，人机交互和人机协同模式主要处于初级辅助驾驶阶段，如危险预警。一些高档汽车上配备了车载的人机交互系统，驾驶员能够通过该系统掌握汽车的运动状态信息、环境路况信息等。具有代表性的车辆有宝马的 iDrive、奔驰的 COMADN、奥迪的 MMI、沃尔沃的 Sensus 等。

如图 8 – 17 所示，在感知方面，驾驶员通过视觉、躯体感觉和车载传感器协同感知车辆状态和环境信息；在决策方面，驾驶员通过大脑决策和自动驾驶的决策系统共同形成人机协同决策机制；在控制方面，驾驶员通过方向盘、踏板等与自动驾驶的控制系统共同对车辆运动进行控制。

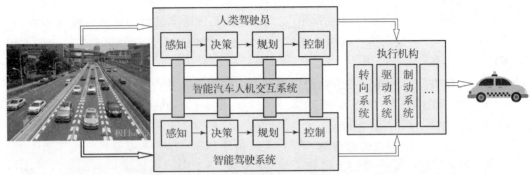

图 8-17 基于智能设备的人机协同交互示意图

交互方式可通过多种方式实现,包括但不限于以下。

(1) 语音交互。智能网联汽车的语音交互是指车辆系统与驾驶员之间通过语音指令进行沟通和控制的技术。它旨在使驾驶员能够安全、便捷地控制车辆功能、获取信息以及执行各种操作,而无须分散注意力或离开驾驶位置。随着人工智能技术的更新迭代,语音识别技术日趋成熟和完善,将为用户提供更为智能和自然的语音交互体验。

(2) 触控交互。智能网联汽车的触控交互是指通过触摸屏等触控设备与车辆系统进行互动和控制的技术。这种技术让驾驶员能够使用手指或手势来操作车辆的各种功能,从而更直观、便捷地控制车辆系统。随着触控技术的发展,触控交互从单点触控发展到多点触控,单指、双指、三指等不同的触控方式实现不同的功能,提高了交互的可靠性和效率。

(3) 手势交互。智能网联汽车的手势交互是指驾驶员使用手势来与车辆系统进行沟通、控制和执行操作的技术。通过视觉传感器捕捉和识别驾驶员的手势,车辆系统根据这些手势执行相应的功能,从而实现更直观、便捷的交互方式。手势交互的核心是对动作捕捉和识别,并解释和映射相应的操作。手势交互已经在部分产品和展示设计中逐渐被应用,如在宝马的 iDrive 中,驾驶员可以用规定手势控制导航和信息娱乐系统,如旋转动作可调整音箱音量,在空中点一下手指即可接听电话,而轻挥手掌则会拒接来电。

语音交互、触控交互、手势交互等多种交互方式结合在一起形成的多模态交互将成为未来的发展趋势,提供更智能、更直观、更个性化的用户体验。

### 8.3.7 控制执行

控制执行技术是指根据期望轨迹信息、车辆动力学模型及相应的控制算法,设计合理的目标函数和约束,实时求解控制指令的技术。控制执行技术的目的是根据决策指令规划出目标轨迹,通过纵向和横向控制系统的配合使汽车能够按照目标轨迹准确稳定地行驶,同时使汽车在行驶过程中能够实现车速调节、车距保持、变道、超车等基本操作。控制技术可以分为纵向控制、横向控制、底盘域协同控制、极限工况车辆控制与队列网联控制 5 个方面。

控制层的控制互补是目前人机共驾领域的核心关注点。控制层的人机共驾技术按照系统功能，可以分为共享型控制和包络型控制。共享型控制指人机同时在线，驾驶员与智能系统的控制权随场景转移，人机控制并行存在，主要解决因控制冗余造成的人机冲突，以及控制权分配不合理引起的负荷加重等问题。包络型控制指通过获取状态空间的安全区域和边界条件形成控制包络，进而对行车安全进行监管，当其判定可能发生风险时进行干预，从而保证动力学稳定性和避免碰撞事故发生。

### 8.3.8 系统测试

随着汽车智能化和网联化技术的发展，交通对象间耦合关系不断增强，交通参与者行为特性和人-车-路相互作用机理随之变化，对汽车行驶安全提出了更高的要求。传统汽车的主、被动安全技术难以满足交通要素强交互作用下的行车安全需求，需要以系统性、协同性和智能化的思想去研究汽车的安全问题。与传统的汽车主、被动安全技术相比，汽车智能安全技术在多方面具有显著特征，智能网联化道路交通中的汽车安全技术已不局限于单纯的碰撞保护，而是包括了功能安全、预期功能安全、信息安全、智能防护等面向运行全阶段的智能安全技术。

系统测试技术的研究重点是如何全面、准确、高效、安全地实现对汽车性能测试与评价。在测试场景生成时，常用方法包括典型场景自动生成和高风险场景加速生成。汽车测试过程以测试场景为输入数据，通过各类在环测试、封闭场地测试和开放道路测试技术，可以实现从虚拟到真实、从部件到整车、从具体功能到综合性能的测试。

## 8.4 环境感知与理解

未来智能网联汽车能够在道路上有序地安全行驶，特别是无人驾驶汽车，不依赖驾驶员，汽车也能安全行驶，需要依靠强大的环境感知系统。环境感知相当于智能网联汽车的"眼睛和耳朵"，它的性能将决定智能网联汽车能否适应复杂多变的交通环境。智能驾驶程度越高，对环境感知要求越高，无人驾驶汽车对环境感知的要求最高，其次是自动驾驶汽车、智能网联汽车和智能汽车。因此，提升环境感知系统的准确性、稳健性和实时性至关重要，这是确保智能网联汽车安全性和舒适性的关键环节，也是其正常运行的必备前提。

智能网联汽车环境感知的任务是利用视觉传感器、激光雷达、毫米波雷达等主要车载传感器以及 V2X 通信系统感知周围环境，通过提取路况信息、检测障碍物，为智能网联汽车提供决策依据。环境感知的对象主要有道路、车辆、行人、各种障碍物、交通标志、交通信号灯等。环境感知的对象有静止的，如道路、静止的障碍物、交通标志和交通信号灯；也有移动的，如车辆、行人和移动的障碍物。对于移动的对象，不仅要通过目标检测完成多种环境感知和理解任务，还要对其轨迹（位置）进行跟踪，并根据跟踪结果，预测该对象下一步的轨迹（位置）。

智能网联汽车的环境感知系统由信息采集单元、信息处理单元和信息传输单元组成，如图 8-18 所示。

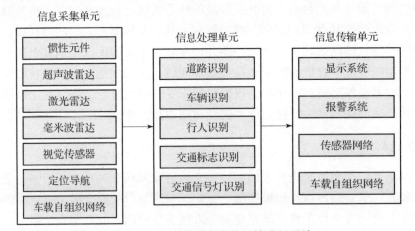

图 8-18 智能网联汽车的环境感知系统

信息采集单元主要包括惯性元件、超声波雷达、激光雷达、毫米波雷达、视觉传感器、定位导航及车载自组织网络。信息处理单元主要是对信息采集单元输送来的信号，通过一定的算法对道路、车辆、行人、交通标志、交通信号灯等进行识别，为智能网联汽车安全行驶提供保障。信息处理单元对环境感知信号进行分析后，将信息送入信息传输单元，信息传输单元根据具体情况执行不同的操作。信息传输单元包括显示系统、报警系统、传感器网络和车载自组织网络。

### 8.4.1 目标检测

根据感知和检测目标的不同，目标检测可分为道路识别、车辆识别、行人识别、交通标志识别和交通信号灯识别。

#### 8.4.1.1 道路识别

道路识别技术主要是车道线识别。通过对视觉传感器的图像进行处理，检测和提取车道线，获取道路上的车道线位置和方向，通过识别车道线来确定车辆在车道中的位置和方向，确定车辆可行驶的安全区域等。

道路通常可分为结构化道路和非结构化道路。结构化道路是指符合严格的行业标准，具备清晰车道标线或边界，几何形状明显、车道宽度基本一致的道路类型，如高速公路等。在结构化道路直道检测的过程中，由于车辆视觉传感器视野中的道路曲率变化很小，所以通常可以用近似直线的方向对车道线进行拟合，主要的检测方法有道路分割、边缘检测、边缘提取等。弯道检测与直道检测的区别是弯道检测不仅需要识别出道路边界，还需要判断道路弯曲的方向和曲率半径。非结构化的道路通常是指没有车道线和清晰边界的道路类型，如城市非主干道、乡村街道。这种道路的检测困难在于道路类型比较多变，环境背景复杂，受阴影、水迹和变化的天气影响较大。这也是当前道路识别技术的主要研究方向。

根据所用传感器的不同，道路识别分为基于视觉传感器的道路识别和基于雷达的道路识别。

（1）基于视觉传感器的道路识别。基于视觉传感器的道路识别就是通过视觉传感器采集道路图像，并通过算法处理道路图像，识别出车道线，是目前道路识别主要采用的技术。

(2) 基于雷达的道路识别。基于雷达的道路识别就是通过雷达采集道路信息,并通过算法处理信息,识别出车道线。

#### 8.4.1.2 车辆识别

车辆识别技术是指利用各种传感器和算法来识别和区分道路上不同车辆的能力。

基于视觉传感器的车辆识别技术又可分为基于车辆外观检测的方法和基于车辆运动的检测方法。基于车辆外观的检测方法侧重于分析车辆的静态外观特征,利用视觉识别技术和车牌识别等方法来识别不同车辆,包括颜色、形状、纹理等方面的特征。适用于停车场管理和安全监控等场景。而基于车辆运动的检测方法则关注车辆的动态行为和运动特征,通过传感器技术和运动模式识别分析车辆的速度、加速度、行驶轨迹等信息,适用于交通管理、自动驾驶系统和车辆行为分析等方面。

基于视觉和激光雷达融合的车辆检测技术是最近几年新发展起来的。摄像头捕获周围环境图像数据,识别车辆外观特征,如颜色、形状、纹理等。激光雷达能够快速扫描平面的距离信息,获取车辆及其周围环境的精准三维信息,包括距离、高度、轮廓等,且不受环境因素的干扰。两种传感器在功能上可以互补,通过融合两种传感器的数据,能提高车辆检测的全面性和精度。但是激光雷达的价格较高,这项技术目前只有部分厂商在使用。

目前,用于识别前方运动车辆的方法主要有基于特征的识别方法、基于机器学习的识别方法、基于光流场的识别方法和基于模型的识别方法等。

#### 8.4.1.3 行人识别

行人识别技术利用车辆前方的视觉传感器捕获图像信息,随后通过算法对这些图像信息进行分析处理,以实现对行人的检测、追踪和分类。

行人识别是智能网联汽车先进驾驶辅助系统的关键组成部分。行人作为智能交通的核心参与者,由于其行为具有高度的不确定性,驾驶员受限于车内视野且可能出现视觉疲劳,这极易导致交通事故对行人造成伤害。通过行人识别系统,能够根据不同危险级别提供预警提示,有效减少交通事故风险。行人识别系统包括预处理、分类检测和决策报警三部分,如图 8-19 所示。预处理阶段涉及对传感器获取的图像信息进行降噪、增强或其他处理。分类检测阶段则利用图像处理技术如图像分割、模型提取等,选择可能包含行人的区域,并进一步进行检测。决策报警阶段跟踪行人的运动轨迹,预测可能与车辆发生碰撞的情况,并提出相应的预警或其他防碰撞决策。

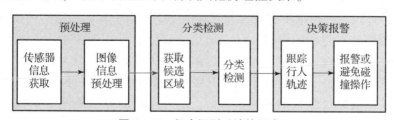

图 8-19 行人识别系统的组成

#### 8.4.1.4 交通标志识别

交通标志识别技术也是智能网联汽车的一项重要技术。

车辆行驶过程中,常见的交通标志主要分为三类,分别是警告标志、禁令标志和指示标志。警告标志用于提醒驾驶员有关道路上的潜在危险,警告驾驶员采取预防措施。例如,急转弯、斜坡、动物穿行等。这些标志通常是黄色底色,黑色图案,形状大多是三角形。禁令标志指示驾驶员在某些地方或情况下禁止执行某些动作,例如,禁止停车、禁止超车、禁止左转等。禁令标志的主要特征是白色底色、红色边缘、黑色图案、红色斜杠,形状大多是圆形,也有正八边形和倒三角形。指示标志指导驾驶员前进、转弯或遵循特定的道路。例如,直行、左转、右转、环岛方向等。这些标志通常采用蓝色背景,白色图案,形状大多是圆形和矩形。

当前交通标志的识别方法主要有两种,一种是基于颜色和图形特征组合的识别技术,一种是基于深度学习的识别技术。目前厂商广泛使用的是前一种技术。但是这种技术误差较大,存在很多局限性。基于机器学习的识别技术近几年大力发展,是目前研究的热点,能有效提高交通标志识别的准确率和识别速度。

基于图像识别的交通标志识别系统如图 8-20 所示,首先使用车载摄像机获取目标图像,然后进行图像分割和特征提取,通过与交通标志标准特征库比较进行交通标志识别,识别结果可以与其他智能网联汽车共享。

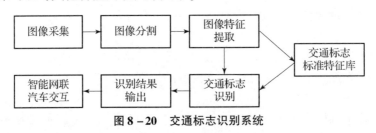

图 8-20 交通标志识别系统

#### 8.4.1.5 交通信号灯识别

交通信号灯识别技术是无人驾驶和辅助驾驶必不可少的一部分。不同国家和地区采用的交通信号灯式样各不相同。在我国,交通信号灯的设置必须遵循 GB 14887-2021《道路交通信号灯》和 GB 14886-2022《道路交通信号灯设置与安装规范》。

从颜色来看,交通信号灯有红色、黄色、绿色三种,且三种颜色在交通信号灯中出现的位置有一定的顺序关系;从安装方式来看,交通信号灯的安装方式有横放安装和竖放安装两种,一般安装在道路上方。从功能来看,交通信号灯有机动车信号灯、非机动车信号灯、左转非机动车信号灯、人行横道信号灯、车道信号灯、方向指示信号灯、闪光警告信号灯、道口信号灯、掉头信号灯等。

交通信号灯识别的精度决定着智能驾驶的安全。由于实际的道路场景中采集到的交通信号灯图像具有复杂的背景,且交通信号灯区域仅在图像中占一小部分,所以精准识别存在一定难度。针对此难点,目前的解决方法主要分为两种。一种是基于传统的图像处理方法,一种是基于卷积神经网络的处理方法。但后者往往需要大量的训练样本才能避免过拟合的风险。目前,主要采用的方法是基于颜色分割和特征匹配相结合的方法。

交通信号灯识别系统包括检测和识别两个基本环节。首先定位交通信号灯,通过摄像机,从复杂的城市道路交通环境中获取图像,根据交通信号灯的颜色、几何特征等信息,准确定位其位置,获取候选区域;然后识别交通信号灯,在检测算法中,已经获取交通信号灯的候选区域，通过对其进行分析及特征提取，运用分类算法，实现对其分类识别。

### 8.4.2 目标跟踪

目标跟踪技术是计算机视觉领域的一个重要课题，有着重要的研究意义，同时也是智能网联汽车中数据融合的核心技术之一。视觉目标跟踪是指根据智能网联汽车车载传感器获得的测量数据，对运动目标进行检测、提取、识别和跟踪，估计运动目标的运动参数，如位置、速度、加速度等，通过建立、维持、更新运动轨迹的模型，滤除噪声和干扰，从而进行下一步的处理与分析，实现对运动目标的行为理解，以完成更高一级的检测任务。

随着研究的不断深入，近十几年来视觉目标跟踪取得了突破性进展。这使得视觉跟踪算法不再局限于传统的机器学习方法，而是融合了近年来兴起的人工智能技术，如深度学习和相关滤波器等方法，从而实现了更为稳健、精确和稳定的结果。

目标跟踪包括单目标跟踪和多目标跟踪。单目标跟踪任务即根据所跟踪的视频序列给定初始帧的目标状态，如位置、尺度，预测后续帧中该目标状态。单目标跟踪过程中，首先对目标进行检测，在每一帧中，检测出目标的位置，有时也可能包含目标的边界框或轮廓信息。接着提取目标的特征，这些特征可能是传统的颜色、纹理特征，也可能是深度学习模型提取的高级表示。通过匹配目标特征或特定的相似性度量，将目标在连续帧中进行关联，以实现持续跟踪。根据新的观测数据和跟踪模型，更新目标的状态，以适应目标可能的运动变化或遮挡情况。

多目标跟踪方法是在单目标跟踪方法上发展而来的，它融入了连续多帧图像目标间的数据关联技术。这种技术综合了估计理论、模糊推理和随机统计学等多学科技术，常依赖于视觉传感器、激光雷达、毫米波雷达和超声波雷达等车载传感器进行数据采集和处理。多目标跟踪技术利用这些传感器测量的信息，确定智能网联汽车周围的目标数量和状态信息，包括坐标、速度、加速度以及目标特征，如类别和尺寸。此外，多目标跟踪需要进行目标的全生命周期管理，实时创建、维护、更新和清除目标轨迹，同时滤除噪声和干扰，并对未来一定时间内的目标运动状态进行预测，为安全态势评估和后续决策规划提供依据。

多目标跟踪是指在视频序列中同时追踪和管理多个移动目标的过程。与单目标跟踪不同，多目标跟踪需要处理更复杂的场景，包括多个目标之间的相互遮挡、交叉、聚集以及可能的目标出现和消失。多目标跟踪常用于视频监控、交通管理、无人驾驶等需要同时处理多个运动目标的领域。而单目标跟踪则更常见于需要跟踪特定对象的应用，如手势识别、物体跟踪等。在多目标跟踪中，常常会使用单目标跟踪器来对每个单独的目标进行跟踪，然后利用关联和组合技术来处理多个目标之间的关系，以实现整体的多目标跟踪。

### 8.4.3 融合感知

智能网联汽车搭载多种传感器，包括视觉传感器、激光雷达、毫米波雷达、超声波雷达、IMU 以及 V2X 通信设备等。不同的传感器在感知范围、感知精度、成本价格、适用环境等方面往往不相同，且能够互相补充。因此基于单一传感器的感知结果不能满足智能网联汽车的发展需求。举例来说，相机能够捕获目标的轮廓和纹理等信息，但不能表示深度信息，且极易受环境影响。而毫米波雷达可以精确获取深度信息，并且能在恶劣天气下工作，但无法获取目标的纹理特征。因此，基于多传感器数据融合的感知方法是提升感知系统能力的关键技术。

多传感器融合感知技术所涉及的理论基础是多源信息融合理论。根据融合阶段数据的抽象程度将传感器的数据融合方法分为4类，分别是数据级融合、特征级融合、目标级融合及决策级融合，如图8-21所示。其中，数据级融合与特征级融合可被归类为前融合；而目标级融合与决策级融合可视为各个感知单元的后处理过程，也被称为后融合。

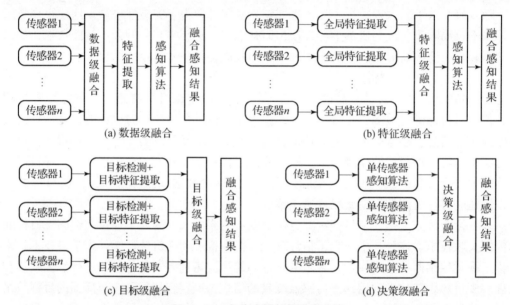

图8-21 多传感器数据融合分类

数据级融合通常直接在各个传感器采集的原始数据（如图像和激光雷达点云）层面进行综合分析。它的优点在于只有少量的数据量损失，提供其他融合层次所不能提供的细节信息，所以精度最高。但同时，由于其所要处理的传感器数据量大，故处理代价高、处理时间长、实时性差。此外，它要求传感器是同类的，即提供对同一观测对象的同类观测数据，所以不同传感器之间的数据级融合需要确保各个传感器的原始数据能够互相匹配。

目标级融合方法避免直接处理传感器的原始数据，而要求每个传感器进行预处理。传感器从目标中提取特征，作为融合算法的输入，输出具有相同结构的检测结果，然后通过数据关联算法确定不同传感器检测目标之间的匹配关系。这种方法具有较好的通用性，适用于不同传感器和不同来源之间的信息融合。然而，其缺点在于各传感器的预处理可能导致较大的信息损失，无法充分发挥传感器之间的优势互补效果。

特征级融合介于数据级融合和目标级融合之间。特征级融合首先对各传感器的原始数据进行全局特征提取，然后对特征信息进行综合分析和处理。典型的特征信息包括边缘、形状、轮廓、角、纹理和相似亮度区域等。特征级融合的优点在于充分利用不同传感器的特征信息，经过特征级融合的特征空间数据量相比于原来的图像数据大为减少，因此能够极大地提高数据处理和传输的效率，有助于数据自动实时处理。此外，特征级融合可以很好地解决不同类型传感器异构数据的深度融合问题，是提升自动驾驶感知性能的重要手段。

决策级融合是图像融合的最高层次，原理是将对传感器的数据进行预处理，根据预处理结果对被测目标进行独立决策，随后将各独立决策进行信息融合，融合的结果作为决策要素来做出相应的行动，并直接为决策者提供决策参考。决策级融合充分利用特征级融合提取的数据特征，给出简明而直观的结果。其优点在于实时性好，并具有良好的容错性，如果出现探测设备失效时，仍能给出最终决策。

## 8.4.4 意图识别与轨迹预测

车辆意图识别主要是根据车辆的历史行驶轨迹来判断车辆下一阶段的运动意图，基于此意图，预测车辆未来一段时间内的行驶轨迹，能够帮助智能网联汽车做出合理的决策规划，从而提高行车的安全性。

从时间尺度上来说，意图可分为三个级别，分别是策略级、任务级和操控级。策略级意图是从整体层面对当前驾驶任务进行策划，如根据目的地选择相关的路线等。其时间尺度最长，通常在分钟或小时级。任务级驾驶意图是研究的重点，包含了各种驾驶行为，常见的驾驶意图有车道保持、转弯、换道、超车、并道、掉头/左转/右转、减速、停车等。由于道路环境具有随机性，任务级驾驶意图无法像策略级意图那样做出准确判断，只能根据车辆历史行驶数据进行推测。这一级别的驾驶意图通常在分钟级或秒级。操控级意图是任务级意图的具体表现，如驾驶员对车辆的横、纵向控制。操控级的意图比前两级意图更加快速，通常在秒级或毫秒级。每个任务级意图通常由一系列的操控级意图组成。

目前，关于汽车驾驶意图选择的算法可大致分为两类：基于规则判断和基于统计推断。基于规则判断的方法依靠行车规则、经验和交通法规等建立驾驶行为意图规则库，根据车辆在环境中的状态，按照规则库确定驾驶决策行为。这种方法逻辑清晰，实用性和稳定性强，在自动驾驶决策系统中得到广泛应用。然而，这种方式的行为选择受限，只适用于简单环境，无法应对未设定规则的情景。另一方面，基于统计推断的方法则利用汽车行驶历史数据进行分析，学习其中的隐含信息、经验和知识，能够充分考虑场景中的不确定性因素，构建基于统计推断的行为选择模型。但是这种方法需要处理大量数据，因此速度较慢，延迟较高。

轨迹预测以意图识别为基础，根据周围车辆的历史行车数据和周围的环境信息，对其未来一段时间内的运动轨迹进行预测。进行轨迹预测的算法主要分为三类，分别是基于物理模型的方法、基于行为的方法和基于交互模型的方法。基于物理模型的轨迹预测，主要采用建立运动学或动力学模型的方法来预测轨迹，利用贝尔曼滤波和蒙特卡罗等方法有效降低模型的不确定性。这类方法的优点是简单高效，不需要训练数据，但忽略了环境和交互因素，因此不适用于复杂环境，只适用于无障碍物的开放环境。基于行为的轨迹预测方法从训练数据中学习得到动态模型，统计行为模式，然后进行预测，因此比基于物理模型推导出的轨迹更可靠。这种方法适用于有复杂未知动态物体的环境，且适用于长期轨迹预测。基于交互模型的轨迹预测方法一般采用动态贝叶斯网络来进行。在深度学习的基础上，通过搭建神经网络来预测车辆的轨迹。

## 8.5 决策与控制

8.4节介绍了智能网联汽车如何感知和理解周围环境、确定自身位置，决策与控制系统则进一步规划驾驶行为、控制车辆运动，将乘客安全、高效、舒适地送达目的地。

决策与控制技术主要分为自主决策与控制、协同决策与控制两类，如图8－22所示。自主决策与控制系统以车辆自身为中心，关注自身的行为和路线规划。依赖于车辆内部的传感器、处理器和算法，车辆自身独立地做出决策和控制。协同决策与控制系统关注的是车群和交通基础设施的协调。它涉及多个车辆之间的通信和协作，与交通基础设施进行互动，以提高整体交通系统的效率和安全性。它以车联网、道路基础设施和云计算为基础，旨在实现智能交通系统的车路云一体化控制。

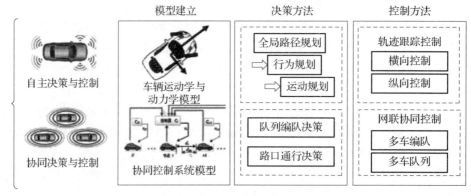

图8－22　决策与控制技术框架

### 8.5.1　自主决策与控制

智能网联汽车通过感知周围环境的信息，进行动态决策，输出预期采取的行为来控制车辆的行驶。在自主式智能驾驶汽车的决策与控制系统中，车辆本身是主要的控制对象。其决策系统生成未来行驶轨迹作为输出，而控制系统则负责调整车辆的转向、驱动和制动系统，以实现对该轨迹的跟踪。自主控制系统的智能是以人工智能为基础的。

自主决策与控制的发展历史可以追溯到多个领域，从传统机械自动化到近年来的人工智能和自动驾驶技术，经历了多个阶段和关键技术的演进。最初阶段，自主决策与控制主要在工业和制造领域应用。进入信息时代和人工智能时代，机器学习的发展使得系统能够从数据中学习并适应不同的情境。随着智能驾驶汽车的普及，人们对决策系统提出了更高的期望。复杂的行驶环境、严苛的安全标准以及对舒适性和效率的不断追求，都提高了对决策系统的要求。随着智能驾驶技术的不断演进，决策控制技术仍然面临着一些难题，如复杂的交通环境和恶劣天气等的挑战。然而，近年来智能技术领域的快速发展也为人们提供了全新的研究工具。

经典的分层式决策方法将决策过程分为全局路径规划、行为规划和运动规划三个基本阶段。这种决策方法的优点在于其结构清晰，在简单的行车场景中具有可靠性，同时能够降低算法复杂度，保障计算的实时性。全局路径是智能车基于高精度地图离线产生的理想行驶路径，它是连接出发地和目标地的理想参考路径。在实际行驶过程中，智能车时刻面临复杂交通环境带来的影响，如其他行人、车辆等，且这种影响具有随机性难以预测，这便需要驾驶决策模块根据实时交通环境，在线规划实际驾驶行为与运动轨迹，即行为规划与运动规划。行为规划阶段生成语义级驾驶行为，如换道超车、减速让行等；运动规划阶段则生成与驾驶行为对应的目标运动轨迹，供底层智能车控制系统跟踪和执行。

然而这种分层式决策方法难以应对多样复杂的行车路况，所以需要探索更加前沿先进的决策方法。目前研究的热点主要有两个方向，一是基于认知交互的决策，二是基于机器学习的决策。

## 8.5.2 协同决策与控制

在车路云一体化融合的趋势下，仅针对单车的决策控制对于提升车辆的安全性和交通的效率是有限的，并不能实现真正的智能交通。将道路上行驶的车辆、路侧基础设施和云端系统看作是一个整体，实现 V2V、V2I、V2P、V2N 之间的信息共享，从宏观的角度研究智能网联汽车的协同决策与控制系统，能够更有效地提升交通效率、提高驾驶安全性。

协同控制系统可视作由多个单一车辆或路侧单元通过交换信息互相控制进而互相耦合而形成的动态系统。首先需要对系统整体建模，主要采用的方法是利用四元素模型架构进行一般性的数学描述。四元素分别是节点动力学、信息拓扑结构、多车几何构型和分布式控制器。应用四元素模型能够实现车辆队列的基本控制，但功能细节的实现需要上层决策的整体协调，即队列的编队控制。智能网联汽车的编队控制技术融合了车联网和自动驾驶技术，主要方法包括路口控制和队列控制。

为了支撑各类协同应用按需进行，优化全局性能，避免不同应用造成的车辆或交通行为冲突，需要车路云一体化融合控制系统（8.2.2 节中的云控系统）利用各应用的优势性能，提升协同应用总体对车辆行驶与交通运行的优化能力。协同应用主要分为三类：一是智能网联驾驶与智能交通应用，即将智能网联汽车视作通用运载工具进行辅助和优化，主要的服务对象是单个车辆、多个车辆、单个交通信号、多个车辆和单个交通信号、多个车辆和多个交通信号；二是大数据分析与机器学习应用，主要为云控系统设计的智能网联驾驶协同应用和智能交通系统应用中的学习和分析环节提供海量真实的交通场景数据；三是针对智能网联汽车应用于特定领域的商业运营时，针对领域的特定运营要求，对协同应用进行针对性的改进或研发。

在具体的技术研究中，需要深入研究针对不同交通场景的特定技术。目前，智能网联汽车的协同控制技术已经包括了许多常见交通场景，如多车编队技术、信号控制路口和非信号控制路口的协同行驶技术等。

## 8.6　智能网联汽车通感算一体化设计

智能网联汽车需要借助定位、探测、成像等技术进行感知，更需要借助通信将感知信息传输至泛在分布的边缘计算节点进行智能化处理、决策和控制；同时，高精度的协作感知和高效的通信均离不开"云－边－端"强大计算能力的支撑，高效稳定的感知和通信网络又提高了协同移动计算的稳定性。因此，智能网联汽车中通信、感知、计算（下文简称：通感算）三大功能互相关联，互为促进，如图8－23所示。车联网通过感知功能获取周围通信节点的分布、位置、速度等信息，可以帮助通信系统实现快速波束对准、邻居发现、高效的干扰管理和多址接入等功能以增强通信性能；通过提升通信功能，车联网可以提高协作感知能力和感知资源分配效率，消除多雷达干扰；强大的计算能力是支撑高精度感知、高效率通信的前提。此外，感知信息可辅助计算数据降维，通信网络可支撑"云－边－端"一体化计算。这里，"云－边－端"分别指云计算中心（云）、路侧单元边缘计算节点（边）、自动驾驶汽车（端）。

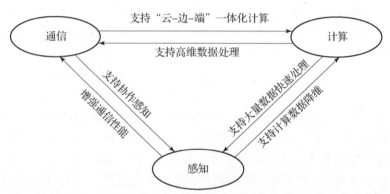

图8－23　智能网联汽车中通信、感知、计算三大功能关联关系

智能网联汽车为了自适应满足极低的通信时延、极高的可靠性、更大的传输速率等极致性能需求，需要提升车联网感知、通信和算力自适应能力，它不再只是单纯的传输管道，而是能够实现"云－边－端"一体化的协同通信、感知和计算，需要进行通感算的深度融合。但遗憾的是，现有车联网中通信、感知、计算属于独立的学科和技术领域，长期以来相互割裂、独立分治。鉴于6G将引入潜在的毫米波频谱和太赫兹，将传统定位、探测、成像等感知功能和无线通信功能融合，同时利用"云－边－端"一体化算力进行计算处理，实现通感算的深度融合，这样可以发挥三者的协同优势，实现三者效能倍增，以助力实现自动驾驶。

传统的通信、感知、计算等多系统采用割立分治设计与性能优化的方式已不能满足智能网联场景下宽带感知信息的极低时延、极高可靠传输需求。为了突破智能网联汽车中通感算融合的架构壁垒，需要探索如何构建资源可解耦、能力可扩展、架构可重构的通感算融合网络架构以及通感算融合的资源管理技术。

### 8.6.1　智能内生的"五层四面"通感算融合网络架构

针对通信节点的计算、感知能力增强但传统网络架构只关注通信维度，导致难以自适应满足智能网联汽车多极致性能需求的挑战，技术人员通过分布式的时频空多域智能感知、高效通信资源管理、按需的分布式计算能力调度和"云－边－端"一体化的网络管控等技术，给出通感算融合的网络架构以适应不同的业务需求，实现自动驾驶车联网的智能感知、智能资源调度、智能计算、智能管控能力，从而为资源管理奠定架构基础。

突破智能网联汽车中通感算融合的架构壁垒，对网络架构进行"五层四面"数字化抽象，横向五层自下而上分别是：多元接入层、统一网络层、多域资源层、协同服务层、管理与应用层；纵向四面分别是：通信面、感知面、算力面、智能融合面。基于通感算功能模块化，构建了资源可解耦、能力可扩展、架构可重构的网络架构，如图8－24所示。

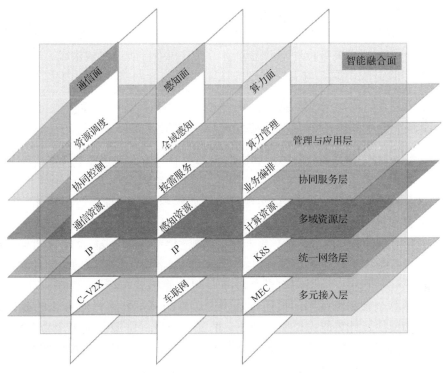

K8S：Kubernetes，一种基于容器技术的分布式架构解决方案，是谷歌开源的容器集群管理系统。

图8－24　智能内生的"五层四面"通感算融合网络架构

横向五层的功能如下：多元接入层支持C－V2X（蜂窝车联网）专用频谱及非专用频谱通感一体化技术，并采用灵活频谱共享技术。统一网络层主要解决全方位的统一组网问题，基于IP承载，屏蔽异构终端、接入链路的差异，在多元接入层之上构建基于数据分组交换的核心网络，实现数据的统一路由与转发。多域资源层通过就近将频谱、带宽、网络、服务器、存储、算力等聚合形成一个或多个逻辑上的边缘资源池，各资源池之间共享计算、存储、网络、感知信息等资源，实现网络边缘局部的算力网络管理、资源调度，完成初步的通感算融合管理及业务逻辑编排。协同服务层主要解决综合感知业务的按需服务问题，负责统筹上层业务需求和下层资源，实现上下数据和控制的协同，是整个网络架构的核心层。协同服务层向上主要通过对业务信息的分类、分级，结合业务传输速率、时延、优先级、可靠性等 QoS 需求,实现各类业务的注册、接纳控制和业务编排等。协同服务层向下主要通过对下层资源的抽象封装,构建面向不同应用需求的网络模型等。管理与应用层能够自动捕获业务性能需求,自适应不同应用场景。利用人工智能技术挖掘不同业务的差异化特征,完成通感算多维资源的动态协同管理以及后续的策略制定和执行,同时为不同应用智能地进行网络重构。

纵向四面的功能如下:通信面使用 6G 通信网络和国际上广泛采纳的 C-V2X 技术,实现动态覆盖和服务。感知面复用 6G 通信网络的超高频毫米波或者太赫兹波段载波,基于多普勒效应获取区域内的感知信息,同时融合区域内车辆、路侧单元、云端的感知信息,形成多视角、全方位目标协同感知体系。算力面除了向目标用户提供算力服务体验以外,还提供分布式的交互感知,进行用户信息的采集和识别,为智能融合面的服务决策提供信息。智能融合面可为其他"层"与"面"按需提供 AI 能力和网络管理的相关能力。基于"智能融合面"构建通感算数据模型及其交互模型的自挖掘与演进机制,以指导融合网络决策推理与动态调整。探索网络自演进内核构成、进化动态表征模型、网络经验提取、重组与演绎推理方法,实现融合网络架构的内生"自优化、自生长、自演进"能力。

### 8.6.2　资源虚拟化与供需拟合的网络切片弹性重配置

其中,图 8-24 中的多域资源层和协同服务层的具体设计思路如图 8-25 所示。

首先,多域资源层打破网络构架内网元之间的紧耦合关系,利用软件定义网络(SDN)和网络功能虚拟化(NFV)实现对通感算物理资源的抽象与虚拟化,根据网络功能需求差异实现对物理资源的共享/隔离。在协同服务层中,各个网络功能均为可通过 Docker 容器独立部署的微服务。基于容器编排引擎 Kubernetes 设计管理与编排模块结构,利用模板与实例化思想实现针对特定业务的网络功能与资源的控制和编排,完成服务化灵活重构。其次,为适应自动驾驶车联网中通感算在资源层和服务层的全域融合,构建通感算全景资源视图。拟通过基于云原生的编排器将微服务化的通信能力模块、感知能力模块及计算能力模块进行统一的任务分发,资源分配等全生命周期管理,形成通感算能力服务网格。通过 Docker 容器化技术实现通感算能力模块的弹性扩缩容,实现通感算能力的端到端可扩展性。基于服务层的业务需求,自适应地在适合的基础设施节点编排通感算能力模块,实现通感算业务的灵活上线开通。

在实际应用中,即使在网络切片请求到达时提供了最优的资源配置方案,也有可能由于网络切片请求的资源需求量、拓扑结构、部署地点等会随着时间不断地发生变化。为了满足其变化的需求,还需要动态地自动放缩切片容量,并迁移其部分虚拟网络功能以实现预期的服务性能。网络切片有相应的服务等级目标要求,其中规定了切片内端到端时延、中断时间上限和其他性能指标。为了不违反网络切片的服务等级目标要求,本项目拟设计供需拟合的快速弹性重配置机制,从基于预测的主动迁移触发、资源重映射策略及节点迁移排序方法三方面进行研究,以在时延约束的前提下完成网络切片的重配置,避免服务的中断。供需拟合的切片弹性重配置机制的流程如图 8-26 所示。

# 第 8 章 智能网联汽车

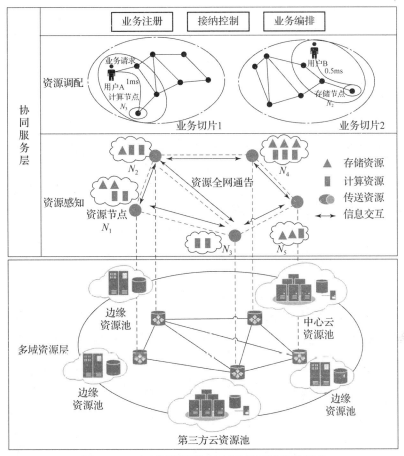

图 8-25 多域资源层和协同服务层的设计思路

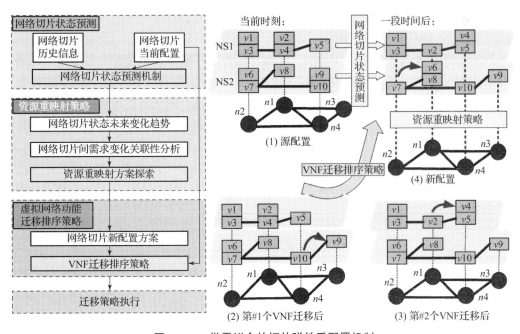

图 8-26 供需拟合的切片弹性重配置机制

首先，对网络切片的未来状态进行预测。根据切片请求的历史信息，利用强化学习等人工智能方法，从大量的历史数据中学习并分析切片内资源需求、拓扑形态的变化，设计网络切片请求状态预测方法，实现网络切片请求在资源请求量、拓扑等需求维度上的变化趋势预测，以便及时对网络切片的状态变化做出反应，保障用户的体验质量，提供无缝的网络资源供应。

其次，为预测到服务等级变化的网络切片设计资源重映射方案。根据网络切片请求的状态变化推测其相应的服务等级变化，服务等级的变化将触发网络切片资源重映射算法。将节点需求量减少的网络切片占用的多余资源释放，为节点需求量增加的网络切片重新寻找可映射的物理资源。分析各网络切片新资源需求之间的关联性，探究网络切片重配置过程中隐藏的资源空间，以最小化切片重配置次数和最大化长期收益为目标，设计动态资源重映射方案以满足切片需求的动态变化。

接下来，按照资源重映射方案，对虚拟网络功能迁移序列进行排序。迁移过程中，将虚拟网络功能逐个迁移，以使得重配置不违反任何服务等级目标，并且保证即使重配置过程突然中断，网络切片仍保持在可行的配置中。本项目拟构建网络切片迁移图，其为一个有向图，其中每个节点代表网络切片的某种配置，每条边代表一步虚拟网络功能迁移。源配置和目标配置对应于迁移图中的两个节点，因此虚拟网络功能迁移排序问题可以转化为寻找从源节点到目标节点的路径问题。

### 8.6.3 通感算融合的多视角、全方位目标协同感知

智能网联汽车配备了多种传感器，如摄像头、毫米波雷达、激光雷达、超声波雷达、全球导航卫星系统、惯性测量单元、车轮里程计等，用于对象检测、车道检测、定位和映射、预测和规划以及车辆控制等。但自动驾驶车联网不能仅依靠单车的感知和计算，需要车路协同。路侧摄像头、毫米波雷达以及激光雷达等传感设备的广泛部署，可实现交通系统全域覆盖的感知体系。

随着人工智能技术的进一步发展，车联网将在联邦学习、多传感器融合等方法的使能下形成"云-边-端"一体化感知决策架构。同时，结合"云-边-端"高性能通信能力，形成车联网多视角、全方位目标协同感知体系。通过车联网将人、车、路、云这些交通参与要素有机地联系在一起，需要车端、路侧和通信链路三管齐下，从而保证自动驾驶安全，加速自动驾驶商业化落地。"云-边-端"一体化感知场景如图8-27所示。

在此基础上，可进一步研究通算辅助的海量感知节点智能资源分配以及时频空多域感知资源智能动态调度方案。

### 8.6.4 "云-边-端"一体化的边缘智能

边缘智能是面向"云-边-端"多领域技术综合集成的体系框架。边缘智能的关键是协同，重点是联合，具体为架构的协同、数据的联合、模型的联合与资源的联合。其中，架构的协同是基于"云-边-端"进行统一的架构设计，即将云端服务、边端资源、终端能力进行通盘考虑，进而为边缘智能的发展提供架构体系支撑；数据的联合

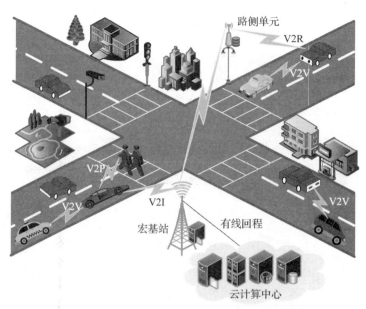

图 8-27 智能网联汽车中"云-边-端"一体化感知场景

是对多源跨域异构数据进行深度安全可信的融合，进而打破各约束条件下的"数据孤岛"，为边缘智能发展提供充足的数据支撑；模型的联合是面向"云-边-端"一体化架构在分布式、集中式、混合式部署模式下的具体化呈现，是实现高性能人工智能推理、训练的重要方式；资源的联合是融合"云-边-端"所涉及网络通信、感知、计算、存储等资源的重要途径，是促进边缘智能高效落地应用的重要保障。"云-边-端"一体化的边缘智能示意图如图 8-28 所示。

为满足"云-边-端"一体化网络中数据隐私、安全和监管要求，联邦学习技术应运而生，为大数据背景下的"数据孤岛"问题提供了安全的分布式机器学习框架。联邦学习是实现高效数据共享、解决数据孤岛问题的有效解决方案，为深度神经网络分布式部署、训练数据扩展等问题的解决带来了希望。尤其是基于 PyTorch 的 PySyft 框架、基于 TensorFlow 的 TensorFlow Federated 框架、中国微众银行的 FATE 框架、Uber 的 Horovod 等多个开源联邦学习项目的开展以及相关国际标准的筹备，这些工作对实现具有重要意义。

目前，目标检测、态势理解、精准推送等边缘智能任务的核心功能多由深度神经网络模型实现，因此，需要考虑如何在算力、通信等资源受限环境下，构建面向"云-边-端"一体化架构的轻量级神经网络模型，并安全地进行模型训练与推理，以实现面向多域任务的智能协同。具体来说，本项目首先使用所有驾驶数据训练一个基准模型。那些希望在云计算中心共享数据用户的数据是匿名的和集成的。云模型基于生成对抗循环神经网络以适应用户正常驾驶的动态变化。这个深度神经网络模型被进一步压缩或修剪成更小的模型，并传输到边缘的路侧单元以及车辆端的边缘设备。压缩或剪枝后，可以降低运行深度学习模型的计算成本，从而满足板载硬件的计算能力限制。然后，考虑特定的驾驶条件或上下文信息，通过迁移学习在剪枝后的模型上训练个性化模型。

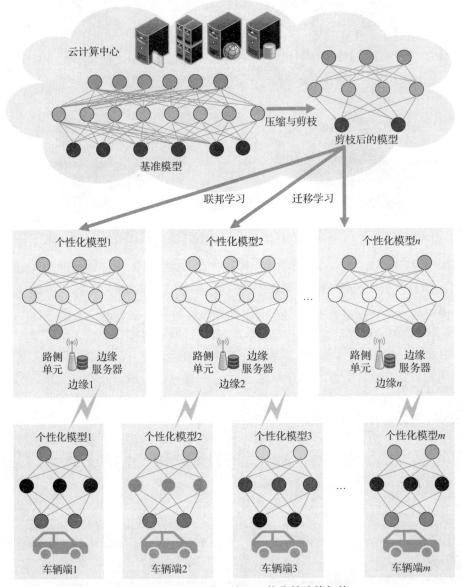

图 8-28 "云-边-端"一体化的边缘智能

针对"云-边-端"一体化各域计算能力特点，设计适合"云-边"的模型压缩方法，然后将轻量级模型下发至边缘和车辆端，基于"边-端"的联邦学习模式，利用车辆端的个性化用户数据训练和微调下发的轻量级模型，以满足模型的安全训练与推理。最终，通过模型压缩，让车辆端可以运行满足计算密集型任务需求的高可用性、轻量级神经网络模型，即使在远端的云服务资源不可用的恶劣条件下，依然可以降低任务执行时间。

### 8.6.5 通感算智能融合软件仿真平台

目前，自动驾驶开源的软件平台有许多，如 Apollo、Autoware、Carla 等。Apollo 是百度公司发布的面向汽车行业及自动驾驶领域合作伙伴提供的软件平台，不仅在全球各种权威自动驾驶榜单中成绩斐然，也在商业化推进上有着惊人的速度。Autoware 是世界上第一个用于自动驾驶汽车的"多合一"开源软件。Autoware 提供了一组丰富的自动驾驶模块，这些模块由感知、计算和驱动功能组成。功能包括 3D 本地化、地图绘制、目标检测与跟踪、交通信号识别、任务与运动规划、轨迹生成、车道检测与选择、车辆控制、传感器融合等。英特尔实验室联合丰田研究院和巴塞罗那计算机视觉中心联合发布的 Carla，是用于城市自动驾驶系统的开发、训练和验证的开源模拟器，支持多种传感模式和环境条件的灵活配置。Carla 提供了一套灵活的 API，用户可以使用 API 来轻松控制模拟仿真系统的每一个组件和功能，包括交通生成、行人行为、天气、传感器等。

使用 Carla 与 Autoware 联合搭建一个自动驾驶的虚拟环境如图 8-29 所示。Carla 将通过 Carla–Autoware–Bridge 运行 Autoware 代理。针对单车感知精度受限、单车计算能力不足、单车认知范围局限等问题，搭建面向自动驾驶车联网的通感算智能融合软件仿真平台，实现开放道路复杂驾驶环境下的超视距认知和"云–边–端"一体化协同，探索出一条具有中国特色的"聪明的车""智慧的路""协同的云"的发展模式。

图 8-29 使用 Carla 搭建的自动驾驶虚拟环境

## 8.7 习题

1. 简述车联网的概念。
2. 简述高级驾驶辅助系统（ADAS）的功能。
3. 什么是智能网联汽车？
4. SAE 对汽车驾驶自动化是如何分级的？
5. 简述智能网联汽车、自动驾驶汽车、无人驾驶汽车之间的关系。
6. 简述车联网、智能交通系统、智能汽车和智能网联汽车的区别与联系。
7. 智能网联汽车产品的物理架构是怎样的？
8. 简述智能网联汽车的云控系统架构组成。
9. 简述智能网联汽车的组成。
10. 简述车载传感器的类型及其特点。

11. 简述车际网的分类及其特点对比。
12. 简述智能网联汽车的环境感知系统的组成。
13. 根据感知和检测目标的不同,智能网联汽车的目标检测分为哪几类?
14. 使用你熟悉的程序设计语言,设计一款车道线或交通信号灯识别小工具。
15. 简述多传感器数据融合分类。
16. 简述智能网联汽车中通信、感知、计算三大功能的相互关系。

# 参考文献

[1] 陈山枝,葛雨明,时岩. 蜂窝车联网(C-V2X)技术发展、应用及展望[J]. 电信科学,2022,38(1):1-12.

[2] 郎平,田大新. 面向6G的车联网关键技术[J]. 中兴通讯技术,2021,27(2):13-16.

[3] 李彦宏. 智能交通:影响人类未来10~40年的重大变革[M]. 北京:人民出版社,2021.

[4] 李克强,等. 智能环境友好型车辆:概念、技术架构与工程实现[M]. 北京:机械工业出版社,2021.

[5] 智能网联汽车产业技术路线图编写小组. 智能网联汽车技术路线图2.0[R]. 国家智能网联汽车创新中心,2020.

[6] 崔胜民,俞天一,王赵辉. 智能网联汽车:先进驾驶辅助系统关键技术[M]. 北京:化学工业出版社,2021.

[7] 李克强,王建强,徐庆. 智能网联汽车[M]. 北京:清华大学出版社,2022.

[8] 崔胜民. 一本书读懂智能网联汽车[M]. 北京:化学工业出版社,2019.

[9] 田大新,段续庭,周建山. 车载网络技术[M]. 北京:清华大学出版社,2020.

[10] 陈山枝,胡金玲,等. 蜂窝车联网(C-V2X)[M]. 北京:人民邮电出版社,2021.

[11] 中国软件测评中心. 车载智能计算基础平台参考1.0[R]. 中国软件测评中心,2019.

[12] 胡云峰,曲婷,刘俊,等. 智能汽车人机协同控制的研究现状与展望[J]. 自动化学报,2019,45(7):1261-1280.

[13] 何宇漾,赵华伟. 智能网联汽车概论[M]. 北京:人民邮电出版社,2022.

[14] WANG Z, WU Y, NIU Q. Multi-Sensor fusion in automated driving: a survey [J]. IEEE Access, 2020, 8: 2847-2868.

[15] XING Y, et al. Driver lane change intention inference for intelligent vehicles: framework, survey and challenges [J]. IEEE Transactions on Vehicular Technology, 2019, 68 (5): 4377-4390.

[16] 李骏. 智能网联汽车导论[M]. 北京:清华大学出版社,2022.

[17] 陈旭,尉志青,冯志勇,等. 面向6G的智能机器通信与网络[J]. 物联网学报,2020,4(1):59-71.

[18] 马忠贵,李卓,梁彦鹏. 自动驾驶车联网中通感算融合研究综述与展望[J]. 工程科学学报,2023,45(1):1-13.

# 第9章 智能无人机网络

自古以来,人类就对天空充满了向往,想象着像鸟儿一样在天空中飞翔。于是,人类发明了第一架可以载人飞行的飞机,实现了冲上云霄的愿望。从这之后飞机有了更多的用途,人类开始将飞机投入战争、救援、客运等用途中,并且由于战争的需要,人们又根据飞机发明了无人机。

随着移动通信、人工智能、自动控制等技术的发展,无人机技术逐渐从军用走向民用。无人机由于具有机动性高、灵活性强等优点,正在广泛应用于无线通信、航拍、灾害救援、物流等领域。然而,伴随着5G技术的应用推广,使得用户对网络传输速度及稳定性的要求也日益提高。目前,部分地面基站已经无法满足网络传输的基本需要,但增设基站又会消耗大量的成本,对此,借助无人机这一灵活性强、成本低的新型飞行器,可以有效地实现特定区域的通信覆盖,有望在5G和6G移动网络等领域发挥重要作用。

近年来,图像识别、路径规划、建图定位和语义解析等人工智能技术已成功应用于无人机系统,极大地提升了无人机系统的智能化水平,可以赋予无人机高度的自主性,提升无人机在复杂对抗环境下的任务效能和生存能力。同时,智能无人机网络是无人机向集群化、智能化、跨域化发展的内在需求。

本章首先介绍了无人机的概念、分类以及无人机系统的组成。然后,介绍了无人机网络的架构、特点、无人机集群化。其次,介绍了无人机的飞行规划和轨迹优化。最后,介绍了无人机网络的能效优化。

## 9.1 无人机系统概述

### 9.1.1 无人机的概念

无人机是无人驾驶飞行器(Unmanned Aerial Vehicle,UAV)的简称,是一种由无线电遥控设备以及自身程序控制装置操纵的无人驾驶飞行器。从某种角度来看,无人机可以在无人驾驶的条件下完成复杂空中飞行和各种任务,可以看作"空中机器人"。无人机示意图如图9-1所示。

无人机上没有驾驶舱,但安装有自动驾驶仪、程序控制装置等设备。地面遥控人员通过雷达等设备,对其进行跟踪、定位、遥控、遥测和数字传输。可在无线电遥控下像普通飞机一样起飞或用助推火箭发射升空,也可以由母机带到空中投放飞行。回收时,可以用与普通飞机着陆过程一样的方式自动着陆，也可以通过遥控用降落伞或拦网回收。并可反复使用多次。

图 9-1　无人机示意图

技术上无人机在一些应用场景被纳入了蜂窝架构中的用户设备（User Equipment，UE）。控制链路包含两个主要组件：无人机和操纵它的人之间的点对点连接，以及在无人机终端和地面控制站之间建立蜂窝网络连接的链路。无人机还可作为空中基站，在特定位置为 UE 提供服务。当无人机用作空中基站时，它们可支持真正的地面无线网络的连接，如宽带和蜂窝网络。与传统地面站相比，使用无人机作为基站的优势在于它能够改变其高度，避开障碍物，并提高为地面用户创建视距（Line of Sight，LoS）通信链路的可能性。

### 9.1.2　无人机的历史

无人机的起源可以追溯到第一次世界大战，1914 年英国的两位将军提出了研制一种使用无线电操纵的小型无人驾驶飞机空投炸弹的建议，得到认可并开始研制。1915 年 10 月，德国西门子公司成功研制了采用伺服控制装置和指令指导的滑翔炸弹。1916 年 9 月 12 日，美国的劳伦斯和斯佩里设计并制造了第一架无线电操纵的无人驾驶飞机在美国试飞，它是通过陀螺仪来实现姿态稳定控制和飞行。1917 年，美国海军制造了双翼无人轰炸机（Aerial Torpedo），可以通过陀螺仪保持无人机水平姿态，利用气压计保持飞行器飞行高度。1918 年，美国陆军开发了更小的双翼无人机"凯特灵小飞虫"（Kettering Bug）。1927 年，英国海军设计开发了单翼"喉"式无人机（LARYNX），该无人机可以携带 114kg 的弹头，并且引入无线电控方式。第二次世界大战期间，英国皇家航空研究院研发了"蜂王"（Queen Bee）无人机，该无人机是可以重复使用的无人靶机，并使用无线电控制，自主飞行的航程可以达到 480km。第二次世界大战后直到 20 世纪 70 年代，受冷战影响，世界上众多发达国家对无人机进行了持续的研究，一个重要的研究方向是利用无人机干扰敌方的雷达系统，另一方面是对敌方开展侦察活动，即将机载的摄像机数据传送至地面站。到了 20 世纪 80 年代，无人机的飞控导航与监控摄制系统已经更加先进。1991 年美国已在波斯湾战场应用"捕食者"无人机进行实战。

21 世纪以来，无人机在军事领域得到了快速的发展。美国通用原子公司的"死神"（Reaper）无人机，飞行时间大大提高，并且能够在必要的时候进行快速攻击。2020 年亚美尼亚和阿塞拜疆爆发军事冲突，在这次冲突中，无人机成了万众瞩目焦点，阿塞拜疆使用土耳其的TB-2无人机，成功摧毁了亚美尼亚方大量昂贵的地面设施和坦克，完成了对亚美尼亚军队的压制。

在民用领域，特别是2010年以后，无人机的应用更加广泛，也得到了长足的发展，日本的"雅马哈-Rmax"无人机广泛应用于农林业中，对防止病原微生物和害虫危害作物或人畜做出贡献。美国NASA（National Aeronautics and Space Administration）启动多个项目与美国林务局、联邦航空管理局和消防部门合作，研发的无人机包括Ingenuity、Altus、Helios、Proteus等。2012年中国的大疆创新公司推出一款名叫"精灵"的四旋翼无人机飞行套件，使用者能够在较短的时间内完成飞机操控的学习，并与同类别的商业级无人机相比具有较低的价格，之后航拍民用无人机的市场迅速被大疆创新公司占领，犹如在移动通信领域传统的手机遭遇到智能手机的颠覆式创新一样。无人机相关交叉学科技术的进步，开源飞控的发展，专业人才不断涌入，相关知识的普及，创新创业政策的扶持和资本投入不断加大等等因素不断交织，使得无人机技术不断向前发展，且愈发深入，越来越快。

## 9.1.3 无人机的分类

目前，无人机的用途广泛，种类繁多，型号各异，各具特点。但是，无人机的分类尚无统一、确定的方法。现将常用的三种分类方法整理、归纳如下。

### 9.1.3.1 按飞行平台构造形式分类

按飞行平台构造形式的不同，无人机可分为固定翼无人机、无人直升机、多旋翼无人机、伞翼无人机、扑翼无人机、无人飞艇和混合式无人机等。

（1）固定翼无人机：固定翼无人机的机身装有机翼，依靠机翼与空气的相对运动来产生升力。其是指由动力装置产生前进的推力或拉力，由机身固定的机翼产生升力，在大气层内飞行的重于空气的无人机。固定翼无人机具有续航时间长、飞行效率高、载荷量大等优点。但是，固定翼无人机也有无法悬停在空中、不够灵活、起飞和降落对场地要求高等局限性。

（2）无人直升机：无人直升机顶部装有螺旋桨，一般由2~5片桨叶组成，通过高速地旋转旋翼产生升力。其是指依靠动力系统驱动一个或多个旋翼产生升力和推进力，实现垂直起落及悬停、前飞、后飞、定点回转等可控飞行的无人机。按旋翼数量和布局方式的不同，无人直升机可分为单旋翼带尾桨无人机直升机、共轴式双旋翼无人机直升机、纵列式双旋翼无人机直升机、横列式双旋翼无人机直升机和带翼式无人机直升机等不同类型。无人直升机具有能在空中悬停、垂直起降、飞行灵活等优点。与固定翼无人机相比，它具有续航时间短、飞行速度低、机械结构复杂、维护成本高等缺点。

（3）多旋翼无人机：多旋翼无人机是指具有3个及以上旋翼轴提供升力和推进力的可以垂直起飞和降落的无人机。它可以悬停在固定位置上持续执行任务，这种高机动性使其适用于无线通信场景，因为它们可以高精度地将基站部署在所需的位置上，或者携基站按指定的轨迹飞行。与无人直升机通过自动倾斜器、变距舵机和拉杆组件来实现桨叶的周期变距不同，多旋翼无人机的旋翼总距是固定不变的，通过调整不同旋翼的转速来改变单轴推进力的大小,从而改变无人机的飞行姿态。多旋翼无人机具有结构简单、能够实现空中悬停、维护费用低、操作简单、飞行灵活等诸多优点。同样,它也有续航时间短、载荷量小等缺点。

(4)伞翼无人机:伞翼无人机是指以伞翼为升力面,以柔性伞翼代替刚性机翼的无人机。伞翼位于全机的上方,多用纤维织物织成不透气柔性翼面,可收叠存放,张开后利用迎面气流产生升力。伞翼无人机具有结构简单、成本低、飞行平稳、起飞和降落距离短的优点。同时,它也有飞行高度较低、飞行速度慢、受风力影响大的缺点。

(5)扑翼无人机:扑翼无人机是一种利用仿生原理,通过机翼主动运动模拟会飞的昆虫或鸟类的翅膀振动,产生向上升力和向前推力的无人机。扑翼无人机具有外观小巧灵活、飞行效率高、能耗低、抗风性强、低速悬停的优点。同时,它还有结构复杂、载重量小等缺点。

(6)无人飞艇:无人飞艇是一种轻于空气、具有推进系统和控制飞行状态的无人机。无人飞艇具有噪声低、能耗少、能短距离起飞等优点。同时,它也有移动速度慢、受风力影响大、气体成本高的缺点。

(7)混合式无人机:混合式无人机是指混合以上两种或多种平台构造形式的无人机。倾转旋翼无人机就是一种最典型的混合式无人机,它在类似固定翼无人机的机翼处安装可在水平位置和垂直位置之间转动的倾转旋翼系统组件。当倾转旋翼无人机垂直起降时,旋翼轴垂直于地面,呈横列式直升机飞行状态,并可在空中悬停、前后飞行和侧飞;当飞行达到一定速度后,旋翼轴可倾转90°呈水平状态,旋翼当作拉力螺旋桨使用,此时倾转旋翼无人机能像固定翼那样以较高的速度进行远程飞行。倾转旋翼无人机兼具固定翼机和旋翼机的优点,具有垂直起降、空中悬停和高速巡航飞行的能力。

#### 9.1.3.2　按无人机的用途分类

按无人机的整体用途的不同,无人机可分为军用无人机和民用无人机。

(1)军用无人机。军用无人机是指应用于军事领域的无人机。无人机最早起源和应用于军事领域,军用无人机具有较强的技术保密性和垄断性。军用无人机按用途可分为靶机、侦察无人机、诱饵无人机、电子对抗无人机、通信中继无人机和无人战斗机等。

(2)民用无人机。民用无人机是指应用于民用领域的无人机。与军用无人机的百年历史相比,民用无人机技术要求低,更注重经济性。军用无人机技术的民用化降低了民用无人机市场进入门槛和研发成本,使得民用无人机得以快速发展。民用无人机可分为消费级无人机和工业级无人机。消费级无人机主要用于个人娱乐、个人航拍、青少年科普教育等方面,强调产品的易操作性、便携性和性价比。工业级无人机主要用于各个行业应用领域,强调产品的专业性、稳定性和可靠性。

#### 9.1.3.3　按运行风险分类

根据运行风险大小,民用无人机可分为微型无人机、轻型无人机、小型无人机、中型无人机和大型无人机,具体分类如表9-1所列。

表 9-1 按运行风险划分的无人机分类

| 无人机的分类 | 无人机的运行风险 |
| --- | --- |
| 微型无人机 | 空机质量小于 0.25kg,设计性能同时满足飞行真高不超过 50m、最大飞行速度不超过 40km/h、无线电发射设备符合微功率短距离无线电发射设备技术要求的遥控驾驶航空器 |
| 轻型无人机 | 同时满足空机质量不超过 4kg、最大起飞质量不超过 7kg、最大飞行速度不超过 100km/h,具备符合空域管理要求的空域保持能力和可靠被监视能力的遥控驾驶航空器(不包括微型无人机) |
| 小型无人机 | 空机质量不超过 15kg,或最大起飞质量不超过 25kg 的无人机(不包括微型无人机、轻型无人机) |
| 中型无人机 | 最大起飞质量超过 25kg,但不超过 150kg,且空机质量超过 15kg 的无人机 |
| 大型无人机 | 最大起飞质量超过 150kg 的无人机 |

无人机的小型化发展是近年来无人机技术的重要趋势之一。小型无人机的发展越来越注重智能化、数据链接、续航时间和数字化遥控等方面。通过集成更先进的人工智能技术,小型无人机将能够实现自主控制和航行。同时,高速数据链接技术将使无人机能够与其他设备实时通信,提高控制和管理效率。在续航时间方面,通过改进动力系统和能源管理系统,小型无人机将能够在空中更长时间地执行任务。此外,数字化遥控技术的发展也将使无人机的操纵更加智能和便捷。

### 9.1.4 无人机系统

无人机系统(Unmanned Aerial System,UAS)是指由无人机、相关控制站、所需的指令与控制数据链路以及批准的型号设计规定的任何其他部件组成的系统,也称为遥控空中系统(Remotely Piloted Aerial System,RPAS)。

典型的无人机系统由飞行器、地面站、通信链路组成。其中,飞行器中包含飞行器机体结构、动力装置、起降系统、任务载荷设备、飞控导航设备和机载通信链路部分。地面站包括地面通信链路部分、地面遥测系统和地面遥控系统。通信链路包括机载通信链路和地面站通信链路,它是飞行器平台和地面控制站的通信工具。图 9-2 所示为无人机系统的组成示意图。

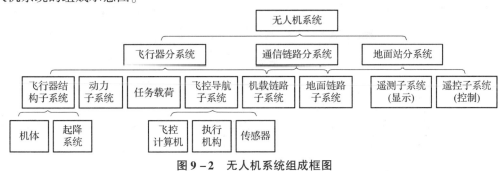

图 9-2 无人机系统组成框图

1)飞行器

飞行器平台是无人机系统在空中飞行的主体部分,其中飞行器机体是任务载荷的载体。无人机系统的飞行器（Flight Vehicle）是指由人类制造、能飞离地面、主要在大气层内飞行的航空器。飞行器机体主要是指无人机的机体结构和起降系统，它为动力装置、导航飞控系统、电力能源系统、任务载荷设备等机载设备提供了搭载平台。狭义上也把单独机体结构和起降系统称为飞行器平台，实际上是指飞行器平台的主体结构。飞行器平台的形式可以是固定翼、旋翼类等重于空气的动力驱动无人机，也可以是气球、无人飞艇等轻于空气的飞行器。

2）飞控导航系统

飞控导航系统可划分为导航子系统和飞控子系统。导航子系统主要采用各类传感器来测量无人机的位置、速度及飞行姿态，并引导无人机沿指定航线飞行。飞控子系统是无人机的"大脑"，完成有人机的驾驶员职能，对无人机实施飞行控制与管理，指导无人机完成起飞、巡航飞行、任务执行、降落等飞行过程。飞控导航系统由传感器、飞控计算机（自动驾驶仪）、执行机构组成。

3）地面站

地面站也称为控制站，其主要功能包括指挥调度、任务规划、操作控制、显示记录等。地面站不仅是无人机系统的操作控制中心，从无人机上传来的视频、命令、遥测数据也在这里处理和显示。地面站主要分为遥测系统和遥控系统，遥测系统接收无人机下行链路数据，并在显示端口实时显示。遥控系统发送地面操纵指令，指挥无人机按照指定航线飞行并完成任务。地面站系统由任务规划设备、控制和显示操作台、视频和遥测设备、计算机和信号处理模组、地面数据终端、通信设备等组成。

4）通信链路

通信链路也称为数据链，主要是指用于无人机系统传输控制、无载荷通信、载荷通信三部分信息的无线电链路。它为无人机提供了双向通信能力，分为机载链路和地面站链路两部分。机载系统向地面站设备传输数字、图像信息，称为下行链路。地面站系统向机载设备发送航线指令、任务指令，称为上行链路。通信链路可以采用按需求开通的工作模式，也可以采用连续工作模式。图9-3所示为无人机通信链路的工作示意图。

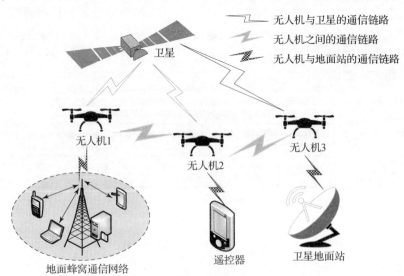

图9-3 无人机通信链路的工作示意图

## 9.2 无人机网络

由于无人机的快速部署和广阔覆盖能力，使用单个或多个无人机作为通信中继或空中基站，进行紧急情况下的网络供应以及用于公共安全通信，一直是研究的热点。IEEE802.15.4、IEEE802.11x、3G/LTE/5G 和红外这几种无线电技术可以应用于无人机网络通信。

无人机网络一般可视为飞行的无线网络，网络中的每架无人机本身作为一个可以收发信息的节点，将自己的信息发送到其他无人机，或接收发给自己的信息，或为发给网络中其他无人机的信息提供中继。网络可以自组织（Ad Hoc）、没有任何其他基础设施支撑，也可以由基于地面以及基于卫星的通信基础设施支撑。无人机网络的拓扑结构或配置可以采用任何形式，包括网状、星形甚至是直线，主要取决于应用环境和用例场景。

### 9.2.1 无人机网络架构

多个无人机构成的无人机网络架构如图 9-4 所示。

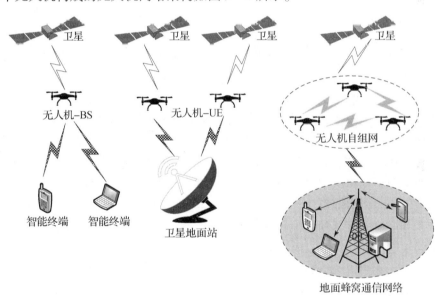

图 9-4 无人机网络架构示意图

在该网络架构下，无人机具有三种工作模式：无人机空中基站（BS）、空中移动终端（UE）、无人机飞行自组织网络，用于有效地提供无线通信服务。在基础设施不足或需要临时网络加固的地区，无人机作为空中移动基站，可以增强蜂窝连接，优化网络覆盖和容量。无人机最近已经发展成为蜂窝通信网络背景下的一种独特类型的空中移动终端，可以作为具有建立蜂窝连接能力的通信设备。该技术的引入带来了许多好处，包括提高移动性，增强通信能力较弱的偏远地区蜂窝服务的能力。此外，无人机作为空中移动终端，可以促进实时通信，并且应用于多种场景，如空中监视、灾难响应和环境监测。飞行自组织网络是无人机的一个显著应用，网络中无人机以自组织方式建立通信连接。无人机可建立多个通信连接,例如,无人机到无人机网络、无人机到地面移动服务网络、无人机到地面移动用户和无人机到卫星网络。充当基站的无人机空中基站可改善地面移动终端的无线覆盖,使无人机能够在无法通信的区域使用。此外,它们可通过充当空中移动终端和基站之间的数据中继来协助网络运行。

可以将无人机网络的无线通信场景分为两大类。

(1) 无人机辅助地面通信。无人机作为空中通信平台,通过安装通信收发器在高流量需求的情况下向地面用户提供增强的通信服务。与固定在地面的基础设施相比,无人机辅助地面通信有很多优势:无人机可以按需灵活部署,特别适合野外紧急搜救等场景;无人机和地面用户通信时有更好的视距链路,提高用户调度和资源分配的可靠性;无人机的高机动性增强了通信的自由度,可根据地面通信需求调整位置。这些优势使无人机辅助地面通信成为蜂窝网络和5G网络研究的热点。目前,无人机辅助地面通信的应用场景可以分为无人机基站、无人机辅助车联网、物联网等。

(2) 无人机独立组网。多架无人机以自组织方式进行通信,可以在地面基础设施受限的地理区域扩大通信范围。无人机独立组网的优势在于即使某个节点无法与基础设施直接连接,仍可通过其他无人机进行多跳通信连接到基础设施。即使某个节点因故障离开网络,仍可利用独立组网的自愈性维持网络的稳定运行。

### 9.2.2 无人机网络的特点

与地面蜂窝通信网络相比,无人机通信网络具有一些新的特征,主要包括以下。

(1) 中继特性。与地面基站之间、地面基站与核心网之间通过有线连接的方式相比,无人机通信网络需要重点考虑回程链路的问题,这使得无人机通信网络节点通常具有中继特性。具有中继特性的网络节点,能够将收到的信息或信号再次转发出去,从而可以扩大信息或信号的可达范围。

(2) 灵活部署。无人机基站可以按需灵活调整其部署位置或航迹,以适配地面用户业务的变化和满足移动用户场景下的性能需求,无人机通信网络的机动性是区别于地面蜂窝通信网络的典型特征。

(3) 广域覆盖。无人机基站部署位置较高,无人机与地面用户之间通常为视距信道,在相同发送功率条件下较地面单基站覆盖范围更广。

(4) 移动自组网。无人机基站协同组网具有传统移动自组网的特征,抗毁能力强、智能化高、功能多样,可以保障动态场景下差异化的服务需求。

(5) 网络拓扑动态变化。由于无人机处于快速飞行的状态,多普勒频移等因素导致无人机无线通信链路存在不稳定性;无人机具有机动性高、灵活性强等特点,导致无人机网络拓扑动态变化。

### 9.2.3 无人机通信的信道模型

无人机通信已被提议作为后5G移动通信技术的关键部分,在民用和军用方面都引起了极大的关注。在大多数场景下,无人机都被认定部署为低空平台。在无人机通信网络中,无人机与无人机之间、无人机与地面设备之间的通信信道不同于传统的通信信道,信道特性更加复杂。

无人机通信的信道模型与传统的地面通信主要区别如下：首先，由于无人机具有高移动性的特点，空对地和空对空的通信信道模型具有非固定性、时变性的特征且需要考虑无人机移动带来的多普勒频移；其次，无人机的部署高度较高，无人机与地面终端用户的通信不受阻挡，视距传播链路的概率增大，因此可以认为无人机和终端用户之间的通信信道只经历大尺度衰落；最后，无人机通常被部署为低空平台，存在周围高大建筑物、树木阻挡以及无人机自身的结构设计和旋转造成的机身影响，无人机与地面用户的通信信道会存在非视距链路传播的分量；同时，由于通信信号的反射、散射和衍射的影响，无线信号还会存在一些多径分量，此时存在一些小尺度衰落。

下面将对大尺度衰落、小尺度衰落、空地信道模型进行介绍。

#### 9.2.3.1 大尺度衰落

当信号在自由空间进行远距离传播时，由于路径损耗和障碍物（如建筑物、中间地形和树木）带来的阴影效应，会产生大尺度衰落。目前比较常用的路径损耗模型包括自由空间路径损耗模型。自由空间路径损耗模型用于在视距传播环境下预测接收信号的强度，即发射端和接收端之间完全没有障碍物阻挡。

自由空间中距离发射机直线距离为 $d$ 的接收机的接收功率可表示为

$$P_R(d) = \frac{P_T G_T G_R \lambda^2}{(4\pi d)^2} \tag{9.1}$$

式中：$P_T$ 为发射机的发射功率；$G_T$ 为发射机发射天线的增益；$G_R$ 为接收机接收天线的增益；$\lambda$ 为载波波长，单位为 m；$d$ 为发射机和接收机之间的直线距离，单位为 m。

同时，接收机天线的接收功率也可以分贝（dBm）的形式表示为

$$P_R = P_T + 10\lg_{10}(G_T G_R) + 20\lg_{10}(\lambda) - 20\lg_{10}(4\pi d) \tag{9.2}$$

因此，自由空间传播模型的路径损耗 $P_L$（单位为 dB）可表示为

$$P_L = 10\lg_{10}\frac{P_T}{P_R} = -10\lg_{10}\frac{G_T G_R \lambda^2}{(4\pi d)^2} \tag{9.3}$$

在不同的通信环境下，无线信号传输的信道特性很难通过单一的信道模型准确反映出来。可以使用如下的路径损耗模型来模拟无线信号的信道特性。定义自由空间下的信道增益为 $L$。

$$L = \frac{P_R}{P_T} = \frac{G_T G_R}{L_f} \tag{9.4}$$

式中：$L_f$ 为信号电波的传播路径损耗，即

$$L_f = \left(\frac{4\pi d f}{c}\right)^2 \tag{9.5}$$

式中：$c$ 为光速；$f$ 为信号载波频率，$c = \lambda f$。

#### 9.2.3.2 小尺度衰落

小尺度衰落是指无线信号在通信信道中经过短距离或短时间传输时，多径信号的叠加或消除干扰会导致信号电平快速波动，具体指接收机收到的无线信号一般是由发射机发射的信号经过多径传输后的矢量合成，多径信号的相位随机性导致接收端信号经过矢量合成后可能产生严重的衰落，也叫快衰落。小尺度衰落一般用信道的频率选择性进行特征描述。

在无线信道中，无线信号由发射机发送，经历反射、散射或衍射后，最终通过不同路径到达接收机的现象称为多径效应。多径效应会使无线信号的信号分量到达接收机的幅度和相位不同，导致无线信号的叠加或抵消，从而造成信号的衰落称为瑞利衰落。在瑞利衰落中，接收信号的包络服从瑞利分布，所处的无线信道称为瑞利信道，其概率密度分布函数可以表示为

$$P_{\text{Rayleigh}}(z) = \begin{cases} \dfrac{z}{\sigma_r^2}\exp\left(-\dfrac{z^2}{2\sigma_r^2}\right), & z \geq 0 \\ 0, & z < 0 \end{cases} \quad (9.6)$$

式中：$\sigma_r^2$ 表示无线信号在包络检波之前的平均功率。信号 $Z = X + iY$ 的相位 $\theta_r$ 服从$(0, 2\pi)$之间的均匀分布。信号经过瑞利信道后，其包络不超过 $Z$ 的累积概率分布函数为

$$F(Z) = P_{\text{Rayleigh}}(z \leq Z) = \int_0^Z P_{\text{Rayleigh}}(z)\mathrm{d}z = 1 - \exp\left(\dfrac{Z^2}{\sigma_r^2}\right) \quad (9.7)$$

### 9.2.3.3 空地信道模型

与传统的地面网络相比，无人机通信节点和地面用户之间的通信信道（空地信道模型）将不再遵循经典的衰落信道模型，而是考虑基于概率的视距（Line of Sight, LoS）和非视距（Non Line of Sight, NLoS）链路传播模型。非视距连接在阴影效应和信号反射方面比视距遭受更高的路径损耗。

在空地信道模型中，发射端和接收端之间的通信链路由两部分组成，视距链路和非视距链路，其路径损耗可以分别表示为

$$L_{\text{LoS}} = L_{\text{FS}} + \eta_{\text{LoS}} \quad (9.8)$$

$$L_{\text{NLoS}} = L_{\text{FS}} + \eta_{\text{NLoS}} \quad (9.9)$$

式中：$L_{\text{FS}} = 20\log d + 20\log f_c + 20\log\left(\dfrac{4\pi}{c}\right)$；$d$ 为发射端和接收端之间的直线距离；$f_c$ 为载波频率；$c$ 为光速；$\eta_{\text{LoS}}$ 和 $\eta_{\text{NLoS}}$ 分别为视距和非视距链路额外的路径损耗。

在空地信道模型中，视距链路连接的概率可以表示为

$$h_{\text{LoS}} = \dfrac{1}{1 + a\exp\left(-b\left(\dfrac{180}{\pi}\theta - a\right)\right)} \quad (9.10)$$

式中：$a$、$b$ 为取决于周围环境状况的常量；$\theta = \arctan\left(\dfrac{h}{s}\right)$；$h$ 为无人机的悬停高度；$s$ 表示发射端和接收端之间的水平距离。由于无线信号传输的通信链路分为视距链路和非视距链路两部分，则非视距链路的概率可表示为

$$h_{\text{NLoS}} = 1 - h_{\text{LoS}} \quad (9.11)$$

因此，经过空地信道的传播，发射节点和接收节点之间的平均路径损耗可表示为

$$L_{\text{avg}} = L_{\text{LoS}} \cdot h_{\text{LoS}} + L_{\text{NLoS}} \cdot h_{\text{NLoS}} = L_{\text{FS}} + h_{\text{LoS}} \cdot \eta_{\text{LoS}} + (1 - h_{\text{LoS}}) \cdot \eta_{\text{NLoS}} \quad (9.12)$$

## 9.2.4 无人机集群化

无人机集群是指由一定数量的、具备一定程度自主和智能水平的同类或异类无人机组成，利用信息交互与反馈、激励与响应，实现相互间行为协同，适应动态环境，共同完成特定或多类任务的有机整体。无人机集群是将大量无人机在开放体系架构下综合集

成，以平台间协同控制为基础，以提升协同任务能力为目标的分布式系统。多架无人机构成的无人机集群通常需要高效的通信技术。同时，构成集群的无人机应当具备一定程度自主和智能水平，无人机的智能水平可划分为三个层级：第一层级是高可靠活着，第二层级高品质工作，第三层级是集体使命高效工作。其中，第三层级的智能水平对应的无人机自主等级为分布式控制、群组战略目标和全自主集群。

无人机集群由于其平台小型化、功能分布化、系统智能化、体系生存强、系统成本低、部署简便、使用灵活等特性，便于发挥数量规模优势，实现集群侦察、打击、干扰等功能，可以应用于反恐、突防、护航等作战任务，被世界各军事强国视为未来无人化作战的样板，受到国防领域、工业界、学术界等的重点关注。

无人机集群相对单个无人机系统具有显著的优势。首先，它可以利用其规模优势完成复杂任务，比如高层建筑火灾场景下的侦察、投放、破窗、喷洒灭火等多种任务。其次，无人机集群具有强生存能力和成本优势，当部分无人机出现故障时，其他无人机可以替代其完成预定任务，使得集群系统具有较高的容错性和自愈能力。此外，通过合理的布局和协同控制，低成本无人机集群可以替代成本高昂的单个复杂系统，实现更大的经济效益。

无人机集群与传统的多无人机相比具有明显的差异，主要体现在三个方面。

（1）数量规模：无人机集群与传统的多无人机的数量规模不在一个量级，无人机集群一般指几十架甚至上百架无人机。

（2）技术水平：无人机集群与传统的多无人机技术水平差距大，二者在智能传感、环境感知、分析判断、网络通信、自主决策等方面均不在一个层次，无人机集群具有很强的智能涌现的共识主动性。

（3）适应水平：无人机集群与传统的多无人机适应变化和应对变化能力差距大，无人机集群可针对威胁等突发状况进行复杂协作、动态调整及组织重构等。

综上所述，无人机集群在多个方面与传统多无人机相比具有优势，但这也带来了许多的新问题，例如，协调管理的难度增大、状态不确定性增大、通信依赖性增大等，因此设计合理的无人机集群协同方法至关重要。

## 9.2.5 无人机网络的典型应用场景

目前的5G和未来6G都考虑了无人机在无线通信系统中的应用，无人机通信网络将是未来网络的重要组成部分。最近几年来，国家自然科学基金委、应急管理部、中国移动等单位发布和立项了一大批无人机通信相关的基础理论研究和应用型项目，同时3GPP、IEEE和ITU等组织也开展了许多与无人机通信和组网相关的立项项目和标准化工作。当前无人机通信网络的典型应用主要包括应急救援通信和热点地区扩容。

1）应急救援通信

传统应急救援通信系统以地面网络为主，受到地理位置的限制以及突发灾害的影响，应急救援通信通常面临部署难度大、恢复时间长、成本代价高等问题。在通信覆盖方面，利用无人机搭载通信设备升空建立空中通信平台，相比传统应急通信系统可以更好地解决复杂地形条件下的无线通信覆盖问题。同时，无人机机载设备具有体积较小、机动性好、部署快捷的特点，在应急需要时即可升空为地面通信终端进行大范围内的中继传输，组网灵活便捷，实现灾区通信的高效保障。

2) 热点地区扩容

在大型赛事活动场馆，如体育馆、音乐厅等，赛事活动期间网络负载将在短时间内剧增，已有网络基础设施将不堪重负，造成网络中断甚至瘫痪，这将给用户带来极差的服务体验。然而，事先对场馆内外的网络进行扩容，将面临建设周期长、成本高和资源利用率低等问题。为了解决这些问题，利用无人机网络能够按需快速部署的优势，对热点区域进行临时扩容，可以保障赛事的正常进行和用户的服务质量需求。

## 9.3 无人机飞行规划和轨迹优化

简单地说，无人机飞行路径规划是确定无人机从起点到终点的总体方向，目标是找到一条从起点到终点的安全路径，不考虑无人机的具体动态性能。而轨迹规划是在已知路径的基础上，考虑到无人机的动态性能，计算出飞行过程中的具体位置、速度、姿态等参数。通常，轨迹规划是寻找无人机在给定环境下的最优轨迹，可以被建模成一个最优控制问题，即在给定的始末状态下寻找一段使性能指标达到极值的轨迹。然而在实际的建模过程中，要考虑无人机自身的 12 维全状态空间以及动力学模型、代价函数、有界输入与输出等，这往往是一个高度非线性的模型，难以被直接求解。下面介绍基于凸优化的无人机轨迹规划方法。

考虑 $M$ 架无人机为 $N$ 个地面用户提供通信服务的无人机通信网络，其中 $M \geq 1$，$N > 1$，如图 9-5 所示。无人机集合和地面用户集合分别表示为 $\mathcal{M}$ 和 $\mathcal{N}$，若用 $|\cdot|$ 表示集合的基数，则有 $|\mathcal{M}| = M$，$|\mathcal{N}| = N$。假设所有的无人机在通信周期 $T(s)$ 内共享一个通信频带，并且在任意一个通信周期，无人机与用户之间的通信方式均采用时分多址（TDMA）。

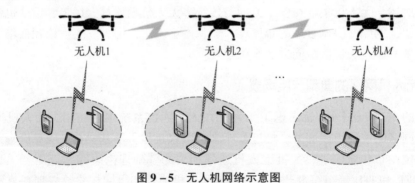

图 9-5 无人机网络示意图

不失一般性，我们考虑一个三维笛卡儿坐标系，其中每个地面用户 $n \in \mathcal{N}$ 的水平坐标固定为 $\boldsymbol{q}_n = [x_n, y_n]^T \in \mathbb{R}^{2 \times 1}$。假设所有无人机都工作在固定的高度 $H^{UAV}$，并且在时刻 $t$ 无人机 $m \in \mathcal{M}$ 的水平坐标表示为 $\boldsymbol{q}_m(t) = [x_m(t), y_m(t)]^T \in \mathbb{R}^{2 \times 1}$，其中，$0 \leq t \leq T$。无人机轨迹需要满足以下约束。

为了满足无人机在相邻周期轨迹的可实现性，假设无人机在时间 $T$ 内的轨迹为闭合路径，即在通信周期 $T$ 结束时，无人机需要回到通信周期 $T$ 开始时的位置，可用数学等式表示为

$$\boldsymbol{q}_m(0) = \boldsymbol{q}_m(T), \forall m \in \mathcal{M} \tag{9.13}$$

不考虑无人机的最小速度限制,假设无人机的最大飞行速度为 $V_{\max}$,那么,无人机的速度可表示为以下不等式:

$$\|\dot{\boldsymbol{q}}_m(t)\| \leq V_{\max}, 0 \leq t \leq T, \forall m \in \mathcal{M} \tag{9.14}$$

式中:$\|\cdot\|$ 表示该矢量的欧几里得范数。为了保证无人机之间不发生碰撞,规定不同的无人机之间应保持的最小距离为 $D_{\min}^{\text{UAV}}$,可表示为

$$\|\boldsymbol{q}_m(t) - \boldsymbol{q}_j(t)\| \geq D_{\min}^{\text{UAV}}, 0 \leq t \leq T, \forall m,j \in \mathcal{M}, m \neq j \tag{9.15}$$

基于离散时间方法,假设无人机通信网络的总服务时间 $T$ 被划分为 $K$ 个相等的时隙,即 $k \in \mathcal{K} = \{1,2,\cdots,K\}$,每个时隙的长度为 $\Delta_\tau = T/K$。假设 $\Delta_k$ 足够小,即使在最大速度 $V_{\max}$ 下,在每个时隙内 UAV 的位置被认为是近似不变的。因此,无人机 $m \in \mathcal{M}$ 的轨迹可以通过 $K$ 个二维序列 $\boldsymbol{q}_m[k] = [x_m[k], y_m[k]]^{\text{T}}$,$k \in \mathcal{K}$ 来近似。此时,轨迹约束式 (9.13)~式(9.15) 可以被等效地写为

$$\boldsymbol{q}_m[1] = \boldsymbol{q}_m[K], \forall m \in \mathcal{M} \tag{9.16}$$

$$\|\boldsymbol{q}_m[k+1] - \boldsymbol{q}_m[k]\|^2 \leq S_{\max}^2, \forall m \in \mathcal{M} \tag{9.17}$$

$$\|\boldsymbol{q}_m[k] - \boldsymbol{q}_j[k]\| \geq D_{\min}^{\text{UAV}}, \forall m,j \in \mathcal{M}, m \neq j, k \in \mathcal{K} \tag{9.18}$$

式中:$S_{\max} = V_{\max} \Delta_\tau$ 是无人机在每个时隙中可以行进的最大水平距离。事实上,所采用的离散时间近似的任何所需精度都可以通过选择最小值 $K$ 来满足。

在时隙 $k$,无人机 $m \in \mathcal{M}$ 与地面用户 $n \in \mathcal{N}$ 之间的距离可直接计算得到,表示为

$$d_{m,n}[k] = \sqrt{\|\boldsymbol{q}_m[k] - \boldsymbol{q}_n\|^2 + (H^{\text{UAV}})^2} \tag{9.19}$$

假设该系统中无人机与地面用户之间的通信链路是视距链路,无人机与用户之的信道增益遵循自由空间的损耗模型,在接收端信号的增益因子记为 $h_{m,n}(t)$,其计算公式为

$$h_{m,n}[k] = \frac{g_0}{\|\boldsymbol{q}_m[k] - \boldsymbol{q}_n\|^2 + (H^{\text{UAV}})^2} \tag{9.20}$$

式中:$g_0$ 为单位距离信道的增益指数。

将无人机与用户之间的通信调度用二进制变量来表示,定义一个由二进制变量 0 或 1 组成的三维数组 $a_{m,n}[k]$,若 $a_{m,n}[k]$ 取值为 1,表示编号为 $m$ 的无人机与编号为 $n$ 的用户在时隙 $t$ 正在进行通信;若 $a_{m,n}[k]$ 取值为 0,表示编号为 $m$ 的无人机与编号为 $n$ 的用户在时隙 $t$ 不进行通信。规定在同一个时隙内,一个无人机只能与一个用户通信,一个用户也只能与一个无人机进行通信,用户与无人机之间都是一对一的通信方式,因此对 $a_{m,n}[k]$ 的取值约束可表示为

$$\sum_{m=1}^{M} a_{m,n}[k] \leq 1, \forall n \in \mathcal{N}, k \in \mathcal{K}$$

$$\sum_{n=1}^{N} a_{m,n}[k] \leq 1, \forall m \in \mathcal{M}, k \in \mathcal{K}$$

$$a_{m,n}[k] \in \{0,1\}, \forall m \in \mathcal{M}, n \in \mathcal{N}, k \in \mathcal{K} \tag{9.21}$$

假设在时隙 $k$,编号为 $m$ 的无人机的通信链路的上行功率为 $p_m[k]$,$p_{\max}$ 为无人机设定的允许的最大通信功率。

因此,在时隙 $k$ 内,$m$ 号无人机与 $n$ 号用户之间的通信链路的信息速率为

$$R_n[k] = \sum_{m=1}^{M} a_{m,n}[k]\log_2(1+\gamma_{m,n}[k])$$
$$= \sum_{m=1}^{M} a_{m,n}[k]\log_2\left(1+\frac{p_m[k]h_{m,n}[k]}{\sigma^2+\sum_{j=1,j\neq m}^{M}p_j[k]h_{j,n}[k]}\right) \quad (9.22)$$

则在整个通信周期内,用户 $n$ 的总信息速率可以表示为

$$R_n = \frac{1}{N}\sum_{k=1}^{K} R_n[k] \quad (9.23)$$

由上述用户的信息速率计算表达式可知,可以通过优化无人机与用户调度 $a_{m,n}[k]$、无人机轨迹 $\boldsymbol{q}_m[k]$,以及通信功率 $p_m[k]$ 来优化用户信息速率,则该优化问题模型可以表示为

$$\begin{aligned}
&\max R_n \\
&\text{s.t.} \sum_{n=1}^{N} a_{m,n}[k] \leq 1, \forall m \in \mathcal{M}, k \in \mathcal{K} \\
&\quad \sum_{m=1}^{M} a_{m,n}[k] \leq 1, \forall n \in \mathcal{N}, k \in \mathcal{K} \\
&\quad a_{m,n}[k] \in \{0,1\}, \forall m \in \mathcal{M}, n \in \mathcal{N}, k \in \mathcal{K} \\
&\quad \boldsymbol{q}_m[1] = \boldsymbol{q}_m[K], \forall m \in \mathcal{M} \\
&\quad \|\boldsymbol{q}_m[k+1]-\boldsymbol{q}_m[k]\|^2 \leq S_{\max}^2, \forall m \in \mathcal{M} \\
&\quad \|\boldsymbol{q}_m[k]-\boldsymbol{q}_j[k]\| \geq D_{\min}^{\text{UAV}}, \forall m,j \in \mathcal{M}, m\neq j, k \in \mathcal{K} \\
&\quad 0 \leq p_m[k] \leq P_{\max}, \forall m \in \mathcal{M}, k \in \mathcal{K}
\end{aligned} \quad (9.24)$$

上述优化问题是一个混合整数非凸优化问题,可以通过迭代求解,获得最优轨迹。

## 9.4 无人机网络的能效优化

为了实现无处不在的覆盖通信,近年来,由于具有视距通信可能性高和灵活部署等优势,无人机网络被认为是在一些灾后救援等恶劣环境下扩展现有通信网络覆盖和提高服务质量的一种很有前景的解决方案。与此同时,对于体型较小的无线设备来说,其机载的电池容量和计算能力都有限,使得这些无线设备在本地执行这些任务时具有很大的挑战性。为了应对这些挑战,集成同时无线信息和功率传输(Simultaneous Wireless Information and Power Transfer,SWIPT)技术让无人机通过射频通信的方式将能量传输给用户设备,从而降低用户设备的能耗,提升续航时间。

### 9.4.1 无人机网络系统模型

如图 9-6 所示,考虑无人机网络主要由 1 个 MEC(多接入移动边缘计算)基站服务器、$M$ 架无人机和 $N$ 个用户设备组成,无人机集合和用户设备集合分别表示为 $\mathcal{M}$ 和 $\mathcal{N}$,其中 $|\mathcal{K}|=K$,$|\mathcal{M}|=M$。MEC 服务器被放置在固定的高度 $H^{\text{MEC}}$ 工作,并且为其配备多天线,保证服务器可以同时接收网络中每个无人机中继的计算任务并将数据处理结果通过无人机回传给用户设备。假设用户设备 $n \in \mathcal{N}$ 在边长为 $R^{\text{MEC}}$ 的正方形区域的边缘地带随机均匀分布,无人机 $m \in \mathcal{M}$ 在该区域内以固定高度 $H^{\text{UAV}}$ 飞行工作。无人机和用户设备都配备全双工天线并通过频分多址(FDMA)的方式进行通信,无人机在为用

户设备中继计算卸载任务的同时可以通过 SWIPT 技术为用户设备充电,保证用户设备不会因为电量耗尽而停止工作。

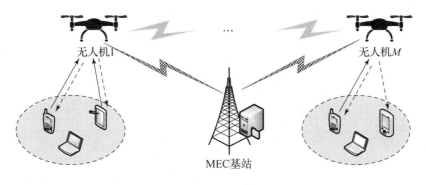

图 9–6　无人机网络系统模型

### 9.4.1.1　无人机运动模型

在无人机网络中,所有的无人机都工作在固定的高度 $H^{\text{UAV}}$,因此只需要考虑无人机在二维平面上的运动。假设网络的总工作时间为 $T$,并将其划分为 $K$ 个连续时隙,单个时隙的持续时间为 $\Delta_\tau = T/K$。设在时隙 $t$,无人机 $m \in \mathcal{M}$ 的水平坐标为 $\boldsymbol{q}_m(t) = [x_m(t), y_m(t)]^{\text{T}}$,其中 $x_m(t)$ 和 $y_m(t)$ 分别为无人机 $m$ 在二维坐标系中的坐标值。假设无人机 $m$ 的水平飞行的距离为 $l_m(t)$,飞行角度为 $\phi_m(t) \in [0, 2\pi]$,则根据简单的几何定理,在下一个时隙 $t+1$,无人机 $m$ 的水平坐标值为

$$\begin{cases} x_m(t+1) = x_m(t) + l_m(t)\cos(\phi_m(t)) \\ y_m(t+1) = y_m(t) + l_m(t)\sin(\phi_m(t)) \end{cases} \tag{9.25}$$

由于无人机的水平飞行速度有限,因此相邻两个时隙之间,无人机的水平飞行距离也是有限的,其约束表示为

$$l_m(t) = \| \boldsymbol{q}_m(t+1) - \boldsymbol{q}_m(t) \| \leqslant L_{\max}, \quad \forall m \in \mathcal{M}, 0 \leqslant t \leqslant T \tag{9.26}$$

式中:$L_{\max}$ 为无人机在一个时隙内的最大水平飞行距离。设无人机 $m$ 的飞行速度 $V_{m,t} = \dfrac{l_m(t)}{\Delta_\tau}$,则飞行功率为

$$P_m^{\text{fly}}(V_{m,t}) = P_0\left(1 + \dfrac{3V_{m,t}^2}{U_{\text{tip}}^2}\right) + P_1\left(\sqrt{1 + \dfrac{V_{m,t}^4}{U_{\text{ind}}^4}} - \dfrac{V_{m,t}^2}{2U_{\text{ind}}^2}\right)^{\frac{1}{2}} + \dfrac{1}{2}\rho_1\rho_2 V_{m,t}^3 \tag{9.27}$$

式中:$P_0$ 为旋转状态下无人机的叶片轮廓功率;$P_1$ 为旋转状态下无人机的诱导功率;$U_{\text{tip}}$ 为转子叶片尖端速度;$U_{\text{ind}}$ 为转子平均诱导速度;$\rho_1$ 是与无人机质量相关的系数;$\rho_2$ 为空气密度。当 $V_{m,t} = 0$ 时,$P_m^{\text{fly}}(t) = P_0$。由此可得无人机 $m$ 在一个时隙内的飞行能耗为:$E_m^{\text{fly}}(t) = P_m^{\text{fly}}(V_{m,t})\Delta_\tau$。

此外,为了保证无人机在服务的矩形区域内移动,必须满足以下移动约束,即

$$\begin{cases} 0 \leqslant x_m(t) \leqslant R^{\text{MEC}} \\ 0 \leqslant y_m(t) \leqslant R^{\text{MEC}} \end{cases}, \quad \forall m \in \mathcal{M}, 0 \leqslant t \leqslant T \tag{9.28}$$

由于 UAVs 工作在固定高度，所以其在地面上的最大覆盖范围也固定，设无人机的最大仰角为 $\psi$，则无人机的水平最大覆盖半径为 $R_{\max}^{\text{Cov}} = H^{\text{UAV}} \tan(\psi)$，为保证任意两个无人机的覆盖范围不能相互重叠，必须满足以下重叠约束：

$$\| q_m(t) - q_{m'}(t) \| \geq 2R_{\max}^{\text{Cov}}, \quad \forall m, m' \in \mathcal{M}, m \neq m' \tag{9.29}$$

同样地，为了避免任意两个无人机之间发生碰撞，无人机之间的距离应不小于最小距离 $D_{\min}^{\text{UAV}}$，需要满足的碰撞约束为

$$\| q_m(t) - q_{m'}(t) \| \geq D_{\min}^{\text{UAV}}, \quad \forall m, m' \in \mathcal{M}, m \neq m' \tag{9.30}$$

#### 9.4.1.2 用户设备到无人机的地对空传输

在无人机网络中每个时隙开始的时候，用户设备可以选择是否将需要处理的数据通过地对空信道卸载给无人机或自己本地计算。为此，采用二进制卸载模式对用户设备的计算任务进行卸载。这种模式属于部分卸载的特殊情况，卸载过程中计算任务不需要拆分，并且具有很广泛的应用范围。二进制卸载决策变量定义为

$$b_{nm}(t) = \{0, 1\} \quad \forall 0 \leq t \leq T, m \in \mathcal{M}, n \in \mathcal{N} \tag{9.31}$$

当 $b_{nm}(t) = 1$ 时，用户设备 $n$ 将会把计算任务卸载给无人机 $m$，并由该无人机转发给 MEC 服务器进行计算，否则选择本地计算。此外，假设每个用户设备的计算任务在任意时隙内只能在一个无人机处卸载，因此有以下约束：

$$\sum_{m \in \mathcal{M}} b_{nm}(t) \leq 1, \quad \forall n \in \mathcal{N}, 0 \leq t \leq T \tag{9.32}$$

由于无人机的高度较高，视距信道比其他信道损耗（如阴影或小规模衰落）更占主导地位。可以假设由无人机的高机动性引起的多普勒频移在用户设备处得到完美补偿。此外，假设地面用户设备可以通过 FDMA 与其服务无人机进行通信，可以忽略每个无人机覆盖范围内的不同用户设备之间的干扰。设在时隙 $t$，用户设备 $n$ 的水平坐标为 $q_n(t) = [x_n(t), y_n(t)]^{\text{T}}$，其中 $x_n(t)$ 和 $y_n(t)$ 分别为无人机 $m$ 在二维坐标系中坐标轴上的值。设用户设备 $n$ 与无人机 $m$ 之间的三维空间直线距离为 $d_{nm}(t) = \sqrt{\| q_n(t) - q_m(t) \|^2 + (H^{\text{UAV}})^2}$。则用户设备 $n$ 和无人机 $m$ 之间的地对空信道增益可以用自由空间路径损耗模型表示为

$$h_{nm}(t) = \frac{g_0}{[d_{nm}(t)]^2} \tag{9.33}$$

式中：$g_0$ 表示参考距离为 1m 时的功率增益。在任务卸载过程中，设用户设备与无人机之间的上行链路带宽 $B_u$ 被平均分配给每个服务的用户设备，则用户设备 $n$ 与无人机 $m$ 之间的地对空数据速率为

$$R_{nm}(t) = \frac{B_u}{\sum_{n \in \mathcal{N}} b_{nm}(t)} \log_2 \left[ 1 + \frac{h_{nm}(t) P_n}{\sigma_u^2} \right] \tag{9.34}$$

式中：$P_n$ 为用户设备 $n$ 的信息发射功率；$\sigma_u^2$ 为每个无人机处的加性高斯白噪声功率。

当用户设备 $n$ 要将计算任务卸载到无人机 $m$ 时，假设需要上传的数据量为 $D_n(t)$，则当用户设备选择卸载时，用户设备 $n$ 上传数据给无人机 $m$ 的地对空传输时延定义为 $T_{nm}^{\text{UL}}(t) = \frac{b_{nm}(t) D_n(t)}{R_{nm}(t)}$，则用户设备 $n$ 的卸载上传能耗为

$$E_{nm}^{\mathrm{UL}}(t) = P_n T_{nm}^{\mathrm{UL}}(t) = \frac{b_{nm}(t) P_n D_n(t)}{R_{nm}(t)} \tag{9.35}$$

为了解决用户设备电池容量有限的问题，用户设备在进行计算卸载的同时，可以从无人机处通过 SWIPT 技术获得能量补给。由于下行链路的传输时间通常比较短，因此选用传输时间更长的上行链路同时进行能量传输。则用户设备 $n$ 从无人机 $m$ 收集到的能量可以定义为

$$E_{nm}^{\mathrm{EH}}(t) = b_{nm}(t) \alpha_n T_{nm}^{\mathrm{UL}}(t) P_m h_{mn}(t) \tag{9.36}$$

式中：$\alpha_n$ 为接收设备的能量转换率。$P_m$ 表示无人机传输设备的下行发射功率，为了简化模型，在这个网络中忽略接收设备的能量消耗。需要注意的是，如果用户设备 $n$ 在时隙 $t$ 决定将任务卸载给无人机 $m$，则它必须在无人机 $m$ 的覆盖范围内，即需要满足约束：

$$b_{n,m}(t) d_{nm}^{\mathrm{H}}(t) \leqslant R_{\max}^{\mathrm{Cov}}, \quad \forall m \in \mathcal{M}, n \in \mathcal{N}, 0 \leqslant t \leqslant T \tag{9.37}$$

此外，用户设备也可以选择计算任务进行本地处理，假设用户设备的 CPU 需要转 $C_n(t)$ 转来计算每个 bit，则每个用户设备的本地计算能耗可以表示为

$$\begin{cases} E_n^{\mathrm{LC}} = \sum_{m \in \mathcal{M}} (1 - b_{nm}(t)) D_n(t) C_n(t) \tau^{\mathrm{LC}} [F_n^{\mathrm{LC}}(t)]^2 \\ F_n^{\mathrm{LC}}(t) = \dfrac{D_n(t) C_n(t)}{\Delta_\tau} \end{cases} \tag{9.38}$$

式中：$F_n^{\mathrm{LC}}(t)$ 是用户设备本地计算的计算频率；$\tau^{\mathrm{LC}}$ 是用户设备的 CPU 相关系数。

同时，为了保证用户设备电量的增长，其消耗的能量要小于从无人机接收到的能量，因此需要满足以下约束：

$$\sum_{m \in \mathcal{M}} [E_{nm}^{\mathrm{UL}}(t) + E_{nm}^{\mathrm{LC}}(t)] \leqslant \sum_{m \in \mathcal{M}} E_{nm}^{\mathrm{EH}}(t), \quad \forall n \in \mathcal{N}, 0 \leqslant t \leqslant T \tag{9.39}$$

#### 9.4.1.3 无人机到 MEC 服务器的空对地传输

在网络运行过程中，无人机收到从地面用户设备卸载上传的任务数据后，会通过空对地信道将数据传输给 MEC 基站进行处理。由于 MEC 基站一般通过有线电源供电且计算能力强大，因此可以忽略 MEC 基站的数据处理能耗。同时，为了简化模型，将不考虑卸载任务处理结束后的回传消耗。此外，不同无人机之间的干扰也不被考虑。MEC 基站被安置在正方形区域的中心位置，其坐标为 $[0, 0, H^{\mathrm{MEC}}]^{\mathrm{T}}$，则无人机 $m$ 与 MEC 基站之间的距离为

$$d_{m0}(t) = \sqrt{x_m(t)^2 + y_m(t)^2 + (H^{\mathrm{UAV}} - H^{\mathrm{MEC}})^2} \tag{9.40}$$

两者之间的空对地信道增益为

$$h_{m0}(t) = \frac{g_0}{[d_{m0}(t)]^2}$$

在任务数据中继传输过程中，设 MEC 服务器与无人机之间的信道带宽为 $B_k$，则无人机 $m$ 与 MEC 服务器之间的空对地数据速率为

$$R_{m0}(t) = B_k \log_2 \left[1 + \frac{h_{m0}(t) P_m}{\sigma_e^2}\right] \tag{9.41}$$

式中：$\sigma_e$ 为 MEC 服务器处的加性高斯白噪声功率。

假设时隙 $t$，用户设备卸载给无人机 $m$ 的总数据量为 $D_m(t) = \sum_{n \in \mathcal{N}} b_{nm}(t) D_n(t)$，因为无人机本身不对接收到的卸载数据进行计算，只是将其转发给 MEC 服务器，故转发的传输时延为

$$T_{nm}^{\text{A2G}}(t) = \frac{D_m(t)}{R_{m0}(t)} = \frac{\sum_{n \in \mathcal{N}} b_{nm}(t) D_n(t)}{B_k \log_2 \left[1 + \dfrac{h_{m0}(t) P_m}{\sigma_e^2}\right]} \tag{9.42}$$

类似地，转发传输能耗为

$$E_{m0}^{\text{A2G}}(t) = P_m T_{nm}^{\text{A2G}}(t) = \frac{P_m D_m(t)}{R_{m0}(t)} \tag{9.43}$$

此外，假设卸载过程中所有任务都需要在一个时隙内完成。同时，假设返回的计算结果比计算任务的长度小得多，因此可以忽略下行链路的传输时间，则有以下时间约束：

$$\sum_{n \in \mathcal{N}} \left[T_{nm}^{\text{UL}}(t) + T_{nm}^{\text{A2G}}(t)\right] \leq \Delta_\tau, \quad \forall m \in \mathcal{M}, 0 \leq t \leq T \tag{9.44}$$

### 9.4.2 无人机网络能效优化问题建模与求解

#### 9.4.2.1 无人机网络优化模型

无人机网络的优化目标是通过联合优化无人机的飞行位置和卸载决策，最小化无人机在每个时隙的能量消耗和最大化用户设备的剩余能量。设在初始时隙，所有无人机和用户设备分别具有初始能量 $E_b^{\text{UAV}}$ 和 $E_b^{\text{UE}}$，则时隙 $t$，无人机 $m$ 的剩余能量为

$$E_m^{\text{left}}(t) = E_b^{\text{UAV}} - \sum_{n \in \mathcal{N}} E_{nm}^{\text{A2G}}(t) - E_m^{\text{Fly}}(t) \tag{9.45}$$

类似地，用户设备 $n$ 的剩余能量为

$$E_n^{\text{left}}(t) = E_b^{\text{UE}} + \sum_{m \in \mathcal{M}} \left[E_{nm}^{\text{EH}}(t) - E_{nm}^{\text{LC}}(t) - E_{nm}^{\text{UL}}(t)\right] \tag{9.46}$$

令 $\boldsymbol{P} = \{l_m(t), \phi_m(t), \forall m \in \mathcal{M}, 0 \leq t \leq T\}$，$\boldsymbol{B} = \{b_{nm}(t), \forall n \in \mathcal{N}, m \in \mathcal{M}, 0 \leq t \leq T\}$，每个时隙的具体优化目标模型为

$$\begin{aligned}
&\max_{\boldsymbol{P}, \boldsymbol{B}} \sum_{m \in \mathcal{M}} \left[E_m^{\text{left}}(t)\right] + \sum_{n \in \mathcal{N}} \left[E_n^{\text{left}}(t)\right] \\
&\text{s.t.} \ (9-26), (9-28), (9-29), (9-30), (9-31) \\
&\quad\quad (9-32), (9-37), (9-39), (9-44)
\end{aligned} \tag{9.47}$$

从上式很容易观察到，优化问题无法通过传统方法解决，因为它同时涉及连续变量 $\boldsymbol{P}$ 和离散变量 $\boldsymbol{B}$。因此，下面给出一种基于多智能体深度强化学习的 MADDPG（Multi-Agent DDPG）轨迹控制算法来对该问题进行求解。MADDPG 是在每个智能体上应用 DDPG 方法，其中每个智能体都有自己的 Actor 网络为其输出行动。MADDPG 算法本质上还是 DDPG 算法，它针对每个智能体训练一个需要全局信息的 Critic 以及一个需要局部信息的 Actor，并允许每个智能体有自己的奖励函数，同时行动空间可以是连续的。通过这种方式，该算法可以向每个智能体提供对其他智能体的观察结果和潜在行动的信息，从而将不可预测的环境转化为可预测的环境，使得每个智能体可以更加准确地进行决

策和学习。

#### 9.4.2.2 无人机网络优化模型求解

由于无人机网络中有多架无人机为地面用户提供计算卸载和无线供能服务，因此，需要构建一个多智能体马尔可夫决策过程。假设在环境交互过程中，无人机可以视为智能体，即有 $M$ 个无人机智能体与环境交互，环境的特征由一组状态 $\mathcal{S} \triangleq \{S_t, 0 \leq t \leq T\}$ 和一组行动 $\mathcal{A} \triangleq \{A_t, 0 \leq t \leq T\}$ 构成。其中状态 $S_t$ 由每个无人机自身观察的状态 $S_{m,t}$ 和一些其他的额外信息组成。在每个时隙中，每个无人机获取其自身的状态 $S_{mt}$ 并采取自己的行动 $A_{mt}$ 后可以获得相应的奖励 $R_{mt}$，然后环境便会更新当前状态至下一个新状态。此外，每个无人机都有一个 Actor 网络 $A_{mt} = \pi_m(S_{mt})$，一个 Critic 网络 $Q_m = (S_t, A_t)$，其对应的目标网络为 $A_{m,t+1} = \pi'_m(S_{m,t+1})$ 和 $Q'_m = (S_{t+1}, A_{t+1})$，同时还配备一个经验回放缓冲区 $B_m$。

采用集中训练和分散执行的框架来实现算法。在训练过程中，每个无人机将自己观察到的状态 $S_{m,t}$ 和自身的行动 $A_{m,t}$ 发送到环境中进行交互，所有无人机都可以同时相互交换包括坐标等的私有信息。此外，每个无人机的 Critic 网络都接受了包括所有无人机的 $S_{m,t}$ 和 $A_{m,t}$ 进行训练。然后，在执行过程中，每个无人机仅接收自己的 $S_{m,t}$ 来获取其 $A_{m,t}$，同时最大化累积的奖励 $R_{m,t}$。

接下来在一个时隙中每个无人机的状态空间、行动空间和奖励函数进行如下介绍。

1) 状态空间

首先考虑将当前时隙中无人机 $m$ 的位置坐标信息加入到其观察的状态中，其次为了避免无人机之间的碰撞，本文选择将当前无人机与其他无人机之间的距离信息也加入状态中。此外，为了更好地为地面用户设备服务，需要添加从初始时隙到当前时隙 $t$ 的无人机服务用户设备的累计卸载决策时间集 $\left\{\sum_{t'=1}^{t} b_{n,m}(t'), \forall n \in \mathcal{N}\right\}$ 和累计充电量 $\left\{\sum_{t'=1}^{t} \sum_{m \in \mathcal{M}} E_{n,m}^{\mathrm{EH}}(t), \forall n \in \mathcal{N}\right\}$。

综上，时隙 $t$，无人机 $m$ 的状态空间定义为

$$S_{m,t} = \begin{cases} q_m(t) \\ \| q_m(t) - q'_m(t) \| \\ \left\{\sum_{t'=1}^{t} b_{n,m}(t'), \forall n \in \mathcal{N}\right\} \\ \left\{\sum_{t'=1}^{t} \sum_{m \in \mathcal{M}} E_{n,m}^{\mathrm{EH}}(t), \forall n \in \mathcal{N}\right\} \end{cases} \tag{9.48}$$

2) 行动空间

将无人机的水平飞行距离和飞行方向定义为当前无人机的行动，即时隙 $t$，无人机 $m$ 的行动空间为

$$A_{m,t} = \{l_m(t), \phi_m(t)\} \tag{9.49}$$

3) 奖励函数

根据优化目标，时隙 $t$，无人机 $m$ 的奖励函数可以定义为

$$R_{m,t} = E_m^{\text{left}}(t) + \frac{1}{N}\sum_{n\in\mathcal{N}}[E_n^{\text{left}}(t)] - p_m \qquad (9.50)$$

式中：$p_m$ 为当无人机 $m$ 非处在目标区域或与其他无人机相撞时的惩罚约束。此外，定义整体状态空间为 $S_t = \{S_{m,t}, \forall m \in \mathcal{M}\}$，整体行动空间为 $A_t = \{A_{m,t}, \forall m \in \mathcal{M}\}$。

为了解决上述多智能体马尔可夫决策过程，考虑到轨迹和任务卸载优化问题的高维连续行动空间问题，采用 MADDPG 算法来解决，该算法在与环境的交互过程中，每个无人机（由智能体控制）通过其 Actor 网络 $\pi_m(\cdot)$ 选择最优行动，然后从 Critic 网络 $Q_m(\cdot)$ 得到 $Q$ 值，同时分别从目标网络 $\pi_{m'}(\cdot)$ 和 $Q_{m'}(\cdot)$ 得到目标行动和目标 $Q$ 值。此外将当前环境状态、行动、奖励和下一个状态组成一组经验值 $\{S_t, A_t, R_{m,t}, S_{t+1}\}$ 并将其存储在经验回放缓冲池中以供训练。然而在训练过程中，随机抽取的 mini-batch 可能会导致一些不可预测的影响以至于训练过程终止或者不收敛。为了成功训练，需要引入具有时间差分误差（Temporal Difference error，TD-error）的状态转换集。对于无人机 $m$，其 TD-error 定义为

$$\delta_m = R_{m,t} + \gamma Q_{m'}(S_{t+1}, A_{t+1} | \theta^{Q_{m'}}) - Q_m(S_t, A_t | \theta^{Q_m}) \qquad (9.51)$$

则在选取 mini-batch 时，无人机 $m$ 采样第 $k$ 个状态转换集的概率为

$$\mathbb{P}_{m,k} = \frac{(|\delta_{m,k}| + \varepsilon)^\beta}{\sum_{k=1}^{K}(|\delta_{m,k}| + \varepsilon)^\beta} \qquad (9.52)$$

其中，$K$ 是 mini-batch 的大小，$\varepsilon$ 为一个正的常数，$\beta = 0.6$，则无人机 $m$ 的损失函数为

$$L(\theta^{Q_m}) = \mathbb{E}\left[\frac{1}{(K \cdot \mathbb{P}_{m,k})^\mu}(\delta_m)^2\right] \qquad (9.53)$$

其中，$\mu = 0.4$，该损失函数可以用来更新无人机 $m$ 的 Critic 网络，同时其 Actor 网络可以由以下策略梯度公式更新：

$$\nabla_{\theta^{\pi_m}} J = \mathbb{E}[\nabla_{\theta^{\pi_m}}\pi_m(S_{m,t}|\theta^{\pi_m}) \cdot \nabla_{A_{m,t}} Q^m(S_t, A_t|\theta^{Q_m})] \qquad (9.54)$$

此外，引入一种低复杂度的方法来优化用户设备的卸载决策，对于时隙 $t$ 中的每个用户设备，可以根据以下表达式选择卸载决策：

$$b_{n,m}(t) = \begin{cases} 1, & m = \underset{m' \in \mathcal{M}}{\arg\min}\{E_{n,m'}^{\text{LC}}(t) + E_{n,m'}^{\text{UL}}(t)\} \\ 0, & \text{其他} \end{cases} \qquad (9.55)$$

具体来说，无人机移动后，每个用户设备可以选择最合适的无人机进行卸载，消耗的能量最少。否则，用户设备可以自己执行任务。

### 9.4.3 无人机网络能效优化性能仿真与分析

考虑无人机网络场景如下：MEC 基站位于边长 1000m 的正方形区域中心，而在网络的边缘地带，随机均匀分布着 50 个用户设备，并将无人机的初始坐标设为 [50,50]m、[50,950]m、[950,950]m、[950,50]m。利用 Python 3.7.2 和 PyTorch 1.1.0 框架来仿真评估 MADDPG 算法的性能，其中 Actor 网络和 Critic 网络分别以 0.0001 和 0.0002 的学习率进行训练，并使用 Adam 优化器来更新神经网络，其余的参数设置详见表 9-2。

表 9–2 仿真参数设置

| 符号 | 描述 | 参数 |
|---|---|---|
| $N$ | 用户设备数量 | 50 |
| $R^{MEC}$ | 服务区域边长 | 1000m |
| $H^{MEC}$ | MEC 服务器工作高度 | 50m |
| $H^{UAV}$ | 无人机工作高度 | 100m |
| $T$ | 网络总工作时间 | 60s |
| $K$ | 时隙总个数 | 60 |
| $D_n$ | 用户设备计算任务长度 | 1~2Mb |
| $C_n$ | CPU 转数 | 1000~2000r/bit |
| $R_{max}^{Cov}$ | 无人机最大水平覆盖半径 | 50m |
| $L_{max}$ | 无人机最大水平飞行距离 | 49m |
| $D_{min}^{UAV}$ | 无人机间最小距离 | 40m |
| $g_0$ | 参考距离为 1m 时的功率增益 | $1.42 \times 10^{-4}$ |
| $B_u$ | 地对空上行链路带宽 | 10MHz |
| $B_k$ | 分配给 MEC 服务器的带宽 | 0.5MHz |
| $P_n$ | 用户设备发射功率 | 0.1W |
| $P_m$ | 无人机发射功率 | 10W |
| $\sigma_u^2$ | 地对空信道噪声功率 | -100dBm |
| $\sigma_e^2$ | 空对地信道噪声功率 | -100dBm |
| $P_0$ | 无人机叶片轮廓功率 | 79.8W |
| $P_1$ | 无人机诱导功率 | 88.6W |
| $U_{tip}$ | 转子叶片尖端速度 | 120m/s |
| $U_{ind}$ | 转子平均诱导速度 | 4.03m/s |
| $\rho_1$ | 无人机质量相关系数 | 0.015 |
| $\rho_2$ | 空气密度 | 1.225kg/m³ |
| $\tau^{LC}$ | 用户设备的 CPU 相关系数 | $1 \times 10^{-28}$ |
| $\gamma$ | 折扣因子 | 0.95 |
| $\tau$ | 目标网络更新系数 | 0.01 |
| $B_m$ | 经验回放池容量 | 5000 |
| $K$ | mini-batch 的大小 | 256 |
| $EP^{max}$ | 最大训练轮数 | 300 |
| $p_m$ | 惩罚项 | 10 |

1）MADDPG 算法训练性能分析

图 9-7 展示了累积奖励随训练轮数变化的曲线，在训练开始的前 50 轮，由于经验回放池的数据没有装满，网络还没有开始训练，无人机处于随机探索的阶段，此时两种情况下的累计奖励都处于较低的水平。之后随着训练学习的开始，累计奖励曲线都开始上升，说明无人机的飞行轨迹被逐渐优化，并随着训练轮数的增多开始收敛，其中 3 架无人机的情况收敛于 3000 左右，而 4 架无人机的情况比 3 架时略高 1000，大致收敛于 4000 左右，这是因为随着网络中无人机部署数量的增多，覆盖范围更广，更多的用户设备将会被服务，从而导致了累计奖励的增加。

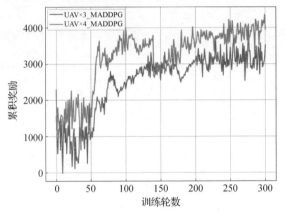

图 9-7　累积奖励随训练轮数变化曲线

2）无人机飞行轨迹分析

图 9-8 和图 9-9 分别展示了 3 架无人机和 4 架无人机情况下的无人机飞行轨迹。从这两张图中可以看出，所有的无人机都在一定的区域附近进行运动。从飞行轨迹可以看出，不同起点起飞的无人机往往会在其起点周围的区域内飞行。对于已经被另外的无人机服务过的用户设备，当前的无人机并不会选择继续为其服务，这是因为在 MADDPG 方案中，多架无人机会通过合作的方式为地面用户提供服务来最大化累积奖励。此外，与 3 架无人机场景相比，图 9-9 中 4 架无人机工作时，没有被覆盖到的用户设备明显减少，这表明随着无人机数量的增加，网络的服务能力将会得到提升。

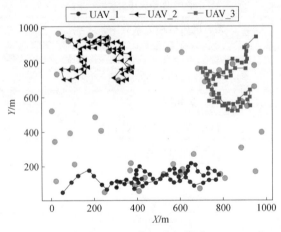

图 9-8　三架无人机轨迹

## 第9章 智能无人机网络

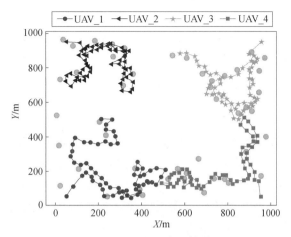

图9-9 四架无人机轨迹

3) 用户设备剩余能量分析

在设计的无人机网络中，无人机除了要对用户卸载的数据进行计算和转发，还要利用无线携能通信（SWIPT）技术为服务中的用户设备进行无线供能，且优化目标中有一项是最大化用户设备的剩余能量，因此需要对用户设备的剩余能量情况进行分析。图9-10显示了一个测试周期内不同情况下所有用户设备剩余能量的变化情况。

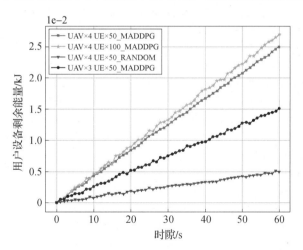

图9-10 不同方案下用户剩余能量随时间的变化曲线

首先，随着网络的运行，用户设备的剩余能量逐渐增加。其次，在无人机数量不变的情况下，随着用户设备数量的增多，其获得的总能量也会增大，这是因为随着用户设备的数目增多，用户设备在单位时隙内能被无人机覆盖到的概率变大，使得无人机能够为更多的用户设备充电，从而导致总剩余能量增加。但由于用户设备数量增多的同时，每架无人机的负载也会变大，因此剩余能量的增幅并没有特别显著。同样地，当无人机的数量减少时，用户设备获得的总能量出现了明显的下降，这是因为随着无人机数量的减少，网络中能够被无人机覆盖且服务的用户设备数目也会下降，覆盖率也会降低，从而使得用户设备总剩余能量下降。由此可见，用户设备的剩余能量与网络中无人机的覆盖率呈正相关,但需要注意的是,增加无人机的数量对用户设备剩余能量的提高帮助更大,因此,在一些用户设备密集的场景中,部署更多数量的无人机将会提供更好的充电服务。此外,当无人机在网络中随机游走时,部分用户设备可能会被覆盖到以提供服务,导致用户设备的总剩余能量也会有所增大,但增大的幅度明显远小于利用MADDPG算法优化无人机轨迹后的情况,这也验证了使用的MADDPG算法对无人机充能效率提升的有效性。

## 9.5 习题

1. 简述无人机的概念。
2. 按飞行平台构造形式的不同,无人机可分为哪几种类型?各有什么优缺点?
3. 简述典型无人机系统的组成。
4. 简述无人机网络的架构。
5. 简述无人机网络的特点。

## 参考文献

[1] 高志强,鲁晓阳,张荣容. 边缘智能关键技术与落地实践 [M]. 北京:中国铁道出版社,2021.

[2] 张贤. 无人机通信网络容量分析与航迹规划方法 [D]. 北京:北京邮电大学,2024.

[3] 钟伟雄,韦凤. 无人机概论 [M]. 北京:清华大学出版社,2019.

[4] 李琳佩. 基于无人机的高能效通信策略研究 [D]. 北京:北京邮电大学,2022.

[5] WU Q, ZENG Y, ZHANG R. Joint trajectory and communication design for multi-UAV enabled wireless networks [J]. IEEE Transactions on Wireless Communications, 2018, 17 (3): 2109-2121.

[6] 黄军锋. 多无人机辅助MEC网络设计与能耗问题研究 [D]. 北京:北京科技大学,2023.

[7] MNIH V, KAVUKCUOGLU K, SILVER D, et al. Human-level control through deep reinforcement learning [J]. nature, 2015, 518 (7540): 529-533.

[8] LI B, LIANG S, GAN Z, et al. Research on multi-UAV task decision-making based on improved MADDPG algorithm and transfer learning [J]. International Journal of Bio-Inspired Computation, 2021, 18 (2): 82-91.

[9] KE D, LIU C, JIANG C, et al. Design of an effective wireless air charging system for electric unmanned aerial vehicles [C] //IECON 2017-43rd Annual Conference of the IEEE Industrial Electronics Society, IEEE, 2017: 6949-6954.

[10] WANG L, WANG K, PAN C, et al. Multi-Agent deep reinforcement learning-based trajectory planning for multi-UAV assisted mobile edge computing [J]. IEEE Transactions on Cognitive Communications and Networking, 2020, 7 (1): 73-84.

[11] WANG L, WANG K, PAN C, et al. Deep reinforcement learning based dynamic trajectory control for UAV-assisted mobile edge computing [J]. IEEE Transactions on Mobile Computing, 2021, 21 (10): 3536-3550.

[12] CUI J, LIU Y, NALLANATHAN A. Multi-Agent reinforcement learning-based resource allocation for UAV networks [J]. IEEE Transactions on Wireless Communications, 2019, 19 (2): 729-743.

[13] LIU C H, CHEN Z, TANG J, et al. Energy-Efficient UAV control for effective and fair communication coverage: a deep reinforcement learning approach [J]. IEEE Journal on Selected Areas in Communications, 2018, 36 (9): 2059-2070.

[14] LIU Y, XIONG K, NI Q, et al. UAV-assisted wireless powered cooperative mobile edge computing: joint offloading, CPU control, and trajectory optimization [J]. IEEE Internet of Things Journal, 2019, 7 (4): 2777-2790.

[15] LI M, CHENG N, GAO J, et al. Energy–Efficient UAV–assisted mobile edge computing: resource allocation and trajectory optimization [J]. IEEE Transactions on Vehicular Technology, 2020, 69 (3): 3424–3438.

[16] 冯志勇, 尉志青, 袁昕, 等. 无人机通信与组网 [M]. 北京: 科学出版社, 2021.

[17] 姚昌华, 马文峰, 田辉, 等. 智能无人机集群网络优化技术 [M]. 北京: 科学出版社, 2023.

[18] 李盼, 黄军锋, 樊韩文, 等. 基于双层无人机网络的节能计算研究 [J]. 北方工业大学学报, 2024, 36 (1): 20–28.

# 第10章 移动计算与边缘智能

伴随着移动通信、互联网、分布式计算等技术的快速演进和迭代,人们的观念正在逐渐转变着:从人围着计算机转,转向计算机围着人转;从计算机具有联网功能,转向网络具有计算功能。目前,通信能力、计算能力的价格越来越便宜,体积越来越小,功耗越来越低;通信计算化、计算移动化。为此,人们提出了随时随地访问信息的要求,移动计算(Mobile Computing)作为计算技术和无线通信技术的结合产物应运而生,它是分布式计算、游牧计算(Nomadic Computing)发展的新阶段。

为应对 AR/VR、4K/8K 高清视频、物联网、工业互联网、车联网等新型业务对低时延、大带宽以及海量连接等需求,业界提出了边缘计算技术,其核心思想是把云计算平台(包括计算、存储和网络资源)迁移到网络边缘,并试图实现传统移动通信网、互联网和物联网等之间的深度融合,减少业务交付的端到端时延,发掘网络的内在能力,提升用户体验,并为移动运营商、服务提供商以及终端用户带来巨大价值。在产业界和学术界的合力推动下,边缘计算正在成为万物互联应用的主流支撑平台。边缘计算与人工智能的结合促进了边缘智能的发展。随着新一代信息技术的发展,边缘智能已成为"智能+"的新风口。

本章首先介绍了移动计算的概念和特点、系统模型以及体系架构。然后,介绍了边缘计算的概念、演进过程、体系架构和关键技术。其次,单独一节介绍了移动边缘计算的概念和系统架构。接下来介绍了边缘智能的概念、系统架构和网络架构。最后,给出一种"云-网-边-端"的边缘智能体系架构。

## 10.1 移动计算

移动计算是随着移动通信、互联网、数据库、分布式计算等技术的发展而新兴起的一门学科,它的目的是将有用、准确、及时的信息提供给任何时间、任何地点的任何客户,这将极大地改变人们的生活方式和工作方式。移动计算和无线通信等相关技术的迅猛发展,开创了移动互联网产业的新纪元。

### 10.1.1 移动计算的概念

顾名思义,移动计算包括两方面的含义,即移动性和可计算性。所谓移动性,包括用户移动、设备移动、访问资源移动(资源发现和目录服务);可计算性指与计算机相关的活动,如通过无线灵活地接入网络,访问网络资源。

随着通信和计算机技术的飞速发展，带动计算技术快速发展，其演变过程大致经历了四个阶段：大型机（Mainframe）计算（单用户计算、批处理计算、分时计算）、桌面（Desktop）计算（网络计算、分布式计算、网格计算）、移动/普适计算、边缘计算（移动云计算、微云、雾计算、移动边缘计算），计算的演变过程如图10-1所示。

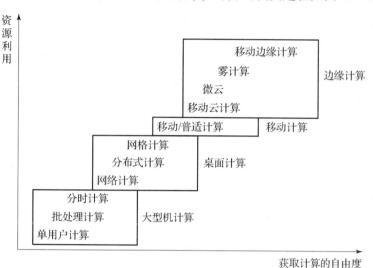

图10-1 计算的演变过程

在大型机计算时代，基本上是多人一机，设备尺寸较大，安装和移动困难；桌面计算时代基本上是一人一机，设备尺寸中等，便于安装；移动/普适计算时代达到一人多机，设备尺寸越来越小，安装和移动非常方便，具有便携性和智能性。边缘计算时代，各种终端设备和传感器都具有联网和计算能力，具有普适性和智能性。纵观计算的发展，设备逐渐趋于微型化，尺寸越来越小，数量却越来越多，达到一人数机。

其中，分布式计算是通过互联网将许多计算机节点互联，将单台计算机无法完成的计算任务，分解成多个任务分配到网络中的多台计算机中执行，将各个节点的执行结果整合成最终结果并返回，即在分布式系统上执行的计算。边缘计算的相关概念将在10.1.2节进行介绍。

所谓移动计算，是使人们能在任何时间、任何地点、在运动过程中都能不间断地访问网络服务（数据和计算）的技术统称，如图10-2所示。

图10-2 移动计算概念框图

与移动计算相近或相似的几个概念分别如下所示。

（1）游牧计算（Nomadic Computing）：可携带的，仅在固定地点要求连续同样地工作，正在移动时无法访问网络。

（2）普适计算（Ubiquitous/Pervasive Computing）：称为无处不在的计算，强调把计

算机嵌入到环境或日常工具中去,而将人们的注意中心集中在任务本身。

移动计算是研究构建带移动客户端的分布式系统,主要研究内容包括:移动网络(移动 IP、Ad Hoc 网络协议、对 TCP(传输控制协议)协议性能的改进)、移动信息访问(接入)、自适应应用、能量节约技术和位置感知。

### 10.1.2 移动计算系统模型

在传统的分布式计算环境中,所有的终端都是通过固定的网络和网络主机连接,只要开机就能登录网络,具有持续的连接性。分布式计算环境中,主机的位置基本上固定不变,主机的地址信息是已知的,各个终端的网络通信具有对称性。而移动计算不同于传统的分布式计算,移动计算结点包括固定结点和移动结点。用户可以携带移动设备自由移动,并在移动过程中通过移动通信网络与固定结点或者其他移动结点连接和交换信息。这种计算模式将创造一种全新的应用,可以满足移动用户在任何地点访问数据的要求,使得人们能够更加方便地访问各种信息。

图 10-3 是一个典型的支持移动计算的系统模型。

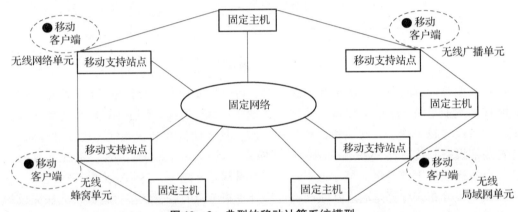

图 10-3 典型的移动计算系统模型

它主要由下列几部分组成。

(1) 固定网络:一个由固定主机组成的网络,该结点位置和连接不会改变。

(2) 服务器:一般为固定结点,每个服务器维护一个本地数据库,服务器之间高速、可靠地连接,构成一个传统意义上的分布式数据库系统。服务器可以处理客户的联机请求,并可以保持所有请求的历史记录。

(3) 移动客户端:在与网络维持连接的同时可以自由地移动,其处理能力与存储能力与服务器相比非常有限,与服务器之间为"弱连接"。

(4) 移动支持站点(Mobile Support Station,MSS):MSS 具有无线通信接口,用于支持一个无线网络单元建立连接。移动客户端可与一个 MSS 建立链路从而与固定网络之间连接,也可以接收由 MSS 发送的广播信息。MSS 相当于固定网络的接口,MSS 同时也可以称作"基站"。MSS 与服务器可以是同一台机器。

(5) 无线网络单元:一个无线网络单元是由一个 MSS 覆盖的逻辑上或物理上的区域,每个无线网络单元有一个 MSS 支持。

(6) 无线网:一个 MSS 与所有位于其无线网络单元的移动客户端组成的网络。

所有主机通过固定网络连接在一起，固定网络中每个 MSS 负责建立一个无线网络单元（如图 10-3 中所示的无线广播单元或无线局域网单元），单元内的移动客户端与 MSS 之间通过无线网络连接。这些无线网络单元的覆盖范围取决于它们采用的无线通信技术，例如，无线局域网单元只能覆盖一幢大楼，而采用卫星通信的无线网络单元只需几个即可覆盖整个地球。在图 10-3 的移动计算环境中，移动客户端可以从任何一个无线网络单元经由 MSS 连接到固定网络中，从而实现了自由的移动性。移动计算的系统模型包括 3 类计算设备：具有无线通信接口的移动支持站点、没有无线通信接口的固定主机、移动客户端。

实现任何时间、任何地点、任何设备访问任何服务和信息，移动性是一个基本的因素。而移动性要求有线网和无线网的无缝连接，这主要依赖于无线通信网络技术、移动组网技术（无线局域网、移动自组织网络）和移动 IP 等。

### 10.1.3 移动计算的体系架构

移动计算的体系架构如图 10-4 所示。

从移动计算的体系架构可以看出，移动计算系统的组成包括 6 个部分。

1）移动计算设备

所有可以自由移动的计算设备，大到便携电脑、车载 PC、可穿戴设备，小到掌上电脑、个人数码助理（Personal Digital Assistant，PDA）、e-book、移动电话、传呼机、手表设备、传感器等，均可称为移动计算设备。笔记本电脑功能强大，和桌上电脑基本一致，但是其体积和其他移动客户端相比较大。移动电话可以应用无线应用协议（Wireless Application Protocol，WAP）登录 Internet 访问数据，也可以作为无线数据广播的接收器。移动电话虽然体积小巧，但是计算功能较弱。既方便携带，又具备较强计算功能的是掌上电脑。

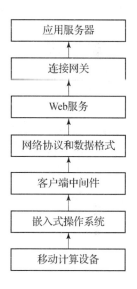

图 10-4 移动计算的体系架构示意图

2）嵌入式操作系统

对于移动计算应用而言，在移动设备上运行的操作系统通常称为嵌入式操作系统，它是整个移动计算应用的核心。目前嵌入式操作系统主要有 Palm 公司的 Palm OS、Microsoft 公司的 Windows CE 以及嵌入式 Linux 等。

3）无线通信网络

移动计算通过无线通信网络和 MSS 连接，目前已经投入使用的移动通信与联网技术主要有：蜂窝通信系统（1G~5G）、"蓝牙"（Bluetooth）无线通信网络、HomeRF 和卫星通信网等。

4）移动数据库

从数据管理的角度看，所谓移动计算实际上就是如何向分布在不同位置的移动用户提供优质的信息服务（如信息的存储、查询、计算等），也就是设计出的数据库系统能够安全、快速、有效地向各种用户终端设备提供数据服务。

5）连接网关

连接网关包括 Palm Web Clipping 代理服务器、WAP 网关、无线网关等。

6）无线应用服务器

无线应用服务器是一个可以使客户通过无线设备访问 e – Business 应用、企业数据和 Internet 的企业级应用服务器。目前的产品有 Webshphere、BEA WebLogic Server、Sybase iAnywhere Solutions、SUN ONE Web Server 等。

### 10.1.4 移动计算的主要特点

与固定网络的传统分布式计算环境相比，移动计算环境具有以下一些主要特点。

1）移动性及位置相关性

在移动计算环境中，最突出的特征是设备的移动性。一台移动设备不仅可以在不同的地方连通网络，而且在移动的同时也可以保持与网络连接。这种计算平台的移动性可能导致系统访问布局的变化和资源的移动性。而且，个人的移动性（即在不同地方使用当地的计算设备）也随着个人通信网与网络计算机的提出而日益突出。

2）频繁的断接性

移动设备在移动过程中，由于使用方式、电源、无线通信费用、网络条件等因素的限制，一般都不采用保持持续联网的工作方式，而是主动或者被动的间歇性与网络连接或者断开。

3）网络通信的非对称性

由于物理通信媒介的限制，一般的无线网络通信都是非对称性的。移动计算环境中固定服务器结点可以拥有强大的发送设备，而移动设备的发送能力有限，所以导致下行链路（服务器到移动客户端）的通信带宽与代价比上行链路（移动客户端到服务器）高很多，这与分布式计算的网络通信相比具有很大的差别。

4）大规模并发用户

许多移动应用环境，如公共交通信息系统，都要求系统同时支持大量的移动用户并发访问，这就要求移动计算系统必须具有比传统客户/服务器及分布式系统高得多的可伸缩性。

5）新的信息传输媒介

无线通信提供了一种新的发送数据到大量用户的有效方法，即数据广播。与固定网络不同的是，无线广播不管接收的移动客户端用户数有多少，MSS 的广播代价并不改变。

6）低可靠性

无线网络与固定网络相比，可靠性较低，容易受到电子干扰而出现网络故障。此外，移动计算设备由于其便携性和工作环境，增加了用户的灵活性，但也给移动计算带来潜在的不安全因素，如碰撞、磁场、干扰、遗失等。

7）移动设备的资源有限性

与固定设备相比，移动设备的资源相对有限，如 CPU 速度、存储容量、电源时间等，移动设备主要靠电池供电，也有一些移动设备使用太阳能充电。

8）无线组网

无线组网包括共享的无线信道的控制、网络路由问题、与 Internet 的集成、服务质量（QoS）问题、低功耗与功率控制、安全等问题。

## 10.2 边缘计算

随着万物互联时代的到来，网络边缘设备产生的数据量快速增加，带来了更高的数据传输带宽需求。同时，新型应用也对数据处理的实时性提出了更高要求，传统云计算模型已经无法有效应对，因此，边缘作为提供这种计算和数据保护的最佳场所应运而生。边缘计算的基本理念是将计算任务在接近数据源的计算资源上运行，是个连续系统，可以有效减少数据传输带宽，减小计算系统的延迟，缓解云计算中心的压力，提高可用性，并能够有效保护数据安全和隐私。对于电信行业，在基站和边缘服务器上提供增值服务，可带来更大的利润。

### 10.2.1 边缘计算的概念

2016年5月，美国韦恩州立大学施巍松教授团队给出了边缘计算的一个正式定义：边缘计算（Edge Computing）是指在网络边缘执行计算的一种新型计算模型，边缘计算操作的对象包括来自于云服务的下行数据和来自于万物互联服务的上行数据。边缘计算中的"边缘"是相对的概念，是指从数据源到云计算中心路径之间的任意计算、存储和网络资源。边缘计算的核心理念是"计算应该更靠近数据的源头，可以更贴近用户"。

维基百科上给出的边缘计算概念为：边缘计算是一种分散式运算的架构，将应用程序、数据资料与服务的运算，由网络中心节点移往网络逻辑上的边缘节点来处理。边缘计算将原本完全由中心节点处理大型服务加以分解，切割成更小与更容易管理的部分，分散到边缘节点去处理。边缘节点更接近于用户终端装置，可以加快资料的处理与传送速度，降低时延。边缘计算在靠近数据源头的地方提供智能分析处理服务，降低时延，提升效率，提高对安全隐私的保护。

图10-5所示为基于双向计算流的边缘计算模型。云计算中心不仅从数据库收集数据，也从传感器和智能手机等边缘设备收集数据。这些设备兼顾数据生产者和消费者。因此，终端设备和云计算中心之间的请求传输是双向的。网络边缘设备不仅从云计算中心请求内容及服务，而且还可以执行部分计算任务，包括数据存储、处理、缓存、设备管理、隐私保护等。

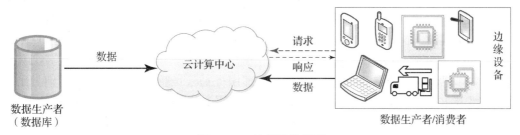

图10-5　边缘计算模型

### 10.2.2 从云计算到边缘计算的技术演进

从虚拟化到容器化,从 OpenStack 到 Kubernetes,随着云计算如火如荼地发展,边缘计算的兴起也成了一件自然而然的事情。移动互联网和物联网应用需求的发展催生了多个相似解决方案,如移动云计算(Mobile Cloud Computing,MCC)、微云(Cloudlet)、雾计算(Fog Computing,FC)、移动边缘计算(Mobile Edge Computing,MEC)等。移动云计算、微云、雾计算、移动边缘计算等这些边缘计算相关概念虽然是不同组织、不同研究标准在不同背景下提出来的,但都有一个共同目标,就是把云计算能力扩展到网络边缘,使得终端用户更快速高效地使用云计算服务,提升用户体验。

#### 10.2.2.1 云计算

自 2005 年以来,云计算(Cloud Computing)的发展已经极大地改变了人们的学习、生活和工作方式。云计算实现了计算服务的集中化,它通过搭建共享数据中心所产生的规模效应来降低计算成本。云计算采用服务驱动的业务模型,即通过虚拟化技术将硬件和平台级资源(如服务器、存储资源、数据库、网络、软件等)作为一种服务按需提供给用户,然后通过网络访问数据中心的计算资源、网络资源和存储资源等,为应用提供可伸缩的分布式计算能力,就如同使用水、电一般按需获取云服务即可。按需通过互联网向用户提供服务,提供这些资源的企业叫作云计算提供商,他们会提供用户需要的资源,并根据实际用量来收费。

云计算模型如图 10-6 所示。在云计算模型中,数据生产者或提供者将数据传输到云计算中心,如图 10-6 实线所示。终端设备作为数据消费者向云计算中心发送使用数据的请求,如图 10-6 虚线所示。云计算中心将处理结果传输给终端设备,如图 10-6 细虚线所示。终端设备始终是数据消费者的角色。

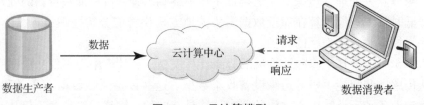

图 10-6 云计算模型

云计算是并行计算、分布式计算和网格计算的发展,按照服务类型来看,主要可分为 4 种主要服务模式:基础设施即服务(Infrastructure as a Service,IaaS)、平台即服务(Platform as a Service,PaaS)、软件即服务(Software as a Service,SaaS)、模型即服务(Model as a Service,MaaS)。它们分别提供了不同层次的服务和功能,满足了用户在计算资源、开发环境、应用程序和智能模型方面的需求。

(1)基础设施即服务(IaaS)。基础设施即服务是云计算服务的最基本类别,用户可通过即用即付的方式从云计算服务提供商处租用 IT 基础设施,如服务器和虚拟机、存储空间、网络和操作系统。

(2)平台即服务(PaaS)。平台即服务可按需提供开发、测试、交付和管理软件应用程序所需的环境,旨在让开发人员能够更轻松地快速创建 Web 或移动应用,而无须考虑对开发所必需的服务器、存储空间、网络和数据库基础结构进行设置或管理。

(3) 软件即服务（SaaS）。软件即服务是指通过互联网交付软件应用程序的方法，通常以订阅为基础按需提供。这种情况下，云提供商托管并管理软件应用程序和基础设施，并负责软件升级和安全修补等维护工作。用户可通过任何设备借助互联网直接连接到应用程序并使用它。

(4) 模型即服务（MaaS）。随着智能时代的到来，模型即服务作为一种新兴的服务模式，为机器学习和人工智能模型的部署和使用提供服务，开发者可通过 API 集成预训练的大型模型，节省训练和优化模型的时间和资源，推动智能应用的快速发展和普及。

云计算系统架构如图 10-7 所示，其每层都可以被视为上层服务，相反每层都可以被视为下面一层的客户。每层的具体含义及功能如下。

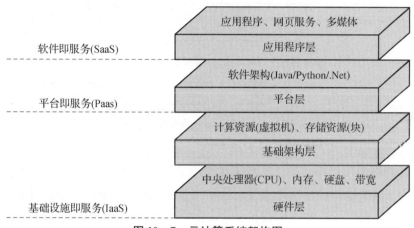

图 10-7　云计算系统架构图

(1) 硬件层：硬件层负责管理云的物理资源，包括物理服务器、路由器、交换机、电源和冷却系统等。数据中心位于云计算架构中的硬件层，通常包含数千台服务器，这些服务器组织放置在机架中并通过交换机、路由器或其他结构互联。硬件层中的典型问题包括硬件配置、容错、流量管理、电源和冷却资源管理。

(2) 基础架构层：基础架构层也称为虚拟化层，基础架构层通过 KVM、VMware 等虚拟化技术对物理资源进行分区，从而创建存储和计算资源池。基础架构层是云计算的重要组成部分，许多关键功能（如动态资源分配）均通过虚拟化技术提供。

(3) 平台层：平台层构建于基础架构层之上，由操作系统和应用程序框架组成。平台层的目的是将应用程序直接部署到虚拟机容器中，实现基础架构层的负担最小化。

(4) 应用程序层：应用程序层分布在云计算层次结构的最高层，应用程序层由实际的云应用程序组成。与传统应用程序不同，云应用程序可以利用自动扩展功能实现更好的性能，提高可用性和降低运营成本。

云计算技术体系架构是实现云计算的基础框架，它为云服务提供商和用户提供了清晰的指导。根据不同云计算服务提供商的服务种类不同，云计算的技术体系架构有所差异，但通常可归纳为 4 个主要层次：物理资源层、资源池层、管理中间件层和面向服务的体系架构（Service-Oriented Architecture, SOA）构建层，如图 10-8 所示。

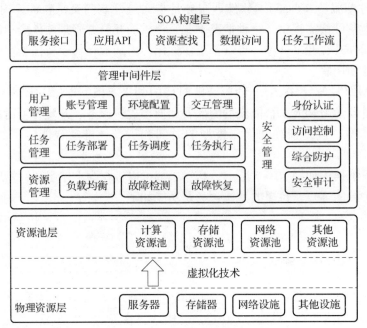

图 10-8 云计算技术体系架构图

其主要功能如下。

(1) 物理资源层：作为云计算技术体系架构的基础层，包括硬件设备、数据中心建设和管理。其关键特点是高可用性、可靠性和可扩展性，通过冗余设计和灾备方案确保服务连续性，同时采用弹性扩展和自动化管理满足不同规模和需求的计算任务。

(2) 资源池层：资源池层利用虚拟化技术将物理层资源抽象为逻辑资源，并建立统一的资源池。这一举措实现资源的自动化管理和高效调度，使用户能够根据需求获取资源，并在使用完毕后将其释放。由此，实现了资源的高效利用和成本优化。

(3) 管理中间件层：是云计算环境的管理和控制中心。包括用户管理、任务管理、资源部署、安全管理等关键组件，实现云环境的管理、监控、安全和自动化。

(4) SOA 构建层：SOA 构建层基于面向服务架构，将软件应用和服务组织成可重用、松散耦合的服务。通过服务注册与发现、服务编排和调用机制实现服务之间的协作和组合，支持快速开发、集成和部署各种应用和业务场景。

云计算技术体系架构中各层次之间的相互配合至关重要。这些层次的协同作用确保了云计算系统的高效性、稳定性和可扩展性。通过有效的技术体系架构设计，各层次之间实现了紧密的集成，形成了完整的云计算技术体系架构，为用户提供了全面的云计算解决方案。

随着万物互联时代的到来，网络边缘设备产生的数据量快速增加，带来了更高的数据传输带宽需求；同时，工业互联网、无人驾驶等众多新型应用也对数据处理的实时性提出了更高需求，传统云计算模型已经无法有效应对，因此，边缘作为提供这种计算和数据保护的最佳场所，应运而生。

#### 10.2.2.2 移动云计算

移动云计算是指通过移动网络以按需、易扩展的方式获得所需的基础设施、平台、软件（或应用）等的一种信息技术资源或（信息）服务的交付与使用模式。移动终端设备与传统的桌面计算机相比，用户更倾向于在移动终端上运行应用程序。然而，大多数移动终端受到电池寿命、存储空间和计算资源的限制。因此，在某些场合，需要将计算密集型的应用程序迁移至云计算中心执行，而非在移动终端本身执行。对应于这种需求，云计算中心需要提供必要的计算资源执行被迁移的应用程序，同时将执行结果返回给移动终端。总而言之，移动云计算结合了云计算、移动计算和无线通信的优势，提高了用户的体验，并为网络运营商和云服务提供商提供了新的商业机会。

#### 10.2.2.3 微云

2009 年，微云（Cloudlet）诞生了。微云是由移动计算和云计算融合而来的新型网络架构元素，它代表移动终端、微云和云计算 3 层架构的中间层，可以视为"盒子里的数据中心"。微云是边缘计算的一种典型模式，拿移动边缘计算和微云做比较的话，移动边缘计算注重"边缘"，微云注重"移动"。

微云是一个小型的云数据中心，位于网络边缘，能够支持用户的移动性，其主要目的在于通过为移动设备提供强大的计算资源和较低的通信时延来支持计算密集型和交互性较强的移动应用。微云的 3 层架构图如图 10-9 所示，分别是移动设备、微云服务器和云计算中心。一个微云服务器可以视为一个在沙箱中运行的计算中心，它相当于把云服务器搬到距离用户很近的地方（通常只有一跳的网络距离）。微云通过稳定的回传链路与核心网和云计算中心连接，将云计算服务前置，最大限度发挥云端处理能力的同时，又能使用户与计算资源的距离控制在一跳范围内。这里所说的"一跳"范围是指微云一般会通过 WiFi 和用户连接，WiFi 覆盖范围内的移动设备都可以使用微云提供的计算和存储服务。

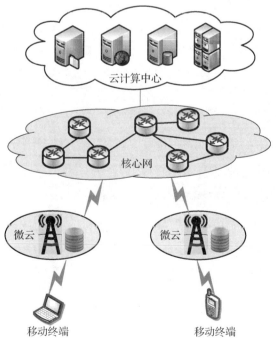

图 10-9　微云架构图

微云是拥有完整计算和存储能力的计算机或计算机集群，且与用户的移动设备一起，本地化地部署在同一个局域网络中。由于智能移动设备的不断增多，越来越多的复杂应用在移动设备上运行，然而，大多数的智能移动设备受到能量、存储和计算资源的限制，不能灵活运行这些应用。微云可以提供必要的计算资源，支撑这些靠近终端用户的移动应用程序在远程执行，为移动用户提高服务质量。微云的主要技术支撑是虚拟机合成和 OpenStack，虚拟机合成实现将计算任务卸载到微云，OpenStack 提供虚拟计算和存储服务的资源。

#### 10.2.2.4 雾计算

2011 年，思科公司提出了雾计算（Fog Computing）的概念，将其定义为迁移云计算中心任务到网络边缘设备执行的一种高度虚拟化的计算平台。云计算架构将计算从用户侧集中到数据中心，让计算远离了数据源，但也带来计算延迟、拥塞、低可靠性和易受攻击等问题，于是在云计算发展了大约 10 年的 2015 年，修补云计算架构的"大补丁"——雾计算开始兴起了。

根据 OpenFog 联盟的定义，雾计算是一种水平的系统级体系结构，可将计算、存储、控制和网络功能分布在整个"云到事物"连续体上，使其更靠近用户。雾计算可以视为"接近地面的云"。雾节点是雾体系结构的基本元素，它可以是任何提供雾架构的计算、网络、存储和加速元素的设备，如交换机、路由器、工业控制器及智能物联网节点等。

OpenFog 参考架构包括多个水平层次、透视面和垂直视角。水平层次包括硬件平台基础设施层、协议抽象层、传感器 & 执行器 & 控制器、节点管理与软件背板层、应用支持层、应用服务层等。垂直视角包括性能、安全、管理、数据分析与控制、IT 业务与跨雾应用，如图 10-10 所示。

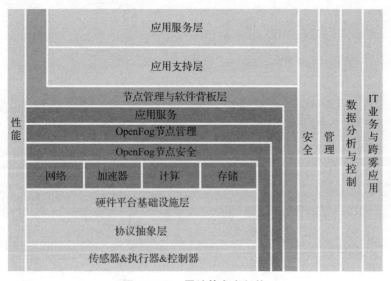

图 10-10 雾计算参考架构

在雾计算中，大量异构的、物理上广泛分布的、去中心化的设备可以相互通信并能够相互协作，在网络的辅助下，无须第三方参与即可完成处理、存储和计算任务。这些任务可以支持基本的网络功能和新型应用或服务，而且它们可以运行于沙箱中。不仅如此，参与者会因参与任务得到一定形式的奖励。雾计算的网络组件如路由器、网关、机顶盒、代理服务器等，可以安装在距离物联网终端设备和传感器较近的地方。这些组件可以提供不同的计算、存储、网络功能，支持服务应用的执行。雾计算依靠这些组件，可以创建分布于不同地方的云服务。雾计算能够考虑服务延时、功耗、网络流量、资本和运营开支、内容发布等因素，促进了位置感知、移动性支持、实时交互、可扩展性和可互操作性。

#### 10.2.2.5 边缘计算

2013年，美国太平洋西北国家实验室首次在报告中提出"边缘计算"一词，由此边缘部署计算、存储等资源的思想在学术界和工业界逐步蔓延。其给出的定义如下：一种把应用、数据和服务从中心节点向网络边缘拓展的方法，可以在数据源端进行分析和知识生成。

边缘计算产业联盟给出的边缘计算的定义如下：边缘计算是指在靠近物或数据源头的网络边缘侧，融合网络、计算、存储、应用核心能力的一个分布式开放平台。其就近提供边缘智能服务，满足业务在敏捷连接、实时业务、数据优化、应用智能、安全与隐私保护等方面的关键需求。它可以作为连接物理和数字世界的桥梁，使物理世界中的资产、网关、系统和服务等变成智能资产、智能网关、智能系统和智能服务。边缘计算的产生为解决响应时间要求、带宽成本节省及数据安全性和隐私性等问题提供了新的方法和思路。

边缘计算基于分布式架构，迎合了移动互联网时代去中心化的特征，使数据存储、计算和管理等功能从云端延伸到网络边缘。边缘计算可以促进物联网中物与物之间实现更加高效、稳定地传感、交互和控制。边缘计算的CROSS（Connectivity，连接；Real-time，业务实时性；Optimization，数据优化；Smart，应用智能；Security，安全与隐私保护）价值推动计算模型从集中式的云计算走向分布式的边缘计算。

边缘计算与云计算之间并非替代关系，而是互补协同关系。边缘计算与云计算只有通过紧密协同才能更好地满足各种场景的匹配需求，从而放大边缘计算和云计算的应用价值。

需要说明的是，虽然边缘计算目前包含了微云、雾计算、移动边缘计算等架构方案，但移动边缘计算是目前最受业界关注的一种计算范式，因此，10.3节将单独介绍移动边缘计算。

### 10.2.3 边缘计算的体系架构

边缘计算的基本架构分为云计算中心、边缘和移动终端3层，如图10-11所示。边缘层位于云和移动终端层之间，向下支持各种现场设备终端的接入，向上可以与云端对接。边缘层包括边缘节点和边缘管理器两个主要部分。边缘节点是硬件实体，是承载边缘计算业务的核心。边缘计算节点根据业务侧重点和硬件特点的不同，包括以网络协议处理和转换为重点的边缘网关、以支持实时闭环控制业务为重点的边缘控制器、以大规模数据处理为重点的边缘云、以低功耗信息采集和处理为重点的边缘传感器等。边缘管理器的呈现核心是软件，主要功能是对边缘节点进行统一的管理。

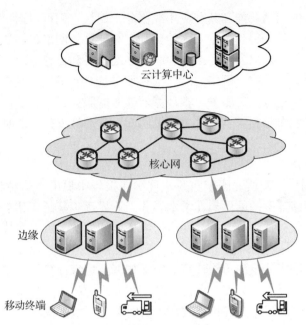

图 10-11 边缘计算的基本架构

边缘计算节点一般具有计算、网络和存储资源。边缘计算系统对资源的使用有两种方式：第一，直接将计算、网络和存储资源进行封装，提供调用接口，边缘管理器以代码下载、网络策略配置和数据库操作等方式使用边缘节点资源；第二，进一步将边缘节点的资源按功能领域封装成功能模块，边缘管理器通过模型驱动的业务编排方式组合和调用功能模块，实现边缘计算业务的一体化开发和敏捷部署。从资源整合的角度，边缘计算参考框架如图 10-12 所示，该框架为边缘计算产业联盟给出的边缘计算参考架构 3.0。

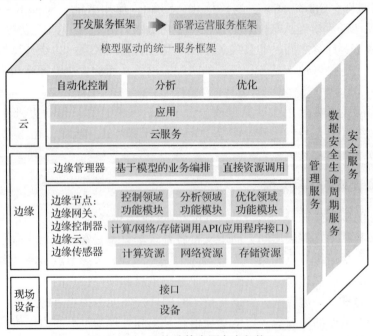

图 10-12 边缘计算资源参考架构 3.0

## 10.2.4 边缘计算的关键技术

下面将介绍边缘计算弥补云计算短板的几大关键技术,包括计算卸载、计算迁移、边缘缓存。

### 10.2.4.1 计算卸载

计算卸载是边缘计算的一个关键技术,可以为资源受限设备运行计算密集型应用时提供计算资源,加快计算速度,节省能源。计算卸载的狭义定义是指终端设备将本地计算密集、时延敏感、能耗较大的任务卸载到资源相对丰富的边缘服务器进行处理,让服务器代替终端完成计算并将计算结果从服务器传输给用户的过程。计算卸载过程(如图10-13所示)大致分为以下6个步骤:节点发现、任务切割、卸载决策、任务程序传输、执行计算和计算结果回传。

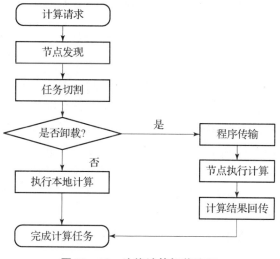

图 10-13 边缘计算卸载流程

(1)节点发现:用户在网络中寻找可用的计算节点,用于后续对卸载程序进行计算。这些节点可以是位于远程云计算中心的高性能服务器,也可以是位于网络边缘侧的边缘计算服务器。

(2)任务切割:将需要进行处理的任务合理地划分为多个子任务,在任务切割过程中尽量保持分割后的各部分任务的功能完整性,保证每部分的可执行性,便于后续进行卸载。

(3)卸载决策:卸载决策通常按照需要进行计算卸载的任务的性能(如时间延迟、能量消耗)要求来确定。该环节主要解决两大问题:决定是否将任务进行卸载,以及如何分配各个子任务。

一般来说,关于计算卸载的决策有以下3种方案。本地计算:用户设备选择不将计算任务传输到计算节点进行计算,所有的计算任务直接在用户设备本身进行处理,该方案适用于设备性能较好、任务量比较小或有较高安全性要求的情况,可以减少传输所需的能耗和时延。全部卸载:整个计算卸载到计算节点处理。部分卸载:计算的一部分在本地处理,而另一部分则卸载到计算节点处理。

需要注意的是，二元卸载是一种特殊的部分卸载模式，其采用二进制方式来表示计算任务全部在本地执行或全部卸载到边缘服务器进行计算，这种卸载方式是常用的一种卸载方式。对于二进制卸载策略来说一般会设置一个卸载决策系数 $b \in \{0,1\}$，当 $b=0$ 时表示用户设备的任务全部在本地进行计算，当 $b=1$ 时表示用户设备将任务全部交给边缘服务器进行计算。一般情况下用户设备会根据自身条件（如能耗、传输时延等）来对 $b$ 的取值做选择。针对采用本地计算设备来说，其主要开销取决于设备自身的性能。而在计算任务卸载过程中，主要消耗则是任务传输所需的能量和时间延迟。

（4）任务程序传输：当终端做出卸载决策以后就可以把划分好的任务交到选择好的计算节点。程序传输有多种方式，可以通过 3G/4G/5G 网络进行传输，也可以通过 Wi-Fi 进行传输。

（5）执行计算：计算节点在收到用户卸载的任务之后进行计算。

（6）计算结果回传：计算节点将计算得到的结果发送回请求计算的用户。

至此，计算卸载过程结束，终端与计算节点断开连接。

#### 10.2.4.2 计算迁移

边缘计算中的计算迁移策略是在网络边缘处，将海量边缘设备采集或产生的数据进行部分或全部计算的预处理操作，过滤无用数据，降低传输带宽。另外，应当根据边缘设备的当前计算力进行动态的任务划分，防止计算任务迁移到一个系统任务过载情况下的设备，影响系统性能。计算迁移中最重要的问题是：任务是否可以迁移、按照哪种决策迁移、迁移哪些任务、执行部分迁移还是全部迁移等。计算迁移规则和方式应当取决于应用模型，如该应用是否可以迁移、是否能够准确知道应用程序处理所需的数据量以及能否高效地协同处理迁移任务。计算迁移技术应当在能耗、边缘设备计算时延和传输数据量等指标之间寻找最优平衡。

#### 10.2.4.3 边缘缓存

边缘缓存能使用户从基站或其他设备处获得请求的内容，实现了内容可在本地使用，而不需要通过移动核心网和有线网络从内容服务提供商获取内容，从而减少无线需求容量和可用容量之间的不均衡，缓解了 5G 网络的回传瓶颈，提高时延保障，降低网络能耗。边缘缓存一般包括两个步骤，内容的放置和传递，内容放置包括确定缓存的内容，缓存放置的位置以及如何将内容下载到缓存节点；内容的传递指的是如何将内容传递给请求的用户。现有的工作研究主要集中在缓存的形式、缓存的内容、缓存放置的位置、缓存替换的策略四个方面。

1）缓存的形式

缓存的形式一般分为编码缓存和非编码缓存，其中编码缓存可以将每个文件分成几个互不重叠的编码段，每个基站或移动设备可以缓存不同的编码段，通过这些编码段可以将源文件恢复。而非编码缓存一般假设文件完全缓存在基站或用户设备上，或者不缓存在基站或用户设备上。而对于编码缓存，一般假设基站或移动设备只存储编码文件的一部分，可以通过收集该文件的编码信息获取整个文件。

2）缓存的内容

由于网络内容数据量过于庞大，不能将所有的网络资源都缓存到网络边缘，只能选择一部分热点内容进行缓存。经统计分析发现，一段时间内网络中只有少量的网络资源会被大量地请求访问，符合二八定律的规律，即 80% 的网络流量是由网络中 20% 左右的内容资源产生的。因此，在条件允许的情况下将这 20% 的热点内容缓存到相关边缘服务器，就可以满足用户大部分的网络资源请求。所以，针对缓存内容，首先需要关注的就是缓存文件的流行度。缓存文件的流行度指的是一定区域内文件库中每个文件被所有用户请求的概率。根据参考文献可知，内容的流行度服从 Zipf 分布，此分布可以通过文件库的大小和流行度偏置参数来表示。一般来说，内容流行度分布的变化速度比蜂窝网络的流量变化慢得多，通常在长时间内近似为常数（如电影的流行度通常为一周，消息的流行度通常为 2~3h）。然而，一个大区域（如一个城市甚至一个国家）和一个小区域（如校园）流行的内容往往是不同的。此外，一些研究者给出了如何获得内容的流行度的方法，比如基于内容随时间的累积统计。

另一个与缓存内容相关的因素就是用户对内容的喜好程度。这是因为用户通常对特定类别的内容有强烈偏好，通过缓存此类内容，可以提高缓存命中率（请求的内容恰好在缓存服务器上），不同于文件流行度的定义，用户喜好指的是特定用户在一定时间内请求文件的概率。用户对内容的喜好可通过用户请求的历史数据，通过推荐算法（如协同过滤）来预测。

3）缓存放置的位置

在现有的边缘缓存技术研究中，根据缓存部署位置的不同，可以主要分为内容分发网络（Content Delivery Network，CDN）缓存、基站缓存和终端设备缓存。对于 CDN 来说，部署大量的边缘服务器成本极其昂贵。对于基站的缓存，可以在非高峰期将缓存内容提前部署在宏基站或小基站。选择将内容缓存到用户终端时，用户能通过和邻近用户终端建立 D2D 连接来获取邻近用户终端已经缓存的网络资源，这项技术能使网络的频谱效益实现数量级的提升。

4）缓存替换的策略

缓存替换即基站能顺应用户需求的变化，将不再具有缓存价值的文件内容剔除出去，再存入新的具有缓存价值的内容。常见的缓存替换算法包括最近最少使用（Least Recently Used，LRU）算法、最少频率使用（Least Frequently Used，LFU）算法、最近最少最低频率（Least Recently-Frequently Used，LRFU）算法、最低价值优先（Least Valuable First，LVF）替换策略、对象大小策略、先进先出（First In First Out，FIFO）算法、基于内容流行度的缓存概率替换策略、基于用户偏好的缓存替换算法等。

## 10.3　移动边缘计算

为了有效满足各类新业务对高带宽、低时延的需求，移动边缘计算（Mobile Edge Computing，MEC）应运而生。具体而言，移动边缘计算可利用无线接入网络就近提供移动用户 IT 所需服务和云计算功能，而创造出一个具备高性能、低延迟与高带宽的移动服务环境，加速网络中各项内容、服务及应用的快速下载，让消费者享有不间断的高质量网络体验。

### 10.3.1 移动边缘计算的概念

2014年，欧洲电信标准化协会（ETSI）成立了移动边缘计算规范工作组，正式宣布推动移动边缘计算标准化。其中ETSI给出的MEC的定义是：在移动网络的边缘（基站、终端）引入计算和存储资源，通过与云端计算中心相配合，为无线接入网提供IT服务环境和云计算能力。与传统云计算需将计算任务卸载到云服务器不同的是，移动边缘计算卸载和存储资源都在靠近用户的边缘侧进行，不仅减少了传统云计算回传链路的资源浪费，而且极大地降低了时延，满足了终端设备计算能力的扩展需求，保证了任务处理的高可靠性。MEC服务器既可以单独运行，也可以与远端云数据中心协同运行。随着深入研究，ETSI将MEC中"M"的定义也做了进一步扩展，使其不仅局限于移动接入，也涵盖WiFi接入、固定接入等其他非3GPP接入方式，将移动边缘计算从电信蜂窝网络延伸至其他无线接入网络。2017年3月，ETSI把MEC中的"M"重新定义为"Multi-Access"，"移动边缘计算"的概念也变为"多接入边缘计算（Multi-Access Edge Computing）"。

移动边缘计算主要是让边缘服务器和蜂窝基站相结合，可以和远程云数据中心连接或者断开。移动边缘计算配合移动终端设备，支持网络中2级或3级分层应用部署。移动边缘计算旨在为用户带来自适应和更快初始化的蜂窝网络服务，提高网络效率。移动边缘计算是5G通信的一项关键技术，旨在灵活地访问无线网络信息，进行内容发布和应用部署。

### 10.3.2 移动边缘计算的特点

MEC的特点包括以下几点。

（1）本地：MEC以分离方式执行，从而提高了多机执行环境下的性能，与其他网络隔离的MEC属性也使其变得不易受外界环境影响。

（2）邻近性：MEC部署在就近位置，具有分析和实现大数据的优势，有利于计算密集型任务的处理，如增强现实/虚拟现实、视频分析等。

（3）更低的延迟：MEC服务部署在距离用户设备最近的位置，可将网络数据移动至远离核心网络的区域。这种服务供应方式具有超低延迟和高带宽的特点，具有高质量的用户服务体验。

（4）位置感知：边缘分布式设备利用底层信息实现信号共享，MEC通过本地网络接收边缘设备信息，从而发现设备位置。

（5）网络上下文信息：提供网络信息实时网络数据服务的应用程序可以通过在其业务模型中实施MEC来使企业和事件受益。根据无线接入网络实时信息，这些应用程序可以判断无线电单元和网络带宽的使用情况，据此进行明智的决策，进而更好地为客户提供服务。

### 10.3.3 移动边缘计算的系统架构

目前移动边缘计算系统划分为3层：云层、边缘层和设备层。其中，云层由高性能远程云服务器组成，这些服务器往往具有强大的计算资源和存储能力，可以在短时间内完成大量的任务计算需求，保证超低的任务处理时延。边缘层由分布式部署的边缘计算服务器组成，位于云层和设备层之间。通过无线接入技术，边缘计算服务器可以接收并处理设备卸载的计算密集型任务，也可以为设备提供其需求的缓存内容，从而满足低时延、高实时性的服务需求。当海量设备同时卸载任务导致计算资源不足时，边缘计算服务器也可以通过有线光纤链路将设备卸载的计算密集型任务传输给远程云服务器，与远程云服务器协同处理任务，从而保证较低的任务交付时延。设备层由各种移动终端设备组成（如智能手机、智能车辆、智能机器人等），这些移动终端设备一般具备一定的任务计算和存储能力，但由于自身受到电池容量、存储能力和计算资源的限制，难以低时延、高可靠地完成所需的计算密集型任务。因此这些移动终端设备只能在本地进行简单的任务计算工作，需要将大部分任务卸载到边缘计算服务器进行处理。

如图 10-14 所示，MEC 系统位于无线接入网及有线网络之间。在电信蜂窝网络中，MEC 系统可部署于无线接入网与移动核心网之间。MEC 服务器是整个系统的核心，基于 IT 通用硬件平台构建。MEC 系统可由一台或多台 MEC 服务器组成。MEC 系统基于无线基站内部或无线接入网边缘的云计算设施（边缘云）提供本地化的公有云服务，并能连接位于其他网络（如企业网）内部的私有云从而形成混合云。

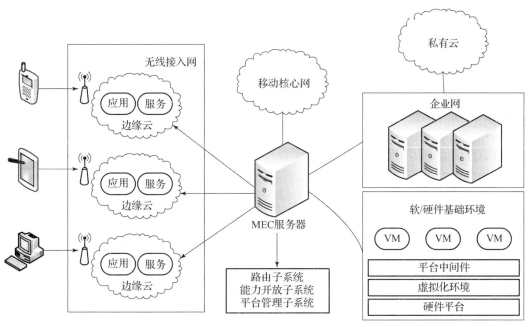

图 10-14　移动边缘计算系统架构

如图 10-15 所示，MEC 系统的基本组件包括路由子系统、能力开放子系统、平台管理子系统及边缘云基础设施，这些组件以松耦合的方式构成了整个系统。其中，前三个子系统可集中部署于一台 MEC 服务器或者采用分布式方式运行在多台 MEC 服务器上，边缘云基础设施由部署在接近移动用户位置的小型或微型数据中心构成。在分布式运行环境下，路由子系统也可以基于专用网络交换设备（如交换机）进行构建。

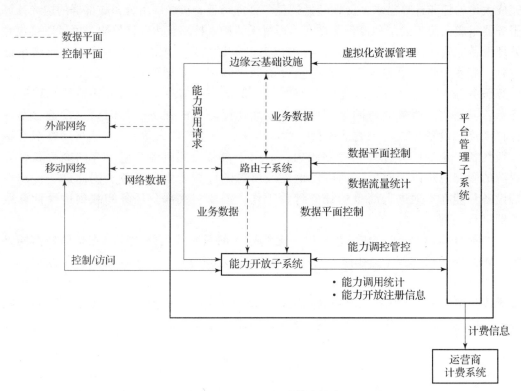

图 10-15 MEC 系统基本构成

在 MEC 系统中，无线接入网与有线网络之间的数据传输必须通过路由子系统转发，其转发行为由平台管理子系统或能力开放子系统控制。在路由子系统中，终用户端的业务数据既可以被转发至边缘云基础设施实现低时延传输，也可以被转发至能力开放子系统支持特定的网络能力开放。运行在边缘云基础设施的第三方应用在收到来自终用户端的业务数据后，可通过向能力开放子系统发起能力调用请求，获取移动网络提供的能力。

1) 边缘云基础设施

边缘云基础设施提供包括计算、内存、存储及网络等资源在内的 IT 资源池。它为第三方应用提供基本的软/硬件及网络资源用于本地化业务部署，在其中运行的第三方应用可向能力开放子系统发起能力调用请求。

2) 路由子系统

路由子系统为 MEC 系统中的各个组件提供基本的数据转发及网络连接能力，对移动用户提供业务连续性支持，并且为边缘云内的虚拟业务主机提供网络虚拟化支持。路由子系统还可对 MEC 系统中的业务数据流量进行统计并上报至平台管理子系统用于数据流量计费。

3) 能力开放子系统

能力开放子系统为平台中间件提供安装、运行及管理等基本功能，依赖平台中间件提供的 API 向第三方开放无线网络能力。不同的网络能力通过特定的平台中间件对外开放，对平台中间件 API 的调用既可来自外部的第三方应用，也可来自系统内部的其他中间件。能力开放子系统向平台管理子系统上报能力开放注册信息及能力调用统计信息，用于能力调用方面的管控及计费。能力开放子系统可根据能力调用请求通过设置路由子系统内的转发策略对移动网络的数据平面进行控制。基于该特性，能力开放子系统可以通过路由子系统接入移动网络的数据平面，从而通过修改用户业务数据实现特定能力的开放。

4）平台管理子系统

平台管理主要包括IT基础资源管理、能力开放控制、路由策略控制及支持计费功能。其中，IT基础资源管理指为第三方应用在边缘云内提供虚拟化资源规划。能力开放控制包括平台中间件的创建、销毁及第三方调用授权。路由策略控制指通过设定路由子系统内的路由规则，对MEC系统的数据转发路径进行控制，并支持边缘云内的业务编排。计费功能主要涉及IT资源使用计费、网络能力调用计费及数据流量计费。

平台管理子系统通过对路由子系统进行路由策略设置，可针对不同用户、设备或者第三方应用需求，实现对移动网络数据平面的控制。平台管理子系统对能力开放子系统中特定的能力调用请求进行管控，即确定是否可以满足某项能力调用请求。平台管理子系统以类似传统云计算平台的管理方式，按照第三方的要求，对边缘云内的IT基础设施进行规划编排。平台管理子系统可与运营商的计费系统对接，对数据流及能力调用方面的计费信息进行上报。

## 10.4 边缘智能

从云计算、分布式计算，到边缘计算，再到边缘智能，计算方式正在从云端下沉到边缘端，"智能+"也从计算、数据能力源头的"第一千米"延伸至边缘应用落地的"最后一千米"。因此，边缘智能不是简单地搭建边缘计算框架，机械地应用人工智能，而是利用5G通信将云计算延拓到边缘计算，将人工智能分布至整个链路，融合网络、计算、存储、应用的核心能力，让大数据在网络边缘智能升值，使边缘智能体系与用户、业务深度结合，使系统性能整体提升，并对外提供敏捷连接、实时业务、数据优化、应用智能、安全与隐私保护的智能服务。

特别地，边缘计算与人工智能的结合促进了边缘智能的发展，边缘智能来自边缘计算的推动和智能应用的牵引的双重作用。在边缘计算方面，物联网数据、边缘设备、存储、无线通信和安全隐私技术的成熟共同推动了边缘智能的发展；同时，互联健康、智能网联汽车、智慧社区、智能家庭和公共安全等人工智能应用场景的发展也促使边缘智能进一步发展。边缘智能的发展对边缘计算和人工智能具有双向共赢优势：一方面，边缘数据可以借助智能算法释放潜力，提供更高的可用性；另一方面，边缘计算能提供给智能算法更多的数据和应用场景。

### 10.4.1 边缘智能的概念

边缘智能也称为边缘原生人工智能，是一种面向"云－边－端"多领域技术综合集成的体系框架，专注于人工智能、通信网络、边缘计算、云计算、大数据、智能芯片、联邦学习、区块链等新一代信息技术的无缝集成。边缘智能集网络、计算、存储和智能于一体，将智能推向网络边缘，为互联时代的敏捷连接、实时业务、数据优化、应用智能、安全和隐私保护等开辟了道路。

边缘智能的关键是协同，重点是联合，具体为：架构的协同、数据的联合、模型的联合与资源的联合。其中，架构的协同是基于"云－边－端"进行统一的架构设计，即将云端服务、边端资源、终端能力进行通盘考虑，进而为边缘智能的发展提供架构体系支撑；数据的联合是对多源跨域异构数据进行深度安全可信的融合，进而打破各约束条件下的"数据孤岛"，为边缘智能发展提供充足的数据支撑；模型的联合是面向"云－边－端"一体化架构在分布式、集中式、混合式部署模式下的具体化呈现，是实现高性能人工智能推理、训练的重要方式；资源的联合是整合"云－边－端"所涉及网络通信、计算、存储等资源的重要途径，是促进边缘智能高效落地应用的重要保障。

2019年，国际电工委员会（International Electrotechnical Commission，IEC）将边缘智能定义为在边缘使用机器学习算法进行数据采集、存储、分析和聚合的能力。

Zhang Xingzhou 等认为：边缘智能是使能边缘设备执行智能算法的能力。边缘智能的能力包含4个元素：ALEM。准确率（Accuracy）：即人工智能算法在边缘设备上运行时准确率，衡量了边缘智能的可用性。延迟（Latency）：即人工智能算法在边缘设备上运行时间，衡量了边缘应用的实时性。功耗（Energy）：即执行智能算法过程中边缘设备消耗的能量，衡量了边缘智能系统的整体可持续性。内存（Memory Footprint）：即智能算法在边缘设备运行时的内存峰值，衡量了边缘智能算法的内存资源占用量。图10－16介绍了边缘智能的生态系统，从支撑边缘智能的技术角度，包括硬件体系结构、软件计算框架、智能算法应用等；从多边缘协同的角度，包括边边、边云之间的协同模式和调度策略；从支撑的应用角度，包括智能交通、无人驾驶、智慧家庭等。

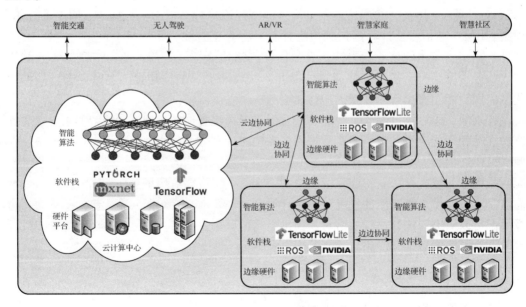

图10－16 边缘智能生态系统

## 10.4.2 边缘智能的系统架构

边缘智能是以搭载智能芯片的边缘终端设备为主体，以人工智能为核心，以云计算、大数据为基础，以智能硬件（芯片）为人工智能算法载体，以联邦学习打通数据孤岛，以区块链等网络安全技术建立安全屏障，以 5G 通信建立高速万物智联通路，对数据、计算、智能进行多维度、多层次的深度集成，形成边缘智能系统架构，如图 10-17 所示。边缘智能是联合云计算、边缘计算、联邦学习、区块链、5G 通信等技术的"云-边-端"一体化智能体系。

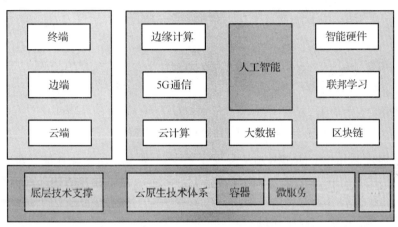

图 10-17 边缘智能的系统架构

在边缘智能场景中，人工智能通常以深度学习模型形式体现。终端设备通过将深度学习模型的推理或训练任务卸载到邻近的边缘计算节点，以完成终端设备的本地计算与边缘服务器强计算能力的协同互补，进而降低移动设备自身资源消耗和任务推理的时延或模型训练的能耗，以保证良好的用户体验。

同时，将人工智能部署在边缘设备上，可以为用户提供更加及时的智能应用服务。而且，依托远端的云计算服务模式，根据设备类型和场景需求，可以进行近端边缘设备的大规模安全配置、部署和管理以及服务资源的智能分配，从而让人工智能在云端和边缘之间按需流动。总体而言，边缘计算和人工智能彼此赋能，催生了融合计算与智能的崭新范式——边缘智能，目前，已成为集"产、学、研"于一体的前沿学科与应用领域。

## 10.4.3 边缘智能的网络架构

如图 10-18 所示，通-感-算融合赋能的边缘智能网络由边缘控制中心、一体化网元和边缘节点组成，它们共同协作实现边缘智能网络的高效运行和智能决策，为边缘智能应用提供支持。

（1）边缘控制中心：边缘控制中心作为核心部分，如布置在网络边缘的数据中心或服务器群，其作用包括数据分析和决策、算力调度和资源管理以及任务下发和业务编排等。通过管控边缘智能网络中大量的边缘节点和一体化网元的状态和信息，实现对边缘智能网络的监控、调度和管理，以提供高效、可靠的边缘智能服务。

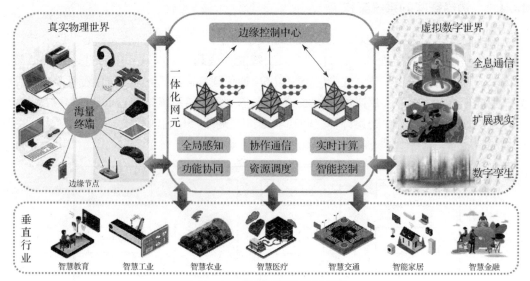

图 10-18 边缘智能的网络架构

（2）一体化网元：一体化网元是集成了通信、感知、计算和存储功能的设备，主要由通感一体化基站和边缘服务器组成。它们通常部署在边缘网络的关键位置，用于处理较大规模的数据和复杂的算法。通过与边缘控制中心和边缘节点之间的数据交互和功能协作，可以为智能应用提供支持。

（3）边缘节点：边缘节点通常部署在接近数据源的位置，如智能终端设备、传感器或物联网节点等。边缘节点不仅具备通信功能，还集成了感知和计算的部分或全部功能。通过边缘节点的部署，边缘智能网络可以实现数据的实时处理和快速响应，减少数据传输的延迟和带宽需求。同时，边缘节点的多功能使得边缘智能应用能够更加灵活和高效地运行，适应不同场景和需求的变化。

## 10.4.4 边缘智能的级别与挑战

边缘智能是充分利用"云-边-端"层次结构中可用数据和资源来优化机器学习模型训练和推理性能的范例。因此，边缘智能并不意味着完全地在边缘进行机器学习模型训练或推理，而是通过数据/任务卸载实现云边端协同工作。根据模型训练和推理的位置，可将边缘智能分为6个级别。具体地，边缘智能的各个级别的定义如下。

（1）1级（云训练和云边协同推理）：在云计算中心训练模型，但以云边协同方式执行模型推理。这里的云边协同推理指将数据分为两部分并分别卸载到边缘节点和云计算中心执行模型推理。

（2）2级（云训练和边缘内部推理）：在云计算中心训练模型，但在边缘内部执行模型推理。此处的边缘内部推理指作为数据源的终端执行模型推理或卸载部分任务到边缘节点执行模型推理。

（3）3级（云训练和终端推理）：在云计算中心训练模型，作为数据源的终端执行模型推理。

（4）4级（云边协同训练和推理）：以云边协同方式执行模型训练和推理。

(5) 5级（边缘内训练和推理）：在边缘内执行模型训练和推理。
(6) 6级（终端训练和推理）：作为数据源的终端执行模型训练和推理。

如上所述，随着边缘智能的级别越高，数据/任务卸载的体量和路径长度减少。相应地，数据/任务卸载的传输时延减少，数据隐私增强，无线接入网络的带宽成本降低。但是，这是以增加计算时延和能耗为代价实现的。这种冲突表明，不存在绝对的边缘智能"最佳级别"，我们应联合考虑时延、能效、隐私和网络带宽成本等多因素来确定"最佳级别"。然而，诸多现实因素影响了"最佳级别"的确定，同时也限制了边缘智能水平和资源利用效率的提升，主要包括：

(1) 数据分布的差异性与复杂性。作为数据源的终端在部署位置、使用场景和具体功能方面均存在明显差异，造成了终端采集的数据在类别、数量和质量等方面的差距，如果不结合数据分布的差异性和复杂性管理模型训练和推理，将极大影响模型训练和推理的效果。

(2) 边缘资源的有限性与多样性。边缘资源既包括计算资源、通信资源和存储资源等物理资源，也包括时间成本、能量成本和经营成本等，如果不结合边缘资源的有限性和多样性开展多种类型资源的联合管理，将极大地降低边缘资源的利用效率。

(3) 不同个体的利益关系与竞争关系。在边缘计算系统中，端、边和云通常分属不同的公司或者单位，属于不同的利益个体，可能存在一定的竞争关系，如果不结合不同个体的利益关系和竞争关系设计合理适宜的激励机制，将极大地制约边缘计算市场的发展。

## 10.5 "云-网-边-端"体系架构

以云、网络、边缘、终端构成的"云-网-边-端"协同的异构网络，提供了泛在分布的通信、计算、存储资源，如何通过异构网络节点间可信智能协作，牵引从通信资源到计算、存储资源的优化重组与协同服务，形成任务与多维资源间的联动机制，提供安全、快速、高效的协同服务，以满足海量复杂任务需求是异构网络的主要目标。为此，将区块链、资源虚拟化等技术与异构网络融合，给出一种基于计算、存储、通信多维资源融合的可信异构网络虚拟化体系架构，从分布式异构网络可信协作内生赋能机制、多维异构资源协同调控机理、分布式群智协同调度与激励机制三个层面构建异构网络节点间可信、灵活、稳健的协作，使异构网络多维资源共享具有内生可信，并能实现异构网络节点间的智能协作。

### 10.5.1 支撑内生可信的分布式联盟链构建

"云-网-边-端"协同的异构网络（如图10-19左侧）为实现安全、快速、高效地计算、存储、通信多维资源融合与协同，实现全网资源的多级协同调度，首先需要构建内生可信的异构网络。

区块链作为一个分布式的数据库和去中心化的对等网络，具有智能合约、分布决策、协同自治、防篡改的高安全性和公开透明等特征，在运行方式、拓扑形态、安全防护等方面与异构网络有相似之处。因此，为了有效支撑分布式异构网络内生可信协作，需先建立相适配的高效区块链平台。制约区块链与异构网络共享融合的性能瓶颈主要体现在联盟链结构、节点规模与部署、共识机制与通信协议等。为此,本项目采用了全节点与轻节点的方式形成联盟链结构,如图 10-19 右侧所示,但是要控制全节点的数量与规模,防止由于联盟节点过多而带来性能下降的问题。

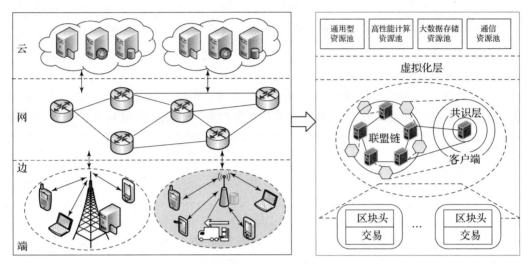

图 10-19 分布式异构网络内生可信虚拟化体系架构

分布式异构网络内生可信虚拟化体系架构构建的核心思想是:在异构网络中利用计算与通信能力较强的终端、网关或云服务器节点组成联盟链的全节点,其他节点作为轻节点,将异构网络资源连接成对等多方互信的联盟,将计算、存储、通信资源等关键信息映射到标识并进行链上管理。为抵御恶意节点的攻击,保证异构网络的安全稳定,本项目采用基于信誉的节点管理方法,设计基于信誉的独立拜占庭容错(Practical Byzantine Fault Tolerance,PBFT)共识算法实现全节点间的快速共识达成,而轻节点仅部署区块链客户端,参与联盟链上标识与关键资源信息的缓存和可信校验,保证异构网络的稳定运行。

将异构网络的计算、存储、通信资源等信息,通过在区块链平台注册、溯源与行为审计,实现异构网络资源接入、运行、退出全生命周期的信任管理。同时,在分布式异构网络内生可信虚拟化体系架构中,支持面向复杂任务提供多维资源的智能分配与优化,确保内生可信的智能共享能力,解决应用场景的适配性问题。

### 10.5.2 资源池的构建方案

通过分布式异构网络对资源需求进行分析归纳,构建通用型、高性能计算、大数据存储以及通信 4 类资源池,如图 10-19 右上角所示,形成抽象的虚拟化资源池,实现多元业务承载、按需服务、智能的资源适配。4 类资源池构建方案如下。

(1) 通用型资源池:针对一般计算需求提供支撑普通应用的云资源池。通用型资源池构建时,采用统一的硬件设计资源池节点,并将硬件节点作为计算资源池的一部分,以便拥有统一的处理器、内存及存储类型。

(2) 高性能计算资源池:特指 CPU 密集型、内存密集型或两者兼有,主要应用于联机事务处理过程（PLTP）及 x86 服务器替代小机等场景，在服务器中提供多种可靠性、可用性和可服务性技术以增强可靠性、存储支持百万级每秒读写次数以及服务器微秒级稳定响应能力等。高性能计算资源池构建时，服务器硬件应尽可能提供更多的 CPU 插槽、CPU 核及内存，而网络连接和存储容量满足用户最低需求即可。

（3）大数据存储资源池：对于需快速水平扩展的应用，采用计算存储一体机方案提供快速扩展能力。大数据存储资源池构建时，计算能力（CPU 和内存容量）是次要考虑内容，服务器硬件应能提供更多的硬盘插槽、硬盘数量及内存，而网络连接满足用户基本需求即可。

（4）通信资源池：针对数据传输，在存储和网络方面提供了优化，并支持无限带宽等高性能网络连接。主要应用于内容分发网络、高速及大量数据的事务性、基于 IP 的语音传输、视频会议和高性能计算等场景。

### 10.5.3 基于多维资源的异构网络虚拟化

基于多维资源的异构网络虚拟化架构采用分层技术体系，在基础平台之上，构建了多元接入层、统一网络层、资源虚拟化层、协同服务层和运维管理、智能协同管控平面等"四层两平面"的技术体系网络架构，实现对异构网络综合态势感知、智能认知协作等业务的全面支撑，具体如图 10-20 所示。

（1）多元接入层主要解决基础平台的接入问题。在实际工程应用中，协作通信接入方式的选择需要结合基础平台的类型、部署方式和应用场景等。

（2）统一网络层主要解决全方位的统一组网问题，基于 IP 承载，屏蔽异构终端、接入链路的差异，在多元接入层之上构建基于数据分组交换的核心网络，实现数据的统一路由与转发。为了实现异构网络间的互联互通，需要根据接入网的传输协议和业务承载要求，对传输协议和业务报文格式进行转换和重新封装，实现多手段、多用户、多业务之间统一融合互通的通信应用服务。

（3）资源虚拟化层主要将计算、存储和无线资源虚拟化，构建虚拟资源池，将移动通信网络抽象为虚拟网络功能，以支持网络切片和资源共享。

（4）协同服务层主要解决综合感知业务的按需服务问题，负责统筹上层业务需求和底层网络资源，实现上下数据协同和控制协同，是整个网络架构的核心层。协同服务层包括上下两个子层。

协同服务层向上主要通过对业务信息的分类、分级，结合业务传输速率、时延、优先级、可靠性等 QoS 要求，构建综合感知业务管理平台，并通过与网络实时资源的匹配，实现各类感知业务的注册、接纳控制和业务编排等；协同服务层向下主要通过对底层异构网络资源的抽象封装，构建面向不同应用需求的网络模型等，实现对卫通、散射、短波、北斗等异构网络资源的发现、注册、调度和管理等。

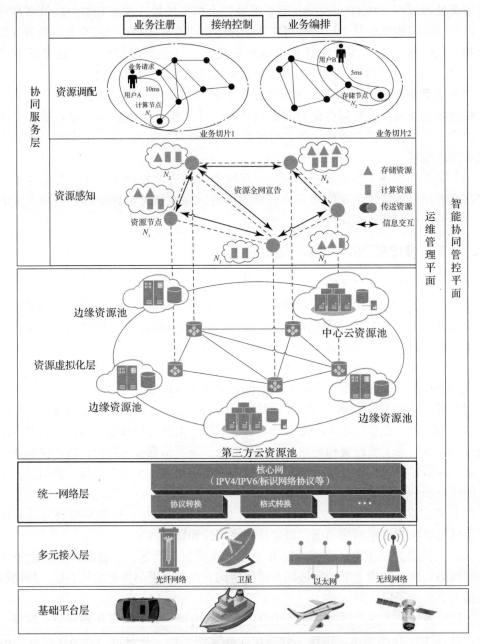

图 10-20 基于多维资源的异构网络虚拟化示意图

## 10.6 习题

1. 简述计算技术的演变过程。
2. 简述移动计算的概念和特点。
3. 简要描述典型的移动计算的系统模型。
4. 简述从云计算到边缘计算的技术演进过程。

5. 简述云计算的4种主要服务模式。
6. 简述微云的架构图。
7. 简述边缘计算的基本架构图。
8. 简述边缘计算中计算卸载流程。
9. 简述边缘计算中边缘缓存的研究内容。
10. 简述移动边缘计算的特点。
11. 简述边缘智能的概念和特点。
12. 简述边缘智能的系统架构。

# 参考文献

[1] 马忠贵,涂序彦. 智能通信[M]. 北京：国防工业出版社,2009.

[2] FORMAN G H, ZAHORJAN J. The challenges of mobile computing, computer[J]. International Conference on Mobile Technology, Applications, and Systems, 1994, 27(4): 38-47.

[3] DHAWAN C. Mobile computing[M]. McGraw-Hill Companies, Inc, 1997.

[4] BARBARA D. Mobile computing and databases-a survey[J]. IEEE Transactions on Knowledge and Data Engineering, 1999, 11(1): 108-117.

[5] TOMASZ I, BADRI N. Wireless Graffiti-Data, data everywhere[J]. Proceedings of the 28th VLDB Conference, Hong Kong, China, 2002.

[6] 高志强,鲁晓阳,张荣容. 边缘智能关键技术与落地实践[M]. 北京：中国铁道出版社,2021.

[7] ZHANG X Z, WANG Y F, LU S D, et al. OpenEI: an open framework for edge intelligence[C]. 39th International Conference on Distributed Computing Systems (ICDCS), 2019: 1-12.

[8] 齐俏,陈晓明. 面向边缘智能网络的通-感-算融合：架构、挑战和展望[J]. 移动通信,2024,48(3): 40-46.

[9] 王尚广,周傲,魏晓娟,等. 移动边缘计算[M]. 北京：北京邮电大学出版社,2017.

[10] 雷波,宋军,曹畅,等. 边缘计算2.0：网络架构与技术体系[M]. 北京：电子工业出版社,2021.

[11] 方娟,陆帅冰. 边缘计算[M]. 北京：清华大学出版社,2022.

[12] 施巍松,刘芳,孙辉,等. 边缘计算[M]. 2版. 北京：科学出版社,2021.

[13] 谢人超,黄韬,杨帆,等. 边缘计算原理与实践[M]. 北京：人民邮电出版社,2019.

[14] 史皓天. 一本书读懂边缘计算[M]. 北京：机械工业出版社,2020.

[15] JAVID T, SCHAHRAM D, ALBERT Z, et al. Edge intelligence: from theory to practice[M]. Switzerland: Springer Nature Switzerland AG, 2023.